猪的营养与饲料配制

毛战胜　韩　楠　张彦广　主编

中国农业科学技术出版社

图书在版编目（CIP）数据

猪的营养与饲料配制 / 毛战胜，韩楠，张彦广主编 . — 北京：中国农业科学技术出版社，2020.7

ISBN 978-7-5116-4698-9

Ⅰ . ①猪… Ⅱ . ①毛… ②韩… ③张… Ⅲ . ①猪 – 家畜营养学 ②猪 – 配合饲料 Ⅳ . ① S828.5

中国版本图书馆 CIP 数据核字（2020）第 062836 号

责任编辑　李冠桥
责任校对　贾海霞

出 版 者	中国农业科学技术出版社
	北京市中关村南大街 12 号　邮编：100081
电　　话	（010）82109705（编辑室）　（010）82109702（发行部）
	（010）82109709（读者服务部）
传　　真	（010）82106625
网　　址	http://www.castp.cn
经 销 者	各地新华书店
印 刷 者	北京建宏印刷有限公司
开　　本	710mm×1 000mm　1/16
印　　张	22.5
字　　数	439 千字
版　　次	2020 年 7 月第 1 版　2020 年 7 月第 1 次印刷
定　　价	90.00 元

《猪的营养与饲料配制》

编 委 会

主　　　编	毛战胜　韩　楠　张彦广
副　主　编	杜　杨　霍栓旗　田翠苹　马超越
	关婷婷　方忠意　石　岩　韩瑾瑾
	王慧景　余　刚
参 编 人 员	王　靖　刘艳霞　魏　杨　朱贵冠
	赵艳红　赵盼盼　赵　静

前　言

中国养猪历史悠久，一直是世界养猪大国，特别是加入 WTO 以来，我国生猪业得到了前所未有的蓬勃发展，已经成为我国农村经济和畜牧业的一大支柱产业。同时，我国饲料工业也得到了快速发展，2019 年，全国饲料总产量 22 885 万吨、总产值 8 088 亿元，连续 5 年产量破 2 亿吨，连续 9 年位居世界第一，约占全球总产量的 1/4，饲料产业已经成为国民经济中的大规模独立产业和国民经济的重要组成部分。

近年来，随着畜牧业的不断转型升级，养猪科技水平得到迅速提高，生猪饲养方式逐步由过去传统的农户散养殖向规模化、标准化和产业化方向发展，猪对各种营养和饲料的需求发生了很大变化，一些中小饲料厂及使用商品预混料自配全价料的猪场，在饲料配制工艺、技术等方面也亟待提高，因此，学习和掌握猪的营养需要特点及对饲料的选择、配制等技术，不仅可以配制出合理的配合饲料，降低养猪成本，而且饲料的科学配制也是生产优质、安全猪肉类产品，减少养猪业对环境污染的前提和保障。为此编者总结养猪生产、饲料生产中有关营养、饲养饲料加工等方面的经验与成果，把猪的营养和饲料相关科学知识及先进的饲料配制技术和应用技术结合起来，编写了这本《猪的营养与饲料配制》，旨在为普及农业科学技术，提升畜牧业从业者的科学素养，培养更多的现代职业农民，实现农业发展、农村进步和农民增收而做出贡献。

本书从猪体组成和生长规律、猪的采食和消化、猪的营养需要、猪用饲料原料、猪的饲料配合、猪饲料加工和配合饲料质量管理七个方面进行了介绍。全书紧扣生产实际，由浅入深，通俗易懂，注重系统性、科学性和实用性，不仅适于广大养猪生产者、猪场技术人员、饲料加工工作人员阅读，也可以作为畜牧科技推广人员和农村技术培训班的辅助教材和参考书。

本书编写过程中参阅了大量国内外学者的专著和文献，在此表示感谢。由于编者水平有限，书中难免有不足之处，敬请批评指正。

编　者
2019 年 12 月

目　录

第一章　猪体组成和生长规律

第一节　猪体化学成分

猪体是由水和干物质两大部分组成的。水是猪身体内各器官、组织的重要组成成分。干物质是猪体的另一重要组成成分，由有机物和无机物组成。有机物包括含氮化合物和无氮化合物。含氮化合物主要是蛋白质和氨基酸，无氮化合物主要是粗脂肪和碳水化合物；无机物主要是指矿物质或灰分（图1-1）。

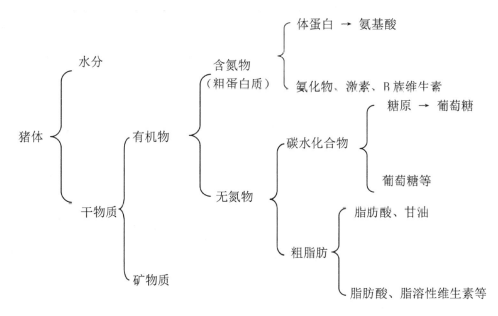

图1-1　猪体成分分类图

一、水分

在猪体所有化学成分中以水的比例最高。猪体内水占55%~75%，仔猪体内水占2/3，尤其是初生仔猪水分含量更高，可达90%。水分布于各种器官、组织和体液中，但是它的含量在不同体组织中变化非常大，细胞内液约占体液的 2/3，主要存在于肌肉和皮肤中，细胞外液约占体液的 1/3，两者间不断进行交换以保持动态平衡。血浆中水分含量为 90%~92%，肌肉中为 72%~78%，骨骼中为45%，但牙釉中水分含量只有 5%。

二、有机物

1. 蛋白质

蛋白质是构成猪体组织、体细胞的基本成分。猪体的一切组织，如肌肉、皮肤、内脏器官、血液、神经、被毛等都是以蛋白质为主要原料构成的。

2. 粗脂肪

脂肪主要分布在皮下，肾脏和肠周围，也有少量分布在肌肉内（大理石纹）、骨骼和其他部位。

3. 碳水化合物

碳水化合物主要是葡萄糖和糖原，这部分物质主要存在于肝脏、肌肉和血液中。碳水化合物在动物营养中的作用很重要，但其总含量在体内却不足 1%。

三、矿物质

矿物质又称灰分，是猪体组织和细胞的重要组成成分，尤其是牙齿和骨骼的主要成分。在矿物质中猪必需的 13 种元素是：钙、磷、钾、钠、氯、锌、铜、铁、镁、锰、硫、硒和碘，占猪体总灰分的 70% 以上，体内总钙量的 99% 以上和总磷量的 80%~85% 存在于骨骼和牙齿中，其余存在于血液、淋巴、消化液及其他组织中。

四、动物活体成分的估计

根据动物活体成分构成规律，动物总体重 = 水分重 + 脂肪重 + 脱脂干物质重。水分与脂肪含量呈显著负相关。脱水和脱脂干物质中，蛋白质和灰分含量又相对稳定。因此估计动物的活体成分只需要测出体脂肪或水分含量，即可估测活体其他成分。有人认为用相对密度法可以测定动物活体脂肪含量；用各种染料（如 evans 蓝染料）或氧化氘或氚等作标记物，静脉注射，然后测定该化合物在动物体内的稀释量，由此估计动物体内水分含量。

五、猪体化学成分变化规律

随着猪年龄和体重的增长，猪体的化学成分也呈现规律性的变化（表 1-1）。仔猪出生后，随着年龄的增长和体重的增加，机体的水分、蛋白质和灰分相对含量下降，而脂肪相对含量则迅速增长。从增重成分看，年龄越大，增重部分所含水分越少。蛋白质和灰分的含量在体重45kg（或4月龄）以后趋于稳定，而脂肪则迅速增长。随着脂肪含量的增加，饱和脂肪酸的含量也增加，而不饱和脂肪酸含量则逐渐减少。

表1-1　不同体重猪的化学组成

体重（kg）	水分（%）	蛋白质（%）	脂肪（%）	灰分（%）
初生	81.7	11.5	0.8	—
15	70.4	16.0	9.5	3.7
20	69.6	16.4	10.1	3.6
40	65.7	16.5	14.1	3.5
60	61.8	16.2	18.5	3.3
80	58.0	15.6	23.2	3.1
100	54.2	14.9	27.9	2.9
120	50.4	14.1	32.7	2.9

猪体化学成分变化的内在规律，是制订猪在不同体重时期最佳营养水平和科学饲养管理措施的理论依据。不同品种类型的猪，猪体化学成分也有差异（表1-2）。因此在给猪配制饲料时，应考虑猪的类型、品种、体重等因素。

表1-2　不同体重和类型猪的化学组成

体重（kg）	水分（%）	蛋白质（%）	脂肪（%）	钙（%）	磷（%）
初生	82.0	12.0	1.3		
90kg 瘦型猪	53.0	15.0	25.0	0.85	0.50
90kg 脂型猪	48.0	14.5	34.7		

第二节　猪体生长规律

猪的生长发育是个复杂的过程。体重的不断增长，使体躯向长、宽和高的方向发展，这种量的变化为生长。体组织、器官和性机能由不成熟到成熟，机能由不完善到完善，使组织器官发生质的变化为发育。但生长和发育不是截然分开的，而是相互统一的。猪的生长发育有一定的规律性，人们可以根据这些规律，通过营养水平和管理措施，可有效地控制猪体部位或某些器官组织的生长发育强度，以改变猪体外形结构与提高生产性能，使之向人们需要的方向发展，培育出高质量的猪群。

一、仔猪生长发育规律

（一）体重的变化

猪年龄越小，生长速度越快，到达一定年龄和体重后，生长速度缓慢下来或不增长，呈缓 S 形曲线；日增重在出生后至 6 月龄逐渐上升至最大，达到 100~110kg，然后又逐步下降。

（二）组织器官变化

年龄越小，组织器官发育越迅速，特别是神经系统、循环系统发育最早，其次是代谢呼吸系统，繁殖系统和消化系统发育相对较晚。所以猪越小越需供给优质的营养，以满足其生长需要，促进各组织器官的完善发育。

（三）机体的变化

骨骼发育较早，其次是肌肉，最后是脂肪。瘦肉型猪 60kg 之前，猪采食的营养绝大部分用于合成瘦肉，60kg 之后营养用于合成脂肪的比例逐步增加，100kg 以后大部分营养用于合成脂肪。另外，仔猪含水量很高，在 80% 以上，随着年龄和体重的增长猪体含水量下降，到 100kg 时约为 50%。

二、后备猪生长发育规律

（一）主要组织的相对发育

一般来说，维护生命活动的重要组织器官如神经、内脏和四肢等发育最早，而用于生产价值较大的部位如腰、胸、臀等部位发育较迟。在生长期，猪体主要体组织相对生长发育顺序是：神经组织→骨骼→肌肉→脂肪。随着日龄的增长，骨骼肌肉生长强度逐渐变小，脂肪的生长强度加大。与此相适应，在某个时期营养物质分配上，生长强度最大的组织可优先获得营养物质。利用这个规律，通过营养水平调节，可以控制猪体骨骼、肌肉与脂肪等组织的相对生长，即在后备猪生长前期，适当多给蛋白质与矿物质等营养物质，生长后期适当控制能量水平，以防止后备猪过肥而影响繁殖能力。

（二）骨骼的发育规律

猪体各部位的生长强度与骨骼的生长强度有很大关系。仔猪出生后尤其是后备猪阶段，中轴骨比外围骨发育强烈，即猪先向长度发展，然后向粗的方向发展，如果在 6 月龄前提高营养水平，可期望得到身躯长的猪，相反，前期营养水平低，而后期营养水平高。可得到体躯短而粗的猪。

（三）体重增长规律

在正常饲养条件下，猪体重的绝对增长随年龄的增加而增加，其相对生长则随年龄的增长而降低，到成年后则稳定在一定水平上。后备猪生长发育较快，阶段性也明显，即 6~8 月龄以前生长较快，10 月龄以后生长速度减慢。因此，后备猪前期给予丰富的饲料满足营养需要，就能充分发挥生长快的潜力。一般我国本地猪 4 月龄体重达 20~25kg，引入品种达 35~40kg 以后就能容易饲养，并为后期生长发育打下了良好的基础，反之如在生长较快的前期营养供给不足，生长发育受阻，后期便会受到严重影响。

三、影响猪生长的因素

（一）品种因素

如饲养长白、大约克、杜洛克、汉普夏、皮特兰等三元杂交猪，肉品品质好，屠宰率高，生长快。如饲养地方品种猪，适应性强，抗病力强，但生长速度慢。

（二）饲喂因素

1. 科学饲喂

一般大型规模化、集约化养殖场建议采用自由采食，这样可以让猪只发挥最大的生长潜能，提高生长速度。对于那些小型养殖场可以采用定时定量饲喂，这样不但节约了劳动力，也可以节约部分饲料成本，同样平衡了整个养殖场的经济效益。

2. 喂料方式

不同的喂料形式影响着猪的生长速度。饲喂干拌料，可以减少饲料浪费，同时还可以刺激猪消化系统腺体分泌，更加充分消化饲料，提高饲料转化率。采用水拌料会容易造成饲料污染和浪费，同时饮水过多会增加猪的胃容积，吸收营养成分大打折扣，反而降低猪的生长速度。

3. 定时饲喂

定时饲喂可以提高猪的生长速度，如果不定时饲喂，猪建立的采食条件反射就会发生作用，到时不能采食饲料，猪就会到处乱跑寻找饲料，这不但白白消耗了很多能量，还容易生病，对猪的生长速度有直接影响。

（三）饲料因素

生猪养殖一般采用适口性好、易于消化的全价饲料，所以人们在饲料配制过程中一定要注意全价，特别是能量蛋白比例搭配、维生素和微量元素的添加等。饲料中能量蛋白不够会直接影响猪生长速度和肌肉组织合成，也会影响猪肉品质。饲料中微量元素和维生素添加不够，也会影响到猪皮毛、组织、器官发育等。在饲料原料选择方面也要遵循新鲜、无霉变等原则，如果霉菌毒素超标，会引起猪只发生疾病，甚至引起死亡。

（四）环境因素

猪只生长速度和环境也有很大关系，如果猪只生长环境温度适宜，地面干燥这样生长速度就会提高。如果温度忽高忽低，地面潮湿污秽，有害气体含量过高，就会显著降低猪的生长速度。不适宜的温度会影响生长，猪舍内温度高于 25~30℃ 以上时，猪吃食减少 10%~30%，心跳、呼吸、新陈代谢加快，营养消耗增加；温度超过 35℃，猪不但不生长，甚至有中暑死亡的可能；温度在 4℃ 以下时，生长速度下降 50%，耗料增加 2 倍。当温度适宜时，相对湿度从 45% 升到 75% 甚至 95% 时，对猪的采食量和增重均无不良影响。当猪舍内低温高湿时，猪体内热量散发加剧，猪耗料量增加，增重量减少，每千克增重耗料增加 10% 以上。猪舍中有害气体如氨气、硫化氢、二氧化碳和甲烷等含量偏高时，可使猪精神不振，食欲减退，增重减少。

（五）管理因素

生猪养殖管理是个综合性因素，所以人们要在管理方面精细化，比如场地清洁卫生管理、场舍修补、饲喂制度、防疫制度等方面应严格要求。如果在管理方面没做好，猪只生长速度肯定会受影响。只有管理到位了，猪只生长发育良好，养殖效益才能上去，也就是人们经常所说向管理要效益。

（六）疾病因素

疾病防控是一个不可忽略的因素，在一个管理很好的养猪场中，人们要建立完善的防疫制度、兽医诊疗制度等，这样人们才能避免更大损失出现。同时，对死亡猪只，人们要建立完善的无害化处理制度，避免再次交叉传染染病的可能性。

第二章　猪的采食和消化

第一节　猪的采食行为

采食活动是猪赖以生存的最基本活动之一，也是猪消化代谢过程中的首要环节。食物营养和水分在体内不断被消耗，以满足猪代谢需要，驱使猪显示采食行为。采食量高低与猪生产性能密切相关，对猪生长、繁殖和泌乳影响甚大。因此，调节猪采食行为和采食数量具有十分重要的意义。

一、猪的采食行为特点

猪的采食行为包括摄食与饮水，主要有以下特点。

（一）遗传

拱土觅食是最主要的特点。猪鼻子高度发达，拱土觅食，嗅觉起决定作用。即使是现代的舍食，饲喂良好的平衡日粮，猪仍有拱地觅食的特征。采食时力图占据有利位置，有时前肢踏入食槽，将饲料拱洒一地。猪采食有竞争性，因此，群饲的猪比单饲的猪吃得多、吃得快、长得快。

（二）味道

猪喜食甜食，包括未哺乳的小猪也爱吃甜食。

（三）料型

颗粒料与粉料比，猪爱吃颗粒料；干料与湿料比，猪爱吃湿料，且花费时间少。

（四）采食

在自然条件下，猪白天采食6~8次，夜间采食3~5次，每次采食持续10~20min，自由采食的时间长而且能看到每头猪的个性特点。乳仔猪昼夜吮奶次数因年龄而有差异，在 15~25 次。大猪采食量和摄食频率随体重增大而增加。

（五）饮水

一般饮水与采食同时进行，猪的饮水量很大，吃干料时，饮水量是干料的 2 倍。成年猪饮水，与环境温度有很大关系，吃干料后需立即饮水，为 9~10 次/d。吃湿料则需 2~3 次。自由采食时，摄食与饮水交替进行；限食时，则在吃完料后才饮水。

二、影响猪采食量的因素

（一）饮水

饮水是影响猪采食量的重要因素，只有在饮水得到保证的情况下，猪的采食量才可达到最大。此外，饮水的清洁卫生也很重要，猪会拒绝饮用被粪尿等污染的水。

（二）饲料形态和适口性

与粉料相比，颗粒料可提高猪的采食量；与整粒籽实相比，压扁或破碎可提高猪的采食量。玉米粒度要求在 0.8~1.5mm 为佳，过细的料适口性下降，从而影响采食量。如果饲料中粗纤维含量大于 6%，猪的采食量也会下降。

（三）环境因素

应激使猪体内肾上腺素和去甲肾上腺素分泌增加，引起糖原和脂肪分解加速，血糖浓度升高，从而降低采食量。

（四）饲喂的连续性

从营养上讲，猪的整个生命虽然可以分为几个阶段，但前后之间存在连续性。如母猪妊娠期的采食量不仅影响妊娠期母猪的增重、胎儿的发育，也会影响泌乳期的采食量，从而影响产乳量，因此，应该从全局的观点来决定母猪各阶段的采食量和饲养方式。

（五）饲喂方式和时间

自由采食时猪的采食量高于限饲时；少喂勤添可使猪保持较强的食欲，并减少饲料浪费；在气温过高时，将饲喂时间改在早晚气温凉爽时，可使猪的采食量不下降。在仔猪饲料中添加发酵中药制剂时，可使其采食频率提高，饲料养分的消化吸收达到最佳状态。

三、采食量的调控

猪的采食量通常是指猪在 24h 内采食饲料的重量，用饲料重量 kg、% 体重表示，猪的预期采食量（DM% 体重）是 4%~5%。采食量直接决定着猪能够从环境中获得营养物质的多少，它是评价猪营养物质需求和能量代谢的基础。

（一）需要提高采食量的阶段

1. 早期断奶仔猪

近几十年的研究表明，猪的日采食量是决定猪生长速度的主要因素，特别是幼猪、乳猪日采食量，影响着猪的整个生长过程。仔猪断奶期间发生应激，会使采食量明显下降，因此改善饲料的适口性，特别是乳猪、幼猪的饲料适口性，以增加它们的日采食量是非常重要的。

2. 高泌乳期

泌乳早期的营养缺乏，会对母猪断奶后的繁殖性能产生持久性的影响。在泌乳期的任一阶段限制采食量都会减少排卵数，增加断奶间隔。但在泌乳期的最后一周自由采食的限饲母猪，胚胎成活率高于仅在泌乳期最后一周限饲的母猪。

3. 处于应激的时期

造成猪应激的环境因素，如拥挤、运输和环境温度等，均会降低猪的采食量。

4.20~50kg 生长猪

在此阶段要最大限度地促进能量摄取，因赖氨酸 / 能量比适宜时，蛋白质的沉积速度与能量的增加呈线性增加，直至达到食欲的极限。充分发挥这一潜能，不仅保证猪快速地生长，而且不会造成脂肪过度沉积。

（二）采食量的调控机理

下丘脑是调节摄食行为的中枢。下丘脑两侧的外侧区是刺激摄食的中枢部位，受刺激后引起猪进食、觅食，所以称其为饿食中枢。下丘脑腹内侧核是抑制摄食的中枢部位，受刺激后动物拒食，缺损此区域猪则出现摄食过量，所以称其为饱食中枢。饿中枢一直处于持续活动状态，直至受到饱中枢抑制时才停止。

（三）调控采食量的方法

调控采食量的方法有化学调节和物理调节。化学调节是通过调节葡萄糖、挥发性脂肪酸、氨基酸、矿物元素、游离脂肪酸、渗透压、pH 值、激素等来调节采食量；而物理调节是通过胃肠道紧张度、体内温度变化等来调节的。

1. 刺激采食中枢，提高采食量

主要是利用一些药物。如巴比妥类药能影响动物采食活动，以 6.5mg 戊巴比妥钠注射于猪的下丘脑外侧区，可抑制猪采食。相反，若注射于猪的腹内侧区，则刺激猪采食。

2. 减少胃内容积性反射，提高采食量

饲料容积是由饲料中结构性碳水化合物和饲料内部的空气和水分间隙所决定的。在生产中，通过对饲料进行适当的加工，调整饲料容积、物理性状，从而减少胃内容积性反射、提高采食量。

3. 调配营养平衡的配方

猪的食欲取决于它对各种营养物质的需要量以及饲料中这些养分的含量。一般认为，猪的采食量受日粮中第一限制性营养物质含量的影响，当某种营养素处于边际缺乏时，采食量提高，当缺乏严重时，采食量下降。同时，营养物质的配比也至关重要。

4. 提高日粮适口性，提高采食量

适口性是指一种饲料或饲粮的滋味、香味和质地特性的总和，是猪在觅食、定位和采食过程中视觉、嗅觉、触觉和味觉等感觉器官对饲料或饲粮的综合反映。饲料适口性的改良方法是选用适当的主原料，保持饲料的新鲜度，添加风味改良剂如香味剂、甜味剂、酸味剂、酶等，香味剂可刺激猪的食欲，甜味剂可明显改变饲料口味，同时掩盖不良的口味，最终增加猪的日采食量，提高消化率。

5. 调节一些激素水平，提高采食量

利用激素对体内营养物质代谢的加强或促进营养物质的吸收来提高采食量。如胰岛素可加强葡萄糖利用和生脂作用，促进猪的采食；甲状腺激素增加代谢率，直接提高采食量；睾酮、孕酮促进代谢，导致动物采食量增加。

四、提高猪采食量的方法

（一）饲粮平衡

日常饲料的搭配要注意营养均衡，满足猪只生长育肥所需要的营养物质。

（二）饲喂定时、定量、定质

定时指每天喂猪的时间和次数要固定，这样不仅使猪的生活有规律，而且提高猪的采食量和饲料利用率。定量是指根据猪只的实际体重以及适量进行喂食，不要忽多忽少，以免影响食欲。定质指的是饲料的种类和精、粗、青比例要保持相对稳定，不可变动太大。

（三）生饲料喂猪

生饲料能够保持蛋白质的活性，提高猪只的消化利用率，饲料煮熟后，破坏了相当一部分维生素，若高温久煮，饲料中的蛋白质会发生变性。

（四）掌握日粮的稀稠度

日粮调制以稠些为好，以免影响猪只的消化。冬季应适当稠些，夏季可适当稀些。

（五）分群技术

要根据猪的品种、性别、体重和吃食情况进行科学合理分群，以保证猪的生长发育均匀，保持稳定的采食量。

（六）做好防寒与防暑的工作

避免猪只因为温度变化而影响采食量，夏季要做好防暑工作，增加饮水量，冬季要喂温食，必要时修建暖圈。

（七）供给猪只充足的清洁饮水

切忌以稀料代替饮水，以免影响猪只的消化水平，造成不必要的饲料浪费。养猪生产者也要注意水质的卫生，减少病原体的存在，以免威胁猪只的健康。

（八）保持清洁卫生

注意猪只的调教，保持猪舍的卫生。从猪只的幼龄阶段开始，就要培养其养成三点定位的习惯，使猪吃食、睡觉和排粪尿固定，保持猪圈清洁卫生。同时要注意猪圈应每天打扫，猪体要经常刷拭，保证猪只的体质，保持采食量。

（九）去势、驱虫

猪去势后，食欲会有明显增强，性情也会比较稳定，有利于采食量的增加，饲料利用率也会随之提高。在催长期前驱虫一次，驱虫后可提高增重和饲料利用率。

（十）做好防疫工作

要按照一定的免疫程序定期进行疾病预防工作，注意疫情监测，及时发现病情，避免猪只食欲下降或威胁猪只的生命，造成经济损失。

第二节　猪的消化生理特点

一、猪的消化道结构及其功能

　　猪对营养物质的消化吸收过程是通过消化器官、消化腺体、消化液和神经调节整体稳恒控制完成的。消化器官主要有：口腔、咽与食道、胃、小肠、大肠组成（图2-1）。消化液主要是指：唾液、胃液、肠液、胰液、胆汁等。

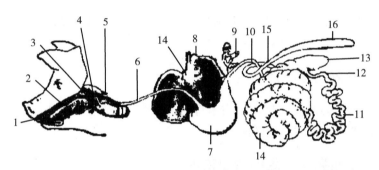

1. 舌尖；2. 口腔；3. 咽；4. 喉；5. 腮窝；6. 食管；7. 胃；8. 肝；9. 胰；10. 十二指肠；
11. 空肠；12. 回肠；13. 盲肠；14. 结肠旋襻；15. 直肠；16. 肛门

图2-1　猪消化系统模式图

（一）口腔

　　由唇、颊、硬腭、下颌骨、舌、齿等器官构成。口腔消化由摄取食物开始，食物进入口腔后，经过咀嚼，混入唾液，然后吞咽。口腔前端以口裂与外界相通，后端通咽。口腔内面（除齿外）衬有黏膜，黏膜较厚，富有血管。口腔黏膜上有唾液腺的开口。口腔是消化系统的起始部，具有采食、搅拌食物、吸吮、泌涎、味觉、咀嚼和吞咽等功能。

（二）咽

　　咽是呈漏斗状的肌肉囊，为消化、呼吸的共同通道，位于口腔和鼻腔的后方，喉和食管的前上方。

（三）食道

食道是连接口腔和胃的一个肌肉发达的管道，食道的作用是直接把食物通过胸腔送入胃内，而不影响胸部器官的正常功能。

（四）胃

胃位于腹腔内，在膈和肝的后方，前端以贲门接食管，后端以幽门与十二指肠相通。胃有暂时贮存食物、分泌胃液、进行初步消化和推送食物进入十二指肠等功能。猪胃壁黏膜分为有腺部和无腺部，有腺部黏膜根据腺体不同分为贲门腺区、胃底腺区和幽门腺区，胃底腺是分泌消化液的主要腺体。无腺部靠近贲门，无消化腺，不分泌消化液。整个胃黏膜表面还分布黏液细胞，分泌黏液形成保护层，防止黏膜受胃酸的侵蚀。胃的主要功能是通过胃壁的紧张性收缩和蠕动将猪在胃内的食物与胃液充分混合，使食团变成半流体的食糜，便于化学性消化，并使胃内容物通过幽门向十二指肠移动。

（五）肠

肠起自幽门，止于肛门，可分小肠和大肠两部分，小肠分为十二指肠、空肠和回肠三部分，大肠又分为盲肠、结肠和直肠三段。

1. 小肠

小肠最长，管较小，肠壁黏膜形成许多环行的褶和微细肠绒毛，突入肠腔中，以增加与食物接触的面积。小肠部的消化腺很发达，有壁内腺和壁外腺两大类。壁内腺有肠黏膜的肠腺和十二指肠黏膜下层的十二指肠腺，壁外腺有肝、胰分泌的胆汁和胰液由导管通入。消化腺的分泌物中含有多种酶，能消化各种营养物质。十二指肠是小肠的第一段，较短，肝管和胰管即开口于此。空肠是小肠中最长的一段，也是食物消化和营养物质吸收的重要场所。回肠是小肠末段，较短，肠壁较厚，其末端开口于盲肠或盲结肠交界处。

2. 大肠

大肠黏膜中的腺体分泌碱性、黏稠的消化液，其中消化酶甚少，所以大肠内的消化主要靠随食糜带来的小肠消化酶和微生物的作用。食糜经过消化和吸收后，其中的残余部分进入大肠的后段，在这里水分被大量吸收，大肠的内容物逐渐浓缩而形成粪便。

二、猪的消化液及其功能

（一）唾液在消化中的主要作用

唾液是腮腺、颌下腺和舌下腺三对主要唾液腺和口腔黏膜中许多小腺体分泌的混合液。唾液分为浆液型、黏液型和混合型三类。唾液为无色透明的液体，呈弱碱性。

唾液的主要作用：唾液含有大量的水分，可湿润饲料，便于咀嚼和吞咽，同时唾液溶解食物中某些可溶物质，从而引起味觉，促进消化液的分泌。唾液中的黏蛋白富有黏性，有助于咀嚼和吞咽。猪的唾液含少量淀粉酶，在适宜环境下将淀粉分解为麦芽糖。

（二）胃液在消化中的主要作用

胃液是由胃黏膜分泌的透明、淡黄色液体，pH 值为 0.5~1.5。胃液主要由水、盐酸、胃蛋白酶原、黏液和内在因子组成。

1. 盐酸

激活胃蛋白酶原；维持胃内酸性，为胃内消化酶提供适宜环境，并使钙、铁等矿物质元素游离，易于吸收杀死食物中带入的微生物；使蛋白质变性，易被消化酶分解。

2. 胃蛋白酶原

将蛋白质分解成简单的肽和胨，主要作用于苯丙氨酸和酪氨酸的肽键。

3. 黏液

主要是糖蛋白，起润滑作用，使食物易于通过；保护胃黏膜不受食物机械损伤；黏液偏碱性，降低黏膜层酸度，防止酸和酶对黏膜的消化。

4. 内在因子

由细胞壁分泌的一种糖黏蛋白，可与维生素 B_{12} 结合成复合物，促进肠壁上皮对维生素 B_{12} 吸收。

（三）胰液在消化中的主要作用

胰液由胰腺分泌，通过胰管与胆管合并，由胆管口分泌入十二指肠。胰液为无色、无臭、弱碱性液体，pH 值为 7.8~8.4，主要由水分、无机盐和酶组成。胰液的酶种类多，作用强，在消化中起主要作用。胰淀粉酶主要分解 α- 淀粉。胰脂肪酶类将脂类分解成甘油一酯和游离脂肪酸。胰蛋白酶类主要是多种蛋白酶，在胰液的肠激酶作用下激活，将蛋白质、肽分解成游离氨基酸。胰液的碱性无机盐可中和胃酸，以维持肠内适宜的酸碱度，保护肠壁。

（四）胆汁在消化中的主要作用

胆汁由肝细胞合成，在胆囊贮存、浓缩，由胆管排入十二指肠。胆汁为金黄色、味苦、浓稠状液体，主要有水和钠、钾、钙等矿物质的盐，胆盐、胆色素、脂肪酸、磷脂、胆固醇、黏蛋白等组成。其主要作用：激活胰脂肪酶；胆盐、类酯可乳化脂肪，形成脂肪小球；胆盐与甘油一酯、FFA 形成复合物，促进脂肪吸收；间接促进脂溶性维生素的吸收；胆固醇排泄途径之一，防止动脉硬化。

（五）小肠液在消化中的主要作用

小肠液由十二指肠细胞分泌，弱碱性，pH 值为 7.6。主要活性物质是各种酶类，对低分子蛋白质、糖进行彻底消化，使之成为直接吸收的小分子化合物。如氨基肽酶、α- 糊精酶、麦芽糖酶、乳糖酶、蔗糖酶、碳酸酶、肠激酶等。

三、猪的后段消化道微生物及其功能

（一）共生微生物

猪的后段消化道通常给微生物生长提供一个理想的温度、湿度和营养环境。由于这些微生物能酶解纤维素和有关化合物，从而提高粗饲料对猪的营养价值。

（二）碳水化合物的降解

未消化碳水化合物在猪的后段消化道内主要由厌氧细菌发酵产生出挥发性脂肪酸，其中最主要的是乙酸、丙酸和丁酸。挥发性脂肪酸可部分由肠壁吸收，为猪提供一定的能量来源。

（三）微生物蛋白质的合成

细菌和其他微生物为了生活繁殖，利用寄主吃进饲料，猪的前段消化道内未吸收的氮源，可用于合成微生物所需的蛋白质。细菌蛋白质进一步消化，被寄主以氨基酸的形式部分由肠壁吸收，为猪提供一定的蛋白质来源。

（四）B 族维生素的合成

在猪的后段消化道内，还能合成多种寄主所需的维生素，如核黄素、烟酸、吡哆醇（B_6）、生物素、泛酸以及维生素 B_{12} 等 B 族维生素，而且能满足猪的部分需要。某些维生素的合成速度受某些营养素含量的影响，如日粮中缺钴，维生素 B_{12} 的合成速度就慢。维生素 K 是一种脂溶性维生素，它也能在猪的后段消化道内合成。可是维生素的合成是在猪的后段消化道内，会很快通过消化道排出体外，对合成 B 族维生素的吸收量很有限。

四、仔猪的消化生理特点

（一）哺乳仔猪消化道发育不成熟

哺乳仔猪胃底腺不发达，胃液分泌量少且不稳定，分泌盐酸能力较差，胃内缺乏游离盐酸，pH ≥ 4 时，胃蛋白酶活性受到影响，不利于蛋白质消化。仔猪达到 8~10 周龄时才能达到成年猪胃内酸度（pH 值为 2~3.5）的水平。但仔猪消化道体积、重量等发育较快，有报道称仔猪胃重和容积在 25 日龄内迅速发育，肠道细胞组织学观察肠绒毛呈长而细的指状，绒毛高度随日龄增加而下降，十二指肠绒毛高于空肠、回肠。出生第 1 天可见肠腺，以后腺细胞不断增殖、体积增大、腺窝也随日龄而逐渐增加。

断奶后，仔猪消化系统小肠细胞的形态结构发生显著变化。由于断奶仔猪不得不由从采食易消化的液态食物转化为含有大量谷物原料的固体饲料，在日粮干物质的高机械磨损作用下，小肠绒毛快速变短，断奶后几周内小肠绒毛由高密度手指状变成平舌状，绒毛萎缩，腺窝加深，导致消化吸收面积变小，营养不能被有效吸收，而肠道内丰富的营养、适宜的温度和温和的酸碱度为有害细菌提供了繁殖条件，而有害菌的生长又产生了大量的毒素（氨和胺类等），对动物产生毒性和药理活性作用，使腹泻加剧。

（二）哺乳仔猪消化酶系不完善

哺乳仔猪消化酶系不完善并且出生几周内变化较快，表现为乳糖酶以及与消化母乳中糖类的有关酶的活性在出生后 2~3 周时达到顶峰，然后又很快下降。淀粉酶及消化淀粉和碳水化合物有关酶的活性在出生时很低，随后逐渐上升。凝乳酶在初生时活性较高，1~2 周龄达到高峰，以后随日龄增加而下降。其他蛋白酶活性很低，胃蛋白酶原虽在仔猪出生时便可检测到，并且浓度在 3~6 周内不断增加，但是由于仔猪胃底腺不发达，盐酸分泌能力差，胃蛋白酶原不能被激活，因此其作用一般在 20 日龄后才能表现出来。

哺乳仔猪肠腺、胰腺发育比较完全，能分泌消化母乳的多种消化酶，其中胰蛋白酶、胰脂肪酶和肠液中的乳糖酶含量很高，可较好地消化母乳中的脂肪和蛋白质，但对饲料中的植物性蛋白较难适应。断奶后肠道形态的变化会使绒毛刷状缘酶（如乳糖酶、蔗糖酶、异麦芽糖酶和 α - 葡萄糖苷酶）活性降低，消化道吸收能力降低，这些变化可导致肠道营养物质消化和吸收不良。仔猪在 0~4 周龄期间，胃蛋白酶、胰脂肪酶、胰淀粉酶、胰蛋白酶活性成倍增长，4 周龄断奶后一周内各种消化酶活性降低到断奶前的 1/3。断奶后仔猪消化酶活性下降，导致仔猪常不能适应以植物为主的饲料，这也是仔猪断奶后 1~2 周期间消化不良、生长受抑的重要原因。

（三）断奶仔猪免疫力弱，抗病力差

由于胎盘屏障作用，胎儿时期仔猪不能通过血液从母体吸收免疫球蛋白等大分子物质，故初生时间不具备先天免疫能力。主要通过母乳获得免疫球蛋白，这些免疫球蛋白保证了仔猪健康成长。初乳含免疫球蛋白 7%，而常乳只含 0.5%，所以初乳是仔猪不可替代的食物。仔猪 10 日龄以后才开始自产免疫抗体，形成主动免疫，随着日龄的增长从母体所获得的抗体量逐渐下降，到 6 周龄以后主要靠自身合成抗体。2~6 周龄为被动免疫向主动免疫的过渡期，在此期间断奶可使仔猪体内循环抗体水平降低，细胞免疫受到抑制，抵抗力下降。加之受断奶应激的影响，猪对疾病的抵抗力下降，容易发生腹泻、下痢等疾病。

（四）断奶后仔猪微生态系统失衡

仔猪在刚出生时，消化道是无菌的，出生后 2h 内粪便中就可检测出大肠杆菌和链球菌等微生物。在出生后到自然断奶的过程中，消化道各个部位逐渐被各种细菌所占据，但并未达到应有的平衡。在正常情况下，微生物区系会随着外界环境和日粮的变化而在一定的生理范围内变动，但如果波动超过正常生理范围，就会引起生态失调。研究表明，大肠杆菌、韦氏梭菌、链球菌、乳酸杆菌、拟杆菌等是乳猪胃肠道的主要菌群，而断奶后由于仔猪胃酸、消化酶分泌不足和肠黏膜损伤等原因，导致肠道大肠杆菌、链球菌、肠杆菌等有害菌大量繁殖，甚至成为优势菌，造成肠道微生态系统失调，致使使肠腔积水，上皮细胞破坏，从而导致腹泻。

配制仔猪饲料，应遵循仔猪的消化生理特点，并根据猪饲养标准中规定的仔猪生长发育各阶段所需要的各种营养成分，调配含各种营养物质的饲料原料。由于仔猪不耐低温，生长速度快，应给仔猪配制含高能量、高蛋白质的饲料，每千克仔猪饲料中可消化能含量不应低于 14.23MJ。考虑到仔猪的消化能力低而营养需要非常高，饲料可消化率要非常高。仔猪饲料还应添加一定比例的动物油或植物油，以提高仔猪饲料中的能量水平。粗蛋白质的含量不应低于 20%，最好添加一些动物性饲料，如乳清粉、奶粉、优质的鱼粉、血浆蛋白粉、肉粉等，以提

高蛋白质水平和保持氨基酸平衡。为了满足仔猪对赖氨酸和蛋氨酸的需求，可额外地添加一些人工合成的赖氨酸和蛋氨酸。由于仔猪消化道发育不完全、消化机能差，可添加某些消化酶，如胃蛋白酶、淀粉酶、非淀粉多糖酶等。

五、生长肥育猪的消化生理特点

根据生长育肥猪的生理特点和发育规律，我们按猪的体重将其生长过程划分为两个阶段即生长期和育肥期。

生长期：体重 20~60kg 为生长期。此阶段猪的机体各组织、器官的生长发育功能不很完善，尤其是刚刚 20kg 体重的猪，其消化系统的功能较弱，消化液中某些有效成分不能满足猪的需要，影响了营养物质的吸收和利用，并且此时猪只胃的容积较小，神经系统和机体对外界环境的抵抗力也正处于逐步完善阶段。这个阶段主要是骨骼和肌肉的生长，而脂肪的增长比较缓慢。

肥育期：体重 60kg 至出栏为肥育期。此阶段猪的各器官、系统的功能都逐渐完善，尤其是消化系统有了很大发展，对各种饲料的消化吸收能力都有很大改善；神经系统和机体对外界的抵抗力也逐步提高，逐渐能够快速适应周围温度、湿度等环境因素的变化。此阶段猪的脂肪组织生长旺盛，肌肉和骨骼的生长较为缓慢。因此，在这时期，应抓住猪增重快的机遇，及时提供优质的全价配合饲料，满足生长肥育猪的营养需要，促进其快速生长，以达到增重快、出栏率和饲料利用率高、降低饲养成本与增加经济效益的目的。

第三节　营养物质的消化和吸收

一、猪对饲料的消化方式

（一）物理性消化

物理性消化主要靠口腔内牙齿和消化道管壁的肌肉把饲料撕碎磨烂、压扁，有利于在消化道内形成多水的食糜，为胃肠中的化学性消化（主要是酶的消化）、微生物消化做好准备。同时，通过消化管壁的运动，把食糜研磨、搅拌，并从一个部位运送到另一个部位。口腔是猪等哺乳动物主要的物理消化器官，对改变饲料粒度起着一定的作用。

（二）化学消化

猪对饲料的化学消化主要是酶的消化。酶的消化是高等动物主要的消化方式，也是饲料变成动物能吸收的营养物质的一个过程，不同种类动物酶消化特点明显不同。高等动物消化系统分化完全，消化液分泌较多。猪各部位消化酶分泌的特点、消化液的来源、消化酶的种类、前体物、致活物和分解饲料中营养物质的种类、终产物，见表2-1。

表2-1　猪消化道的主要消化酶

来源	酶	前体物	致活物	底物	终产物
唾液	唾液淀粉酶			淀粉	糊精、麦芽糖
胃液	胃蛋白酶	胃蛋白酶	盐酸	蛋白质	肽
胃液	凝乳酶	凝乳酶	盐酸、活化钙	乳中酪蛋白	凝结乳
胰液	胰蛋白酶	胰蛋白酶	肠激酶	蛋白质	肽
胰液	糜蛋白酶	糜蛋白酶	胰蛋白酶	蛋白质	肽
胰液	羧肽酶	羧肽酶	胰蛋白酶	肽	氨基酸、小肽
胰液	氨基肽酶	氨基肽酶		肽	氨基酸
胰液	胰脂酶			脂肪	甘油、脂肪酸
胰液	胰麦芽糖酶			麦芽糖	葡萄糖
胰液	蔗糖酶			蔗糖	葡萄糖、果糖
胰液	淀粉酶			淀粉	糊精、麦芽糖
胰液	胰核酸酶			核酸	核苷酸
肠液	氨基肽酶			肽	氨基酸
肠液	双肽酶			肽	氨基酸
肠液	麦芽糖酶			麦芽糖	葡萄糖
肠液	乳糖酶			乳糖	葡萄糖、半乳糖
肠液	蔗糖酶			蔗糖	葡萄糖、果糖
肠液	核酸酶			核酸	核苷酸
肠液	核苷酸酶			核酸	核苷、磷酸

（三）微生物消化

消化道微生物在猪消化过程中起着积极的、不可忽视的作用。这种作用使猪能利用一定程度的粗饲料。猪的微生物消化场所主要在盲肠和大肠。微生物消化的最大特点是可以将大量不能被宿主直接利用的物质转化成能被宿主利用的高质量的营养素，但在微生物消化过程中，也有一定量能被宿主动物直接利用的营养物质首先被微生物利用或发酵损失，这种营养物质二次利用效率明显降低，特别是能量的利用效率。

猪的盲肠和大肠微生物能分泌蛋白酶、半纤维素酶和纤维素酶等。这些酶将饲料中糖类和蛋白质充分分解成挥发性脂肪酸、NH_3 等物质，同时微生物发酵也产生 CH_4、CO_2、H_2、O_2、N_2 等气体。

二、消化后营养物质的吸收

饲料中营养物质在猪消化道内经物理的、化学的、微生物的消化后，经消化道上皮细胞进入血液或淋巴的过程称为吸收。动物营养研究中，把消化吸收了的营养物质视为可消化营养物质。

各种动物口腔和食道内均不吸收营养物质，猪的营养物质主要吸收场所在小肠，吸收机制有以下三种方式。

（一）胞饮吸收

胞饮吸收是肠黏膜伸出伪足或物质接触处的膜内陷，从而将这些物质包入细胞内。以这种方式吸收的物质，可以是分子形式，也可以是团块或聚集物形式。初生哺乳仔猪对初乳中免疫球蛋白的吸收是胞饮吸收，这对初生仔猪获取抗体具有十分重要的意义。

（二）被动吸收

被动吸收是通过滤过、渗透、简单扩散和异化扩散（需要载体）等几种形式，将消化了的营养物质吸收进入血液和淋巴系统。这种吸收形式不需要消耗机体能量。一些分子量低的物质，如简单多肽、各种离子、电解质和水等的吸收即为被动吸收。

（三）主动吸收

主动吸收与被动吸收相反，必须通过机体消耗能量，是依靠细胞壁"泵蛋白"来完成一种逆电化学梯度的物质转运形式。这种吸收形式是猪吸收营养物质的主要方式。

三、猪对饲料的消化力与可消化性

饲料被猪消化的性质或程度称为饲料的可消化性。猪消化饲料中营养物质的能力称为猪的消化力。饲料的可消化性和动物的消化力是营养物质消化过程中不可分割的两个方面。消化率是衡量饲料可消化性和消化力这两个方面的统一指标，它是饲料中可消化养分占食入饲料养分的百分率，计算公式如下。

饲料中可消化养分 = 食入饲料中养分－粪中养分

饲料某养分消化率 =[（食入饲料中某养分－粪中某养分）/ 食入饲料中某养分]× 100%

因粪中所含各种养分并非全部来自饲料，有少量来自消化道分泌的消化液、肠道脱落细胞、肠道微生物等内源性产物，故上述公式计算的消化率为表观消化率。

分析动物对饲料中各种养分的消化过程及其产物表明：饲料中蛋白质的表观消化率小于真实消化率，因为表观消化率计算中把来源于消化道的代谢蛋白质、消化酶和肠道微生物等视为未消化的饲料蛋白质，造成计算粪中排出蛋白质的量与真实情况不符；饲料脂肪含量少，测定表观消化率易受代谢来源的脂肪和分析误差掩盖，测定值有波动；饲料矿物质的消化率，更易受消化道来源的代谢矿物质循环利用的影响，所以，矿物质应采用真实消化率。

饲料中某养分的真实消化率（%）={[食入饲料中某养分 –（粪中某养分 – 消化道来源物中某养分）]/ 食入饲料中某养分 }× 100

对同一种饲料，在猪的不同生理阶段养分消化力和消化率不同；不同种类的饲料，因可消化不同，猪的同一生理阶段，消化率也不同。不同动物之间消化力差别更大。几种动物对概略养分消化率的比较，见表 2-2。

表 2-2　不同动物消化力的差别　　　　　　　　　　（%）

动物	有机物质	粗蛋白质	粗脂肪	粗纤维	无氮浸出物
青苜蓿					
牛	65	78	46	44	71
绵羊	63	75	35	44	72
马	60	79	23	35	73
猪	66	71	—	43	76
玉米籽实					
牛	87	75	87	19	91
绵羊	94	78	87	30	99
马	94	87	81	65	97
猪	88	56	46	21	69

第三章 猪的营养需要

营养是动物的客观要求，饲料是营养素的供应途径，营养与饲料科学研究的目标是解决猪营养物质"供"与"求"的矛盾。近年来，随着中国养猪业的迅速发展，猪的生产水平和营养物质利用率有了极大提高，猪的生长速度和饲料利用率比50年前提高了1倍以上，出栏时间缩短到6个月以下。在当前养猪生产中，饲料成本占总生产成本的60%~70%，因此，真正弄清猪需要什么，为什么需要，需要多少？饲料中有什么，有多少，利用率如何？最终实现猪日粮配合科学化，这是保障养猪业生产高水平、产品高质量的基本要求。

第一节 猪需要的营养物质

一、猪需要的概略养分

猪机体及其摄取的饲料都是由元素组成，但元素在猪体内是以各种化合物形式存在的。按照常规饲料分析方法，可将猪需要及其饲料中存在的营养素分为水分、粗灰分、粗蛋白质（CP）、粗脂肪或醚浸出物（EE）、粗纤维（CF）和无氮浸出物（NFE）六大成分。因每一成分都包含着多种营养成分，成分不完全固定，故又称为概略养分（表3-1）。

表3-1 猪的机体及常用植物性饲料的化学成分　　　　　　　　　　（%）

种类	水分	蛋白质	脂肪	无氮浸出物	粗纤维	碳水化合物	灰分
玉米秸秆，乳熟	19.0	6.9	1.1	44.3	22.5	66.7	6.2
玉米秸秆，腊熟	18.2	6.0	1.1	44.2	24.1	68.3	6.4
玉米籽实	14.6	7.7	3.9	70.0	2.5	72.5	1.3
苜蓿干草	10.6	15.8	2.0	41.2	25.0	66.2	4.5
大豆籽实	9.1	37.9	17.4	25.3	5.4	30.7	4.9
小麦整粒	10.1	11.3	2.2	66.4	8.0	74.4	10.1

（续表）

种类	水分	蛋白质	脂肪	无氮浸出物	粗纤维	碳水化合物	灰分
小麦胚乳	3.7	11.2	1.2	81.4	2.1	83.5	0.4
小麦外皮	14.6	17.6	8.3	7.0	43.9	50.9	8.6
小麦胚	15.4	40.3	13.5	24.3	1.7	26.0	4.8
仔猪（体重 8kg）	73	17	6				3.4
中猪（体重 30kg）	60	13	24				2.5
成年猪（体重 100kg）	49	12	36				2.6

（一）水分

猪机体和饲料中均含有水分，但猪生理阶段不同，饲料种类不同，其含量差异很大（表3-1）。构成机体和饲料的水分有两种存在形式，一种含于体细胞间，与细胞结合不紧密，容易挥发，故又称为游离水；另一种则与细胞内的胶体物质紧密结合，形成胶体外面的水膜，较难挥发，故称为结合水。

（二）粗灰分

粗灰分是指动植物体所有物质全部氧化后剩余的残渣，即动植物体燃烧后得灰分，主要为钙、硫、钠、钾、镁等矿物质氧化物或盐类，在实际测定时，有时还含有少量泥沙，故称之为粗灰分或矿物质。

（三）粗蛋白质

粗蛋白质是指机体或饲料中一切含氮物质的总称。在含氮化合物中，蛋白质不是唯一含氮物质，核酸、游离氨基酸、铵盐等不是蛋白质，但它们也含有氮，为此将蛋白质分为两部分，即是纯蛋白质或真蛋白质和非蛋白氮化合物。在自然界中存在的真蛋白质中，含氮量平均为16%，因此，在常规饲料分析法中规定，用含氮量乘以6.25（N%×6.25）来计算粗蛋白质含量（表3-2）。

表3-2 猪不同组织蛋白质的氨基酸组成 （%）

名称	骨骼肌	骨	皮毛	脂肪组织	肝	血	消化道	整体
赖氨酸	8.4	4.2	4.3	5.5	7.4	9.5	6.4	7.2
蛋氨酸	2.7	1.0	1.1	1.5	2.3	0.8	2.1	2.1
半胱氨酸	1.3	0.6	2.1	1.1	2.1	1.4	1.5	1.3
精氨酸	6.5	7.4	7.6	6.8	6.2	4.5	6.4	6.6
组氨酸	3.6	1.2	1.1	1.9	2.6	7.2	2.0	3.1

（续表）

名称	骨骼肌	骨	皮毛	脂肪组织	肝	血	消化道	整体
异亮氨酸	4.9	1.3	42.1	2.9	4.8	1.4	3.9	3.8
亮氨酸	8.4	4.4	4.6	5.9	9.5	14.2	7.5	7.6
苯丙氨酸	3.9	2.7	2.6	3.3	5.1	7.3	3.9	3.8
酪氨酸	3.3	1.3	1.6	2.3	3.7	2.9	3.4	2.8
苏氨酸	4.6	2.5	2.7	3.1	4.7	3.7	4.2	4.0
缬氨酸	4.9	3.1	3.3	4.2	5.8	9.1	4.8	4.7
丙氨酸	6.3	7.9	8.0	7.6	6.0	8.4	6.5	6.9
谷氨酰胺	15.7	19.4	11.4	11.8	13.0	9.7	13.0	13.8
甘氨酸	5.9	20.1	18.6	14.3	6.2	5.0	9.2	9.7
脯氨酸	4.8	10.9	11.3	8.7	5.1	3.8	6.3	6.5
丝氨酸	4.0	3.4	4.3	3.8	4.5	4.7	4.3	4.0
天冬氨酸	8.8	6.1	6.4	7.3	9.4	12.1	8.0	8.2
组织 N 占整体 N	56	12	10	8	3	5	4	100

（四）粗脂肪

脂肪是指机体及饲料中油脂类物质的总称，包括真脂肪即甘油三酯和类酯两类。在营养学研究规定的饲料分析方案中，是用乙醚浸提油脂类物质，把色素、脂溶性维生素等非油脂类物质也包含其中，故称为粗脂肪或称醚浸出物。

（五）粗纤维

粗纤维由纤维素、半纤维素、多缩戊糖、木质素及角质素组成，是植物细胞壁的主要成分，猪体内不含有粗纤维。粗纤维在化学性质和构成上均不一致，纤维素可称之为真纤维，其化学性质稳定；半纤维素和多缩戊糖主要由单糖及其衍生物构成，但含有不同比例的非糖性质的分子结构，猪对纤维素、半纤维素、多缩戊糖的消化利用率很低；木质素则是最稳定、最坚韧的物质，不属于糖，化学结构极为复杂，至今尚未弄清楚，对猪无任何营养价值。

（六）无氮浸出物

饲料中除去水、粗灰分、粗蛋白质、粗脂肪和粗纤维以外的有机物质的总称，主要包括多糖、双糖和单糖。猪体内无氮浸出物含量很少，植物饲料中含量高，主要成分是淀粉。无氮浸出物又称易消化碳水化合物，猪的消化利用率很高。常规饲料分析不能测定无氮浸出物含量，通常是用有机物与粗蛋白质、粗纤维和粗脂肪之差来计算。

二、猪需要的纯养分

猪营养与饲料科学发展至今，研究内容已进入较深的层次和领域，对猪营养物质需要量的衡量和饲料营养价值的评判，已不仅仅沿用六大概略养分，而是已深入到某些最基本的物质和元素，如蛋白质的研究已不单单从其总量上考虑，而是已应用到了蛋白质种类及其基本构成单位——氨基酸。对于微量元素、维生素和氨基酸，不仅仅研究其自身的营养价值，而且已弄清了它们彼此间的相互关系，酶、激素和微生态制剂已开始用来改善猪的营养代谢。迄今为止，已发现对猪必需的营养物质有 50 多种。

第二节　猪的蛋白质营养

蛋白质则是体现生命现象的物质基础。一切生物体内的一切生命活动都与蛋白质密切相关，猪的生命和生产活动亦是如此。体内的活性物质、酶、激素、神经递质、免疫抗体等多数都是由蛋白质构成的。所以，蛋白质对猪来说是最重要的营养物质之一。

一、蛋白质的基本概念

（一）蛋白质的组成

蛋白质主要是由 C、H、O、N 四种元素组成，多数蛋白质中含有 S，有的蛋白质尚含有 Fe、P、Cu、I 等；如血红蛋白中结合有 Fe，甲状腺素中结合有 I 等。蛋白质中各种元素的平均含量见表 3-3。

表 3-3　蛋白质的组成元素

元素种类	平均含量（按 DM 计 %）	元素种类	平均含量（按 DM 计 %）
C	50~55	S	0~4.0
H	6.0~7.0	P	0~0.8
O	19~24	Fe	0~0.4
N	15~17		

不同蛋白质其含 N 量有一定差别，但平均值接近于 16%，人们在饲料分析

中对蛋白质进行定量时，由于动植物体中的总蛋白质较复杂，难以直接测定，因此首先测定蛋白质中所含的 N 量，然后据蛋白质平均含氮 16% 的系数，换算成蛋白质含量，由此推断凯氏定 N 法中蛋白质和氮的换算系数为 6.25（含氮量 ÷16%）。

（二）蛋白质的组成单位

蛋白质的组成单位是 α- 氨基酸，α- 氨基酸的结构通式为：

$$\begin{array}{c} NH_2 \\ | \\ R\!-\!CH\!-\!COOH \end{array}$$

构成蛋白质的氨基酸有 20 种左右，这些氨基酸根据其结构可分为如下几类：

1. 中性氨基酸

包括甘氨酸（Gly）、丙氨酸（Ala）、丝氨酸（Ser）、缬氨酸（Val）、亮氨酸（Leu）、异亮氨酸（Ile）、苏氨酸（Thr）。

2. 酸性氨基酸

分子中含有两个羧基和一个氨基的氨基酸。包括天冬氨酸（Asp）、谷氨酸（Glu）。

3. 碱性氨基酸

分子中含有一个羧基和两个氨基的氨基酸。包括赖氨酸（Lys）、精氨酸（Arg）、瓜氨酸。

4. 含硫氨基酸

包括胱氨酸（Cys-cysteine），半胱氨酸（Cys-cysteine）、蛋氨酸（Met）。

5. 芳香族氨基酸

包括苯丙氨酸（Phe）、酪氨酸（Tyr）。

6. 杂环氨基酸

包括含有咪唑环的组氨酸（His）、含有吡咯环的脯氨酸（Pro）、含有吲哚环的色氨酸（Trp）。

（三）蛋白质的概念

在动物营养和饲料科学领域蛋白质是指饲料中所有含氮物质的总称，包括真蛋白质和非蛋白质含氮物质两部分，故称之为粗蛋白质。真蛋白质是指由氨基酸通过肽键构成的大分子化合物。而动植物体中除真蛋白质以外的所有含氮化合物总称为非蛋白氮，主要包括：游离氨基酸、胺类、酰胺类、尿素、尿酸、硝酸盐、生物碱。

二、蛋白质的生理意义

（一）蛋白质是猪机体的结构物质

蛋白质是猪体许多组织、器官的结构物质，如肌肉、皮肤、内脏、血液、神经、骨骼等，猪机体内的组织、器官在形状、功能上有这样明显的不同，都是由于其结构蛋白质的不同而造成的。如硬蛋白是骨骼、毛皮、蹄角等的主要组分，白蛋白是构成体液的主要成分等。在所有猪产品中，也均富含蛋白质。

蛋白质是唯一含有氮的化合物，所以蛋白质是猪氮的唯一来源，这一点无论是脂肪还是碳水化合物都不能代替。

（二）蛋白质是猪更新体组织的必需物质

大家都知道，生命活动本身就是一种不断自我完善和自我更新的新陈代谢过程，这是生命活动最基本的特征。在猪的组织细胞更新过程中，不断有细胞死亡脱落，也不断有新的细胞产生，在新的细胞增殖过程中，需要量最多，也是最必需的就是蛋白质。因此，处于生长或生产状态下的猪都需要大量供给蛋白质等营养物质。和其他动物一样，猪的体蛋白质总量中每天有 0.25%~0.30% 进行更新，按此计算，经过 12~14 个月，猪的组织蛋白即可完全更新一次。

（三）蛋白质是猪机体内的功能物质

体内许多重要功能物质都是由蛋白质组成的，如酶、激素、各种免疫球蛋白、运输 O_2 的载体血红蛋白等。蛋白质还对调节血液渗透压、酸碱平衡起重要作用。

（四）蛋白质还可为猪提供能量

对猪来说，蛋白质的主要营养作用不是供能，但是，当其他能源物质脂肪和碳水化合物供应不足时，可通过蛋白质分解来满足能量的需要。在蛋白质供给过量时，亦可脱氨后合成体脂贮备。

三、蛋白质在猪体内的消化、吸收和代谢

（一）猪消化道中的蛋白质分解酶

见表3-4。

表 3-4　猪消化道中的蛋白质分解酶

酶的名称	条件	分解部位	分解产物
胃蛋白酶	pH 值为 1~5 HCl	芳香族氨基酸(黄酪)及含硫(氨基酸)结合肽链	多肽、少量氨基酸
胰蛋白酶	pH 值为 7~9	碱性氨基酸（Arg、Lys）结合的肽链	结构简单的多肽、大量氨基酸
糜蛋白酶	pH 值为 7~9	芳香族、杂环及含硫氨基酸结合的肽链	结构简单的多肽、大量氨基酸
羧基肽酶	中性或弱碱性	苯丙氨酸、酪氨酸、色氨酸	氨基酸、短肽
氨基肽酶	中性或弱碱性	有游离氨基酸末端的氨基酸	氨基酸、短肽
二肽酶	中性或弱碱性	二肽	氨基酸
凝乳酶	幼小哺乳动物消化道		使乳凝固
蛋白分解酶	盲肠		肽、氨基酸
肽酶	结肠		氨基酸
脱氨基酶	微生物		NH_3、CO_2、VFA

（二）蛋白质在猪体内的消化、吸收和代谢

1. 猪对蛋白质的消化

真蛋白质由于其分子量大，必须在消化道先分解为小分子的氨基酸、短肽，才能通过小肠黏膜吸收进入血液。非蛋白氮在猪消化道前段部分分解成 NH_3，吸收进入血液，以尿素形式排出体外，部分在大肠被微生物用于合成氨基酸，少量被吸收，其余非蛋白氮则随粪排出体外。

饲料真蛋白质进入猪胃后，胃酸使蛋白质变性、分解，暴露其对胃蛋白酶敏感的大多数多肽键。一旦蛋白酶能发挥作用，肠道的蛋白水解酶对多肽键的水解作用就迅速增加。由胃蛋白酶水解产生的多肽进入小肠后，再被胰蛋白酶、糜蛋白酶、弹性蛋白酶和肽酶进一步分解成氨基酸。

蛋白质的水解过程是循序快速进行的，如果某个蛋白酶，尤其是起始酶受到抑制，饲粮蛋白质的消化就会明显减少。

仔猪的消化道中含有凝乳酶，可以凝结酪蛋白，延长其在消化道滞留时间。凝乳酶还连同胰蛋白酶水解乳蛋白。随着仔猪日龄的增长，固体食物的增多，消化道的凝乳酶的活性下降，胃蛋白酶活性则加强。初生仔猪吸吮母体初乳可获得一种抗胰蛋白酶因子，它保护免疫球蛋白不被分解，以大分子形式被吸收。

2. 猪对蛋白质的吸收的形式

蛋白质的吸收主要是氨基酸和少量短肽的吸收。肠道黏膜细胞对蛋白质的吸

收形式为主动转运，在大多数情况下需要钠离子参与。对氨基酸的转运有中性、碱性、酸性等主要途径，不同的转运体系有不同的载体。在蛋白质的吸收过程中，由于只有游离氨基酸能通过门脉进入肝脏，所以氨基酸的吸收率取决于肠道中氨基酸的组成成分。肠黏膜细胞对氨基酸和短肽的吸收是一个快速过程。当氨基酸进入血液时，门脉循环中氨基酸的浓度迅速上升，随后又逐渐下降。

猪的小肠也可将短肽直接吸收进入血液，而且这些短肽的吸收率比游离的氨基酸还高，其顺序为三肽＞二肽＞游离氨基酸。短肽在小肠黏膜细胞内迅速分解为氨基酸。因此，血浆中测得的由肠黏膜吸收的短肽其量甚微。

消化道内还有相当数量的内源性蛋白质，又称代谢氮。这些蛋白质来自唾液、胃液、胰液、肠黏膜的脱落细胞以及胃肠道细胞分泌的黏蛋白，这种内源性蛋白质增加了消化道的蛋白质总量。

初生仔猪可以吸收母乳中少量完整的蛋白质，如吸收初乳中的 γ－球蛋白。这种外源物质进入机体，刺激抗体的形成，可获得免疫力。

进入后肠的残余蛋白质或氨基酸，经微生物活动或合成细菌蛋白或脱氨基，随后随粪排出，几乎不被吸收。

3. 猪对蛋白质的吸收部位

猪对蛋白质的吸收主要是在小肠，小肠绒毛上的血管既可以吸收游离 AA，亦可吸收结构简单的肽，一般是吸收分子量为 200 左右的肽，分子量超过 1 000 的肽则不能吸收，初生仔猪例外，能直接吸收初乳中的蛋白质。游离 AA 的吸收主要是在十二指肠中完成，因此，猪的蛋白质主要在小肠吸收，大肠虽能合成一定 AA，但几乎不能被吸收。

4. 影响蛋白质消化、吸收的因素

（1）日粮的蛋白质水平。消化道的各种酶本身就是蛋白，这些酶的分泌受胃肠道蛋白质的影响。当饲粮的蛋白质从 10% 增加到 30% 时，糜蛋白酶活性可增加 2.5 倍，这可能是蛋白水解酶反馈调节的结果。随着蛋白质采食量的增加，肠道中游离蛋白酶的量减少，从而增加胰腺中蛋白酶的合成和分泌。

（2）日粮中的粗纤维含量。粗纤维含量越高，蛋白质消化吸收率越低。据 Fernandez 等研究，不同来源的粗纤维占饲粮中的 2%~20% 时，每增加粗纤维 1 个百分点，粗蛋白质的消化率降低 1.4 个百分点。其原因是纤维物质增加了饲料在消化道的排空速度，细胞内容物因受细胞壁的封闭，减少了与酶的接触。

（3）日粮中的蛋白酶抑制剂。许多饲料含有蛋白酶抑制因子，如生大豆和其他豆科籽实中存在胰蛋白酶抑制因子和血凝集素。胰蛋白酶抑制因子可降低胰蛋白酶和糜蛋白酶的活性，从而降低蛋白质的消化率，使胰腺肥大，仔猪生长停滞。但大部分蛋白酶抑制因子对热敏感，加热处理，可使酶失活，从而促进蛋白质的消化、吸收和利用。

（4）过热处理蛋白质的损失。对大豆等饲料的适当热处理，可改善蛋白质的消化。但过热处理则降低蛋白质的营养价值，其主要原因是加热导致褐变反应（Maillard 反应）。饲料过度加热时，肽链上的游离氨基，最常见的是赖氨酸的 ε - 氨基与还原糖，如葡萄糖或乳糖中的醛基形成了一种氨糖复合物，使猪不能利用。如果被结合的氨基酸是赖氨酸，所形成的复合物称果糖基赖氨酸。这样胰蛋白酶不能分解肽键，赖氨酸也不能被利用。在肠道微生物的作用下，只有一小部分可以分解出来，但最后还是从尿中排出。

（5）氨基酸之间的拮抗作用。在某些氨基酸的吸收过程中，彼此间有拮抗作用。据研究，一些中性氨基酸可抑制碱性氨基酸的转运，如蛋氨酸抑制赖氨酸的转运。饲粮中高浓度的亮氨酸可增加异亮氨酸的需要量。精氨酸、胱氨酸和鸟氨酸可抑制赖氨酸的转运；在中性氨基酸中，蛋氨酸和亮氨酸能抑制丙氨酸和甘氨酸的转运。

除此之外，适当磨碎某些饲料可提高蛋白质的消化率。对燕麦、大麦细磨有利，高粱、小麦粗磨有利。猪的年龄、品种也对蛋白质消化率有不同影响，如5~6周龄前仔猪对母乳的消化力强，而对饲料蛋白质的消化力，从断乳到成年，呈逐渐上升趋势。

5.猪对蛋白质的代谢

（1）蛋白质代谢的动态平衡。蛋白质不断地分解为氨基酸，氨基酸又不断地合成蛋白质，从而保持蛋白质代谢的动态平衡。这种动态平衡包括两个代谢池，即蛋白质池与氨基酸池。在氨基酸代谢池中，氨基酸的来源有三：一是饲粮的蛋白质在胃肠道消化、吸收进入血液的氨基酸；二是由组织蛋白质经肽键水解释放的氨基酸；三是由组织合成的非必需氨基酸。氨基酸的主要去路也有三：一是在组织形成肽键合成蛋白质，包括母乳；二是在组织合成各种酶、激素和其他重要的含氮化合物，如核酸、肌酸和胆碱等；三是脱去氨基，降解成羧酸氧化供能或转化为脂肪沉积在体内。代谢池中的游离氨基酸只占氨基酸总量的 0.2%~2.0%，主要以结合蛋白质形式存在，少量以多肽的形式存在。

（2）蛋白质的合成与降解。蛋白质的合成有一系列的复杂过程是在 DNA 和 RNA 的调控之下，按照每一种蛋白质特有的顺序，在细胞线粒体内将各种氨基酸通过肽键连接起来形成多肽。然后经一级、二级、三级、四级结构形成蛋白质。在蛋白质合成密码的调控下，形成了各组织器官氨基酸的不同配比。此外，合成蛋白质还需要能量，包括氨基酸自身能量和合成过程耗用的能量。

蛋白质降解包括体蛋白质分解（多肽链被水解）为氨基酸，和氨基酸进一步水解为羧酸和氨基。羧酸进入三羧酸循环，或再合成氨基酸，或以能量贮存下来，或氧化供能。氨基则再合成氨基酸，或转化为尿素排出体外。

四、猪的氨基酸营养

（一）基本概念

1.必需氨基酸和非必需氨基酸

蛋白质的营养实质上是氨基酸的营养。根据组成蛋白质的 20 多种常见氨基酸在猪体内的营养特性，可分为必需氨基酸和非必需氨基酸。必需氨基酸是猪体内不能合成或合成的数量不能满足猪的维持和生产需要，必须由饲料提供的氨基酸。不同生理阶段必需氨基酸的种类见表 3-5。精氨酸可以在猪体合成，其合成速度可以满足性成熟猪和妊娠猪的需要，只是早期生长猪的合成不足。非必需氨基酸并不是猪营养上不需要它们，而是在猪体内可以通过转氨基等作用合成或转化，因此，这类氨基酸饲料中不一定存在。

表 3-5　猪的必需氨基酸与非必需氨基酸分类

必需氨基酸		非必需氨基酸	
生长猪	成年猪	生长猪	成年猪
赖氨酸	赖氨酸	甘氨酸	甘氨酸
蛋氨酸	蛋氨酸	胱氨酸	胱氨酸
色氨酸	色氨酸	丝氨酸	丝氨酸
组氨酸	组氨酸	丙氨酸	丙氨酸
异亮氨酸	异亮氨酸	脯氨酸	脯氨酸
亮氨酸	亮氨酸	羟脯氨酸	羟脯氨酸
苯丙氨酸	苯丙氨酸	酪氨酸	酪氨酸
缬氨酸	缬氨酸	瓜氨酸	瓜氨酸
苏氨酸	苏氨酸	谷氨酸	谷氨酸
精氨酸	精氨酸	羟谷氨酸	羟谷氨酸
		天冬氨酸	天冬氨酸
		正亮氨酸	正亮氨酸

在生产中，猪的必需氨基酸需要量受以下因素的影响：

（1）年龄和体重。年龄和体重不同，需要的必需氨基酸种类和数量均不一样，总的规律是随年龄的增长和体重的增加，必需氨基酸的需要量逐渐减少。如猪的赖氨酸需要量：哺乳期仔猪的饲料中赖氨酸的含量为 0.9%~1.0%；生长期和育肥期的仔猪饲料中赖氨酸的含量为 0.75％。

（2）能量水平。一切动物为能而食，因此采用高能量和低能量日粮都会影响到必需氨基酸的需要量，日粮中的能量 / 蛋白质（或氨基酸）应有适当的比例。

（3）必需氨基酸的含量和比例。动物日粮中的必需氨基酸不仅要满足其需要量，还要有适宜的比例，任何一种氨基酸在日粮中过多或过低，都会影响到其他氨基酸的利用。

（4）非必需氨基酸的含量和比例。如果日粮中非必需氨基酸的含量和比例不足，则动物体会用必需氨基酸合成非必需氨基酸，这样一方面造成浪费，另一方面还可造成必需氨基酸的不足。因此，在日粮中必需氨基酸和非必需氨基酸应有一定的比例。如仔猪应保持 NEAA/EAA=1：（1~1.5）。

（5）蛋白质水平。日粮蛋白质水平越高，必需氨基酸需要比例越高。

（6）其他营养物质的影响。日粮中其他营养物质的不足，也会影响到必需氨基酸的需要量，如尼克酸不足时，由于体内色氨酸用于合成尼克酸，色氨酸需要量升高。日粮胆碱不足时，蛋氨酸用于合成胆碱，蛋氨酸需要量升高等。

（7）加热处理。某些饲料经加热处理后会降低饲料中某些必需氨基酸的利用率，从而使需要量增加。如富含淀粉、糖的饲料谷物，加热后其中的赖氨酸、色氨酸和精氨酸会形成一种难被猪吸收的复合物，从而使这些氨基酸需要量增加，因此，谷实类饲料生喂比热喂好。鱼粉和肉粉加热后，也会降低猪对其中赖氨酸、精氨酸和组氨酸利用率，从而增加这些氨基酸的需要量。

2.限制性氨基酸

饲料蛋白质的营养价值主要取决于必需氨基酸的组成和含量。饲粮中必需氨基酸的配比以近似于猪的需要量为佳。由于生长猪的氨基酸需要量与组织氨基酸成分密切相关，因此，大多数动物性蛋白质饲料，如鱼粉的氨基酸成分类似于生长猪需要的氨基酸。优质的植物性蛋白质饲料的氨基酸配比与动物性蛋白质饲料的组成成分也没有很大的差异，但可能有一个、二个必需氨基酸的需要是得不到满足的。

饲粮中某个或某些必需氨基酸的不足，会限制其他氨基酸的利用。尽管其他氨基酸的数量满足了猪的需要，但却因受到限制而得不到正常利用。由于缺乏而限制其他氨基酸利用的必需氨基酸称作限制性氨基酸。最缺乏的叫第一限制性氨基酸，依次可将其分为第一、第二、第三、……限制性氨基酸。猪饲料中常见的限制性氨基酸有赖氨酸、蛋氨酸、色氨酸、苏氨酸和异亮氨酸等。赖氨酸往往是第一限制性氨基酸，当调整饲料成分，或补加合成的氨基酸时，使第一限制性氨基酸得到满足后，才可补充第二限制性氨基酸，其他可依此类推。常用猪饲料中的限制性氨基酸见表 3-6。饲粮中必需氨基酸与非必需氨基酸的比以 1：1 为佳。

不然，当非必需氨基酸的总量不足时，必需氨基酸就转化为非必需氨基酸。据研究，胱氨酸至少能满足50%的总含硫氨基酸（蛋氨酸＋胱氨酸）的需要。酪氨酸至少能满足苯丙氨酸和酪氨酸总需要量的50%。如果胱氨酸的量太少，就要由蛋氨酸合成胱氨酸，但这种反应是不可逆的。同样，苯丙氨酸转化成酪氨酸也是不可逆的。

表3-6　猪饲料中的限制性氨基酸

饲料	限制性氨基酸顺序				
	第一	第二	第三	第四	第五
玉米	赖氨酸	色氨酸	异亮氨酸	苏氨酸	缬氨酸
高粱	赖氨酸	苏氨酸	蛋氨酸	异亮氨酸	色氨酸
大麦	赖氨酸	苏氨酸	蛋氨酸	异亮氨酸	缬氨酸
小麦	赖氨酸	苏氨酸	蛋氨酸	缬氨酸	异亮氨酸
玉米＋豆饼	赖氨酸	蛋氨酸	苏氨酸	异亮氨酸	色氨酸
豆饼	蛋氨酸	苏氨酸	缬氨酸	赖氨酸	异亮氨酸
肉骨粉	色氨酸	蛋氨酸	异亮氨酸	苏氨酸	组氨酸

3. 猪的氨基酸平衡

所谓氨基酸平衡——即日粮中的各种必需氨基酸的数量和相互间的比例正好与猪的维持和生产需要量相符合。只有在日粮中的氨基酸处于平衡时，才能保证氨基酸最有效的利用，发挥最大的生产潜力。日粮中个别必需氨基酸的供给量过高或过低，都会影响到整个氨基酸的利用效率。例如，禾本科籽实等饲料对猪的第一限制性氨基酸为赖氨酸，在生产过程中，不添加赖氨酸，就会使氨基酸不平衡，影响氨基酸利用率。但是如果赖氨酸量使用过多，同样也会造成氨基酸新的不平衡，并导致很大的浪费。

Tansky 和 Baker 研究了氨基酸不平衡对仔猪生长的影响（表3-7）。试验分为四个组，第一组是用高粱和大豆饼配制日粮，高粱第一限制性氨基酸为赖氨酸，大豆饼为含硫氨基酸，因此两者配合在一起，第一限制性氨基酸互补，当粗蛋白质在20.2%时，赖氨酸可满足需要量的1.07%；第二组用高粱和花生饼配成日粮，使其粗蛋白质含量与日粮 I 相同，但由于高粱和花生饼都缺乏赖氨酸，故限制性氨基酸仍为赖氨酸，生长很慢；第三组在日粮 II 基础上补充赖氨酸，则增重很快上去；第四组是在 II 组口粮的基础上，通过增加花生饼用量，使赖氨酸满足需要的1.07%，此时粗蛋白质已达到40.0%，但是增重仍较慢，其原因是，赖氨酸满足后又出现氨基酸新的不平衡。

表 3-7　氨基酸不平衡对仔猪生长的影响

日粮	赖氨酸与粗蛋白质水平		生产性能	
	赖氨酸（%）	粗蛋白质（%）	增重（g）	增长/饲料
日粮 I	1.07	20.2	540	0.52
日粮 II	0.54	20.2	250	0.36
日粮 II	1.07	20.2	420	0.41
日粮 II	1.07	40.0	310	0.44

4. 氨基酸的代谢

氨基酸的代谢包括氨基酸的合成、降解与向组织的转运。氨基酸的合成指对非必需氨基酸而言。合成氨基酸的碳骨架来自糖类、脂类或必需氨基酸；氨基或来自氨离子，或来自其他氨基酸脱掉的氨基。谷氨酸的合成是由谷氨酸脱氢酶催化的 α- 酮戊二酸氨基化途径。谷氨酸形成后，它的氨基又可以转移到任何一种 α- 酮酸上，形成各种相应的氨基酸。必需氨基酸转化为非必需氨基酸的过程亦如此。

体内不用于合成蛋白质的氨基酸进行脱氨基作用，或脱羧基作用等分解代谢。氨基酸在体内氧化脱氨，生成氨和相应的酮酸。所形成的酮酸可氧化供能，也可合成葡萄糖或脂肪。游离的氨超过了体内的正常浓度时，就会在肝脏中合成尿素，并以尿素的形式排出体外。体内还有几种脱氨基的形式，如转氨基，联合脱氨基等。体内的氨基酸有一部分也可在脱羧酶的作用下，脱去羧基形成相应的胺类，如组氨酸和谷氨酸可分别转化成组胺和 γ- 氨基丁酸。也有一些氨基酸是先经过一定的变化以后再进行脱羧基作用，形成相应的胺类，如色氨酸转变成 5- 羟色氨酸，再变成 5- 羟色胺。

丙氨酸和谷氨酰胺是组织间相互转运的最重要氨基酸。它们是从肌肉释放出来进入血液的最主要的氨基酸。两者分别占肌肉中释放的 α- 氨基酸的 30%~40%。在肌肉组织中，丙氨酸主要是通过支链氨基酸与丁酸之间转氨基作用生成的；谷氨酰胺是通过氨与谷氨酸形成的。谷氨酰胺通过肠道组织和肾脏的作用送入血液；丙氨酸靠肝脏转化葡萄糖输送入血液。丙氨酸和葡萄糖在肝脏、血液和肌肉组织中具有循环作用，从而完成组织间的氨基酸交换。丙氨酸也能将氨基酸，特别是支链氨基酸的氮从肌肉运至肝脏变成尿素。

（二）猪的理想蛋白质

1. 理想蛋白质的概念

理想蛋白质的构想起源于 20 世纪 40 年代，但将其用于猪的氨基酸需要量或评定饲料蛋白质的营养价值则是从 1981 年 ARC 猪的营养需要开始。所谓理想蛋白质是指这种蛋白质的氨基酸在组成和比例上与动物所需要蛋白质的氨基酸的组成和比例一致。

只有当饲料蛋白质中的各种氨基酸（主要是必需氨基酸）的配比与猪所需的氨基酸配比恰好一致时，饲粮蛋白质的生物学效价最好，利用率最高。"理想蛋白质"是近年来研究猪的蛋白质氨基酸需要提出的新理论。目前主要用于生长猪。其基础是：

（1）根据不同性别、体重的增长，猪躯体的氨基酸配比相当稳定这一现象，推断猪对饲粮氨基酸需要量方面的差异仅表现在绝对量上，而各个氨基酸需要量的配比则保持不变。

（2）生长猪对蛋白质的需要量虽然由维持与生长两部分组成，但维持所占比例较小，因此，猪对饲粮氨基酸配比的要求主要由生长需要来决定。

（3）生物学效价高的饲粮蛋白质，其氨基酸配比与猪的肌肉中的配比极为相似。

2.理想蛋白质的必需氨基酸模式

对理想蛋白质模式的研究，早期大都参照机体蛋白质氨基酸的组成来确定，英国农业研究委员会（ARC，1981）是以猪的奶中蛋白质与猪的肌肉中蛋白质的必需氨基酸成分为模式，确定出以赖氨酸为 100 的其他氨基酸比分（表 3-8）。NRC（1988）和 ARC（1981）提出的基于色氨酸的理想蛋白质氨基酸模式见表 3-9。近来，理想蛋白质模式多采用拼凑法，即由确定的单个氨基酸需要组合而成。NRC（1998）标准基于部分扣除氨基酸的氮沉积法确定的猪维持和沉积蛋白质的理想模式，与其他标准的比较见表 3-10。

表 3-8　生长育肥猪理想蛋白质必需氨基酸模式　（占赖氨酸百分比，%）

氨基酸	猪奶蛋白	仔猪体蛋白	猪体蛋白	ARC（1981）
赖氨酸				100
精氨酸	100	100	100	—
组氨酸	—	—	—	33
异亮氨酸	36	39	38	55
亮氨酸	54	52	52	100
蛋 + 胱氨酸	113	104	101	50
苯丙 + 酪氨酸	43	45	43	96
苏氨酸	111	94	96	60
色氨酸	55	55	55	15
缬氨酸	17	—	—	70
必需氨基酸（%）	71	70	70	41.5
非必需氨基酸（%）				59.5

表 3-9 基于色氨酸的氨基酸模式

氨基酸	NRC（1988）	ARC（1981）
精氨酸	3.0~1.0	
组氨酸	1.8	2.3
异亮氨酸	3.8	3.8
亮氨酸	5.0	7.0
赖氨酸	7.0~6.0	7.0
蛋 + 胱氨酸	3.4	3.5
苯丙 + 酪氨酸	5.5	6.7
苏氨酸	4.0	4.2
色氨酸	1.0	1.0
缬氨酸	4.0	4.9

表 3-10 各标准蛋白质的理想模式的比较

氨基酸	ARC（1981）	INRA（1984）	日本（1993）	SCA（1990）	NRC（1988）
赖氨酸	100	100	100	100	100
精氨酸	—	29	—	—	39
组氨酸	33	25	33	33	32
异亮氨酸	55	59	55	54	54
亮氨酸	100	71	100	100	95
蛋氨酸	—	—	—	—	26
蛋氨酸 + 胱氨酸	50	59	51	50	57
苯丙氨酸	—	—	—	—	58
苯丙氨酸 + 酪氨酸	96	98	96	96	92
苏氨酸	60	59	60	60	64
色氨酸	15	18	15	14	18
缬氨酸	70	70	71	70	67

3. 氨基酸的缺乏症

猪缺乏氨基酸很少有典型的临床症状。主要症状是食欲降低，伴随采食量降低，饲料浪费多，饲料利用率低，增重缓慢，体质虚弱，被毛干燥、粗糙。严重时有负氮平衡，血清蛋白质浓度降低，贫血，肝中脂肪累积，水肿。繁殖猪降低仔猪的初生重、产乳量，一些酶和激素的合成减少。对饲料中黄曲霉毒素的敏感性增加。

饲粮氨基酸不平衡在生产上较常见，其不利影响更为明显。解决的办法，一是利用氨基酸的互补作用，使多种饲料在氨基酸含量上能够取长补短。如苜蓿蛋白质中赖氨酸含量较多，为 5.4%，蛋氨酸含量较少，为 1.1%；而玉米蛋白质中赖氨酸含量较少，为 2.0%，蛋氨酸含量较多，为 2.5%，将这两种饲料适当配合使用，可同时提高饲粮中赖氨酸和蛋氨酸的含量。二是适当添加限制性氨基酸，使氨基酸配比保持平衡。保持氨基酸平衡，是避免猪出现氨基酸缺乏症的前提。

（三）猪对氨基酸的有效利用

1.氨基酸的利用率

饲料中的氨基酸只有被猪进食后，消化吸收，进入体内才能有效利用。猪饲料中蛋白质的营养价值主要通过氨基酸的有效利用状况来决定。所谓氨基酸的有效利用率，是指饲料中的有效氨基酸占饲料用化学方法测定出来的总氨基酸的比例（以 % 表示）。有效氨基酸是指饲料中可被动物机体利用的那部分氨基酸。

氨基酸有效利用率（%）= 饲料有效氨基酸 / 饲料总氨基酸 × 100。

2.氨基酸的测定方法

饲料总氨基酸可用化学的方法，由氨基酸分析仪直接测定出来，而饲料中的氨基酸，则只能用下列几种方法测得。

（1）生长曲线倾斜测定法。此法需进行两组饲养试验，一组饲喂未知有效氨基酸含量的试验日粮，另一组则喂已知该有效氨基酸含量的日粮。饲养一定时间后，画出二者的生长曲线，如果两线重合，说明两者有效氨基酸的含量一致，否则再用其他方法测定具体含量。

（2）回肠末端内容物测定方法。即在回肠末端做肠瘘管，当饲喂试验日粮时，从回肠瘘管取内容物，测定其中未吸收的氨基酸浓度，然后根据单位时间内通过回肠的内容物量，即可求出未被消化吸收的氨基酸量。饲料中氨基酸总量减去未消化的量，即为有效氨基酸量。

（3）FDNB 标记法。FDNB 即 1- 氟 -2,4- 二硝基苯，它能与赖氨酸的游离末端结合，形成赖氨酸 -FDNB 复合物。测定时，首先分析饲料中赖氨酸 -FDNB 含量，然后再分析粪中未消化的赖氨酸 -FDNB 量，即可得出赖氨酸消化率，从而得出有效赖氨酸含量。

3.饲料中氨基酸的利用率

猪对氨基酸的需要量，其实质是猪可消化利用的必需氨基酸的数量。因此，仅仅了解饲料氨基酸的总量是不够的，还要了解饲料氨基酸的利用率。但目前尚无精确方法测定氨基酸有效利用率，只有少数人用斜率比法间接测定过。因此，大多数测定结果实为消化率，即由饲料中食入的氨基酸量与消化道中排出的氨基酸量之差同食入氨基酸的比。

表 3-11　回肠法测定的必需氨基酸表观消化率　（%）

饲料	苏氨酸	缬氨酸	蛋氨酸	异亮氨酸	亮氨酸	苯丙氨酸	赖氨酸	组氨酸	精氨酸
黄玉米	62.4	67.2	75.0	56.6	83.1	81.7	58.1	87.8	88.5
0-2 玉米	72.0	79.5	84.8	75.5	86.6	85.1	79.1	91.3	83.9
大麦	61.7	64.6	69.2	61.7	72.4	80.0	63.0	77.4	83.1
高粱	49.7	56.8	72.4	52.9	71.3	73.4	55.9	53.2	45.5
湖北豆饼	49.3	56.5	48.3	59.7	57.7	62.6	74.7	76.2	59.5
北京豆饼	77.2	73.5	76.0	77.8	80.1	81.9	84.9	91.0	91.5
北京豆饼	79.6	73.8	77.1	73.9	82.2	82.3	85.3	91.3	94.5
花生饼	85.8	85.6	89.3	88.1	90.8	91.3	81.6	91.4	96.2
葵籽饼	86.0	85.4	94.2	86.3	88.7	90.4	79.9	91.9	95.6
葵籽饼	81.2	81.0	88.3	82.9	86.2	88.2	77.4	92.2	95.3
菜籽饼	71.0	69.0	29.9	72.3	78.7	79.0	59.1	86.0	88.3
浓缩菜籽蛋白	69.3	68.4	85.9	70.0	75.2	73.9	69.1	80.4	87.8
脱毒菜籽饼	80.0	74.1	86.4	67.6	81.0	80.9	69.7	85.4	90.3
机榨浸提菜籽饼	62.3	61.9	81.2	65.7	71.7	71.5	48.8	76.8	86.0
无腺棉仁饼	79.9	81.5	89.1	79.8	85.6	90.0	85.1	90.8	95.2
永合机榨棉籽饼	39.1	47.8	17.5	46.2	51.1	66.3	32.2	65.5	82.6
安阳预浸棉籽饼	50.5	55.7	41.2	53.1	58.9	72.6	55.9	72.2	86.5
廊坊机榨棉籽饼	38.6	48.8	41.7	47.6	52.7	67.3	42.0	66.0	83.6
河北预浸棉籽饼	55.7	61.5	46.6	60.4	64.6	75.4	53.2	77.0	88.0
玉米蛋白粉	88.7	90.7	83.6	90.2	97.0	93.9	81.2	94.8	82.0
北京血粉	90.7	94.6	92.2	73.6	95.9	95.8	96.5	98.9	96.0
苏州血粉	92.5	94.4	92.8	77.9	95.9	96.3	95.7	98.6	95.8
肉骨粉	51.7	54.4	59.7	52.6	61.9	54.2	52.7	76.9	71.0

测定猪对饲料氨基酸的消化率，目前人们公认的较为准确的方法是回肠瘘管法。即对猪施行外科手术，在回肠末端装上瘘管，收集回肠食糜。根据猪食入的氨基酸量与食糜中的氨基酸之差来计算氨基酸的消化率，这样可以避免大肠微生物的影响。

国内学者近年来以回肠法测定的猪饲料中必需氨基酸（色氨酸因分析方法所限除外）的表观消化率见表 3-11。结果表明，不同谷物饲料氨基酸的消化率不同，0-2玉米（高赖氨酸）值最高，高粱最低，黄玉米和大麦居中。除高粱中的外，谷物饲料的不同氨基酸的消化率，最高的是精氨酸，最低的是赖氨酸、苏氨酸和异亮氨酸。在各种饼粕饲料中，花生仁饼、向日葵籽饼的氨基酸消化率最高，其次是豆饼、菜籽饼，最低的是棉籽饼。菜籽饼经脱毒后，氨基酸的消化率明显高于其他菜籽饼和浓缩菜籽饼蛋白。无腺棉仁饼的氨基酸消化率较高。在棉籽饼中浸提棉籽饼比机榨棉籽饼的消化率高。从不同氨基酸的消化率看，花生仁饼、葵籽饼和菜籽饼中赖氨酸消化率最低，豆饼和菜籽饼中蛋氨酸的消化率最低。在所有饼粕类饲料中，以精氨酸、组氨酸的消化率最高。在所测定的几种动物性蛋白质饲料中，以肉骨粉中氨基酸消化率为低，约50%的氨基酸不能被猪消化吸收。血粉中氨基酸消化率则高，绝大多数都在95%左右。从各氨基酸的消化率看，血粉中异亮氨酸的消化率最低。肉骨粉中异亮氨酸、赖氨酸和苏氨酸的消化率都低。

五、提高蛋白质营养价值的方法

（一）开辟蛋白质饲料资源

我国现在尚有不少蛋白质饲料资源没有开发利用。如各种饼（粕）类，特别是菜籽饼、棉籽饼大多直接用作肥料，应提倡先喂畜禽后作肥用，以充分发挥其潜力。其次，要增种豆类作物，如蚕豆、豌豆，特别是大豆，它含有36%~40%蛋白质和各种必需氨基酸，含脂肪14%~18%，其蛋白质含量约比小麦高3倍，比稻谷高4倍，是薯类的20倍。再次，要把屠宰业、乳品业、养蚕业、渔业、食品业以及皮革业等的加工副产品及下脚料充分利用起来，如肉骨粉、血粉、羽毛粉、脱脂乳、酪乳、鱼粉、蚕蛹、蚕蛹饼、蚕纱、兔肉粉等。此外还要发展合成氨基酸（如赖氨酸、蛋氨酸）工业和单细胞蛋白质工业等。做到物尽其用，开源节流。

（二）提高蛋白质饲料利用率的饲养技术措施

1.提高日粮蛋白质的消化性

要提高日粮蛋白质的消化性，必须注意饲粮的组成，尤其是粗纤维的含量、性质及蛋白质水平对日粮消化率影响很大。粗纤维过多，特别是含有较多木质素的秕壳、稿秆类粗料，如谷糠等，不仅使其本身消化率降低，而且影响其他营养物质消化；因为日粮中粗纤维多会加快通过消化道速度，降低蛋白质消化率。各种蛋白质饲料喂猪所得蛋白质消化率如下：大豆84%~92%，蚕豆79%，菜籽饼79%，羽毛粉77%，血粉72%，大豆皮45%，玉米芯粉34%。

2. 注意日粮能量平衡

能量是猪的第一需要，要避免蛋白质供能，必须保持能氮平衡。若日粮能量水平过低或不足，则蛋白质就用作能源，蛋白质的利用率亦随之下降。根据Campbell 等试验，高能量水平除增加日增重及体脂肪沉积外，还可增加体蛋白质的沉积，而低能量水平，因蛋白质用于供给能量，蛋白质沉积量减少（表3-12）。

表3-12 能量水平与体蛋白质沉积

消化能水平	日增重（g）		蛋白质沉积（g）	
（MJ/d）	公	母	公	母
23.0	418	357	70.8	67.5
27.5	576	541	98.2	83.6
33.0	793	656	131.6	103.2
37.5	842	741	159.0	119.0
41.8	884	784	185.2	134.6

3. 掌握饲粮中蛋白质水平

饲粮（日粮）中蛋白质水平和数量，也是影响蛋白质利用率的重要因素，如日粮蛋白质品质好、数量适宜，则蛋白质利用率高，若喂量过多，则蛋白质的利用率随过多的程度而逐渐下降。原因在于猪合成体蛋白质的程度有一定限制。食入蛋白质过多，不管品质多好，多余的蛋白质也不能用于氮的需要，而只能用作能源。因而造成蛋白质利用浪费。Sugahara 等给生长猪分别饲喂 16%、32% 和 48% 的蛋白质，观察到增重随蛋白质的递增而直线下降，饲料进食量受限制，毛无光泽而粗糙。高蛋白质日粮使肝脏水平和蛋白质含量发生变化。王康宁等研究了 11%、14%、17% 和 20% 粗蛋白质水平对 20~35kg 两元杂交（长白 × 荣）猪的影响，以 17% 蛋白质与赖氨酸占粗蛋白质 4.5%~5.0% 的猪日增重最快，饲料利用率最高。我国肉脂型生长肥育猪及瘦肉型生长肥育猪饲养标准中规定的蛋白质水平如表3-13。

表3-13 我国肉脂型及瘦肉型生长肥育猪蛋白质水平 （%）

体重（kg）	10~20	20~35	35~60	60~90
肉脂型生长肥育猪	19	16	14	13
瘦肉型生长肥育猪	19	16	16	14

4. 注意日粮蛋白质品质

蛋白质的全价性不仅表现在所含必需氨基酸的种类要齐全，而且比例要恰当。猪在体内合成蛋白质时，对日粮中各种氨基酸尤其是必需氨基酸之间的比例有较固定的要求，因此日粮中各种必需氨基酸必须按营养所需的比例搭配齐全。例如猪合成体蛋白需要 10 种必需氨基酸，如果其中任何一种必需氨基酸缺少或不足，都会限制其他必需氨基酸的利用。

5. 利用蛋白质互补作用

当两种以上饲料混合喂猪时，蛋白质的利用率提高。据喂猪试验，单独饲喂时，玉米蛋白质利用率为 51%，肉骨粉为 42%。若用两份玉米和 1 份肉骨粉混合喂猪，则蛋白质利用率提高到 61%，而不是 48%，这种因两种以上饲料混合提高蛋白质营养价值的现象，称为蛋白质或氨基酸的互补作用。在猪的日粮中，蛋白质利用率较低的植物性饲料，配上 10%~15% 动物性蛋白质饲料，一般说来，混合料的蛋白质利用率可提高到接近于动物性蛋白质的利用率。如根据喂猪试验，单独饲喂时蛋白质生物学价值为 60%，牛奶为 80%，两者以 6∶4 比例混合喂猪时则生物学价值提高到 79%，而不是 68%。各种禾本科籽实之间的搭配，一般没有互补作用或互补作用很小，但禾本科籽实与豆科籽实，特别是与大豆、花生或其饼粕的搭配，则能保证生产效果，互补作用是其重要的科学论据之一。蛋白质互补作用的强弱，取决于饲料蛋白质中各种必需氨基酸的数量和组成比例。

6. 注意饲喂蛋白质的时间效应

各种氨基酸的互补作用，不仅在多种饲料搭配同时饲喂时发生，而且先后各次食入蛋白质之间也有互补作用。但随着时间间隔加长，互补作用也随之降低。因为吸收到体内的蛋白质和氨基酸，在猪体内贮存的能力很弱，时间很短，特别是各种单个氨基酸基本上不能贮存，这是因为合成蛋白质时，必须按合成蛋白质特定的各种氨基酸的比例和数量同时齐备，才能有效地利用各种氨基酸。若一种或几种必需氨基酸缺乏或数量少于特定比例的要求，就不能合成体蛋白，或合成受到限制，其他各种相应多余的氨基酸则不能长期贮存，经过脱氨，使氨以尿素形式随尿排出，而碳键作为能量，造成蛋白质的浪费。

7. 采用科学方法调制饲料

豆类经过适当加热，对蛋白质的消化、利用有良好作用。例如用煮过的豌豆喂猪，可提高增重率 20%。据试验，大豆粉在正确加热下蛋白质相对效率为 100%，加热过度则为 91%，加热不足为 78%，未加热为 40%，生大豆为 33%。因豆类籽实含有抗胰蛋白酶、血球凝集素、脲酶等物质，对蛋白质水解有抑制作用，通过加热可将其破坏使之丧失活性，使蛋白质利用率提高。但热处理过程中要避免温度过高、时间过长，否则会因蛋白质变性而降低氨基酸的利用率。

8. 补加合成赖氨酸或蛋氨酸

针对日粮氨基酸平衡状况补加赖氨酸和蛋氨酸，能提高整个日粮蛋白质利用率，提高生产水平，降低成本，取得较大经济效益。据试验，在粗蛋白质 12% 的豆饼型日粮内添加 0.15% 蛋氨酸，可使仔猪每头日增重 286g，与用粗蛋白质 18% 豆饼型日粮喂猪效果（290g）相同。

9. 注意日粮营养平衡和常量、微量矿物元素及维生素的供给

根据猪营养需要和当地生产条件，合理地搭配饲料和补充营养性添加剂——矿物质、维生素，使日粮的营养物质达到平衡和全价性，对提高蛋白质和饲料利用率有重要作用。能量是日粮的基本指标，在能量基础上，氨基酸、维生素、矿物质和微量元素等必须成比例地满足猪维持健康和进行生产的需要，力争做到全价饲养。近几十年来由于营养科学有了很大进步，使猪饲养跃进到一个新的阶段，解决了长期以来实现全价平衡饲养问题，加上饲料工业普遍应用电子计算机技术，能够做到几十个营养指标的平衡，使生产效率比 20 世纪 50—60 年代以前的日粮提高了 50% 到一倍多，蛋白质和氨基酸利用效率也大为提高。

第三节　猪的碳水化合物营养

众所周知，太阳首先把其光能转移给绿色植物，通过植物的光合作用，使能量以碳水化合物的形式贮存于植物体中，人类和一切动物则进一步利用植物中贮存的这种能量供自己生存需要。植物中的蛋白质、脂肪等含有能量的物质，也都是由碳水化合物转化而来。因此，人类和动物食物或能量的直接来源是植物中的碳水化合物，间接来源是太阳光能。那么碳水化合物是怎样的一些物质呢，它们到底对猪有什么营养作用。

一、碳水化合物的基本概念

（一）碳水化合物的定义与组成

碳水化合物是由 C、H、O 三种元素组成的化合物，其中 H 与 O 原子的比例多数为 2：1，与 H_2O 中 H 与 O 的比例相同，故称之为碳水化合物。碳水化合物的组成可用通式：$CnH_{2n}On$ 或 $Cn(H_2O)n$ 表示，如葡萄糖的分子式为：$C_6H_{12}O_6$ 或 $C_6(H_2O)_6$。在化学定义上的碳水化合物系指：多羟基醛或多羟基酮以及经水解后能产生多羟基醛或多羟基酮的一类化合物。

（二）碳水化合物的种类和特点

1. 根据碳水化合物在稀酸中水解情况划分，碳水化合物可分为单糖、低聚糖和多糖三大类

（1）单糖。单糖是指不能被稀酸溶液水解的多羟基醛或多羟基酮。单糖是构成碳水化合物的基本结构单位。单糖按其官能团分，可划分成醛糖和酮糖两类。若根据分子中碳元子个数可分为：丙糖、丁糖、戊糖、己糖和庚糖等，一般单糖 C 原子的个数在 3~7 个，最简单的单糖是丙糖，生物代谢中最主要最常见的是戊糖和己糖。戊糖中最主要的是核糖和脱氧核糖，己糖中最主要的是葡萄糖、果糖、半乳糖等。

（2）低聚糖。低聚糖是指能被稀酸水解成 2~10 个分子单糖的糖的总称。如二糖、三糖等。常见的低聚糖是二糖。二糖是低聚糖中最重要的一类糖，它是由两个单糖分子组成。二糖中以蔗糖、麦芽糖、纤维二糖、乳糖等最为重要。

蔗糖：由一分子 α-D- 葡萄糖和另一分子 β-D- 果糖通过 α、β-1,2 糖苷键连接起来的。蔗糖是植物体内糖运输的主要形式，猪采食后，在消化道中被蔗糖酶分解为葡糖和果糖后被吸收利用。

麦芽糖：由两分子 α-D- 葡萄糖以 α-1,4 糖苷键形式结合而成，麦芽糖在猪饲料中含量很少，但猪在消化淀粉时，需先降解成麦芽糖，然后由麦芽糖酶分解成两分子葡萄糖后吸收利用。

乳糖：由一分子 α-D- 葡萄糖与另一分子 β-D- 半乳糖，通过 β-1,4 糖苷键形式结合而成，植物中不含有乳糖，仅存在于猪乳汁中，乳糖在消化道中被乳糖酶分解为一分子葡萄糖和一分子半乳糖后被吸收利用。其他低聚糖在自然界中量较少。

（3）多糖。由 10 个以上相同或不同的单糖分子以糖苷键形式结合而成的一类高分子化合物。多糖可以由一种单糖组成，也可以由多种单糖组成，由一种单糖组成的多糖称为同聚多糖，由多种单糖组成的多糖称杂聚多糖。与猪营养有关的多糖主要如下。

淀粉：淀粉是绿色植物中存在最广的多糖，是植物体能量的贮备形式。淀粉是动物饲料可溶性碳水化合物的主要组分。它被猪采食后可在口腔或消化道中被淀粉酶分解成麦芽糖，麦芽糖再被分解成葡萄糖被吸收利用。

糖元：糖元是存在于猪肝脏和肌肉组织中的碳水化合物大分子，它的结构和特性与淀粉相似，故有动物淀粉之称，不过糖元分子比淀粉的分子更大，支链更多。糖元在猪体内可被磷酸激酶分解为葡萄糖，也可由葡萄糖在糖元合成酶作用下合成糖元，糖元的主要作用即通过合成和分解来调节血糖，使血糖保持相对稳定。因此，体内糖元数量虽很少，但其作用却是不可忽视的。

纤维素：纤维素是植物界分布最广，且含量最丰实的一种多糖，它是植物细胞壁的主要成分。对植物来说，纤维素是主要的支持组织。由于猪消化液中不存在纤维素分解酶，纤维素对于猪营养价值很低，一般只能起填充作用。后段消化道中的微生物可产生纤维素酶，能把纤维素降解变成挥发性脂肪酸（VFA）被吸收利用，但利用效率很有限。

半纤维素：半纤维素主要存在于植物的木质化部位，它包括很多高分子多糖，不同来源的半纤维素成分各异。它是由各种戊糖和己糖通过糖苷键形式连接起来的。半纤维素比纤维素要活泼，但猪消化液中仍无半纤维素分解酶，只能由微生物酶分解为 VFA 被利用。半纤维素主要存在于植物木质部，与木质素交织在一起，猪的利用能力极低。

果胶：果胶主要是由 α–D– 半乳糖醛酸甲酯和少量半乳糖醛酸以 α–1,4– 糖苷键形式结合成的。果胶常充实在细胞壁之间，使细胞壁黏合在一起。果胶在植物茎叶或未成熟的果实中可与纤维素缩合而成分子量更大和更稳定的大分子化合物，从而使纤维素更难被猪利用。

木质素：并非碳水化合物，但是它也是细胞壁的主要组分，通常与纤维素、半纤维素共存，因它能影响纤维素和半纤维素的利用，因此在营养研究时，常把它与纤维素和半纤维素一起研究。木质素的详细结构尚未完全弄清，但它也是一种大分子化合物。木质素是猪体内的消化酶和微生物均不能分解的化合物，其体外分解产物，至今还未发现进入体内中间代谢的任何途径。因此，木质素不仅是猪难消化的成分，而且是分解后也不能利用的一种成分。但它与纤维素和半纤维素共存，因此，了解木质素的结构与性质后，对充分利用纤维素和半纤维素有很大益处。

2. 根据碳水化合物对猪的利用率划分，碳水化合物可分为两大类，即粗纤维和无氮浸出物

（1）粗纤维。它是指饲料中不易被猪消化吸收的碳水化合物总称，包括纤维素、半纤维素、果胶和木质素等。木质素虽然不是碳水化合物，但在植物性饲料中，通常与纤维素、半纤维素等交织在一起，很难被分开，在常规饲料分析方法中，用酸、碱、醇、醚测定时，通常把上述四者一起测定，因此，木质素也包含在粗纤维之中。

（2）无氮浸出物。它是指饲料中容易被猪消化吸收的碳水化合物的总称，主要包括淀粉和其他可溶性糖。无氮浸出物是猪的主要能量来源。由于无氮浸出物中包含的糖的种类很多，很难将每一种糖都一一测定，因此，在饲料营养价值评定和饲料常规营养成分分析时，通常是先测定饲料中六大概略养分中其他 5 种，最后通过计算的方法，求出无氮浸出物含量。即：

无氮浸出物（%）=100－粗蛋白质（%）－粗脂肪（%）－粗灰分（%）－粗纤维（%）－水分（%）

或无氮浸出物（%）= 干物质（%）－粗蛋白质（%）－粗脂肪（%）－粗灰分（%）－粗纤维（%）

二、碳水化合物的生理意义

（一）氧化供能

碳水化合物的最重要的营养作用就是氧化供能，每克碳水化合物完全在猪体内氧化后，平均可产生 17.1kJ（4.1kcal）的热能，供机体的一切生命活动需要。有些组织器官如大脑，只能通过葡萄糖供能，而大脑贮备糖的能力又很弱，只能依靠血糖供应，所以猪必须连续不断地进食碳水化合物以维持血糖稳定。

（二）作为机体构成物质

碳水化合物是机体很多器官组织的构成物质，如核糖和脱氧核糖是 RNA 和 DNA 的组分，黏多糖是结缔组织基质的组分等。血浆脂蛋白中也含有碳水化合物。

（三）作为营养贮备

碳水化合物在猪体内可转变成糖元或脂肪贮备起来。糖元虽在体内储积能力较小，但它能在血糖降低时，迅速分解为葡萄糖来补充血糖。而脂肪则是在猪能量供给不足时，直接氧化供能。

（四）合成乳脂、乳糖和非必需氨基酸

碳水化合物是猪泌乳期合成乳脂和乳糖的重要原料。同时碳水化合物在猪体内可为非必需氨基酸的合成提供碳链。

三、碳水化合物的消化、吸收和代谢

（一）猪消化道中的碳水化合物分解酶

见表 3–14。

表 3-14　碳水化合物在猪消化道中的分解酶

酶的种类	来源	分解对象	分解产物
淀粉酶	唾液、胰脏	淀粉、糖元	麦芽糖、葡萄糖
麦芽糖酶	小肠	麦芽糖	葡萄糖
乳糖酶	小肠	乳糖	葡萄糖、半乳糖
蔗糖酶	小肠	蔗糖	葡萄糖、果糖
纤维素分解酶素	肠道微生物	纤维素	VFA、葡萄糖、CH_4
半纤维素分解酶素	肠道微生物	半纤维素	VFA、葡萄糖、CH_4

（二）碳水化合物的消化、吸收和代谢

1. 碳水化合物在猪体内的消化

对猪来说，最重要的能源是葡萄糖。或直接来自饲粮中葡萄糖，或来自体内的糖元，或由其他代谢产物转化而来。饲粮中直接提供的葡萄糖很有限，而主要是无氮浸出物，通过消化转化成葡萄糖等形式吸收进入体内供体组织利用。除了新生仔猪能吸收较大分子物质以外，猪的消化道只能吸收单糖。

淀粉是猪饲粮中主要的碳水化合物和能源。淀粉的消化在肠腔上段。胰腺分泌的消化碳水化合物的主要是 α- 淀粉酶。猪唾液中的 α- 淀粉酶的作用甚微。α- 淀粉酶分解直链淀粉，它水解 α-1,4- 糖苷键，产生麦芽糖和少量葡萄糖的混合物。淀粉中还有一大部分是支链淀粉，即含有 α-1,6- 糖苷键，α- 淀粉酶对其不能水解。因此，当 α- 淀粉酶作用于支链淀粉时，其终产物中除了麦芽糖外，还有低聚糖，通过低聚 α-1,6- 葡萄糖苷糖酶作用，产生麦芽糖和葡萄糖。

双糖的分解发生在微绒毛膜的外端刷状缘。如 α- 葡萄糖苷酶分解含有 α- 葡萄糖苷键的蔗糖和麦芽糖，β- 葡萄糖苷酶分解含有 β- 葡萄糖苷键的果糖。细胞内的淀粉酶位于微绒毛膜的外层，负责完成在肠道开始的淀粉的水解。

仔猪 7 日龄前能有效地利用葡萄糖和乳糖，7~10 日龄后，能利用果糖和蔗糖。但用这些糖饲喂仔猪时，易导致严重下痢、失重，甚至造成死亡。仔猪由于胰淀粉酶和肠二糖酶不足，当摄食以葡萄糖、乳糖或蔗糖提供能源的饲粮时，其生长反应好于靠摄食淀粉提供能源的仔猪。2~3 周后，仔猪能有效地消化谷物淀粉，这时可喂淀粉或谷物为基础的饲粮。

淀粉的消化率受许多因素的影响，如饲料颗粒的大小，淀粉的特性，淀粉与脂肪和蛋白质的相互作用，抗营养因子，如植酸、单宁、皂角苷和酶抑制剂等。

碳水化合物中相当一部分属于粗纤维，猪的小肠无消化这类物质的酶，不能消化纤维素、半纤维素等纤维物质，而是通过大肠微生物的发酵作用对其消化。饲料中的纤维素、半纤维素等可被微生物产生的相应酶分解为葡萄糖，并进而分解成乙酸、丙酸、丁酸和甲烷。三种酸部分被吸收利用，大部分随粪排出体外。

2. 碳水化合物在动物体内的吸收

十二指肠、空肠是吸收单糖的最主要的部位。回肠对单糖的吸收较少。胃和大肠对糖的吸收更微。碳水化合物的水解产物通过与钠离子配对的载体，转运至微绒毛膜，进入吸收细胞。糖的吸收机制主要为主动吸收，依靠细胞膜上一种称作"泵"的功能蛋白质，消耗能量完成转运过程。

猪对单糖的吸收具有选择性，一般来说，半乳糖和葡萄糖的吸收率高，阿拉伯糖的吸收率低。单糖吸收率的高低有如下顺序：半乳糖 > 葡萄糖 > 果糖 > 戊糖。现已肯定，对半乳糖和葡萄糖的吸收为主动转运，对其他糖的吸收是否为主动吸收尚不一致。一些单糖在小肠黏膜细胞中转变成了葡萄糖。在一定范围内果糖转变成为葡萄糖相对稳定，在成猪血液中，果糖含量很低，但在新生仔猪血液中果糖含量较高。Aherne（1969）发现在 3 日龄、6 日龄、9 日龄猪都未发现果糖转变成葡萄糖，表明肝中的果糖酶活性不一定随猪的年龄而变化。给低血糖初生仔猪静脉注射蔗糖、果糖、乳糖并不缓解低血糖症，只会导致尿中排泄增加。这是由于糖的吸收都在肠黏膜细胞的同一通道，使它们的吸收造成了彼此相互竞争抑制，如葡萄糖与果糖之间以及葡萄糖与其衍生物之间的竞争抑制较为明显。成年猪由于缺乏果糖酶，摄食果糖易引起腹泻和胀气。给仔猪饲喂木糖会引起食欲下降，生长缓慢，产生白内障。在正常情况下，可溶性碳水化合物的吸收率为 90% 以上，表观吸收率约 80% 以上。吸收的糖通过门脉系统，到达肝脏代谢。

3. 碳水化合物在动物体内的代谢

碳水化合物通过消化，产生葡萄糖等单糖，经吸收进入血液，参与体糖代谢。猪血液中葡萄糖的浓度为 70~100mg/100mL。血液中葡萄糖的来源有：肠道吸收的饲料中的葡萄糖；肝脏和组织中的葡萄糖；糖异生合成的葡萄糖以及从糖原释放的葡萄糖。葡萄糖的去路是：从血液流进不同的组织如肝脏、肌肉、肾脏、脂肪组织和大脑等，在这些组织内氧化供能或生物合成。葡萄糖进入组织器官，尤其是肝脏后有以下几个代谢途径：一是氧化用作能源；二是合成糖元贮存；三是转变成体脂肪贮存；四是合成非必需氨基酸。

在猪胎儿的肝脏中，肝糖浓度以分娩前的数量最高，其峰值在妊娠的 112d，每头胎儿约 2g。一般猪胎儿肝脏内的肝糖浓度为 50mg/g。

当猪受到饥饿或慢性采食不足时，会出现酮病，尤其是在泌乳初期，对能量需要猛然增加时最易发生。如果猪的能量不足，或代谢受阻，机体即分解组织蛋白质供能，造成体重减轻，产乳量下降，妊娠猪还引起流产。猪也可能发生似糖尿病的综合征。仔猪具有嗜糖习惯，因此，可在其开食料中补糖以促进仔猪采食。

四、粗纤维对猪的价值

（一）粗纤维对猪的作用

1.作为潜在能源物质

即粗纤维中除木质素以外的组分可被肠道的微生物分解酶分解成挥发性脂肪酸（VFA），被吸收利用作为能源物质，但这些能源物质的利用率较低。

2.填充动物消化道

粗纤维吸水后膨胀，且难消化，从而充满胃肠，给猪以饱感。

3.粗纤维可刺激消化道黏膜，使其分泌更多的消化液，还可促进消化道蠕动，从而有利于食糜排空

4.粗纤维可妨碍其他营养物质的利用

由于粗纤维是细胞壁的主要组分，粗纤维含量越高，壁越坚硬，其中的营养物质越难利用。现在已公认，饲料粗纤维含量与其他有机养分的消化率成反相关。

（二）纤维在猪饲养上的应用

日粮中的粗纤维可能是影响蛋白质表观消化率的重要因素。由于粗纤维能加快食糜在消化道内的流通速度，不仅使蛋白质等的消化不完全，而且减少养分的吸收量。由于粗纤维能增加小肠黏膜细胞的迁移和合成速率，粗纤维发酵的产物，挥发性脂肪酸可刺激黏膜细胞在猪的生理水平范围发生细胞分裂。因此，过多的粗纤维会增加内源性氮和粪中细菌性氮的含量。

据报道，小麦麸的粗纤维每增加1个百分点，其表观消化率降低3个百分点；对甜菜渣，降低1.1个百分点。日粮粗纤维也会降低磷等矿物元素的表观消化率。日粮中的粗纤维由于吸水量大，从而增加肠道及排出粪便中水分含量。

粗纤维在猪体内的营养作用主要是通过大肠表现出来，猪大肠（盲肠和结肠）内的微生物的降解作用，与瘤胃微生物相仿。猪在大肠中的主要细菌就是瘤胃中最重要的分解纤维的类杆菌属和瘤胃球菌属细菌。不断地给猪饲喂高纤维饲粮，可增加大肠中分解纤维的细菌的数量。微生物对纤维的降解产生挥发性脂肪酸（VFA），对生长猪可提供30%的能量需要，对成年猪可能更高。

研究表明，给猪喂高纤维饲粮时，大肠中微生物的总数不变，但降解纤维的微生物增多，且取代其他微生物。溶纤维细菌的增多一般与酶活性增强同时发生，这表明可利用饲粮来提高架子猪和成年猪体内的溶纤维细菌活性。日粮中粗纤维提高可促使纤维分解细菌等有益菌群的增多，从而可抑制其他细菌，特别是有害菌群的繁殖，同时，粗纤维吸水性强，因此，日粮中保持一定粗纤维水平是保障猪肠道健康，防止腹泻的有效措施之一。

对纤维饲料适当进行加工处理，可提高其利用效果。Nutazbac 等报道，猪对细磨（6.25mm）的苜蓿饲料的消化优于粗磨（12.5mm）的饲料。把含三叶草、燕麦、苜蓿、麦麸的饲粮制成颗粒料能提高猪的采食量和生产性能，还可改善纤维素的消化。对秸秆饲料进行化学处理也有利于饲粮纤维的利用。

第四节　猪的脂肪营养

脂肪是猪所需要的三大营养物质之一，它广泛存在于动植物体中。在营养上，为了应用方便，常把动植物体中的所有脂溶性物质统称为粗脂肪。在饲料分析中，粗脂肪是用乙醚把所有能溶于其中的成分浸提出来测定，因此，粗脂肪有时亦称之为乙醚浸出物。其成分主要是真脂和类脂，另外还有少量其他非脂物质，如色素、脂溶性维生素等。

一、脂肪的基本概念

脂肪是由 C、H、O 三种元素组成，少量脂肪中含有 N、P 等元素。

粗脂肪是饲料中的所有脂溶性物质的总称，包括简单脂类、复合脂类、固醇类及其他脂溶性物质。简单脂类是猪最重要的酯，主要是甘油三酯。复合脂类包括卵磷脂、鞘脂、糖脂和脂蛋白等。

二、脂肪的生理意义

（一）作为猪的能源物质

脂肪是猪的三大能源物质之一，它的供能作用居第二位，但是脂肪是一切动物体内最重要的能源贮备物质。每一克脂肪氧化可产生 39.3kJ（9.4kcal 热量），相同重量的脂肪是碳水化合物产热量的两倍多。

（二）作为组织生长和修复的原料

脂肪是任何组织细胞的产生所必需的原料。一切细胞质膜，如线粒体、高尔基体等，都离不开脂肪，脂肪中的类脂是合成一切细胞质膜的原料。除此之外，在猪机体的任何组织细胞中都存在脂肪，如脂肪存在于肌肉中，使猪肉质量提高。

（三）内外分泌的原料

内分泌中的性激素等类固醇激素是由脂肪中的胆固醇合成的。外分泌中，如乳腺分泌的乳脂、蛋黄中的脂肪等都属于脂肪。

（四）供作溶剂与合成其他物质

脂溶性维生素 A、维生素 D、维生素 E、维生素 K 等的吸收必须有脂肪的存在。麦角固醇可以合成维生素 D_2，7-脱氢胆固醇可以合成维生素 D_3，亚油酸等必需脂肪酸在体内发挥特殊生理功能。

三、脂肪在猪体内的消化、吸收和代谢

（一）脂肪的消化和吸收

1. 消化吸收过程

由于脂肪是非极性的，不能与水混合，所以脂肪的消化和吸收与碳水化合物和蛋白质不同。脂肪消化的主要目的是把脂肪乳化成微粒，然后通过小肠微绒毛吸收。猪采食的脂肪经胃肠的蠕动作用而逐渐乳化，然后进入小肠上段，即十二指肠。脂肪在肠道经胆酸盐的作用，进一步乳化成便于吸收的微粒。这种较小的微粒增加了脂肪酶与脂肪相接触的表面积。

脂酶在胆盐的参与下，对甘油三酯进行分解，但不能完全水解甘油三酯。每分子的甘油三酯可分解成二分子的游离脂肪酸和一分子甘油一酯。甘油一酯、脂肪酸和胆汁酸，都有极性和非极性基团，能凝集形成适于吸收的微粒。磷脂和固醇也要在胆盐存在的条件下分别受胰液的磷脂酶和固醇脂酶作用而水解。

脂肪吸收首先是肠黏膜对微粒的摄入，然后其中的甘油酸和游离脂肪酸进入黏膜细胞，在黏膜细胞中重新合成甘油三酯，并将甘油三酯释入血液。微粒也是其他非极性化合物，如固醇、脂溶性维生素和胡萝卜素等吸收的重要方式。微粒在与微绒毛膜接触时自身破坏。脂解产物主要在小肠下段被吸收经门脉循环进入

肝脏。在脂肪酸和甘油一酯吸收的部位，胆盐不能吸收。脂肪的吸收除了微粒这条途径外，少量的甘油三酯也可以微小乳化物的形式被完整地吸收。脂解产生的甘油靠简单的扩散被吸收。

猪对饲粮脂肪的吸收受许多因素的影响。这些因素有：脂肪酸的长度、脂肪酸上的双键数、脂肪的形式（游离脂肪酸还是甘油三酯）、甘油三酯分子上饱和脂肪酸和不饱和脂肪酸连接甘油的位置、游离脂肪酸中饱和与不饱和脂肪酸的比例、含脂肪酸饲粮的组成成分，以及甘油三酯的量和类型。还有猪的年龄，肠道的微生物等因素。一般来说，短链脂肪酸要比长链脂肪酸吸收率高；不饱和程度高的脂肪酸要比饱和程度高的脂肪酸吸收率高，游离脂肪酸要比甘油三酯吸收率高。油酸和亚油酸以及各种甘油一酯，易与胆盐形成微粒，因此，吸收率较高。当饲料中增加油酸或油酸甘油酸时，可提高软脂酸的吸收率。动物脂和植物油混合使用，其效果高于它们单个使用的效果。

2. 特点

粗脂肪在胃中可被部分水解，但不能被乳化吸收，脂肪在酸性环境中不能使脂肪球变成微团，乳化而吸收，脂肪滴中 $\phi < 0.50\mu m$ 时，才便于水解而吸收。所以胃消化脂肪的能力很有限。

脂肪的吸收必须有胆盐的存在，而胆盐是肝胆汁中分泌，它可被重吸收，而重复利用——即胆盐的循环：小肠胆盐→血液胆盐→肝胆汁→小肠胆盐。胆盐是胰脂肪酶的辅酶，可降低脂肪滴的表面张力，而易于乳化；胆盐能直接与游离脂肪酸结合形成复合物，而利于吸收；胆盐能刺激小肠运动。

（二）脂肪的代谢

1. 脂肪的沉积

脂肪是猪肉和猪乳的组成部分。1 头 100kg 的肥猪，其脂肪含量占 30% 以上，猪乳中的脂肪含量在 8% 以上。脂肪组织是机体脂肪沉积的重要场所。脂肪在组织中并非处于惰性状态，而是通过神经体液的作用呈活跃的转运状态。机体存在着脂肪代谢池。代谢池的脂肪酸常常是不断转运的，吸收的脂肪不断进入该代谢池中。生长肥育猪，正是通过这种转运，逐渐将吸收的脂肪沉积为体内脂肪的。

2. 脂肪的合成

脂肪沉积主要靠脂肪的合成。在猪体脂肪组织合成脂肪酸。合成脂肪酸的主要起始原料是乙酰辅酶 A，它主要来自饲料中糖类的分解产物葡萄糖，脂肪和某些氨基酸降解也可以产生乙酰辅酶 A。在猪体内，乙酰辅酶 A 仅是合成脂肪酸的起始物。以棕榈酸为例，所需 8 个乙酰辅酶 A 单位中，只有 1 个以乙酰辅酶

A 的形式参与合成，其余 7 个皆以丙二酸单酰辅酶 A 形式参与合成。乙酰辅酶 A 和 7 个丙二酸单酰辅酶 A 连续缩合，释放出 7 分子 CO_2，形成棕榈酸。最后甘油三酯的合成，是通过长链脂酰辅酶 A 与甘油的酯化来完成的。

3. 脂肪的分解

当猪处于饥饿状态，或泌乳高峰期需要大量能量时，机体会动员脂肪组织中贮存的脂肪用作氧化供能或转化成乳脂。甘油三酯先水解成脂肪酸和甘油，然后再进一步分解。从脂肪组织分解释放出的脂肪酸和甘油与清蛋白结合，转运到能利用脂肪供能的组织器官。如肌肉、肝脏、心脏等。

血液中的游离脂肪酸具有重要意义。血浆中的游离脂肪酸浓度，代表的是贮存脂肪的动员，脂肪酸的摄入，组织的利用以及从消化道的吸收等综合反应，虽然血浆中脂肪酸的浓度很低，但是脂肪酸的周转率很高。

（三）限制过高胴体脂肪的饲养措施

随着生产的发展和人们生活水平的不断提高，对胴体瘦肉的需求越来越多。因此，不得不采取一些措施限制胴体过多的脂肪。多年来，育种工作者为人们培育出了瘦肉型猪种，使胴体脂肪大为减少。同时，采取适当的饲养措施，也能减少胴体脂肪含量。

限制饲养可改进胴体品质，我国的地方品种猪多为脂用型猪，对限制饲养反应敏感。限制饲养有限量与限质两种方法，限量是指在生长肥育阶段饲喂低于自由采食量的饲粮；限质饲养是所喂饲粮的量不变，但改变饲粮的质量，一般是降低日粮能量水平，增加粗纤维含量等办法。研究表明，在饲粮中适当添加蛋白质也能减少胴体脂肪，提高胴体品质。

（四）饲粮中补加脂肪的效果

从饲养的角度考虑，饲粮中添加脂肪，可减少粉状饲料粉灰飞扬的浪费，减少饲料混合和运转机械的磨损，便于饲料制粒，提高饲料的适口性、采食量。近来的研究表明，饲粮中添加脂肪具有更重要的意义。自 Seerley 等在母猪饲粮中添加玉米油，增加仔猪的存活后，人们进行了大量的在猪饲粮中添加脂肪的试验。Moser 总结了大量的试验结果（表 3-15），表明在猪的妊娠后期和哺乳期，给猪的饲粮添加 7%~15% 的脂肪，可提高产乳量 8%~30%。初乳和常乳的脂肪含量提高 1.8% 和 1%，从初生到断乳（3 周）的存活率增加 2.6%，窝产仔数增加 0.3 头。仔猪存活增加的原因可能是，添加脂肪的母猪体重增加，体内糖元和体脂肪贮存增加，提高了仔猪出生后对外界环境的适应能力。与此同时，脂肪的添加导致了产乳量和乳中脂肪含量增加，从而提高了新生仔猪对能量的摄食量。

添加脂肪还减少母猪泌乳期的体重损失，缩短断乳到配种的间隔时间。相对而言，所添加脂肪的类型影响不大。

表 3-15 母猪饲粮添加脂肪的效果

指标	对照组（统计窝数）	加脂肪组（统计窝数）	差 异
窝产活仔数	10.0（667）	9.9（814）	-0.1
窝断乳仔猪数	8.1（667）	8.4（814）	+0.3
存活率（%）	82.0（736）	84.6（938）	+2.6
平均初生重（kg）	1.41（667）	1.39（814）	-0.02
三周龄体重（kg）	5.57（356）	5.66（432）	+0.09
初乳中脂肪含量（%）	7.3（360）	9.1（512）	+1.8
常乳中脂肪含量（%）	9.1（322）	10.1（506）	+1.0

在断乳仔猪饲粮中也可添加脂肪，添加的量为 2%~30%，但究竟多大的量适宜尚未肯定，仔猪对添加脂肪的反应，无论是增生还是饲料利用率都不一致。不过含饱和脂肪酸高的脂肪（如可可油、黄油）利用效果好些。而利用效果差的脂肪可能是仔猪断乳后对其消化率不佳所致。然而，现已证实，断乳仔猪利用脂肪的效果与利用碳水化合物的效果相等。

许多试验表明，生长肥育猪，饲粮中添加脂肪，可降低饲料采食量，提高饲料利用率。但许多因素影响饲料的利用率，如环境因素，当猪处在热应激时，在饲粮中以脂肪替代碳水化合物的能源，可改进生长反应，减少猪热增耗产生，降低单位体重的代谢需要量；而当猪处在较热的气温条件时，饲粮每多加 1% 的脂肪，则多增加 0.2%~0.6% 的代谢能摄入量，猪抗热应激能力提高。

四、必需脂肪酸

必需脂肪酸是指那些在动物体内不能合成，必须由饲料供给，而又是正常生长所必需的多不饱和脂肪酸。不饱和脂肪酸根据其碳链上双键的位置，还可分成 ω-3、ω-6、ω-9（或 n-3、n-6、n-9）等系列。直链脂肪酸中距离羧基最远的一个碳原子被称为 ω 碳原子，若从 ω 碳原子数起第三个碳原子上出现第一个双键，这种脂肪酸就称为 ω-3（或 n-3）系列；若第六个碳原子上出现第一个双键，则称为 ω-6（或 n-6）系列；以此类推，其中 ω-3 和 ω-6 脂肪酸具有重要的营养学意义。

过去认为必需脂肪酸含有两个以上的双键，顺式构型的 n-6 系列脂肪酸，亚油酸（C18：2，n-6）符合上述结构特点，是公认的必需脂肪酸。花生四烯酸（C20：4，n-6）符合上述结构特点，可通过亚油酸在体内加长碳链而合成。亚麻油酸（C18：3，n-3）虽然不能被人体合成，但在结构上不属于n-6系列，因此以前并不被认为是必需脂肪酸。

必需脂肪酸对猪有以下生理意义：维持毛细血管的正常功能，当必需脂肪酸缺乏时，毛细血管脆性加强，其中以皮肤毛细血管最重要，导致皮肤病、水肿等；保证正常生殖机能，缺乏必需脂肪酸可降低繁殖机能；参与类脂运输和代谢；油酸是合成前列腺素的原料。

第五节　猪的能量营养

能量是一切生物存在和发展的重要前提。猪的能量直接来源于食物，饲料中的能源物质有三种，即碳水化合物、脂肪、蛋白质。经研究发现，猪所采食干物质的70%~85%都用作能量，用来维持体温、正常活动、生长、繁殖、泌乳及某些生命活动所必需的过程。饲料干物质中90%以上是这三大物质，它们在体外燃烧或在猪体内完全氧化所产生的能量分别是：碳水化合物：17.34kJ/g（4.15kcal/g）；蛋白质：23.62 kJ/g（5.65kcal/g）；脂肪：39.29 kJ/g（9.40kcal/g）。

一、能量的基本概念

（一）饲料能

它又称饲料总能（GE），是蕴藏在饲料营养物质中的C-H键之中的能量。由于饲料中的C-H键主要存在于碳水化合物、脂肪和蛋白质中，所以这三大物质占据了饲料能的绝大多数。从这三种物质的分子组成上来看，C、H原子在脂肪中的比例最大，蛋白质次之，而碳水化合物由于含有更多的—OH，C-H原子比例相对较小，所以它们单位重量蕴藏的能量不同。

（二）能量的表示单位

热能表示单位有两种：

1. 卡

1卡相当于1g水由15℃升高到16℃所需的热能。

"卡"有时又称为"小卡"或"克卡"。

为便于应用，动物营养中还常用"千卡"和"兆卡"表示：

"1 千卡"=1000 卡 =10^3 卡

"1 兆卡"=10^3 千卡 =10^6 卡

"卡"——的英文单词是 Calorie，其简写符号：Cal。

"千卡"——英文为："Kilocalorie"简写为 kcal，"千卡"，又称"大卡"。

"兆卡"——英文为："Mega calorie"简写为 Mcal，"兆卡"又称"百万卡"。

2．焦耳

1 焦耳相当于 1 牛顿力将 1kg 重的物体移动 1m 所需要的热能。

"焦耳"的英文为 Joule，简写为："J"同样：也可用"千焦"和"兆焦"表示：

"1 千焦"=10^3 焦

"1 兆焦"=10^3 千焦 =10^6 焦

千焦：Kilo joule（kJ）；兆焦：Mega joule（MJ）。

3．卡与焦耳的关系

1 卡 =4.184 焦；1 千卡 =4.184 千焦；1 兆卡 =4.184 兆焦。

现在"国际营养协会与国际生理协会"已经把"焦（J）"作为国际统一单位。

二、猪体内能量的消化、吸收和代谢

（一）猪能量代谢中的表现形式

1．总能（GE）

即饲料中所蕴藏的能量的总和。它主要是存在于三大能源物质的 C-H 键中。

2．粪能（FE）

粪能是指猪所排粪便中的能量，包括两部分：未消化的饲料能量（外源粪能）和消化道代谢产生的内源能量（代谢粪能，MFE），如细菌、消化液、上皮脱落等。

3．消化能（DE）

即被猪消化吸收进入体内的能量，消化能 = 总能 – 粪能（DE=GE–FE）。

4．尿能（UE）

猪从尿中排出能量，尿能主要是指蛋白质和核酸的代谢产物所含的能量，如尿素等。

5. 甲烷能（E_{CH_4}）

饲料在猪消化道被微生物分解产生 CO_2 与 H_2，在厌氧条件下，两者结合而形成 CH_4，以气体形式被排出体外。CH_4 仍含有能量，它是饲料能的一种损失。

6. 代谢能（ME）

指被猪吸收进入机体内参加代谢的饲料能量。代谢 = 总能 - 粪能 - 尿能 - 甲烷能（$ME=GE-FE-UE-E_{CH_4}$）。

7. 热增耗（HI）

代谢能用于维持生命活动和生产活动时，并不是100%转化的，如体内肌肉活动、酶的活性催化等都需 ATP 的能量，而其中的能量是来源于物质代谢，而物质代谢产生 ATP 及 ATP 中的能量转给肌纤维做功或参与其他代谢时，能量都会有损失。这些能量的损失统称为热增耗（HI）。

8. 发酵热（HF）

发酵热是指饲料在消化道中发酵过程中产生的热。这部分热由于是在消化道中产生的，它并未被动物吸收利用，因此从理论上讲，发酵热不能属于代谢能。它应同甲烷能一样被减去，但在用常规试验测代谢时，很难把它分开，代谢能中常包括发酵热。

9. 净能（NE）

净能指可以供机体维持生命活动和生产活动所需要的能量。数值上等于代谢能减去热增耗，即：NE=ME-HI。根据净能在猪体内的用途不同，可分为两类：维持净能（NEM，NE for maintenance）和生产净能（NEP，NE for production）。

维持净能：即维持猪的生命活动需要的净能值，包括三部分：即基础代谢、活动产热和维持体温产热。

（1）基础代谢（Bm）。试验猪处于安静状态，适宜的外界环境温度（20℃）以及养分吸收后状态时的能量代谢称为基础代谢（Bm）。

（2）活动产热（HA）。猪在正常生产状况下的自由活动产热：如行走、站立等。

（3）维持体温产热（SBT）。猪维持正常体温所产生的能量。

生产净能：保证猪进行正常生产活动所需的净能值，分为多种生产净能，对泌乳期母猪称为泌乳净能（MEL）。生长期猪称为增重净能（NEG）。

（二）能量在猪体内的代谢过程（图3-1）

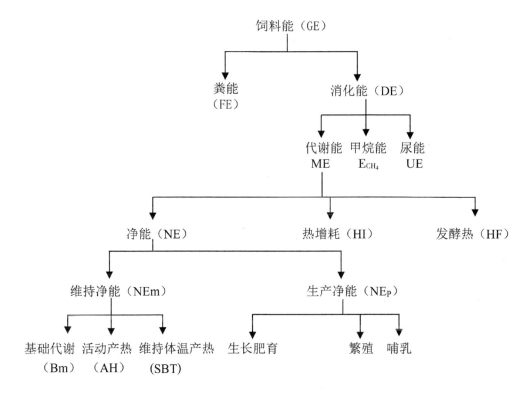

图3-1　能量在猪体内的代谢过程

第四章 猪用饲料原料

饲料是满足一切动物营养需要，是维持生命活动和生产动物产品的物质基础。动物产品如肉、蛋、奶、脂肪、裘皮、羽毛以及役用动物的劳役等，都是采食饲料中的养分经体内转化而产生的。只有了解各种饲料的营养特点，才能做到对其合理利用。猪用饲料原料是生产各种配合饲料，满足自身的生长、繁殖和形成高质量产品的物质基础。中国幅员辽阔，饲料资源丰富，品种繁多，了解饲料原料的性状，营养成分的特点对养猪生产非常重要。

第一节 我国饲料原料分类

根据动物营养科学的进展，为适应饲料工业和养殖业生产的需要，由美国学者哈理斯根据饲料的营养特性，提出的国际饲料分类原则和编码体系，已被世界多数国家承认并接受。1983年中国农业科学院畜牧研究所，根据国际饲料命名及分类原则，按饲料营养特性分为青绿饲料、粗饲料、青贮饲料、能量饲料、蛋白质饲料、矿物质饲料、维生素饲料、添加剂等八大类，并使其命名具有数字化，各种饲料均有编码。八大类饲料的具体分类说明如下。

一、青绿饲料

青绿饲料是指可以用作饲料的植物新鲜茎叶，天然水分含量为60%及60%以上，因富含叶绿素而得名。青饲料主要包括天然牧草、栽培牧草、田间杂草、菜叶类、水生植物、嫩枝树叶等。

二、粗饲料

干草类（包括牧草）、农副产品类（包括荚、壳、藤、蔓、秸、秧）用及绝干物中粗纤维含量为18%及18%以上的糟渣类、树叶类和添加剂及其他类罕见。糟渣类中水分含量凡不属于天然水分者应区别于青绿饲料。

三、青贮饲料

用新鲜的天然植物性饲料调制成的青贮及加有适量糠麸或其他添加物的青贮饲料，包括水分含量在45%以上（包括45%）的低水分青贮（半干青贮）饲料。

四、能量饲料

能量饲料指饲料绝干物质中粗纤维含量低于18%、粗蛋白质低于20%的饲料。如谷实类、糠麸类、淀粉质块根块茎类、糟渣类等，一般每千克饲料物质含消化能在10.46MJ以上的饲料均属能量饲料。

五、蛋白质饲料

蛋白质饲料是指自然含水率低于45%，干物质中粗纤维又低于18%，而干物质中粗蛋白质含量达到或超过20%的豆类、饼粕类、鱼粉等。有植物性、动物性蛋白饲料等四大类。

六、矿物质饲料

包括人工合成的，天然单一的矿物质饲料，多种混合的矿物质饲料，以及配合有载体或赋形剂的痕量、微量、常量元素的饲料。

七、维生素饲料

指工业合成或提纯的单一种维生素或复合维生素，但不包括某些维生素含量较多的天然饲料。

八、添加剂

不包括矿物质饲料和维生素饲料在内的所有的添加剂。主要指各种用于强化饲养效果和有利于配合饲料生产和贮存的非营养性添加剂原料及其配制产品，如各种防霉剂、抗氧化剂、黏结剂、疏散剂、着色剂、增味剂以及保健与代谢调节药物等。但在实际生产中，往往把氨基酸、微量元素、维生素等也当作添加剂。

上述八大类饲料中，每一类均包含有许多种饲料，这些饲料的养分组成和含量又各不相同，为正确计算与配制配方饲料，必须了解这些饲料具体的养分组成和含量。现将中国饲料成分营养价值的饲料描述及常规成分、饲料有效能、饲料矿物质、饲料氨基酸与猪饲料氨基酸利用率参考值分别列于书后（附录二），供配制饲料配方时参考。

第二节 猪常用的饲料

目前，在我国养猪实践中，上述几类饲料都有应用，在集约化、科学化饲料中，猪饲料供应主要是精饲料，也就是由能量饲料、蛋白质饲料、矿物质、维生素和各种添加剂配制而成的配合饲料。但在我国农村分散饲养的猪群中，粗饲料、青绿多汁饲料和青贮饲料也大量应用，这是我国的国情。下面根据饲料分类标准将饲料的特性和种类分述如下。

一、粗饲料及其特点

在各种良种肉猪的饲养及规模化猪场的生产中，以精饲料为主体，使用全价配合饲料、颗粒饲料、膨化饲料是科学养猪的基础。然而，在目前我国的养猪生产中，规模化猪场只占 1/3 左右，以农村"一家一户"为主体的传统饲养方式，仍然是我国养猪业在相当长一段时间内的现实问题，因此，在猪的传统饲养模式中，除每天需要大量的精饲料外，粗饲料，特别是农作物及粮食加工副产品在猪的饲料中占据相当一部分，了解粗饲料的营养价值和饲料特性，对指导农户养猪生产十分重要。

（一）粗饲料营养特性

粗饲料主要是干的饲草和秸秕等农副产品，属饲料分类系统中第一大类。这类饲料体积大、难消化、可利用养分少、绝干物质中粗纤维含量在 18% 以上，主要包括干草类、农副产品类（荚、壳、藤、秧）、树叶类、糟渣类等。它的来源广、种类多、产量大、价格低，是马、牛、羊等草食动物冬春季的主要饲料来源，农村养猪生产中主要应用农副产品类。本类饲料的共同特点是：所含粗纤维高，尤其是收割较迟的劣质干草和秸秕类，木质素和硅的含量增大。由于它们与纤维素类碳水化合物紧密结合，并共同构成植物的细胞壁，从而影响了微生物对纤维素的酶解作用和对细胞内容物的消化作用。这是粗饲料的能量和各营养素消化率较低的重要原因。

粗饲料中以青干草的营养价值最高，如上等苜蓿干草的干物质中含有 18% 以上的粗蛋白质；每千克干物质含能量相当于 0.3~0.4kg 粮食；每千克干物质含有 200~400mg 胡萝卜素。干草的营养价值随其生长阶段不同和调制合理与否而不同，此外，干草的植物学分类和组成也是决定其营养价值的必然因素。农作物秸秆和枯草是粗饲料中营养价值最低的饲草，一般体积大，粗硬、适口性差，含粗纤维25%~40%，含粗蛋白质不到5%，几乎不含胡萝卜素，不适合喂猪。秸秆中玉米秸、谷草、麦秸、豆秸、稻草、稻壳等，则是粗饲料中营养价值最低的饲料，更不适合喂猪。秸秕类粗饲料是我国广大农区养猪应用最广的饲草资源。

（二）常用的粗饲料

1. 干草

干草是青草或栽培青饲料在结实前的生长植株的地上部分经干制而成的粗饲料，其营养价值比秸秆高。一般禾本科青干草含粗蛋白质6%~9%，每千克含可消化粗蛋白质40~50g；豆科的苜蓿干草含粗蛋白质可高达15%，每千克含可消化粗蛋白质100g左右，超过禾谷类精料。制备良好的干草仍保持青绿颜色，所以也称为青干草。

干草的品质与牧草种类、刈割时间、晒制技术有关。一般规律是随着草的成熟粗纤维含量增高，蛋白质与含糖量下降，粗纤维的消化率降低。因此，无论是晒制干草或做青贮都应适时收割兼顾产草量和营养价值两个方面，一般禾本科草在抽穗初期，豆科草在孕蕾期和开花初期收割，营养价值较高。我国牧区及许多山丘地区都有打野青草晒制干草的习惯。晒制时，应注意，晒的时间不宜过长，防止雨淋，以尽量减少干草中蛋白质和胡萝卜素的损失。刈割的鲜草宜摊薄暴晒。使水分迅速失去，然后堆成小堆或小垛，让其通风晾干，待水分降至15%~17%，便可上垛保存。由于苜蓿、草木樨等豆科牧草晒干后叶子很容易脱落，而叶子的营养价值很高，因此晒干后的豆科牧草最好打成草粉贮存。

2. 重要的豆科牧草

这类牧草富含蛋白质、钙、胡萝卜素，营养价值高。此外，还含有皂角素，青贮或青饲时易引起胀肚病，必须注意。它的茎、叶片易脱落，调制干草困难。由于蛋白质含量高，青贮时易腐败，最好与禾本牧草混合青贮。

（1）紫花苜蓿。苜蓿是世界上栽培最早的牧草，现已传遍世界各国，它是苜蓿属中最重要的栽培牧草，被称为"牧草之王"。苜蓿营养价值高，蛋白质中氨基酸含量丰富，干草中粗蛋白质为15%~20%，赖氨酸为1.05%~1.38%，其适口性好，是良好的蛋白质、维生素的补充料，在国外广泛利用干草制颗粒饲料或配制全价混合饲料，效果很好。是广大农区养猪中应大力推广的牧草。

（2）白花草木樨。草木樨属植物约有20种，世界各国大面积栽培的白花草木樨和黄花草木樨。而我国北方栽培的以白花草木樨为主。草木樨蛋白质含量低于苜蓿，它在不同时期所含营养物质不同。用作饲料的草木樨应在现蕾或现蕾以前收割。由于草木樨中含有香豆素，被咀嚼后游离香豆素即释放出来，产生不良的气味和苦味，降低适口性。据中国农业科学院原畜牧研究所分析，花中含量最多，其次是叶和种子，茎和根中最少，幼嫩时含量最少。因此，草木樨在现蕾以前含香豆素较少，适口性最好。

（3）沙打旺。沙打旺是一种优良豆科牧草和绿肥作物，我国华北、西北、西南等地均有野生。它营养价值高，其含水分为66.71%，粗蛋白质为4.85%，粗脂肪为1.89%，粗纤维为9.00%，无氮浸出物为15.2%，灰分为2.35%，干物质中粗蛋白质含量占14.6%。沙打旺幼嫩期猪习惯后喜食，可以切碎或打浆，也可以调制成干草或草粉。而老化后的沙打旺茎秆粗硬品质低劣，适口性很差，不宜喂猪。

3. 其他重要的牧草

（1）籽粒苋。籽粒苋又名千穗谷，是苋科苋属一年生粮、饲、菜兼用型作物。籽粒苋柔嫩多汁清香可口，适口性好，营养丰富，是畜禽的优质饲料。干品中含粗蛋白质为14.4%，粗脂肪为0.76%，粗纤维为18.7%，无氮浸出物为33.8%，粗灰分为20%。从蛋白质营养角度看，种1亩[①]籽粒苋相当于5亩青刈玉米。

（2）黑麦草。黑麦草属禾本科黑麦草属植物，在澳大利亚、新西兰、英国、美国等广泛用作乳牛、肉牛和羊的干草和放牧草。早期收获的黑麦芽叶多茎少，质地柔嫩。初穗期茎与叶的比例为1∶（0.5~0.6），延迟收割则为1∶0.35。黑麦草随着生长阶段的增长，粗蛋白质、灰分、粗脂肪含量逐渐减少，粗纤维及不能消化的木质素含量增加较多。因此，晚收的黑麦草营养价值低。

4. 秸秕饲料

秸秕是秸秆和秕壳的简称，秸秆主要是由茎秆和经过脱粒后剩下的叶子所组成，秕壳则是从籽粒上脱落下来的小碎片和数量有限的小的或破碎的颗粒物组成。大多数农业区都有相当数量的秸秕用作饲料。

秸秕主要来源于谷类作物，如小麦、大麦、黑麦、稻谷和燕麦，尽管不同种类秸秕的营养价值有高低之分，但总的来说，秸秕的可消化蛋白质含量低，粗纤维的含量高，其中木质素的含量非常高，因此，秸秕不是一类优质饲料。秸秕的最佳用途在于用来稀释高浓度的精料，或在补加所缺养分（蛋白质、维生素A、矿物质）的情况下，作为越冬牛群的基础饲料。现分述如下。

（1）秸秆类。秸秆类饲料是指庄稼成熟收籽后剩余的部分，如麦秸、稻草、谷草、豆秸等。这类饲料不仅营养价值低，消化率也低，粗纤维要占干物质的31%~45%，可利用养分少，单位容量的能值低，而且普遍缺乏蛋白质、钙、磷

---

① 1亩约为667m²，15亩＝1公顷，全书同。

和维生素。不适合作猪的饲料。

（2）秕壳类。秕壳类是农作物籽实脱壳的副产品，包括谷壳、高粱壳、花生壳、豆荚、棉籽壳、秕谷以及其他脱壳副产品，一般来说，秕壳的营养成分高于秸秆（稻壳、花生壳例外）。每千克消化能在 0.49~1.1MJ，粗纤维要占干物质的 18%~43%，可利用养分少，单位容量的能值低，而且也普遍缺乏蛋白质、钙、磷和维生素。不适合大量作猪的饲料，消化能高，粗纤维低者可部分作猪饲料。

二、青绿饲料及其特点

青绿饲料包括天然野草、人工栽培牧草、青刈作物和可利用的新鲜树叶等，这类饲料分布很广、养分比较完全，而且适口性好，消化利用率较高，因此，有条件时可以利用青饲料喂猪，用来降低生产成本，尤其在农村个体养殖中可以推广。

（一）青绿饲料营养特性

1. 含水量高的陆生植物的水分含量在 75%~90%，而水生植物约在 95%

鲜草的热能值较低，陆生植物饲料每千克鲜重的消化能在 1.20~2.50MJ，如以干物质作基础计算，由于粗纤维含量较高（18%~30%），其热能营养价值也较能量饲料低，能量含量为 10MJ/kg 左右，约接近麦麸所含的能值。青饲料含有酶、激素、有机酸等，有利于猪的生长及母猪的发情、配种与繁殖，青饲料中有机物质的消化率，猪为 85% 以上。由于青饲料具有多汁性与柔嫩性，猪的适口性强。青饲料由于含有大量水分，不能贮存而只能鲜喂，豆科青饲料如苜蓿、豌豆秧等不能突然饲喂过多，以免引起腹胀，禾本科高粱属的青饲料，如高粱、苏丹草等，不宜鲜喂，因其含有氰苷，在胃中能形成有毒的氢氰酸。

2. 蛋白质含量较高

青饲料中蛋白质含量丰富，一般禾本科牧草和蔬菜类饲料的粗蛋白质含量在 1.5%~3.0%，豆科青饲料在 3.2%~4.4%。含赖氨酸较多，可补充谷物饲料中赖氨酸的不足，青饲料蛋白质中氨化物（游离氨基酸、酰胺、硝酸盐）占总氮的 30%~60%。氨化物中游离氨基酸占 60%~70%，对猪生物利用率较高。生长旺盛期植物氨化物含量高，但随植物生长，纤维素增加而蛋白质逐渐减少。

3. 粗纤维含量较低

青饲料含粗纤维较少，木质素低，无氮浸出物较高。青饲料干物质中粗纤维不超过 30%，叶菜类不超过 15%，无氮浸出物在 40%~50%，粗纤维的含量随着植物生长期延长而增加，木质素含量也显著地增加。一般来说，植物开花或抽穗之前，粗纤维含量较低。木质素增加 1%，有机物质消化率下降 4.7%。

4.钙磷比例适宜

青饲料中矿物质占鲜重的 1.5%~2.5%，是矿物质的良好来源，其中钙磷比例适宜，猪的生物利用率高。

5.维生素含量丰富

特别是胡萝卜素含量较高，每千克饲料中含 50~80mg，B 族维生素、维生素 E、维生素 C、维生素 K 含量较多，但维生素 B_6（吡哆醇）很少，缺乏维生素 D，豆科牧草中胡萝卜素高于禾本科植物。青苜蓿中核黄素含量为 4.6mg/kg，比玉米籽实高 3 倍，尼克酸 18 mg/kg，硫酸铵素 1.5mg/kg，均高于玉米籽实。

综上所述，对于动物营养来说，青饲料是一种营养相对平衡的饲料，但由于青饲料干物质中消化能较低，从而限制了它们潜在的其他方面的营养优势。然而，优良的青饲料仍可与一些中等能量饲料相比，在农村个体饲养实践中，青饲料与由它调制的干草都可以作为猪的补充饲料。

（二）常用的青绿饲料

1.牧草及杂草

天然牧草和野生杂草中，数量占优势饲用价值又高的要属禾本科和豆科植物，此外，菊科和莎草科中有的也可用作青绿饲料。

本类饲料的特点是：在植物生长早期，即幼嫩青草时期，含水多，粗蛋白质相对较高，粗纤维相对较低。各种维生素和矿物质元素含量也较丰富。因而按干物质中养分含量计，其营养价值较高，是天然的全面平衡的饲料，但随生长老化，品质逐渐降低。其原因在于茎比例增大，养分的相对含量是粗蛋白质下降而粗纤维增高。特别是生长后期，植物茎秆粗壮，不仅粗纤维含量高，而且茎秆木质化程度提高，导致粗纤维中的木质素成分比例大增，使青饲料的营养价值大为降低。

2.栽培青饲料

所谓栽培青饲料泛指人工播种栽培的各种植物，包括谷物和豆类作物，也包括叶菜和瓜、荚、根类的藤蔓等可食部分，还包括人工栽培的牧草和其他植物，如紫花苜蓿、三叶草、象草、紫草、草木樨、沙打旺等。从植物分类上看，栽培青饲料中仍然以产量高、营养好的禾本科和豆科植物占主要地位。菊科的向日葵和菊芋，十字花科的甘蓝、白菜，北方的甜菜叶、胡萝卜缨，南方和华北的甘薯藤蔓和花生茎叶，南北方均有的豌豆茎叶和各种瓜蔓等，在农区集中产地采收季节里也广为应用。在有水面的地区，广为放养的水生植物，如细绿萍和水葫芦等，也是产量很高的青绿饲料。

（1）禾本科青草。作为青饲料的禾本科栽培草类和谷类作物，主要有玉米、粟、稗、麦类、苏丹草、象草、黑麦草、无芒雀草等。其中玉米和可多次收割的象草产量最高，每公顷鲜草产量最高可达百吨。禾本科青饲料含无氮浸出物高，其中糖类较多，因而略有甜味，适口性好，猪喜食。在营养方面，共同的特点是粗蛋白质含量较低，只占鲜草重量的 2%~3%，而粗纤维成分却相对较高，约为粗蛋白质的两倍。苏丹草和高粱类幼嫩青草含有少量氰氢酸，不适于喂猪。

（2）豆科青草。在栽培的豆科青草中，有紫花苜蓿、三叶草、草木樨、秣食豆、豌豆、紫云英、沙打旺、蚕豆等。豆科青草含粗蛋白质较高，营养价值也略高于禾本科青草。幼嫩豆科青草适口性好，应防止猪过量放牧及采食，以免造成腹胀。草木樨含有香豆素，沙打旺含有脂肪族硝基化合物，对猪也应控制饲喂，以免中毒。

3. 叶菜、水生青饲料及其他

这类饲草种类繁多，包括叶菜及块根、块茎和瓜类的茎叶，如甘蓝、白菜、青菜、苋菜、甘薯藤、甜菜茎叶、胡萝卜茎叶等。这类饲料一般水分含量均较高，嫩叶菜和水生青饲料的干物质含量不足 10%，所以以单位重量青饲料所能提供的能量和营养物质有限，但粗纤维少，维生素丰富，矿物质比例适宜，生物利用率高，最适合于广大农村养猪补饲。

青绿饲料虽然水分含量高，营养浓度偏低，但对猪来说也可大量饲喂，青绿饲料是猪维生素的最佳补充饲料，经常饲喂可提高猪健康水平。但要注意清洗或消毒，以防寄生虫和病菌。

三、青贮饲料及其特点

青贮饲料是用新鲜的植物性饲料，在厌氧条件下，使乳酸菌大量繁殖，产生乳酸，从而抑制其他腐败菌的生长，可较好地保存青饲料的营养特性，是一种气味酸甜、柔软多汁、营养丰富的饲料，青贮饲料的营养价值高低取决于青贮原料的质量和制作技术的高低。养分的损失比晒成干草的要少，一般损失不超过 15%，并能保持饲料的多汁性，加上发酵后的酸香味，故适口性也很好。这类饲料包括加有适量糠麸或其他添加物的青贮饲料及水分含量在 45% 或 45% 以上的半干青贮饲料。

（一）青贮饲料的特点

1. 青贮饲料可以有效保持青绿多汁饲料的营养特性

一般青绿植物，在成熟晒干后，营养价值降低 30%~50%，但青贮后只降低 3%~10%，可基本保持原青饲料的特点，干物质中的各类有机物不仅含量相近而且消化率也很接近（表 4–1）。

表 4-1　黑麦草与其青贮比较　　　　　　　　　　（%）

养分	黑麦草青草		黑麦草青贮	
	DM 中含量	消化率	DM 中含量	消化率
有机物	89.9	77	88.3	75
粗蛋白质	18.7	78	18.7	76
粗脂肪	3.5	64	4.8	72
粗纤维	23.6	78	25.7	78
无氮浸出物	44.1	78	39.1	72

青贮尤其能有效地保存青绿植物中蛋白质和维生素（胡萝卜素）。例如，新鲜的甘薯藤，每千克干物质中含有 158.2mg 的胡萝卜素，8 个月青贮，仍然可以保留 90mg，但晒成干草则只剩 2.5mg，损失达 98% 以上。

2.青贮饲料能保持原青绿时的鲜嫩汁液，消化性强，适口性好

干草含水量只有 14%~17%，而青贮料含水量达 70%，适口性好，消化率高。青绿多汁饲料经过微生物发酵作用，产生大量芳香族化合物，具有酸香味，柔软多汁，猪适应后喜食。

3.青贮可以扩大饲料资源

猪不喜欢采食或不能采食的青绿植物，经过青贮发酵，可以变为猪喜食的饲料，这样不但可以改变口味，而且可软化秸秆，增加可食部分的数量。叶子易脱落的青绿饲料，如果制成青贮饲料，使富有养分的叶子全部都可被保存下来，从而保证了饲料的质量。

4.青贮饲料可以经济而安全的长期保存

青贮饲料比贮藏干草需用的空间小，一般每立方米的干草仅 70kg 左右，约含干物质 60kg，而每立方米青贮料重量为 450~700kg，其中含干物质为 150kg。青贮饲料只要贮藏合理，就可以长期保存，最长者可达 20~30 年，因此，可以保证猪一年四季都能吃到优良的多汁补充料。在贮藏过程中，青贮料不受风吹、雨淋、日晒等影响。

5.青贮可以消灭害虫

很多危害农作物的害虫，多寄生在收割后的秸秆上越冬，如果把这些秸秆铡碎青贮，由于青贮料里缺乏氧气，并且酸度较高，就可将许多害虫的幼虫杀死。

（二）青贮饲料的营养价值

从常规营养成分含量来看，青贮饲料尤其是低水分青贮饲料，含水量大大低于同种青饲料。因而以单位鲜重所提供的营养物质数量来讲，青贮饲料并不比青饲料逊色。常用青贮饲料的营养成分见表 4-2。

表 4-2 常用青贮饲料的营养成分 （干物基础：%，MJ/kg）

饲料	干物质（DM）	粗蛋白质（CP）	粗纤维（CF）	钙（Ca）	磷（P）
青贮玉米	29.2	5.5	31.5	0.31	0.27
青贮苜蓿	33.7	15.7	38.4	1.48	0.30
青贮甘薯藤	33.1	6.0	18.4	1.39	0.45
青贮甜菜叶	37.5	12.3	19.7	1.04	0.26
青贮胡萝卜	23.6	8.9	18.6	1.06	0.13

如按干物质中的各种成分含量与青饲料相比较，青贮饲料的明显的变化是碳水化合物组分，其中可溶性单糖被植物细胞呼吸和微生物发酵耗掉，所剩无几。淀粉等多糖损失较少，纤维素和木质素在一般青贮时不遭分解，因而相对增加，在粗蛋白质方面，按干物质中含氮量比较，两者相差无几，只是青贮饲料中蛋白态氮下降，而非蛋白氮（主要是氨基酸氮）增加。菌体蛋白的增量很小。在矿物质和维生素方面，青贮饲料有损失，损失量与青贮过程的汁液流出密切相关。高水分青贮时可损失钙、磷、镁等矿物质元素达 20% 以上，而半干青贮则几无损失。维生素中的胡萝卜素大部分保留，微生物发酵还可能产生少量 B 族维生素。

（三）青贮饲料的饲用

取用青贮饲料要由上层取，不能掏坑。每日一次取层厚度应在 10cm 以上，取层过薄必然造成猪只吃裸露的非新鲜青贮饲料，要及时将周边的霉腐变质青贮料清除掉。每次取后应将塑料膜覆盖好，减少污染。因此，青贮饲料仍然只能作为猪的补充饲料，适合于农村个体分散饲养。

（四）一般青贮饲料原料

很多青绿饲料都能制作青贮，其中以含糖量较多的青饲料效果最好。禾本科牧草、青贮作物如青玉米、苏丹草、块根、甘薯藤等都是青贮的好原料。

1.玉米青贮

玉米产量多，营养价值较高，是适合青贮的重要饲料。用全株带穗玉米做青贮，以蜡熟期收割较好，这时籽实临近成熟，大部分茎叶还是绿色，营养价值很高。收获籽实后的玉米秸，当收获期较早时，则很多茎叶仍是青绿色，可做出质量较好的青贮，这种方法既收获籽实，又作青贮，所以比较经济。

2.天然牧草青贮

天然牧草资源丰富，现多晒成干草贮作冬草，为了减少养分损失，宜推广青草青贮。青草青贮养分损失较少，为 10%~15%，保留了较多的蛋白质和胡萝卜素。我国南方山地草场面积亦较大，由于降水量多，晒制干草很困难，且养分损失更大，因此大力推广青草青贮是解决南方青绿补充的重要途径。

3. 豆科牧草青贮

豆科牧草，如苜蓿、草木樨等，因蛋白质含量高，含糖量少。所以，单用豆科牧草做青贮容易腐烂，须用其他含糖较高的禾本科青饲料与豆科牧草进行混合青贮。

四、能量饲料及其特点

能量饲料指的是在绝干物质中，粗纤维含量低于18%，粗蛋白质含量低于20%，天然含水量小于45%的谷实类、糠麸类等。常用的是谷实类及糠麸类饲料，一般每千克饲料绝干物质中含消化能在10MJ以上，高于12.5MJ消化能者属于高能量饲料。这类饲料富含淀粉、糖类和纤维素，是猪饲料的主要组成部分，用量通常占日粮的60%左右。豆类与油料作物籽实及其加工副产品也具有能量饲料的特性，由于它们具有富含蛋白质的重要特性，故列为蛋白质饲料。

能量饲料在营养上的基本特点是淀粉含量丰富，粗纤维含量少（一般在5%左右），易消化，能值高。蛋白质含量在10%左右，其中赖氨酸和蛋氨酸较少，矿物质中磷多钙缺，维生素中缺乏胡萝卜素。

（一）谷实类饲料

1. 谷实类饲料营养特性

谷实类饲料大多是禾本科植物的成熟种子。突出的特点是淀粉含量高，粗纤维含量低，可利用能量高。缺点是蛋白质含量低，氨基酸组成上缺乏赖氨酸和蛋氨酸，缺钙及维生素A、维生素D，磷含量较多但利用率低。

2. 常用谷实类饲料的营养特性

（1）玉米。玉米是谷实类饲料的主体，是猪最主要的能量饲料，含淀粉多，消化率高，每千克干物质含代谢能13.89MJ，粗纤维含量很少，且脂肪含量可达3.5%~4.5%，所以玉米的可利用能高，如果以玉米的能值作为100，其他谷实类饲料均低于玉米。玉米含有较高的亚油酸，可达2%，占玉米脂肪含量的近60%，玉米中亚油酸含量是谷实类饲料中最高的。玉米蛋白质含量低，氨基酸组成不平衡，特别是赖氨酸、蛋氨酸及色氨酸含量低。维生素A的含量较高，维生素E含量也不少，而维生素D、维生素K几乎不含有。水溶性维生素除维生素B_1外均较少。此外，玉米还含有β-胡萝卜素、叶黄素等，尤其黄玉米含有较多的叶黄素，这些色素对皮肤、爪、喙着色有显著作用，优于苜蓿粉和蚕粪类胡萝卜素。玉米营养成分的含量不仅受品种、产地、成熟度等条件的影响而变化，同时玉米水分含量也影响各营养素的含量。玉米水分含量过高，还容易腐败、霉变而容易感染黄曲霉菌。黄曲霉素 B_1 是一种强毒物质，是玉米的必检项目。玉米经粉碎后，易吸水、结块、霉变，不便保存。因此一般玉米要整粒保存，且贮存时水分应降低至 13% 以下。

（2）高粱。高粱的籽实是一种重要的能量饲料。一个高粱穗一般可得 70~75 个籽实。去壳高粱与玉米一样，主要成分为淀粉，粗纤维少，可消化养分高。粗蛋白质含量与其他谷物相似，但质量较差，含钙量少，含磷量较多，胡萝卜素及维生素 D 的含量少，B 族维生素含量与玉米相当，烟酸含量多。高粱中含有单宁，有苦味，适口性差，猪不爱采食，因此，猪日粮中不超过 10%~15%。单宁主要存在于壳部，色深者含量高。所以在配合饲料中，色深者只能加到 10%，色浅者可加到 15%，若能除去单宁，则可加到 70%。由于高粱中叶黄素含量较低，影响皮肤、脚等着色，可通过配合使用苜蓿粉、玉米蛋白粉和叶黄素浓缩剂达到满意效果。使用单宁含量高的高粱时，还应注意添加维生素 A、蛋氨酸、赖氨酸、胆碱和必需脂肪酸等。

（3）小麦。我国小麦的粗纤维含量和玉米接近，为 2.5%~3.0%。粗脂肪含量低于玉米，约 2.0%。小麦粗蛋白质含量高于玉米，为 11.0%~16.2%，是谷实类中蛋白质含量较高者，但必需氨基酸含量较低，尤其是赖氨酸。小麦的能值较高，为 12.89MJ/kg。小麦的灰分主要存在于皮部，和玉米一样，钙少磷多，且磷主要是植酸磷。小麦含 B 族维生素和维生素 E 多，而维生素 A、维生素 D 和维生素 C 极少。因此，在玉米价格高时，小麦可作为猪的主要能量饲料，一般可占日粮的 30% 左右。但是由于小麦中 β- 葡聚糖和戊聚糖比玉米高，日粮要添加相应的酶制剂来改善猪的增重和饲料转化率。

（4）大麦。大麦是一种重要的能量饲料，粗蛋白质含量比较多，约 12%，氨基酸组成中赖氨酸、色氨酸、异亮氨酸等的含量高于玉米，特别是赖氨酸，有的品种可达 0.6%，比玉米高一倍多，这在谷类中不易多得，是能量饲料中蛋白质品质最好的。消化养分比燕麦高，无氮浸出物含量多。粗脂肪含量少于 2%，不及玉米含量的一半，其中一半以上是亚油酸。钙磷含量比玉米高，胡萝卜素和维生素 D 不足，硫胺素多，核黄素少，烟酸含量丰富。大麦中 β- 葡聚糖和戊聚糖的含量较高，饲料中应添加相应的酶制剂。大麦中含有单宁，会影响日粮适口性。大麦对猪的饲喂价值明显不如玉米，猪日粮中用量一般为 20%，最好在10% 以下。

（5）燕麦。燕麦是一种很有价值的饲料作物，可用作能量饲料，其籽实中含有较丰富的蛋白质，在 10% 左右，粗脂肪含量超过 4.5%。燕麦壳占谷粒总重的25%~35%，粗纤维含量高，能量少，营养价值低于玉米。一般饲用燕麦主要成分为淀粉，因麸皮（壳）多，所以其纤维含量在 10% 以上，可消化总养分比其他麦类低。蛋白质品质优于玉米，含钙量少，含磷量较多，其他无机物与一般麦类相近，维生素 D 和烟酸的含量比其他麦类少。

（6）荞麦。荞麦属于蓼科植物，与其他谷实类不同科。由于它的生长期比较短，只有 60~80d，在大田耕作制度的安排上，利用季节的空隙抢种一季荞麦是提高复种指数的一个好措施。荞麦籽实可以作为能量饲料，它的籽实有一层粗糙的外壳，约占重量的 30%，故粗纤维含量较高达 12% 左右。但其他方面的营养特性均符合谷实类饲料的通性，故其能量价值仍然较高，消化能的含量为 14.6MJ/kg。荞麦的蛋白质品质较好，含赖氨酸 0.73%，蛋氨酸 0.25%。

（二）糠麸类饲料

1. 糠麸类饲料的营养特性

糠麸类饲料包括碾米、制粉加工的主要副产品。同原粮相比，除无氮浸出物含量较少外，其他各种养分含量都较高。米糠和麦麸的含磷量高达 1% 以上，并含有丰富的 B 族维生素。因粗纤维含量较高，故消化率低于原粮，糠麸中的含磷量虽然较多，但其中植酸磷占 70%，吸水性强，易发霉变质，不易贮存。

2. 常见糠麸类饲料及特性

（1）糠。稻谷的加工副产品称稻糠，稻糠可分为砻糠、米糠和统糠。砻糠是粉碎的稻壳，米糠是糙米（去壳的谷粒）精制成的大米的果皮、种皮、外胚乳和糊粉层等的混合物，统糠是米糠与砻糠不同比例的混合物。一般 100kg 稻谷可出大米 72kg，砻糠 22kg，米糠 6kg。米糠的品种和成分因大米精制的程度而不同，精制的程度越高，则胚乳中物质进入米糠越多，米糠的饲用价值越高。米糠含脂肪高，最高达 22.4%，且大多属不饱和脂肪酸，油中还含有维生素 E 2%~5%。米糠的粗纤维含量不高，所以有效能值较高。米糠含钙偏低，微量元素中铁和锰含量丰富，而铜偏低。米糠富含 B 族维生素，而缺少维生素 A、维生素 D 和维生素 C。米糠是能值较高的糠麸类饲料，适口性好。但由于米糠含脂较高，天热时易酸败变质，经榨油制成米糠饼再作饲用。

（2）麦麸。习惯上称为麸皮，是生产面粉的副产物。麦麸代谢能值与粗纤维含量呈负相关，大约为 6.82MJ/kg，粗蛋白质为 15% 左右，粗脂肪为 3.9% 左右，粗纤维为 8.9% 左右，灰分为 4.9% 左右，钙为 0.10% 左右，磷为 0.92% 左右，其中植酸磷占 0.68%。小麦麸含有较多的 B 族维生素，如维生素 B_1、维生素 B_2、烟酸、胆碱，也含有维生素 E，由于麦麸能值低，粗纤维含量高，容积大，不宜用量过多，一般可占日粮的 10% 左右。另外，麦麸具有缓泄、通便的功能，可用于调节日粮能量浓度，起到限饲作用。

（3）其他糠麸类（表4-3）。

表4-3　其他糠麸类的饲用价值

项目	干物质（％）	总能 MJ/kg	粗蛋白质（％）	可消化粗蛋白质（％）	粗纤维（％）	钙（％）	磷（％）
高粱糠	88.4	19.25	10.3	62	6.9	0.30	0.44
	100	22.72	11.7	76	7.8	0.34	0.56
玉米糠	87.5	16.23	9.9	58	9.5	0.08	0.48
	100	18.58	11.3	66	10.8	0.09	0.54
小米糠	90.0	18.45	11.6	74	8.0	—	—
（细谷糠）	100	20.50	12.9	82	8.9	—	—

（三）块根、块茎及瓜果类饲料

块根块茎类饲料包括胡萝卜、甘薯、木薯、饲用甜菜、芜菁甘蓝（灰萝卜）、马铃薯、菊芋块茎、南瓜及番瓜等。

1.营养特性

根茎瓜类最大的特点是水分含量很高，达75%~90%，去子南瓜可达93%，相对的干物质含量很少，单位重量鲜饲料中所含的营养成分低。就干物质而言，它们的粗纤维含量较低，无氮浸出物含量很高，达67.5%~88.1%，而且大多数是易消化的糖分、淀粉或五聚糖，故它们含有的消化能较高，每千克干物质含有13.81~15.82MJ的消化能。但是它们也具有能量饲料的一般特点，如甘薯、木薯的粗蛋白质含量只有4.5%~3.3%，而且其中有相当大的比例是属于非蛋白质态的含氮物质。一些主要矿物质与某些B族维生素的含量也不够，南瓜中核黄素含量可达13.1mg/kg，这是难得的。甘薯和南瓜中均含有胡萝卜素，特别胡萝卜素含量能达430mg/kg。此外，块根与块茎饲料中富含钾盐。

2.常用块根、块茎类及营养特性

（1）甘薯。又名番薯、地苕、地瓜、红芋、红（白）薯等，是我国种植最广，产量最大的薯类作物，甘薯块多汁，富含淀粉，是很好的能量饲料。用甘薯喂猪，在其肥育期，有促进消化、蓄积体脂的效果。鲜甘薯含水量约70%，粗蛋白质含量低于玉米。鲜喂时（生的、熟的或者青贮），其饲用价值接近于玉米，甘薯干与豆饼或酵母混合作基础饲料时，其饲用价值相当于玉米的87%。生的和熟的甘薯其干物质和能量的消化率相同。但熟甘薯蛋白质的消化率几乎为生甘薯的一倍。甘薯忌冻，必须贮存在13℃左右的环境下比较安全，当温度高于18℃，相对湿度为80%会发芽。黑斑甘薯味苦，含有毒性酮，应禁用。为便于贮存和饲喂，甘薯块常切成片，晾晒制成甘薯干备用。

（2）马铃薯。马铃薯又称土豆、地蛋、山药蛋、洋芋等，其茎叶可作青贮料，块茎干物质中80%左右是淀粉，它的消化率对各种动物都比较高。生马铃薯可用于喂猪。在马铃薯植株中含有一种配糖体，称作茄素（龙葵素），是有毒物质，但只有在块茎贮藏期间经日光照射马铃薯变成绿色以后，茄素含量增加时，才有可能发生中毒现象。

（3）胡萝卜。胡萝卜可列入能量饲料内，但由于它的鲜样中水分含量多、容积大，因此在生产实践中并不依赖它来供给能量。它的重要作用主要是在冬季作为多汁饲料和供给胡萝卜素。由于胡萝卜中含有一定量的蔗糖以及它的多汁性，在冬季青饲料缺乏，日粮中可加一些胡萝卜改善日粮的口味，调节消化机能。

（4）饲用甜菜。甜菜作物，按其块根中的干物质与糖分含量多少，可大致分为糖甜菜，半糖甜菜和饲用甜菜三种。其中饲用甜菜的大量种植，总收获量高，但干物质含量低，为8%~11%，含糖约1%。饲用甜菜喂猪时喂量不宜过多，也不宜单一饲喂。刚收获的甜菜不宜马上投喂，否则易引起下痢。

（四）液体能量饲料及其他

1.液体能量饲料

本类能量饲料包括动物脂肪、植物油和油脚（榨油的副产物）、制糖工业的副产——糖蜜和乳品加工的副产物——乳清等。

动物脂肪。屠宰厂通常将检验不合格的胴体及脏器和皮脂等高温处理得到的。动物脂肪除工业用途外也是一种高能饲料。动物脂肪在常温下凝固，加热则熔化成液态。动物脂肪含ME达35MJ/kg，约为玉米的2.52倍，添加脂肪可提高日粮的能量水平，并改善适口性，还能减少粉料的粉尘。猪日粮中动物脂肪可占日粮的6%~8%，动物脂肪的营养作用单纯，除提供一定数量不饱和脂肪酸（占脂肪3%~5%）外，主要是提高日粮的能量水平。用脂肪作能源饲料，可降低体增热（HI），减少猪在炎热气候下的散热负担，夏天预防热应激。

2.植物脂肪

绝大多数植物油脂在常温下都是液态。最常见的是大豆油、菜籽油、花生油、棉籽油、玉米油、葵花籽油和胡麻油。植物油脂和动物脂肪的差别在于含有较多的不饱和脂肪酸（占油脂的30%~70%），与动物脂肪相比，植物油含有效能值稍高，ME可达37MJ/kg。植物油脂主要供人食用，也用作食品和其他工作原料，只有少量用于饲料。

3.糖蜜

甜菜制糖业的副产品——甜菜渣的数量很大，是养猪的好饲料。特别在我国北方，甜菜制糖业发展很快，应充分利用这种饲料资源。甜菜渣按干物质计算粗纤维的含量显著提高，约20%，无氮浸出物含量较高，约62%，可消化粗蛋白质的含量较低，仅约4%，钙磷的含量较低，特别是磷的含量很低。因此，钙磷的比例不当，甜菜虽经榨糖，但甜菜渣中仍保留一部分糖分。由于甜菜渣的能量含量较高，但蛋白质含量较低，维生素、钙磷含量不足，特别是钙磷的比例不当，为了提高甜菜渣的饲养效果，配合日粮时应补充这些养分。

4.乳清

乳清是乳品加工厂生产乳制品（奶酪、酪蛋白）的液体副产物。其主要成分是乳糖残留的乳清，乳脂所占比例较小。乳清含水量高，不适于直接作配合饲料原料。乳清经喷雾干燥后制得的乳清粉是乳猪的良好调养饲料，已成为代乳饲料中必不可少的组分，但乳猪清粉吸水性强，加工时应特别注意。

（五）其他

干燥的面包房产品：这类产品是由面包房制作糖果、坚果等得到的。尽管其数量很少，但所含的能量大部分来源于淀粉、蔗糖和脂肪，所以是一种非常好的饲料。众多的未利用的面包房产品给猪提供了相当优良的饲料。

五、蛋白质饲料及其特点

通常将干物质中粗蛋白质含量在20%以上，粗纤维含量小于18%的饲料划在这一类，蛋白质饲料包括植物性蛋白质饲料、动物性蛋白质饲料、单细胞蛋白质饲料以及酿造工业副产物等。

（一）植物性蛋白质饲料

此类饲料包括饼粕在内及一些粮食加工副产品等。饼粕类饲料是油料籽实榨油后的产品。其中榨油后的产品通称"饼"，用溶剂提油后的产品通称"粕"，这类饲料包括大豆饼和豆粕、棉籽饼、菜籽饼、花生饼、芝麻饼、向日葵饼、胡麻饼和其他饼粕等。其中豆饼是猪良好蛋白质饲料。棉籽饼及花生饼来源丰富，价格低廉，是猪蛋白质饲料的重要来源。各类油料籽实共同特点是油脂与蛋白质含量较高，而无氮浸出物比一般谷物类低。因此，提取油脂后的饼粕产品中的蛋白质含量就显得更高，再加上残存不同含量的油分，故一般的营养价值（能量与蛋白质）较高。

1. 豆饼和豆粕

大豆饼和豆粕是我国最常用的一种主要植物性蛋白质饲料，营养价值很高，大豆饼粕的粗蛋白质含量在40%~45%，大豆粕的粗蛋白质含量高于饼，去皮大豆粕粗蛋白质含量可达50%，大豆饼粕的氨基酸组成较合理，尤其赖氨酸含量在2.5%~3.0%，是所有饼粕类饲料中含量最高的，异亮氨酸、色氨酸含量都比较高，但蛋氨酸含量低，仅0.5%~0.7%，故玉米-豆粕基础日粮中需要添加蛋氨酸。大豆饼粕中钙少磷多，但磷多属难以利用的植酸磷。维生素A、维生素D含量少，B族维生素除维生素B_2、维生素B_{12}外均较高。粗脂肪含量较低，尤其大豆粕的脂肪含量更低。

生产大豆饼粕的原料是大豆，生大豆中含有多种抗营养因子，如胰蛋白酶抑制因子、细胞凝集素、皂角苷、尿素酶等。在提油时，如果加热适当，毒素受到破坏，加热不足破坏不了毒素则蛋白质利用率低，加热过度可导致赖氨酸等必需氨基酸的变性反应而影响利用价值。

2. 棉籽饼

棉籽饼是棉花籽实提取棉籽油后的副产品，一般含有32%~37%的粗蛋白质，产量仅次于豆饼，是一项重要的蛋白质资源。棉籽饼因工作条件不同，其营养价值相差很大，主要影响因素是棉籽壳是否脱去及脱去程度。在油脂厂去掉的棉籽壳中，虽夹杂着部分棉仁，粗纤维也达48%，木质素达32%，脱壳以前去掉的短绒含粗纤维90%，因而，在用棉花籽实加工成的油饼中，是否含有棉籽壳，或者含棉籽壳多少，是决定它可利用能量水平和蛋白质含量的主要影响因素。

棉籽饼粕蛋白质组成不太理想，精氨酸含量3.6%~3.8%，过高，而赖氨酸含量仅1.3%~1.5%，过低，只有大豆饼粕的一半。蛋氨酸也不足，约0.4%，同时，赖氨酸的利用率较差。故赖氨酸是棉籽饼粕的第一限制性氨基酸。饼粕中有效能值主要取决于粗纤维含量，即饼粕中含壳量。维生素含量受热损失较多。矿物质中磷多，但多属植酸磷，利用率低。

棉仁饼含粗蛋白质在33%~40%，棉籽饼为23%~30%，棉籽饼的缺点是含有游离棉酚，是一种有毒物质，棉酚含量取决于棉籽的品种和加工方法。棉酚中毒有蓄积性，可与消化道中的铁形成复合物，导致缺铁，添加0.5%~1%硫酸亚铁粉可结合部分棉酚而去毒，并能提高棉籽饼（粕）的营养价值。

3. 菜籽饼

油菜是十字花科植物，籽实含粗蛋白质20%以上，榨油后饼粕中油脂减少，粗蛋白质相对增加到30%以上。菜籽饼中赖氨酸含量为1.0%~1.8%，色氨酸为0.5%~0.8%、蛋氨酸为0.4%~0.8%，胱氨酸为0.3%~0.7%，维生素的含量为：硫胺素1.7~1.9mg/kg，泛酸8~10mg/kg，胆碱6 400~6 700mg/kg。

菜籽饼含毒素较高，主要起源于芥子苷或称含硫苷（含量一般在6%以上），各种芥子苷在不同条件下水解，生成异硫氰酸酯，严重影响适口性。硫氰酸酯加热转变成氰酸酯，它和恶唑烷硫酮还会导致甲状腺肿大，一般经去毒处理，才能保证饲料安全。菜籽饼还含有一定量的单宁，降低动物食欲。

4. 花生饼（粕）

带壳花生饼含粗纤维在15%以上，饲用价值低。国内一般都去壳榨油。去壳花生饼含蛋白质、能量比较高。花生饼（粕）的饲用价值仅次于豆饼，蛋白质和能量都比较高。花生饼（粕）含赖氨酸为1.5%~2.1%，色氨酸为0.45%~0.51%，蛋氨酸为0.4%~0.7%，胱氨酸为0.35%~0.65%，精氨酸为5.2%。含胡萝卜素和维生素D极少，硫胺素和核黄素为5~7mg/kg、烟酸为170mg/kg、泛酸为50mg/kg、胆碱为1 500~2 000 mg/kg。花生饼（粕）本身虽无毒素，但易感染黄曲霉产生黄曲霉毒素，因此，贮藏时切忌发霉。用花生饼（粕）喂猪，其所含蛋氨酸、赖氨酸不能满足猪需要，必须进行补充，也可以和鱼粉、豆饼（粕）等一起饲喂。

5. 向日葵饼

向日葵饼种类很多，一般向日葵籽粒各部分比例是：壳籽35%~45%，油脂籽25%~32%，脱壳后油脂含量增至30%~40%，改良品种油脂含量高，壳比例少。向日葵饼的蛋白质含量，以浸提法较高，但氨基酸含量却低于机榨饼约20%，机榨饼氨基酸的含量为：赖氨酸2.0%、色氨酸0.6%、蛋氨酸1.6%、胱氨酸0.8%。其维生素含量为：硫胺素9.7mg/kg、核黄素4.2mg/kg、烟酸37.8mg/kg、泛酸7.7mg/kg、胆碱280mg/kg。

6. 胡麻饼

胡麻，即油用亚麻，在我国东北和西北栽培较多，胡麻种子榨油的副产品即胡麻饼，是胡麻产地的一种主要的蛋白质饲料。胡麻饼的氨基酸含量为：赖氨酸1.10%、色氨酸0.47%、蛋氨酸0.47%、胱氨酸0.56%。胡麻饼维生素含量为：胡萝卜素0.3mg/kg、硫胺素2.6mg/kg、核黄素4.1mg/kg、烟酸39.4mg/kg、泛酸16.5mg/kg、胆碱1 672mg/kg。胡麻饼可以作为蛋白质饲料饲喂肉牛，但饲喂过多，也可使体脂变软，影响产品质量，所以，胡麻饼最好同其他蛋白质饲料混合饲喂，以补充赖氨酸等养分的不足。

胡麻种子中，尤其是未成熟的种子中，含有亚麻苷配糖体，也称生氰糖苷，本身无毒，但在pH值为5.0左右时，最容易为亚麻种子本身所含的亚麻酶所酶解，生成氢氰酸，氢氰酸对任何畜禽都有毒。

7. 其他饼类

其他比较重要的饼粕有蓖麻饼、椰子饼和芝麻饼等。其饲用价值见表4-4。

表4-4　其他饼粕类及饲用豆类的饲用价值

类别	干物质（%）	总能（MJ/kg）	粗蛋白质（%）	可消化粗蛋白质（%）	粗纤维（%）	钙（%）	磷（%）
蓖麻饼	93.5	18.58	35.3	—	33.3	—	—
	100	19.87	37.7	—	35.6	—	—
椰子饼	91.2	17.15	24.7	197	12.9	0.04	0.06
	100	18.83	27.0	216	14.1	0.04	0.07
芝麻饼	82.2	19.04	44.3	362	5.4	1.99	1.33
	100	20.67	48.0	393	5.8	2.15	1.44
黑豆	91.0	21.00	37.9	300	5.7	0.27	0.52
	100	23.01	41.6	328	6.2	0.30	0.57
秣食豆	88.4	19.62	34.5	280	5.9	0.06	0.57
	100	22.18	39.0	317	6.7	0.07	0.64
大豆	88.0	—	37.0		5.1	0.27	0.48

8. 豆科籽实

专用于饲料的豆类主要有秣食豆和黑豆，这些豆类都是动物良好的蛋白质饲料。饲用豆类，生喂饲用价值低，整喂消化率低。有的甚至不能消化，若经加工压扁或粉碎处理，消化率即能显著提高。黑豆虽是优质饲料，但也不能多喂，多喂容易引起消化障碍，同时，黑豆的营养也并不全面。

豆科籽实的共同营养特点是蛋白质含量丰富（20%~40%），而无氮浸出物较谷实类低（28%~62%）。由于豆科籽实有机物中蛋白质含量较谷实类高，故其消化能偏高，特点是大豆还含有较多的油分，其能量价值甚至超过谷实中能量高的玉米。

本类饲料中的矿物质和维生素的含量均与谷实类大致相似，不过维生素 B_2 与维生素 B_1 含量上有些种类稍高于谷实，但并不能列为上等。钙含量虽稍高一些，但钙磷比例不适宜，磷多于钙。豆科籽实就其蛋白质品质而言，在植物性蛋白中算是最好的，主要表现在植物蛋白中最缺的限制因子之一的赖氨酸含量比较高，由表4-5可见蚕豆、豌豆、大豆饼的赖氨酸含量分别为1.80%、1.76%与3.0%。由此可见，豆类饲料中蛋白质优于其他植物性蛋白质。

豆类蛋白质的品质也有不足之处，就是植物蛋白质的含硫氨基酸的不足。豆类饲料在生的状态下含有一些不良的物质，如抗胰蛋白酶，产生甲状腺肿的物质，皂素与血凝集素等，它们影响豆类饲料的适口性，消化性与动物的一些生理功能，这些物质经适当的热处理（110℃，3min）后就失去毒性。

表4-5　豆科籽实与饼类蛋白质氨基酸含量　　　　　　　（%）

营养成分	蚕豆	豌豆	大豆	豆饼	棉籽	棉籽饼	棉仁饼
粗蛋白质	29.1	26.5	41.7	46.7	24.9	30.3	46.6
赖氨酸	1.80	1.76	2.59	3.09	—	—	1.70
蛋氨酸	0.29	0.34	0.45	0.79	—	—	0.65

9. 其他加工副产品

这类蛋白质饲料品种很多很杂，有淀粉工业副产物——玉米胶蛋白和以豌豆、蚕豆和绿豆为原料生产粉丝的粉渣，酿酒的副产物——各种酒糟，豆腐渣、酱油渣、醋和饴糖渣等。由于原料和工艺上的区别，所得的副产物在营养成分的含量上差别悬殊。

本类饲料在营养上不能一概而论。淀粉工业的副产物和酒精、饴糖生产的副产物是经提出和发酵用掉原料中的淀粉得到的，无氮浸出物含量大减而蛋白质和粗纤维成分都相对增高。以干物质基础汁，各种谷物酒糟、啤酒糟和饴糖渣的粗蛋白质含量也在20%以上。酿造和发酵工业副产物的糟、渣类，由于微生物活动而产生大量的B族维生素，糟、渣中的B族维生素丰富，但脂溶性维生素贫乏。

10. 玉米蛋白粉

玉米蛋白粉的确切含义是玉米除去淀粉、胚芽和玉米外皮后剩下的产品。正常玉米蛋白粉的色泽为金黄色，蛋白质含量越高色泽越鲜艳。玉米蛋白粉一般含蛋白质40%~50%，高者可达60%。玉米蛋白粉蛋氨酸含量很高，可与相同蛋白质含量的鱼粉相当，但赖氨酸和色氨酸严重不足，不及相同蛋白质含量鱼粉的25%，且精氨酸含量较高，饲喂时应考虑氨基酸平衡，与其他蛋白质饲料配合使用。由黄玉米制成的玉米蛋白粉含有很高的类胡萝卜素，其中主要是叶黄素（53.4%）和玉米黄素（29.2%），是很好的着色剂。玉米蛋白粉含维生素（特别是水溶性维生素）和矿物质（除铁外）也较少。总之，玉米蛋白粉是高蛋白高能饲料，蛋白质消化率和可利用能值高，尤其适用于断奶仔猪。

（二）动物性蛋白质饲料

这类饲料包括鱼粉、肉骨粉、血粉、羽毛粉、蚕蛹粉等。

1. 鱼粉

鱼粉的营养价值因鱼种、加工方法和贮存条件不同而有较大差异。鱼粉含水量平均10%，蛋白质含量40%~70%不等，进口鱼粉一般在60%以上，国产鱼粉 50% 左右。如果鱼粉粗蛋白质太低，可能不是全鱼鱼粉，而是下脚鱼粉；如果粗蛋白质太高，则可能掺假。鱼粉不仅蛋白质含量高，其氨基酸也很高，而且比例平衡。进口鱼粉赖氨酸含量可达 5% 以上，国产鱼粉为 3.0%~3.5%。鱼粉粗脂肪含量 5%~12%，平均 8% 左右。海鱼的脂肪含有高度不饱和脂肪酸，具有特殊的营养生理作用。鱼粉含钙 5%~7%，磷 2.5%~3.5%，食盐 3%~5%。鱼粉中灰分含量越高，表明其中鱼骨越多，鱼肉越少。微量元素中，铁含量最高，可达 1 500~2 000mg/kg；其次是锌、硒，锌达 100mg/kg 以上，硒为 3~5mg/kg；海鱼碘含量高。鱼粉的大部分脂溶性维生素在加工时被破坏，但 B 族维生素尤其维生素 B_{12}、维生素 B_2 含量高，鱼粉中还含有未知生长因子。猪日粮中鱼粉用量为 2%~8%。饲喂鱼粉可使猪发生肌胃糜烂，特别是加工错误或贮存中发生过自燃的鱼粉中含有较多的肌胃糜烂素。鱼粉还会使猪肉产生不良气味。市售鱼粉掺假现象比较严重，掺假的原料主要有血粉、羽毛粉、皮革粉、尿素、硫酸铵等，大多是廉价且消化利用率低、蛋白质含量高的原料，因而起不到应有的饲用价值。鱼粉的真伪可通过感官、显微镜检验及测定真蛋白和氨基酸的方法来鉴别。

2. 肉骨粉

肉骨粉的营养价值很高，是屠宰场下脚料或病死畜尸体等成分经高温、高压处理后脱脂干燥制成的，饲用价值比鱼粉稍差，但价格远低于鱼粉，因此，是很好的动物蛋白质饲料。据分析，肉骨粉粗蛋白质含量为 54.3%~56.2%，粗脂肪为 4.8%~7.2%，灰分为 20.1%~24.8%，钙 5.3%~6.5%，磷为 2.5%~3.9%，蛋氨酸为 0.36%~1.09%，赖氨酸为 2.7%~5.8%。肉骨粉维生素 B_{12} 含量丰富，含脂肪较高，最好与植物蛋白质饲料混合使用，仔猪日粮用量不要超过 5%，成猪可占 5%~10%。肉骨粉容易变质腐烂，喂前应注意检查。

3. 血粉

血粉是畜禽鲜血经脱水加工而制成的一种产品，是屠宰场主要副产品之一。血粉的主要特点是蛋白质和赖氨酸含量高，含粗蛋白质 80%~90%，赖氨酸 7%~8%，比鱼粉高近一倍，色氨酸、组氨酸含量也高。但是血粉蛋白质品质很差，血纤维蛋白质不易消化，赖氨酸利用率低。血粉中异亮氨酸很少，蛋氨酸偏低，因此氨基酸不平衡。不同动物的血粉也不同，混合血的血粉质量优于单一血粉。血粉含钙磷较低，磷的利用率高。微量元素中含铁量可高达 2 800mg/kg，其他微量元素含量与谷实饲料相近。由于血粉的利用率很低，目前很多厂家将血粉膨化以提高其利用率，效果较好。但是由于血粉味苦，适口性差，氨基酸极不平衡，喂量不可过高。

4. 羽毛粉

水解羽毛粉含粗蛋白质在 84% 以上，粗脂肪为 2.5%，粗纤维为 1.5%，粗灰分为 2.8%，钙为 0.40%，磷为 0.70%。蛋白质中胱氨酸含量高，达 3%~4%，异亮氨酸也高，达 5.3%，但蛋氨酸、赖氨酸、色氨酸和组氨酸含量很低。羽毛粉的氨基酸利用率很差，变异幅度较大，因而蛋白质品质差。羽毛粉的饲用价值很低，主要用于补充含硫氨基酸需要量，且需与含赖氨酸、蛋氨酸、色氨酸高的其他蛋白质饲料混合使用。

5.蚕蛹粉

蚕蛹粉蛋白质含量高，平均为 56%，赖氨酸为 3%，蛋氨酸为 1.5%，色氨酸可高达 1.2%，比进口鱼粉高出一倍。蚕蛹粉的另一特点是脂肪含量高，达 20%~30%，磷含量丰富，为 0.76%，是钙的 3.5 倍。蚕蛹粉还富含 B 族维生素。在猪日粮中蚕蛹粉主要用于补充氨基酸和能量。

（三）微生物蛋白质饲料

这类饲料主要是饲料酵母等。

1.营养特点

饲料酵母是利用工业废水废渣等为原料，接种酵母菌，经发酵干燥而成的单细胞蛋白质饲料。饲料酵母含蛋白质、脂肪低，粗纤维和灰分含量取决于酵母来源。氨基酸中，赖氨酸含量高，蛋氨酸低。酵母粉中 B 族维生素含量丰富，矿物质中钙低中磷、钾含量高。表 4-6 所列为一般饲料酵母的主要养分含量。饲料酵母的应用效果受日粮类型和酵母种类的影响。酵母的日粮中的用量不宜过高，否则影响适口性、破坏日粮氨基酸平衡、增加日粮成本、降低猪生产性能。

2.饲料酵母饲用应注意的问题

目前市场上销售的"饲料酵母"大多数是固态发酵生产的，确切一点讲，应称为"含酵母饲料"，这是以玉米蛋白粉等植物蛋白饲料作培养基，经接种酵母菌发酵而成，这种产品中真正的酵母菌体蛋白含量很低，大多数蛋白仍然以植物蛋白形式存在，其蛋白品质较差，使用时应与饲料酵母加以区别。

表 4-6　饲料酵母主要养分含量　　（%）

成分	啤酒酵母	石油酵母	纸浆废渣酵母
水分	9.3	4.5	6.0
粗蛋白质	51.4	60.0	46.0
粗脂肪	0.6	9.0	2.3
粗纤维	2.0	—	4.6
粗灰分	8.4	6.0	5.7

六、矿物质饲料

矿物质饲料是补充动物矿物质需要的饲料。它包括人工合成的，天然单一的和多种混合的矿物质饲料，以及配合在载体中的痕量、微量、常量元素补充料。在各种植物性和动物性饲料中都含有一定动物所必需的矿物质，但往往不能满足动物生命活动的需要量，因此，应补充所需的矿物质饲料。

（一）常量矿物质补充料

1. 含氯、钠饲料

钠和氯都是猪需要的重要元素，常用食盐补充，食盐中含氯 60%，含钠 40%，碘盐还含有 0.007% 的碘。研究表明，食盐的补充量与动物种类和日粮组成有关。饲料用盐多为工业盐，含氯化钠 95% 以上。食盐不足可引起食欲下降，采食量降低，生产性能下降，并导致异食癖。食盐过量时，只要有充足的饮水，一般对猪健康无不良影响，但若饮水不足，可出现食盐中毒。使用含盐量高的鱼粉、酱渣等饲料时应调整日粮食盐添加量。

2. 含钙饲料

主要有石粉、石膏、蛋壳、贝壳粉等。

（1）石粉。主要是指石灰石粉，为天然的碳酸钙。石粉中含纯钙在 35% 以上，是补充钙最廉价、最方便的矿物质饲料。品质良好的石灰石粉与贝壳粉，必须含有约 38% 的钙，而且镁含量不可超过 0.5%，只要铅、砷、氟的含量不超过安全系数，都可用于猪饲料。

（2）石膏。石膏的化学式 $CaSO_4 \cdot 2H_2O$，灰色或白色结晶性粉末，有两种产品，一种是天然石膏的粉碎产品，另一种是磷酸制造工业的副产品，后者常含有大量的氟，应予注意。石膏的含钙量在 20%~30%，变动较大。此外，大理石、熟石灰、方解石、白垩石等都可作为猪的补钙饲料。

（3）蛋壳和贝壳粉。新鲜蛋壳与贝壳（包括蚌壳、牧蛎壳、蛤蜊壳、螺蛳壳等）烘干后制成的粉含有一些有机物，如蛋壳粉含粗蛋白质达 12.42%，含钙达是 24.4%~26.5%，因此用鲜蛋壳制粉应注意消毒以防蛋白质腐败，甚至带来传染病，贝壳也有同样的问题，但海滨堆积多年的贝壳，其内部有机质已消失，是良好的碳酸钙饲料，一般含碳酸钙 96.4%，折合含钙量 38.6%。

微量元素预混料常使用石粉或贝壳粉作为稀释剂或载体，而且所占配比很大，配料时应把它的含钙量计算在内。

3. 含磷饲料

为了补充有效的无机磷，常用磷酸盐，如磷酸的钙盐和钠盐，它们是用磷矿石或磷酸制成的，由于其中所含矿物质元素比含钙饲料复杂，因此与含钙饲料不同，补饲本类饲料往往引起两种矿物质数量同时变化。常见的含磷饲料见表4-7。

表4-7　几种含磷饲料的成分

含磷矿物质饲料	含磷（%）	含钙（%）	含钠（%）	含氟（mg/kg）
磷酸氢二钠 Na_2HPO_4	21.81		32.38	
磷酸氢钠 NaH_2PO_4	25.80		19.15	
磷酸氢钙 $CaHPO_4 \cdot 2H_2O$	18.97	24.32		816.67
磷酸氢钙 $CaHPO_4$（化学纯）	22.79	29.46		
过磷酸钙 $Ca(H_2PO_4)_2H_2O$	26.45	17.12		
磷酸钙 $Ca_3(PO_4)_2$	20.00	38.70		

4.钙磷饲料

猪常用的钙磷补充饲料有骨粉和磷酸氢钙。骨粉是以家畜骨骼为原料，经蒸气高压下蒸煮灭菌后，再粉碎而制成的产品。骨粉含钙24%~30%，磷10%~15%。骨粉品质因加工方法而异，选用时应注意磷含量和防止腐败。磷酸氢钙又称为磷酸二钙，为白色或灰白色粉末，含钙不低于23%，磷不低于18%，铅含量不超过50mg/kg，氟含量不宜超过0.18%。磷酸氢钙的钙磷利用率高，是优质的钙磷补充料。猪日粮的磷酸氢钙不仅要控制其钙磷含量，尤其注意含氟量。猪日粮中所用钙磷补充料，在选用或选购时应考虑下列因素：纯度；有害元素含量；物理形态如密度、细度等；钙磷利用率和价格等，以单位可利用量的单价最低为选购原则。

（二）微量矿物质补充料

本类饲用品多为化工生产的各种微量元素的无机盐类和氧化物，近年来微量元素的有机酸盐和螯合物以其生物效价高和抗营养干扰能力强受到重视。常用的补允微量元素类有铁、铜、锰、锌、钴、碘、硒等。

1.铜饲料

碳酸铜 $[CuCO_3 \cdot (OH)_2]$、氯化铜（$CuCl_2$）、硫酸铜（$CuSO_4$）等皆可作为含铜的饲料。硫酸铜不仅生物学效价高，同时还具有类似抗生素的作用，饲用效果较好，应用比较广泛，但其易吸湿返潮，不易拌匀，饲料用的硫酸铜有5水和1水两种，细度要求通过200目筛。

2. 含碘饲料

比较安全常用的含碘化合物有碘化钾（KI）、碘化钠（NaI）、碘酸钠（$NaIO_3$）、碘酸钾（KIO_3）、碘酸钙[Ca（IO_3）$_2$]。前几种碘化物不够稳定，易分解而引起碘的损失。碘酸钙在水中的溶解度较低，也较稳定，生物效价和碘化钾近似，在国外常被应用，在我国多用碘化钾。

3. 铁饲料

硫酸亚铁（$FeSO_4 \cdot H_2O$）、碳酸亚铁（$FeCO_3 \cdot H_2O$）、三氯化铁（$FeCl_3 \cdot 7H_2O$）、柠檬酸铁铵[Fe（NH_3）$C_6H_8O_7$]、氧化铁（Fe_2O_3）等都可作为含铁的饲料，其中硫酸亚铁的生物学效价较好，氧化铁最差。含7个结晶水的硫酸亚铁（$FeSO_4 \cdot 7H_2O$）含铁20.1%，因吸湿性强易结块，不易与饲料拌匀，使用前需脱水。含1个结晶水的硫酸亚铁（$FeSO_4 \cdot H_2O$）含铁约33%，经过专门的烘干焙烧，过20目筛后可作为饲料用，最低含铁31%，硫酸亚铁对营养物质有破坏作用，在消化、吸收过程中常使理化性质不稳定的其他微量化合物的生物效价降低。

4. 含锰饲料

碳酸锰（$MnCO_3$），氧化锰（MnO），硫酸锰（$MnSO_4 \cdot 5H_2O$）都可作为含锰的饲料。氧化锰由于烘焙条件不同，纯度不一，含锰量可变动于55%~75%，一般饲料级的含锰量多在60%以下，呈绿色。其他品种的锰化合物价格都比氧化锰贵，所以氧化锰的用量也较大。饲料用氧化锰的细度要求通过100目筛，最低含锰60%。

5. 含硒饲料

硒既是猪所必需品的微量元素，又是有毒物质，根据报道超量投喂有致癌作用。补硒一般以亚硒酸钠的形式添加。亚硒酸钠是有毒的，必须有专业人员配合处理，添加量有严格限制，一定要均匀配合到饲料中。必须以硒预混料的形式添加，这种预混合料的硒含量不得超过200mg/kg，每吨饲料中添加量，不得超过0.5kg（其中硒含量不超过100mg）。

6. 含锌饲料

氧化锌（ZnO）、碳酸锌（$ZnCO_3$）、硫酸锌（$ZnSO_4$）均可作为含锌的饲料。氧化锌的含量70%~80%，比硫酸锌含锌量高一倍以上，价格也比硫酸锌便宜，但生物学效价低于硫酸锌。饲料用的氧化锌细度要求100目。

（三）天然矿物质饲料资源的利用

一些天然矿物质，如麦饭石、沸石、膨润土等，它们不仅含有常量元素，更富含微量元素，并且由于这些矿物质结构的特殊性，所含元素大都具有可交换性或溶出性，因而容易被动物吸收利用。研究证明，向饲料中添加麦饭石、沸石和膨润土可以提高猪的生产性能。

1.麦饭石

其主要成分为氧化硅和氧化铝，另外还含有动物所需的矿物元素。如铅、磷、镁、钠、钾、锰、铁、钴、铜、锌、钒、钼、硒和镍等，而有害物质铅、镉、砷、汞和6价铬都低于世界卫生组织建议标准及有关文献值。麦饭石具有溶出和吸附两大特性，能溶出多种对猪有益的微量元素，吸附对猪有害的物质如铅、镉和砷等，可以净化环境。

2.沸石

天然沸石是碱金属和碱土金属的含水铝硅酸盐类，主要成分为氧化铝，另外还含有动物不可缺少的矿物元素，如钠、钾、铅、镁、钒、铁、铜、锰和锌等，沸石含的有毒元素铅、砷都在安全范围内。天然沸石的特征是具有较高的分子空隙度，良好的吸附性，离子交换及催化性能。

3.膨润土

膨润土的特征是阳离子交换能力很强，具有非常显著的膨胀和吸附性能。膨润土有磷、钾、铜、铁、锌、锰、硅、钼和钒等动物所需的常量和微量元素，由于膨润土具有很强的离子交换性，这些元素容易交换出来为动物所利用，因此膨润土可以作为动物的矿物质饲料加以利用。

七、维生素饲料

来源于动、植物的某些饲料可富含某些维生素，例如鱼肝富含维生素 A、维生素 D，种子的胚富含维生素 E，酵母富含 B 族各种维生素，水果与蔬菜富含维生素 C，但这都不划为维生素类。只有经加工提取的浓缩产品和直接化学合成的产品方属本类。鱼肝油、胡萝卜素就是来自天然动、植物的提取产品，属于此类的多数维生素是人工合成的产品。

由于各种维生素化学性质不同，生理营养功能各异，所以还不能对十几种维生素进行科学分类。目前依其溶解性将维生素分成两类：脂溶性维生素和水溶性维生素。前者包括维生素 A、维生素 D、维生素 E、维生素 K，后者包括全部 B 族维生素和维生素 C。脂溶性维生素只有碳、氢、氧三种元素，而水溶性维生素有的还有氮、硫和钴（表 4-8）。

表 4-8　猪常用的维生素饲料

种类	外观	粒度（个/g）	含量	容重（g/mL）	水溶性	重金属（<mg/kg）	水分（<%）
维生素 A 乙酸酯	浅黄到红褐色球状颗粒	10万～100万	50万 IU/g	0.6~0.8	在水中弥散	50	5.0
维生素 D_3	奶油色细粉	10万～100万	10万～50万 IU/g	0.4~0.7	在温水中弥散	50	7.0
维生素 E 乙酸酯	白色或浅黄色细粉或球状颗粒	100万	50%	0.4~0.5	吸附制剂不能在水中弥散	50	7.0
维生素 K_3（MSB）	浅黄色粉末	100万	50%甲萘醌	0.55	溶于水	20	—
维生素 K_3（MSBC）	白色粉末	100万	50%甲萘醌	0.65	在温水中弥散	20	—
维生素 K_3（MPB）	灰色到浅褐色粉末	100万	50%甲萘醌	0.45	溶于水的性能差	20	—
盐酸 B_1	白色粉末	100万	98%	0.35~0.4	易溶于水，有亲水性	20	1.0
硝酸 B_1	白色粉末	100万	98%	0.35~0.4	易溶于水，有亲水性	20	—
维生素 B_2	橘黄色到褐色细粉	100万	96%	0.2	很少溶于水	—	1.5
维生素 B_6	白色粉末	100万	98%	0.6	溶于水	30	0.3
维生素 B_{12}	浅红色到浅黄色粉末	100万	0.1%~1%	—	溶于水	—	—
泛酸钙	白色到浅黄色粉末	100万	98%	0.6	易溶于水	—	—
叶酸	黄色到橘黄色粉末	100万	97%	0.2	水溶性差	—	8.5
烟酸	白色到浅黄色粉末	100万	99%	0.5~0.7	水溶性差	20	0.5
生物素	白色到浅黄色粉末	100万	2%	—	溶于水或在水中弥散	—	—
氯化胆碱（液态）	无色	—	70%~78%	—	易溶于水	20	—
氯化胆碱（固态）	白色到褐色粉末	—	50%	—		20	30
维生素 C	白色到浅黄色粉末	—	99%	0.5~0.9	溶于水	—	—

第三节　猪饲料中常用添加剂

饲料添加剂是配合饲料的重要成分，是为了某些特殊需要向各种配、混饲料中人工另行加入的具有各种不同生物活性的特殊物质的总称。其作用是强化基础日粮的营养价值，保障动物营养需要和健康，促进动物正常发育和加速生长，提高动物对饲料的利用效率。饲料添加剂用量甚微，一般为几个 mg/kg 到 100mg/kg，直接用于饲料中不仅在技术上是困难的，而且很难保证其使用效果，通常都是将饲料添加剂作为原料，生产出各类预混合饲料，再用于配合饲料中。

饲料添加剂与能量饲料、蛋白质饲料和常量矿物质饲料共同组成配方饲料，它在配方饲料中添加量很少，但作为配方饲料的重要营养平衡物质，起着完善配方饲料的营养、提高饲料利用率、增加猪食欲、促进生长发育、预防疾病、减少饲料贮存期的养分损失及改善猪产品品质等重要作用。在一些高质量的配合饲料中，使用的添加剂品种可达 30 种以上，使饲料转化率提高 30%，甚至更高。随着饲料添加剂工业的发展，添加剂品种日益繁多，目前全世界有数百种饲料添加剂。为方便添加剂的研究、生产与管理，一般将添加剂分为营养类和非营养类两大类。

一、常用营养性添加剂

（一）微量元素添加剂

1.微量元素添加剂的条件

使用微量元素添加剂的目的和维生素或氨基酸等所要达到的直接效果不同，作为猪饲用微量元素添加剂的原料，必须满足以下几项基本要求。

① 要有较高的生物效价。即猪能消化、吸收、利用，并能发挥特定的生理功能。

② 含杂质少，含有毒有害物质在允许范围内，以保证饲喂的安全。

③ 有稳定可靠的货源，保证生产和供应。

④ 成本低，保证使用的经济效益。

⑤ 物理和化学稳定性良好，方便加工、贮藏和使用。

当前生产应用的微量元素添加剂，多以含钙的石粉类作载体。微量元素添加剂的原料，多应用化工原料，或专门生产的饲料级微量元素盐为原料，很少用试剂级产品作原料，因为它虽然纯度高，但价格昂贵，不经济、不适用。

2.常用营养性添加剂

猪必要微量矿物元素有九种，它们是铁、铜、锌、锰、钴、碘、硒、钼、氟。提供这些微量元素的矿物质饲料叫微量元素补充料。由于猪对微量元素的需要量少，因而生产中需要预混合加工，通常作为添加剂加入饲粮中使用。美国NRC建议的猪对微量元素需要量及饲料中最高限量（以每千克风干日粮为基础）见表4-9。

表4-9　猪对微量元素需要量和饲料中最高限量　　　　　（mg/kg）

元　素	用　量	仔　猪	生长肥育猪
镁（Mg）	需要量	300	400
铁（Fe）	需要量	78~165	37~55
铜（Cu）	需要量	6~6.5	10
锌（Zn）	需要量	110~78	55~37
锰（Mn）	需要量	3.0~4.5	20~40
钴（Co）	需要量	0.1	/
硒（Se）	需要量	0.14~0.15	0.10~0.15
碘（I）	需要量	0.03~0.14	0.13
钼（Mo）	需要量	<1	<1

由于化学形式、产品类型、规格以及原料细度不同，饲料中补充微量元素的生物学利用率与销售价格差异很大。为方便配制饲料，现将各种微量元素添加剂的元素含量及其特性列出（表4-10）。

表4-10　微量元素添加剂、元素含量及其特性

	名　称	微量元素含量（%）	特　性
铁补充剂	硫酸亚铁（7结晶水）	20.1	硫酸酸亚铁最常用，生物学效价也最高，三价铁效价要比二价铁低，亚铁氧化后效价随之降低
	硫酸亚铁（1结晶水）	32.9	
	氯化亚铁（4结晶水）	28.1	
	氯化铁（6结晶水）	2.07	
铜补充剂	硫酸铜（5结晶水）碳酸铜	25.5	五水硫酸铜最常用，易潮解结块，硫酸铜相对生物学效价要高于氧化铜、氯化铜、碳酸铜
	（碱式1结晶水）	53.2	
	氯化铜（2结晶水）	37.2	
	氧化铜	66.5	

（续表）

	名　称	微量元素含量（%）	特　性
锌补充剂	碳酸锌	52.1	七水硫酸锌和氧化锌常用，硫酸锌、碳酸锌、氧化锌生物学效价相似，但氯化锌不潮解，稳定性好
	硫酸锌（7结晶水）	22.7	
	硫酸锌（1结晶水）	36.4	
	氧化锌	80.3	
锰补充剂	硫酸锰	36.4	硫酸锰常用，且不潮解，稳定性好，生物学效价高，碳酸锰与之接近，氯化锰较差
	碳酸锰	47.8	
	氯化锰（4结晶水）	27.8	
	氧化锰	77.4	
硒补充剂	亚硒酸钠（5结晶水）	30.0	亚硒酸钠和硒酸钠均常用，它们均为剧毒物质，操作人员必须戴防护用具
	硒酸钠（10结晶水）	21.4	
	硒酸钠	41.8	
	亚硒酸钠	45.7	
钴补充剂	氯化钴（5结晶水）	26.8	硫酸钴、碳酸钴、氯化钴均常用，而且三者的生物学效价均相似，但硫酸钴、氯化钴贮藏太久易结块，碳酸钴可长期贮存
	氯化钴	78.7	
	硫酸钴（7结晶水）	21.0	
	碳酸钴	49.6	
碘补充剂	碘化钾	76.5	化钾、碘酸钾最常用，碘化钾易潮解，稳定性差，长期暴露在空气中释放出碘而呈黄色，部分碘会形成碘酸盐，碘酸钾稳定性好
	碘酸钾	59.3	
	碘酸钙	65.1	
	碘酸钠	64.1	

　　微量元素的需要量与最高限量之间差距较大，故少量超量供给一般不易引起严重后果。我国当前生产和使用微量元素添加剂的主要品种大部分为硫酸盐、碳酸盐、氯化物，氧化物较少。硫酸盐含结晶水较高，易使设备腐蚀是其缺点，应用时不可使用工业级硫酸盐，因其重金属含量高，可造成猪品中的重金属残留并危害人的健康。碘盐常使用碘化钾，其虽可被猪充分利用，但很不稳定，应选择利用率高且稳定性好的碘酸钙等。

　　有机态的微量元素近年来已经开始在生产中应用，主要的有机形态有络合、螯合以及与蛋白质结合。由于动物体组织及天然饲料中存在的微量元素，以有机络合物或螯合物形态存在为多，因此，认为有机态微量元素的利用率高于无机态微量元素。目前常用的有机态微量元素有蛋氨酸锌、蛋氨酸锰、蛋氨酸铁、赖氨酸锌及赖氨酸铜等。

（二）维生素添加剂

1. 维生素添加剂应用要点

在实际生产中因严重缺乏某种维生素而产生特异缺乏症是很少见的，经常遇到的是因维生素不足，而出现的非特异状态。例如，皮肤变粗、生长缓慢和生产水平下降、抗病力减弱等。产生非特异状态的原因是多种多样的，与饲料或饲养中的一些因素相互影响有关。当影响某种维生素吸收利用的因素存在时，就应增加这种维生素的给量。在饲料工业中，维生素不是按传统作用法治疗某种维生素缺乏症，而是作为饲料中营养的补充，增加动物抗病或抗应激反应的能力，或是促进生长，提高某种畜产品的产量和质量而加的。

应用维生素添加剂应注意的问题：维生素作为一类低分子有机化合物，其稳定性受多种因素的影响，商品维生素制剂对氧化、还原、水分、热、光、金属离子、酸碱度等因素具有不同程度的敏感性。

① 维生素在维生素预混料（不含氯化胆碱）中的稳定性比在维生素–矿物元素预混料中的稳定性高。

② 有高剂量矿物元素、氯化胆碱及高水分存在时，维生素添加剂易受破坏。因此，氯化胆碱宜制成单一的预混剂。多种微量元素为强氧化剂或还原剂（如碘和铁），铜和铁能催化自由基形成，形成自由基是自动氧化的第一步，进而促进氧化反应。

③ 添加氧化剂，可延长促使活性维生素氧化的诱导期，大大减少维生素在贮存期（4~8 周）中的氧化损失。

④ 维生素添加剂应在避光、干燥、阴凉、低温环境条件下分类贮藏。维生素在全价配合饲料中的稳定性也取决于贮存条件。

⑤ 在使用维生素添加剂时，不但应按其活性成分的含量进行折算，而且考虑加工贮藏过程中的损失程度适当超量添加（表 4-11）。

表 4-11　维生素添加剂的规格要求　　　　　　　　　　　（g/mL）

种　类	外　观	粒度（个 /g）	含　量	容重（g/mL）
维生素 A 乙酸脂	淡黄到红褐色球状颗粒	10 万 ~100 万	5 万 IU/g	0.6~0.8
维生素 D_3	奶油色细粉	10 万 ~100 万	10 万 ~50 万 IU/g	0.4~0.7
维生素 E 乙酸脂	白色或淡黄色细粉或球状颗粒	100 万	50%	0.4~0.5
维生素 K_3（MSB）	淡黄色粉末	100 万	50% 甲萘醌	0.55
维生素 K_3（MSBC）	白色粉末	100 万	25% 甲萘醌	0.65

（续表）

种 类	外 观	粒度（个/g）	含 量	容重（g/mL）
维生素 K₃（MPB）	灰色到浅褐色粉末	100 万	22.5% 甲萘醌	0.45
盐酸 B₁	白色粉末	100 万	98%	0.35~0.4
硝酸 B₁	白色粉末	100 万	98%	0.35~0.4
维生素 B₂	橘黄色到褐色，细粉	100 万	96%	0.2
维生素 B₆	白色粉末	100 万	98%	0.6
维生素 B₁₂	浅红色到浅黄色粉末	100 万	0.1%~1%	因载体不同而异
泛酸钙	白色到浅黄色粉末	100 万	98%	0.6
叶酸	黄色到浅黄色粉末	100 万	97%	0.2
烟酸	白色到浅黄色粉末	100 万	99%	0.5~0.7
生物素	白色到浅褐色粉末	100 万	2%	因载体不同而异
氯化胆碱（液态制剂）	无色液体	—	70%、75%、78%	含 70% 者为 1.1
氯化胆碱（固态制剂）	白色到褐色粉末无色结晶，	因载体不同而异	50%	因载体不同而异
维生素 C	白色到淡黄色粉末	因粒度不同而异	99%	0.5~0.9

2.常用的维生素添加剂

维生素是最常用也是最重要的一类饲料添加剂。维生素添加剂种类很多，按其溶解性可分为脂溶性维生素和水溶性维生素制剂两种。维生素添加剂主要用于对天然饲料中某种维生素的营养补充、提高猪抗病或抗应激能力、促进生长以及改善猪产品的产量和质量等。目前，列入饲料添加剂的维生素种类在 15 种以上。在以玉米和豆粕为主的日粮中，通常需要添加维生素 A、维生素 D₃、维生素 E、维生素 K、维生素 B₂、烟酸、泛酸、胆碱及维生素 B₁₂。在各维生素添加剂中，胆碱、维生素 A、维生素 K 及烟酸的使用量所占的比例最大。对猪而言，常用谷物及其副产品中的烟酸几乎不能被利用，其需要量主要依靠添加外源维生素供给，设计生产维生素添加剂时可参考美国 NRC 标准，并在某些维生素单体的供给量上以 2~10 倍超量添加，由于猪品种、生产性能、饲养条件以及生产目的等方面的差异，在不同企业生产的预混料中，含有各单体维生素活性单位范围的差异相当大。各种维生素添加剂的规格见表 4-12。

表 4-12　维生素添加剂的规格要求

种　类	水溶性	重金属（mg/kg）	砷盐（mg/kg）	水分（%）
维生素 A，乙酸脂	在温水中弥散	< 50	< 4	< 5.0
维生素 D₃	可在温水中弥散	< 50	< 4	< 7.0
维生素 E，乙酸脂	吸附制剂不能在水中弥散	< 50	< 4	< 7.0
维生素 K₃（MSB）	溶于水	< 20	< 4	—
维生素 K₃（MSBC）	可在温水中弥散	< 20	< 4	—
维生素 K₃（MPB）	溶于水的性能差	< 20	< 4	—
盐酸 B₁	易溶于水，有亲水性	< 20	—	< 1.0
硝酸 B₁	易溶于水，有亲水性	< 20	—	—
维生素 B₂	很小溶于水	—	—	< 1.5
维生素 B₆	溶于水	< 30	—	< 0.3
维生素 B₁₂	溶于水	—	—	—
泛酸钙	易溶于水	—	—	< 20（mg/kg）
叶酸	水溶性差	—	—	< 8.5
烟酸	水溶性差	< 20	—	< 0.5
生物素	溶于水或在水中弥散	—	—	—
氯化胆碱（液态制剂）	易溶于水	< 20	—	—
氯化胆碱（固态制剂）	氯化胆碱部分易溶于水	< 20	—	< 30
维生素 C	溶于水	—	—	—

（三）氨基酸添加剂

蛋白质营养的实质是氨基酸营养，而氨基酸营养的核心是氨基酸之间的平衡。植物性饲料的氨基酸，几乎都不平衡，即或是由不同配比天然饲料构成的全价配合饲料，尽管依据氨基酸平衡的原则配料，但它们的各种氨基酸含量和氨基酸之间的比例仍然是变化多端、各式各样的。因而，需要氨基酸添加剂来平衡或补足饲料限制性氨基酸的不足，使其他氨基酸得到充分利用。

1. 氨基酸添加剂的作用

（1）节约蛋白质并提高饲料利用效率。一般在以谷物和豆粕为主的植物性饲料中，赖氨酸等含量少，不能满足猪的需要，如按需要予以补加，可以大大节省蛋白质，降低饲料成本，提高生产效率。大量试验表明，在一定的范围内，在以谷物为主要饲料的配合饲料中，添加 0.1% 左右赖氨酸，可节约蛋白质 1% 以上，并提高饲料利用效率，提高猪的日增重。

（2）改善肉的品质。试验研究证明，猪的日粮中添加赖氨酸，可以使氨基酸得到平衡，提高体内合成蛋白质的效率，相对的降低体脂肪含量，增加瘦肉比例，改善肉质。

（3）提高消化机能。国外研究证明，采取降低猪日粮的蛋白质水平，补加赖氨酸、蛋氨酸等方法，有效地改善了猪的消化机能，减少了疾病，增强抵抗力。

（4）减少应激。应激就是由于外界环境条件变化或其他因素的改变使动物产生一种生理学适应的现象，会使采食急剧下降，影响生长和畜产品质量。通过添加某种氨基酸，可以使氨基酸得到平衡，减少蛋白质氧化供能，可以减少热应激等应激症的发生。

2. 用的氨基酸添加剂

氨基酸是构成蛋白质的基本单位。天然饲料的氨基酸含量差异很大，且平衡很差。使用氨基酸添加剂，可平衡或补足特定生产目的所要求的氨基酸需要量，保证配合饲料中各种氨基酸含量和氨基酸之间的比例平衡。添加氨基酸作为提高饲料蛋白质利用率的有效手段，是配合饲料中用量较大的一类添加剂。目前作为添加剂使用的有赖氨酸、蛋氨酸、色氨酸、苏氨酸等。用量较大的是蛋氨酸和赖氨酸。

（1）赖氨酸。赖氨酸是猪所必需的氨基酸，一般饲料添加剂为 L- 赖氨酸盐酸盐（以干基计）≥ 98.5%。在饲料中具体添加 L- 赖氨酸盐酸盐的量，应根据猪营养需要量确定。一般在饲料中的添加量为 0.05%~0.3%，即每吨饲料添加 500~3 000g。但在计算添加量时应注意，按产品规格，其含有 98.5% 的 L- 赖氨酸盐酸盐，但 L- 赖氨酸盐酸盐中的 L- 赖氨酸含量为 80%。因此产品中含有 L- 赖氨酸仅为 78.8%。

（2）蛋氨酸。蛋氨酸是饲料最易缺乏的一种氨基酸。蛋氨酸与其他氨基酸不同，天然存在的 L- 蛋氨酸与人工合成的 DL- 蛋氨酸的生物利用率完全相同，营养价值相等，故 DL- 蛋氨酸进口检测标准为：产品含 DL- 蛋氨酸（以干基计）≥ 98.5%，砷（以砷计）≤ 2mg/kg，重金属（以铅计）≤ 20% mg/kg，水分 ≤ 0.5%，氯化物 ≤ 0.2%。蛋氨酸的使用可按畜禽营养需要量补充添加，在猪饲料中的一般添加量为 0.05%~0.2%，即每吨配合饲料中添加 500~2 000g。

蛋氨酸添加剂的原料选用：在饲料工业中广泛使用的蛋氨酸有两类，一类是 D- 蛋氨酸，另一类是 DL- 蛋氨酸羟基类似物及其钙盐。目前，国内使用的蛋氨酸大部分为粉状 DL- 蛋氨酸或 L- 蛋氨酸。

赖氨酸添加剂的原料选择：饲料中添加赖氨酸的单位，一般以纯 L- 赖氨酸的重量来表示。配合饲料中常用的是 L- 赖氨酸盐酸（$C_6H_{14}N_2O_2 \cdot HCl$），在商品上标明的含量为98.5%，指的是L–赖氨酸和盐酸的含量，实际上扣除盐酸后，L–赖氨酸含量只有78%左右。

（四）非蛋白氮饲料添加剂

非蛋白氮物质只能作为反刍动物补氮的饲料添加剂，瘤胃内的微生物可以用其合成蛋白质，已为理论和实践所证实。常用添加剂主要有尿素、氨、缩二脲、磷酸铵、碳酸铵、氯化铵和硝酸铵等。

猪体内几乎不能应用非蛋白氮物质，因此非蛋白氮物质不能作为猪的饲料添加剂，如果应用则可导致猪的氨中毒。

二、非营养性添加剂

非营养性添加剂虽不是饲料中的固有营养成分，本身亦没有营养价值，但有着特殊的明显维护机体健康、促进生长和提高饲料的转换效率等作用。

（一）生长促进剂

生长促进剂可以改善动物的日增重和育肥、饲料的转化效率，提高动物生产能力，节省饲料开支。主要有抑菌生长促进剂和饲料改良添加剂。

1.抑菌生长促进剂

主要有驱虫保健添加剂、合成抗菌药添加剂。

（1）驱虫保健添加剂。寄生虫种类很多，驱虫药也很多。目前效果最好的是属于氨基糖苷类抗生素的潮霉素B和越霉素A。潮霉素B预混剂的商品名为"效高素"，为白色或黄色小片或细粒，它除了具有破坏猪蛔虫和结节虫生殖机能，切断这类蠕虫的生活周期外，还有抗菌作用和促生长作用。越霉素A预混剂的商品名为"得利肥素"，也兼有以上作用。

（2）合成抗菌药添加剂。喹恶啉类如喹乙醇国内已有生产，该药具有抗菌作用和促进蛋白质合成作用，提高饲料中能量和氮的利用效率，具有促进生长作用。

2.激素

主要有生长激素和性激素

（1）生长激素。它是动物脑下垂体前叶分泌的蛋白质激素，在代谢中促进蛋白质合成和脂肪的分解，可使生长加快，缩短饲养周期。生长激素国内禁止使用。

（2）性激素。可提高蛋白质的合成作用，人工合成的己烯雌酚，己雌酚等。我国已禁止使用。

3. 生菌剂

生菌剂又名益生素。它是由一些有益的好气性菌、厌气性菌、乳酸菌、酵母菌和霉菌类培制而成的活菌制剂，生菌剂是具有取代或平衡生态系统中一种或多种菌系功能的微生物添加剂。由于生菌剂是天然产品，对于合成或发酵产物有其独特的优越性，因而作用效果好，完全无残留，副作用少等。

（1）生菌剂的作用。通过生菌剂菌群大量繁殖，抑制、排斥病害菌，如病原性大肠杆菌、梭状菌、沙门氏菌、β-溶血性类杆菌等，从而恢复并保持正常（健康）的消化道菌群的优势。维持正常的 pH 值，维持其正常功能。肠内菌群功能的正常化，改善消化道的吸收功能，提高了钙磷及微量元素的吸收。参与消化道淀粉酶、蛋白酶及 B 族维生素等养分的合成。减少氨及其他腐败物质的生长，肠内容物、粪便中氨量减少。阻碍肠内细菌产生胺，减少动物的腹泻；中和大肠菌内毒素等毒性物质。刺激肠管免疫系统细胞，提高局部免疫功能和抗病能力。

（2）活菌制剂作用机理。活菌制剂主要菌种为乳酸杆菌属、双歧杆菌属、链球菌以及某些枯草菌、酵母菌、芽孢杆菌等，活菌制剂维持动物肠道正常微生物区系的平衡，抑制肠道有害微生物繁殖。正常的消化道微生物区系对猪具有营养、免疫、刺激生长等作用，消化道有益菌群对病原微生物的生物拮抗作用，对保证猪的健康有重要意义。活菌益生素以对酸、碱、热等变化抗性强的孢子活菌作为有效成分。除了对有害微生物生长拮抗和竞争性排斥作用外，活菌体还含有多种酶及维生素，对刺激猪生长、降低仔畜下痢等均有一定作用。但作为饲料添加剂的益生素活菌，必须保证无有害有毒菌株，产品必须安全稳定，所选菌株应对各种影响因素有较强的抗性。

活菌制剂的主要作用机理是促进猪肠道内有益菌群的生长和增殖。活菌剂产生抗菌物质及过氧化氢和有机酸可抑制和排斥有害菌群如大肠杆菌等生长，从而使宿主肠道内建立起有利于机体健康和消化代谢的菌群平衡新体系；增进肠道内活性物质的合成。活菌剂能产生各种消化酶如蛋白酶、淀粉酶、纤维酶等，并能合成大量的 B 族维生素、维生素 K 和有机酸，从而使宿主猪消化代谢功能得以增强，营养状况得到改善；活菌剂可通过提高抗体水平，刺激猪机体的免疫系统和提高免疫力，增强宿主猪的抗病力以及强化免疫功能。最后，活菌剂可减少猪肠道内的氨及其他有害物质的产生，并可中和大肠杆菌产生的毒素，有利于宿主猪体内环境的改善。活菌制剂用于猪，能提高生长速度和饲料报酬，减少死亡率。

（3）生菌剂用法。生菌剂的最普遍使用方法是加入饲料内投喂，因之在饲料中具有一定的稳定性。配合饲料中所调制的生菌饲料必须能保持菌活力 2~3 个月；还必须对消化道内的胃酸、胆汁等 pH 值急剧变化也能适应。因此，饲料添加生菌剂以对酸、碱、热均有抵抗力的孢子制剂为最适宜。

4. 酶制剂

酶是生物机体合成具有特异功能的蛋白质。它的主要功能是催化机体内的生化反应，促进机体的新陈代谢，对促进机体的生长发育有着重要作用。

目前使用的酶制剂主要是消化酶，使用的目的是促进饲料的消化和吸收，主要用于消化机能尚未健全的仔猪，尤其是早期断奶的仔猪，在其开食料中添加这种酶制剂。作为饲料添加剂使用的主要酶制剂有蛋白酶、纤维素酶、脂肪酶、果胶酶、淀粉酶等单一酶制剂和混合酶制剂。

酶是一类具有生物催化性的蛋白质。近年来，由于生物技术的发展，酶制剂的应用越来越广泛。饲用酶制剂主要包括两大类，一类是外源性消化酶，包括蛋白酶、淀粉酶和脂肪酶等。其功能是补充仔猪体内消化酶不足，提高饲料营养物质的消化率；二类是外源性降解酶，这类酶在动物组织细胞内不能合成，而微生物能合成，它们包括纤维素酶、半纤维素酶、β- 葡聚糖酶、木聚糖和植酸酶等。其主要功能是降解猪难以消化或完全不能消化的物质或抗营养物质等，提高饲料营养物质的消化率。

现在商品酶制剂一般是经过稳定化处理的复合酶制剂或单一的酶制剂，多用于仔猪饲料，目的是提高饲料营养物质的消化率和吸收率，提高生产力，开发饲料资源，降低饲料成本，提高经济效益以及减少环境污染。近年来，对聚糖酶的研究较多，如大麦含 β- 葡聚糖，小麦含有阿拉伯木聚糖，这些聚糖都是抗营养因子，可通过添加 β- 葡聚糖酶及木聚糖酶，消除其对猪消化与生长的负面作用。一些饼粕类饲料中的纤维果胶比例高，如豆饼中果胶可占其干物质量的 14% 左右，应用果胶酶可提高其饲料利用率。日粮中添加植酸酶能明显提高日粮植酸磷的生物学利用率，从而可替代无机磷或减少无机磷在日粮中的添加，减少猪的磷排泄与污染环境。由于酶对底物选择的专一性，其应用效果与饲料组分、猪消化生理特点等有密切关系，故应用酶制剂应根据特定的饲料和特定的猪及其年龄阶段而定，在使用过程中应注意防止高温处理。

5. 寡聚糖

寡聚糖是一类由 2~10 个糖单位组成的水溶性小分子碳水化合物。一般包括异麦芽糖、异麦芽三糖和四糖、低聚果糖、半乳寡糖、甘露寡糖、木果糖、木葡寡糖、木寡糖和低聚乳糖醇等。由于这类物质在肠道内有类似抗生素的作用，故有人称为"化学益生素"。

寡聚糖的主要作用：通过唯一选择性增殖双歧杆菌等猪肠道内的有益菌群并发挥作用，形成微生态竞争优势；有益菌群产生短链脂肪酸（主要是乙酸和乳酸）和一些抗菌物质，直接抑制外源致病菌和内源有害菌（如沙门氏菌、志贺氏菌、大肠杆菌等）的生长繁殖，使宿主猪保持健康，减少疾病的发生；有益菌的增殖可促进吞噬细胞的活性，增强猪机体一系列免疫功能，提高猪的免疫力；增加体内 B 族维生素等营养素的合成，促进猪对营养物质的吸收；吸附肠道内病原菌，促进病原菌从猪体内排出，减少其对猪的危害。寡聚糖替代抗生素，具有饲料成本低，畜产品无药物残留等特点，是一类具有发展前途的新型饲料添加剂。

6.中草药添加剂

中药是天然的动、植物或矿物质，本身含有丰富的维生素、矿物质和蛋白质，在饲料中可以补充营养，另外还有促进生长、增强动物体质、提高抗病能力的作用。中药饲料添加剂无毒副作用和抗药性，而且资源丰富，来源广，价格便宜，作用广泛，既有营养作用，又有防病作用。

中草药添加剂应用：随着抗生素的微生物耐药性产生、化学合成添加剂的残毒或残留及对环境生态恶化的影响等问题的出现，全世界回归大自然的呼声日益高涨。保护人类生存环境，寻找无（低）药残、无（低）污染，且提高畜禽饲养经济效益的天然活性物质作为添加剂，愈来愈为人们所关注。目前较多的注意力放在诸如中草药、海洋生物等方面。我国中草药饲料添加剂已研制开发出很多品种，有 200 多种草药用于添加剂，包括消炎抑菌、增强免疫功能以及促进消化等方面。但生产中，由于药材来源、加工方法等不同，有效成分变化大，难于控制质量，加之药源、容积、剂量、长期使用的副作用、与其他添加剂的协同和拮抗等问题，造成中草药添加剂进一步推广的困难。但中草药应用在我国源远流长，有着很好的基础，而且 21 世纪人们对食品安全性的要求越来越高，中草药添加剂的开发前景将十分广阔。

（二）饲料改良添加剂

1.抗氧化剂和防腐剂

抗氧化剂和防腐剂可防止饲料氧化变质，腐败霉变。

（1）抗氧化剂。抗氧化剂可以防止饲料有机物质，特别是不饱和脂肪酸的氧化和酸败，防止饲料中含有的维生素等活性物质氧化和效价降低。目前经常使用的抗氧化剂有乙氧基喹啉、二丁基羟基甲苯、丁基羟基回香醚、抗坏血酸及没食子酸丙酯等。首先其中用量最大的是乙氧基喹啉，其次是抗坏血酸，再次是二丁基羟基甲苯。

（2）防腐添加剂。实践中使用的防霉、防腐剂很多，其中作为饲料添加剂常用的为丙酸及其盐类。丙酸主要用作青贮的防腐败霉变。丙酸盐类没有臭味，饲料添加丙酸盐不影响饲料的适口性。丙酸盐没有挥发性，故防霉的持久性比丙酸好。丙酸及其盐类的防霉添加量，丙酸在青贮中要求在 1% 以下，在配合饲料中要求在 0.3% 以下。

2. 调味、增香、诱食剂

这种添加剂统称为风味剂，其目的是为了增进动物食欲，或掩盖某些饲料组分的不良气味，或增加动物喜爱的某种气味，改善饲料适口性，增加饲料采食量。属于这种添加剂的有糖精、谷氨酸钠（味精）、甘露糖醇、乳酸乙酯、乳酸丁酯、柠檬酸等。

3. 酸化剂

酸化剂是一类作为饲料添加剂的有机酸的统称。常用的有机酸包括乳酸、富马酸、丙酸、柠檬酸、甲酸、山梨酸等。酸化剂的主要功能是补充幼年猪胃酸的分泌不足，降低胃肠道 pH 值，促进无活性的胃蛋白酶源转化为有活性的胃蛋白酶；减缓饲料通过吸收；杀灭肠道内微生物菌群，减少疾病的发生；具有良好的适口性，刺激猪唾液分泌，增进食欲，提高采食量，促进增重；同时某些酸是能量代谢中重要中间产物，可直接参与体内代谢。

酸化剂是目前取代抗生素作为猪促生长剂的最佳选择之一。目前市场上酸化剂一般由两种或两种以上的有机酸复合而成，主要是增强酸化效果，每吨饲料添加量在 1~5kg 不等。

4. 着色剂

为了改善畜产品的外观，提高畜产品的商品价值，常在配合饲料中添加着色剂，通常用作饲料添加剂的着色剂多为天然色素。其中，最主要的是类胡萝卜素及叶黄素。

5. 其他添加剂

主要有分散剂、黏结剂、镇静剂、除臭剂、缓冲剂。

（1）分散剂。 为防止饲料在加工和贮藏过程中结块，可在饲料中加入适量膨润土、沸石粉、二氧化硅、沉淀碳酸钙等抗结块剂，以增加流动性改善均匀度。当配合饲料组成中含有吸湿性较强的乳精粉、干酒精糟时更为重要。此类分散剂不含能量，添加量不宜过多，以免降低饲料质量，美国食品药物管理局规定用量不超过 2%。

（2）黏结剂。在制造颗粒饲料或块状饲料时，为加强颗粒的坚固性，常在加工前加入黏结剂。常用的黏结剂有钠基膨润土、海藻酯钠、α- 淀粉、糖蜜和水解皮革蛋白粉。其中后三种本身还具有营养作用。

（3）镇静剂（安静剂）。在畜牧生产中为避免应激造成的影响，在特殊情况下（如疫苗、接种、转群、运输等），须在配合饲料中添加安静剂以减少因应激造成的异常和惊扰。为此常按规定量添加利血平、阿司匹林、三烯甘油等。

（4）除臭剂。为防止畜禽排泄物的臭味污染环境，国外有名为 F—Nick 的除臭产品，此种添加剂的重要成分是硫酸亚铁、酸性较强。我国近年来研究证明腐殖酸钙及沸石具有除臭作用。

（5）缓冲剂。使用缓冲剂能提高生长速度，防止酸中毒。

第五章　猪的饲料配合

第一节　猪饲养标准

一、猪饲养标准的概念

猪饲养标准是根据大量饲养试验结果和猪生产实践的经验总结，对各种猪所需要的各种营养物质（包括能量、粗蛋白质、氨基酸、矿物元素、维生素、脂肪酸等）作出的规定，这种系统的营养定额及有关资料统称为饲养标准。

一个完整的饲养标准至少包括两部分，一是猪的营养需要量，二是猪的饲料营养成分和营养价值表。每类猪的营养需要量又分别规定了两个标准：一个是日粮标准，规定每头猪每日要喂多少风干饲料，其中包括多少能量、蛋白质、氨基酸、矿物质、维生素和脂肪酸等；另一个是饲粮标准，规定每千克饲粮中应含多少能量、蛋白质、氨基酸、矿物质、维生素和脂肪酸等。在生产实践中，常常是一次配制一定时间或阶段的饲粮，所以往往使用的是饲粮标准，即按照每千克饲粮中含多少营养物质配制。

饲料成分和营养价值是通过对各种饲料的常规成分、氨基酸、矿物质和维生素等成分进行分析化验，经过计算、统计，并在动物的饲喂基础上，对饲料进行营养价值评定之后而综合制定的。它客观地反映了各种饲料的营养成分和营养价值，对饲料资源的合理利用、提高动物的生产性能、降低畜牧生产成本有着重要的作用。具备分析饲粮成分条件的单位，应对所购进的每批饲料做营养成分分析，没有分析条件的，查阅本地区或与本地区自然条件相近似地区的饲料成分及营养价值表。

猪的饲养标准既包含了猪的营养需要的科学研究的结晶，又总结了养猪生产实际经验，是指导我们确定猪的饲料配方和饲喂数量的理论依据。

二、猪饲养标准的表述

饲养标准数值的表达方式大体上有以下几种。

（一）按每头猪每天需要量表示

这是传统饲养标准表述营养定额所采用的表达方式。需要量明确给出了每头猪每天对各种营养物质所需要的绝对数量。对养猪生产者估计饲料供给或对猪群进行严格计量限饲很适用。如我国猪饲养标准（2004版）20~35kg阶段的瘦肉型生长肥育猪，每天每头需要消化能19.15MJ，粗蛋白质255g，钙8.87g，总磷7.58g，维生素A 2145国际单位（IU）等。

（二）按单位饲粮中营养物质浓度表示

这是一种用相对单位表示营养需要的表达方式。该表达方式又可分为按风干饲粮基础表示或按全干饲粮基础表示。"标准"中一般给出按特定水分含量表示的风干饲粮基础浓度，如我国猪饲养标准（2004版）按88%的干物质浓度给出营养指标定额。按单位浓度表示营养需要，对用自由采食方法饲养动物、饲粮配合、饲料工业生产全价配合饲料十分方便。如我国猪饲养标准（2004版）60~90kg瘦肉型生长肥育猪需要消化能13.39MJ/kg（MJ/kg），粗蛋白质14.5%，钙0.49%，总磷0.43%，维生素A 1300IU/kg等。

不同饲养标准，表示营养需要的方法基本相同，能量用MJ/kg或kcal/kg表示，粗蛋白质、氨基酸、矿物常量元素用百分数（%）表示，微量元素用mg/kg表示，维生素用IU、g/kg或mg/kg或μg/kg等表示。

（三）其他表达方式

1. 按单位能量浓度表示

这种表示法有利于衡量猪只采食的营养物质是否平衡。如能量蛋白比、赖氨酸能量比。例如60~90kg瘦肉型生长肥育猪的能量蛋白比为923kJ/%，赖氨酸能量比为0.53 g/MJ。

2. 按生产力表示

即动物生产单位产品（肉等）所需要的营养物质数量，如母猪带仔10~12头，每天需要消化能66.9 MJ。

三、猪饲养标准的作用

（一）提高养猪生产效率

饲养标准的科学性和先进性，是保证猪只适宜、快速生长和高产的技术基础。饲养实践证明，在饲养标准指导下饲养的猪群，可显著提高生长肥育猪的生长速度，饲养周期可以大大缩短，种猪群能显著提高配种繁殖率。与传统用经验养猪相比，生产效率和养猪产品产量提高1倍以上。

（二）提高饲料资源利用效率

利用饲养标准指导饲养猪群，不但合理满足了猪只的营养需要，而且显著节约了饲料，减少了浪费。如用传统饲养方法饲养2头肥育猪耗用的能量饲料，仅用少量饼（粕）生产成配合饲料后即可饲养3头肥育猪而不需要额外增加能量饲料，大大提高了饲料资源的利用效率。

（三）推动养猪业的发展

饲养标准指导养猪生产的灵活性，即根据猪的品种、具体生产条件等选择应用和调整饲养标准，使养猪者在复杂多变的生产环境中，始终能做到把握好猪生产的主动权，同时通过适宜控制猪的生产性能，合理利用饲料，达到始终保证适宜生产效益的目的，也增加生产者适应生产形势变化的能力，激励饲养者发展养猪生产的积极性。一些经济和科学技术比较发达的国家和地区，猪的饲养量减少，猪肉产量反而增加，明显体现了充分利用饲养标准指导和发展养猪生产的作用。

（四）提高科学养殖水平

饲养标准除了指导饲养者向猪合理供给营养外，也具有帮助饲养者计划和组织饲料供给，科学决策发展规模，提高科学饲养猪群的能力。

四、饲养标准的选择

饲养标准是根据饲养试验结果而制订的，只有饲养标准有针对性，饲料成分表能较真实反映日常生产所使用的饲料原料营养成分，制订出的配方才能真正满足生产的需要。

1.凡本国有标准的尽量采用本国标准

特别是能量、蛋白质、钙、磷、食盐等常规营养成分。而对我国研究不足的一些营养素，则参考NRC或其他对某项研究较深较细的国家标准作补充。

2.选择或参考某个标准

一定要了解此标准的制定原则，看是否适合所饲养的品种、所采用的饲料及饲养环境，特别是要考虑所追求的生产成绩（增重、料肉比）是否与标准预期的相吻合。一个标准再好，如果品种的生产性能、饲料养分可利用性以及饲养环境（如温度过低）都不够理想，即达不到该标准的要求，就不宜直接采用，应作适当调整或选用其他较适宜的标准。

3. 结合本地饲料资源状况及畜禽生产水平

饲养标准应以极大地利用本地饲料资源和发掘最佳生产潜能为基础。每种标准的制订都有其典型的日粮类型和特定的品种，因此在配合饲料时，尽管总养分能达到标准要求，但实际利用较差，而达不到理想生产成绩，所以在选用标准时切忌千篇一律地生搬硬套，应充分结合当地生产和饲料资源的实际，合理调整选用标准的参数，以利于充分发挥生产性能和避免不必要的饲料浪费，从而提高养猪生产的经济效益。

4. 目前已公布的营养需要标准（如NRC）

对蛋白质和氨基酸的需要还大多以粗蛋白质和总氨基酸为基础，而且通常以赖氨酸为标准来确定其他氨基酸的需要。但是由于不同饲料蛋白质和氨基酸的消化率变异很大，而标准是以玉米－豆粕型日粮为基础制订的，在玉米－豆粕型日粮中赖氨酸的真消化率可达80%以上，而使用菜籽饼、棉籽饼、稻谷、麦麸等的日粮赖氨酸的消化率就低得多，以它们的总赖氨酸来平衡饲粮，表面上达到了标准要求，而实际的可消化氨基酸却比较低，效果也就较差。因此，尽量利用有可利用氨基酸需要的标准。

五、国外猪饲养标准

现今，世界养猪业较发达的国家，都根据自己本国猪群实际情况和科研结果制订有本国的饲养标准，如美国的NRC标准，英国、日本、北欧等也制订有自己的"猪的饲养标准"。1998年，第十版NRC（美国国家科学院）《猪的营养需要量》（以下简称NRC标准）推出并沿用，几乎为所有饲料配方设计人员所熟知。2012年，为应对养猪业快速发展的形势，NRC标准也推出了最新的第十一版。在NRC标准中，针对不同的猪，如公猪、母猪、仔猪以及育肥猪的不同阶段，都列出了不同的营养需求。而且需求中还细分为能量、各种氨基酸、粗蛋白质、矿物质、微量元素等。此外NRC标准里面同样列有许多饲料原料信息，每种原料都有详细的成分表，让使用者一目了然。新NRC标准主要改动了猪的能量和营养需求，部分新原料信息，还新增了评估猪营养需求的最新计算机模型等。

六、我国猪饲养标准

新中国成立前我国用德国kellner饲养标准和美国morrison的饲养标准。新中国成立后改用原苏联饲养标准，对我国影响较大，在我国流行很广。20世纪70年代初使用美国NRC的营养需要。长期以来我国没有自己的饲养标准。1958

年以后，虽有个别单位制订了猪的饲养标准，但这些标准仅在单位使用，都未经国家主管部门的正式批准公布。1983年我国正式制订了《瘦肉型猪的饲养标准》，1987年国家标准局正式颁布《瘦肉型生长肥育猪饲养标准》，2004年国家又颁布了《猪饲养标准》。现行猪饲养标准中列出的营养指标共27~28项，其中除能量、粗蛋白质和矿物质需要量外，还有氨基酸、微量元素和维生素需要量，为方便实际应用，同时列出了每日每头猪营养需要量与每千克风干饲粮（按含干物质88%计算）营养含量，可作为我们在各品种猪的饲料配方制订及组织饲料生产和供应中的科学依据和参考。

标准中所涉及的术语及其含义：

1. 瘦肉型猪

指瘦肉占胴体重的56%以上，胴体膘厚2.4cm以下，体长大于胸围15cm以上的猪。

2. 肉脂型猪

指瘦肉占胴体重的56%以下，胴体膘厚2.4cm以上，体长大于胸围5~15cm的猪。

3. 自由采食

指单个猪或群体猪自由接触饲料的行为，是猪在自然条件下采食行为的反映，是猪的本能。

4. 自由采食量

指猪在自由接触饲料的条件下，一定时间内采食饲料的重量。

5. 消化能

从饲料总能中减去粪能后的能值，指饲料可消化养分所含的能量，也称表观消化能。

6. 代谢能

从饲料总能中减去粪能、尿能后的能值，也称表观代谢能。

7. 能量蛋白比

指饲料中消化能和粗蛋白质百分含量的比。

8. 赖氨酸能量比

指饲料中赖氨酸含量与消化能的比。

9. 非植酸磷

饲料中不与植酸成结合状态的磷，即总磷减去植酸磷。

10. 理想蛋白质

指氨基酸组成和比例与动物所需要的氨基酸的组成和比例完全一致的蛋白质，猪对该种蛋白质的利用率为100%。

11. 矿物质元素

指饲料或动物组织中的无机元素，以百分数表示者为常量矿物元素，用 mg/kg 表示者为微量元素。

12. 维生素

它是一族化学结构不同、营养作用和生理功能各异的动物代谢所必需，但需要量极少的低分子有机化合物，以国际单位或克、毫克、微克表示。

13. 中性洗涤纤维

指试样经中性洗涤剂（十二烷基硫酸钠）处理后剩余的不溶性残渣，主要为植物细胞壁成分，包括半纤维素、纤维素、木质素、硅酸盐和很少量的蛋白质。

14. 酸性洗涤纤维

指经中性洗涤剂洗涤后的残渣，再用酸性洗涤剂（十六烷三甲基溴化铵）处理，处理后的不溶性成分，包括纤维素、木质素和硅酸盐。

第二节　猪的饲料配方设计

为了保证猪所采食的饲料含有饲养标准中所规定的全部营养物质量，就必须对饲用原料进行相应的选择和搭配，即配合日粮或饲粮。通过饲粮配方，可以为猪提供营养完善的全价日粮，充分发挥猪的生产潜能，并提高饲料利用率。

一、猪配合饲料的种类

配合饲料的生产已工业化、专业化和商品化。猪配合饲料的种类很多，一般有以下几种分类方法。

（一）按饲料形状分类

在猪的配合饲料中，根据配合饲料的产品形状或剂型，主要可以分为如下两类：第一类，粉状饲料。把所有的原料按需要粉碎，然后再按比例混合即可，这种料型加工方法简单、成本低，但易引起猪挑食造成浪费，同时饲养效果较差。第二类，颗粒饲料。是以粉料为基础，经过加压成型处理的块状饲料。这种料密度大、体积小、适口性好，具有增加猪的采食量、饲料报酬高的优点。由于加温加压能破坏饲料中的部分有毒成分（如大豆中的抗胰蛋白酶），但同时也使一部分维生素和酶类受到破坏，在实际使用中应注意适量添加维生素。

（二）按喂养对象分类

一般按照不同的生长阶段和生产性能分类，可分为母猪料、种公猪料、仔猪料、后备料和生长肥育猪料。母猪料又有妊娠前期、妊娠后期和哺乳期之分。种公猪料有配种期料、非配种期料。仔猪料又按生长需要分为体重 1~5kg、5~10kg、10~20kg，或 1~20kg。后备猪料多指体重 20~70kg 的青年猪。生长肥育猪料按照生长阶段分为体重 20~35kg、35~60kg、60~90 kg，或 20~55kg 和 55kg 以上。

（三）按营养和用途特点分类

一般可分为添加剂预混料、浓缩料和全价配合饲料三大类。添加剂预混料和浓缩饲料是半成品，不能直接作为饲粮。全价配合饲料是终产品，可以直接饲喂。三类配合饲料的关系为：饲料添加剂加载体或稀释剂构成预混合饲料，预混料加蛋白质饲料和矿物质饲料构成浓缩饲料，浓缩料加能量饲料构成全价配合饲料。

1. 添加剂预混料

它是由维生素、微量元素、氨基酸、抗菌药物等饲料添加剂的一种或多种以及载体和稀释剂等配合而成的饲料，一般占全价配合饲料的 1%~5%。添加剂预混料主要用于补充常规饲料含量少的矿物质、维生素和氨基酸等。添加剂预混料是配合饲料的核心部分，这种饲料一般养猪户不容易自己配制。根据所含成分的不同，又分为维生素预混料、微量元素预混料和复合预混料。

（1）维生素预混料。它是由猪所需要的各种维生素按一定比例加上载体配制而成，俗称"多维""复合维生素"。因为维生素在贮存过程中容易受破坏，猪处于应激或疾病情况下会增加对维生素的需要，所以，维生素预混料中的维生素的含量常常比饲养标准中的高。

（2）微量元素预混料。它是由猪所需要的各种微量元素按一定比例加上载体配制而成。一般包括铁、铜、锰、锌、碘和硒等元素。

（3）复合预混料。这种预混料中所含的成分较多，一般包括维生素预混料、微量元素预混料及其他添加剂，如酶制剂、抗氧化剂、防霉剂、色素等。有时也包含合成的氨基酸，如赖氨酸和蛋氨酸等。

2. 浓缩饲料

又称"料精"，是由添加剂预混料、矿物质饲料和部分或全部蛋白质饲料构成的饲料，是一种半成品，与能量饲料按一定比例可配合成全价料。这种饲料对于养猪户有自产的玉米、糠麸等能量饲料时使用方便，只要按照配比将自产的玉米、糠麸等和购买的少量的浓缩料配合均匀即可，这样大大节约了饲料的运输成本。这种配合饲料具有高浓度的蛋白质、矿物质和维生素，所以称浓缩饲料。根据在全价饲料中所占的比例的大小，一般猪用浓缩料有 10% 以下和 10% 以上两大类。不管是那种浓缩饲料，一般都附有推荐饲料配方，用户只要按照配方比例配合即可。10% 以内的浓缩料的用量比例，可为 2%~9%，以 5% 较为普遍，一般包含添加剂预混料、食盐和钙磷补充料、合成氨基酸，有时还有鱼粉等蛋白质饲料或油脂。这种浓缩饲料与玉米、糠麸、饼粕类等饲料合理搭配，便可成为全价料。10% 以上浓缩料的用量比例，可以从 10% 以上直到 50%，甚至更多。这类饲料除了包括添加剂预混料、钙磷补充料、食盐和合成氨基酸外，还含有较多的蛋白质饲料，有时还有油脂，只需要按要求再加上一定比例容易购置的能量和蛋白质饲料，有的甚至只加些玉米、小麦等自家自备的能量饲料就可获得良好的饲养效果，非常方便实用。

3. 全价配合饲料

它是根据猪的饲养标准配合而成的营养全面不必再添加任何饲料或添加剂、购买来就能够直接饲喂的饲料。这种饲料保证了营养的全价性和平衡性，能够满足猪对能量、蛋白质、矿物质、维生素、氨基酸等营养物质的需要，只是价格较高。

二、猪饲料配方的概念和意义

（一）猪饲料配方的概念

根据猪的营养需要、饲料的营养价值、原料的现状和价格等条件，合理地确定饲料的配合比例，这种饲料的配合比（往往是百分比例）即称为饲料配方。在进行饲料的配合时，一般均须有饲料配方。

单一饲料不能满足猪的营养需要，按照饲料配方的要求，选取不同数量的若干种饲料互相搭配，使其所提供的各种养分均符合饲养标准的要求，称日粮配合。

（二）设计饲料配方的意义

合理的设计饲料配方是科学养猪的一个重要环节。设计饲料配方既要考虑猪的营养需要和生理特点，又应合理地利用各种饲料资源，设计出成本最低、饲养效果和经济效益最佳的饲料配方。

三、猪饲料配方设计的原则

饲料配方的设计涉及许多制约因素，为了对各种资源进行最佳分配，配方设计应基本遵循以下原则。

（一）科学性原则

饲养标准是对动物实行科学饲养的依据，因此，经济合理的饲料配方必须根据饲养标准所规定的营养物质需要量的指标进行设计。在选用的饲养标准基础上，可根据饲养实践中动物的生长或生产性能等情况做适当的调整。一般按动物的膘情或季节等条件的变化，对饲养标准可作适当的调整。设计饲料配方应熟悉所在地区的饲料资源现状，根据当地饲料资源的品种、数量以及各种饲料的理化特性和饲用价值，尽量做到全年比较均衡地使用各种饲料原料。在这方面应注意的问题是：

（1）饲料品质。应选用新鲜无毒、无霉变、质地良好的饲料。黄曲霉和重金属砷、汞等有毒有害物质不能超过规定含量。含毒素的饲料应在脱毒后使用或控制一定的喂量。

（2）饲料体积。应注意饲料的体积尽量和动物的消化生理特点相适应。

（3）饲料的适口性。饲料的适口性直接影响采食量，应选择适口性好、无异味的饲料。若采用营养价值虽高，但适口性却差的饲料须限制其用量。特别是为幼龄动物和妊娠动物设计饲料配方时更应注意。对适口性差的饲料也可采用适当搭配适口性好的饲料或加入调味剂以提高其适口性，促使动物增加采食量。

（二）经济性和市场性原则

经济性即考虑经济效益。饲料原料的成本在饲料企业中及畜牧业生产中均占很大比例，在追求高质量的同时，往往会付出成本上的代价。营养参数的确定要结合实际，饲料原料的选用应注意因地制宜和因时制宜，要合理安排饲料工艺流程和减少劳动力消耗，降低成本。不断提高产品设计质量、降低成本是配方设计人员的责任，长期的目标自然是为企业追求最大收益。

产品的目标是市场。设计配方时必须明确产品的定位，例如，应明确产品的档次、客户范围、现在与未来市场对本产品可能的认可与接受前景等。另外，还应特别注意同类竞争产品的特点。农区与牧区、发达地区与不发达地区和欠发达地区、南方与北方、动物的集中饲养区与农家散养区，产品的特性应有所差别。

（三）可行性原则

即生产上的可行性。配方在原材料选用的种类、质量稳定程度、价格及数量上都应与市场情况及企业条件相配套。产品的种类与阶段划分应符合养殖业的生产要求，还应考虑加工工艺的可行性。

（四）安全性与合法性原则

按配方设计出的产品应严格符合国家法律法规及条例，如营养指标、感观指标、卫生指标、包装等。尤其违禁药物及对动物和人体有害物质的使用应强制性遵照国家规定。有的规定不太合理或落后于科学，虽可以利用合理渠道与方法超越限制，但在一些关键性的强制性指标上必须注意执行，因产品要接受质量监督部门的管理。企业标准应通过合法途径注册并遵照执行。

随着社会的进步，饲料生物安全标准和法规将陆续出台，配方设计要综合考虑产品对环境生态和其他生物的影响，尽量提高营养物的利用效率，减少动物废弃物中氮、磷、药物及其他物质对人类、生态系统的不利影响。

（五）逐级预混原则

为了提高微量养分在全价饲料中的均匀度，原则上讲，凡是在成品中的用量少于1%的原料，均应先进行预混合处理。如预混料中的硒，就必须先进行预混，否则混合不均匀就可能会造成动物生产性能不良，整齐度差，饲料转化率低，甚至造成动物死亡。

四、猪常用饲料的一般用量

综合考虑各阶段猪的营养需要、饲料的消化特点和营养特点、饲料的适口性、饲料价格高低等因素，各种饲料原料在猪日粮中所占的比例不尽相同，但都有一个大致的配比范围。在市场价格因素和贮存量发生变化的情况下，可参照表5-1所示的大致配比范围进行调整。平时我们所说的最佳饲料配方是指能满足动物营养需要而价格最低的配方，所以，在拟定配方时，应尽量选择那些成本低、来源广的原料。

表5-1 猪常用饲料的大致配比范围 （%）

饲料	配比				
	生长肥育猪	后备母猪	哺乳母猪	妊娠母猪	种公猪
谷实类	35~80	35~80	50~80	30~80	50~80
玉米	40~60	50~60	50~60	50~60	50~60
高粱	10~20	20~30	10~20	10~20	10~20
小麦	10~30	10~30	10~30	10~30	10~30
大麦	10~30	10~30	10~30	10~30	10~30
碎米	10~40	10~40	10~30	10~30	10~30

（续表）

饲　料	配　比				
	生长肥育猪	后备母猪	哺乳母猪	妊娠母猪	种公猪
植物蛋白类	10~25	10~15	5~20	5~20	5~15
大豆饼	10~15	5~15	5~20	5~20	5~15
花生饼	10~20	10~20	10~20	10~20	10~20
棉籽饼	5~10	10~15	2~4	—	—
菜籽饼	5~10	—	—	—	—
芝麻饼	5~10	5~10	10~15	10~15	10~15
豆科籽实	0~15	0~20	0~20	0~10	0~20
动物蛋白类	6% 以下				
糠麸类	5~10	5~20	—	10~25	5~20
粗饲料	1~5	1~5	1~5	1~7	1~5
青绿青贮料	—	—	20~50	20~50	20~50
矿物质类	1~2	1~2	2~3	1~2	1~2
石粉	1.5	1.5	1.5	1.5	1.5
食盐	0.5	0.5	0.5	0.5	0.5
酒精	20~30	20~30	20~30	20~30	20~30
酵母	0~5	0~5	0~5	0~5	0~5

五、猪饲料配方设计应注意的问题

　　饲料配方设计是饲料生产的核心技术，也是猪营养学与饲养有机结合的结晶与媒介。设计科学合理的饲料配方，不仅需要在微观上要谨慎考虑养殖动物的营养需要、安全卫生，而且从宏观上还要考虑该地区乃至国家整体的饲料资源耗竭与不可逆转性的预防等生态效益问题。因此，只有把饲料配方的目标放在经济效益、社会效益与生态效益的结合点上，充分考虑品种、性别、日龄、体重、饲喂条件、饲喂方式等影响饲粮配制效果的因素，才能设计出具有合理利用同种饲料资源、提高产品质量、降低饲养成本的高质量饲料配方。饲料配方设计时应注意以下几个问题。

（一）科学确定饲料配方的营养标准

　　由于受试验动物品种、供试饲料品质、试验环境条件等因素制约，饲养标准存在时间滞后性、静态性、地区性和最佳生产性能而非最佳经济效益的不足，加之由于各国和各地的饲养环境、条件、动物的品种、生产水平的差异，决定着饲养标准也只能是相对合理。如蛋白质指标从粗蛋白质含量演变为可消化蛋白质、氨基酸、可利用氨基酸、乃至真可利用氨基酸等深层次的内在质量。在矿物质微量元素方面，不仅要满足安全用量，同时还需要充分调配不同元素之间的拮抗规律。对一些含有毒有害物质或抗营养因子的原料，还必须考虑其加工工艺对营养物质的破坏、毒素的残留等因素。因此，在饲料配方设计时不能生搬硬套饲养标准，要在国家标准允许的范围内，根据不同的饲喂对象，以动物实验的结果为依据，灵活应用饲养标准。

1. 不同的品种（基因型）选用不同的营养水平

猪的遗传基础、饲粮的养分含量和各养分之间的比例关系以及猪与饲粮的互作效应，都会对饲粮营养物质的利用产生影响。脂肪型、瘦肉型与兼用型猪对饲粮的干物质、能量和蛋白质消化率方面存在的显著差异已是不争的事实。一般认为，在相同的条件下，瘦肉型猪较肉脂型猪需要更多的蛋白质，三元杂交瘦肉型比二元杂交瘦肉型猪又需要更多的蛋白质。因此，配制猪的饲粮时，不仅要根据不同经济类型猪的饲养标准和所提供的饲料养分，而且要根据不同品种特有的生物特点、生产方向及生产性能，并参考形成该品种所提供的营养条件的历史，综合考虑不同品种的特性和饲粮原料的组成情况，对猪体和饲粮之间营养物质转化的数量关系，以及可能发生的变化作出估计后，科学地设计配方中养分的含量，使饲料所含养分得以更加充分利用。

2. 不同生产阶段选用不同的营养水平

猪在不同的生理阶段，对养分的需要量各有差异。虽然猪的饲养标准中已规定出各种猪的营养需要量，是配方设计的依据，但在配方设计时，既要充分考虑不同生理阶段的特殊养分需要，进行科学的阶段性配方，又要注意配合后饲料的适口性、体积和消化率等因素，以达到既提高饲料的利用率，又充分发挥猪的生产性能的效果。如早期断奶仔猪具有代谢旺盛、生长发育迅速、饲料利用率高的生理特点，但也处于消化器管容积小、消化机能不健全等特点，在配方设计时，既要考虑其营养需要，又要注意饲料的消化率、适口性、体积等因素。

3. 不同性别采用不同的营养水平

据美国 NCR-41 猪营养委员会进行的一项包括九个试验站的综合研究阉公猪和小母猪的蛋白质需要量的结果表明，日粮中蛋白质含量从 13% 提高到 16%，并不影响公猪增重和饲料利用率，胴体成分也未变化；而小母猪日粮中蛋白质含量从 13% 提高到 16%，增重和饲料利用率都有所提高，眼肌面积和瘦肉率呈线性下降。他们得出结论认为，当饲料中蛋白质含量最小为 16%，小母猪的各种生产性能达到最佳水平，而阉公猪日粮中蛋白质含量为 13%~14% 时，即可达最佳水平。

4.不同的季节选用不同的营养水平

据报道，温度每升高 1℃ 的热应激，猪每天采食量下降约 40g。若环境温度超出最佳温度 5~10℃，则每天采食量将下降 200~400g。由于采食量的减少，导致营养不良，改变生化作用，使酶的活性和代谢过程发生紊乱，而影响了生产性能的表现。为此，不同的季节，应配制营养浓度不同的日粮，以满足其生理需要。对于炎热的夏季，为保证猪的营养需要，应注意调整饲料配方，增加营养浓度，特别是提高日粮中油脂、氨基酸、维生素和微量元素的含量，降低饲料的单位体积，并适当添加 KCl、$NaHCO_3$ 等电解质，以保证养分的供给，减缓其生产性能的下降。

（二）注意饲料原料的质量和可利用性

饲料产品质量的优劣，除决定于配制技术外，还决定于饲料原料的质量。为此，要设计配制高质量的饲料配方，在选用饲料原料时要注意下列问题。

1.原料的营养含量

中国幅员辽阔，地形复杂，土壤类型繁多，气候差异较大，即使是同一种饲料，由于产地、品种、加工方法和质量等级不同，其营养成分含量也有差异。如同是玉米，产地、品种、等级不同，它们中的粗蛋白质、粗纤维、粗脂肪的含量也千差万别。要选用效价高、稳定性好、剂型符合配合饲料生产要求的产品使用，因此，配方设计时一定注意原料的养分含量的取值，尽量让原料的营养含量取值相对合理或接近，使配制的饲料达到既能充分满足猪的生理需要，又能生产出符合产品质量标准，同时也不浪费饲料原料的要求。

2.饲料原料的消化率与体积

由于饲料原料种类、来源、加工方法等属性不同，总营养成分中能被动物消化利用的程度差异较大。同时，日粮的体积也要合适，过大不仅使消化道负担加重，影响饲料的消化吸收，而且由于体积过大，导致猪食后的营养不足，影响生长发育。尤其是在选用低成本的原料进行营养替代时，更要注意不同营养物质的适宜比例与消化率等因素，不能只顾营养物质含量的平衡而进行替代，而忽视了替代物的体积与消化率。因此，选用原料设计配方时，要注意饲料的消化率和体积，做到配方营养平衡、消化率高和体积又适中，以使所配饲料能达到预期效果。

3.原料的适口性

猪采食量的多少，主要受猪的体重、性别和健康状态、环境温度和饲料品质与养分浓度等因素的影响。而对于健康猪群，饲料的适口性则是决定猪采食量多少的主因。因此，在考虑饲料的营养价值、消化率、价格因素的基础上，要尽量选用适口性好的饲料原料，以保证所配饲料能使猪足量采食。

4.原料营养成分之间适宜配比

营养物质之间的相互关系，可以归纳为协同作用和拮抗作用两个方面。具有协同作用就能使饲料营养的利用率提高，改善饲料报酬，降低饲养成本。不合理的配比或具有拮抗作用，就会降低使用效果，甚至产生副作用。有条件的企业最好能进行试验研究或根据积累的饲养经验修订配方设计标准。

5.饲料原料的可利用性

配方设计应从经济、实用的原则出发，尽可能考虑利用当地便于采购的饲料原料，找出最佳替代原料，实现有限资源的最佳分配和多种物质的互补作用。

（三）应用先进技术，优化配方成本设计

优化配方成本设计，就是根据可供选用的饲料原料的种类、数量、价格以及原料的质量，在遵循饲养标准和保证产品质量的条件下，应用先进技术，进行最佳配方的比例筛选，以降低饲料成本，提高饲料的使用效果，达到最低成本饲料配方设计的总目标。在遵循日粮中粗蛋白质、氨基酸、电解质、钙磷和脂肪酸平衡的原则下，目前可应用于饲料配方中较成熟的先进技术主要有以下几项。

1.以理想蛋白质模式理论为基础设计配方

理想蛋白质模式理论是对蛋白质的氨基酸营养价值和动物对氨基酸需要量两方面研究的结晶。以理想蛋白质模式为基础，补充合成氨基酸进行日粮配方设计，在不影响猪的生产性能的同时，可节省天然蛋白质饲料资源，减少粪尿中氨的排泄量，减轻集约化畜牧业生产对环境的氨污染问题，据报道，在不影响猪的生产性能的前提下，日粮中添加赖氨酸，可使断奶仔猪（10~20kg）日粮蛋白质水平从18%降低到16%，再添加色氨酸，可进一步从16%下降到14%。生长猪（20~50kg）日粮蛋白水平16%降到14%，再添加色氨酸，可进一步从14%下降到12%；粗蛋白质为10%的育肥猪日粮中添加赖氨酸和色氨酸后，生长效果与粗蛋白质为13%的日粮没有差异。

2.组合应用非营养性添加剂

众多试验与应用效果证实，益生素、酶制剂、酸化剂、低聚糖等饲料添加剂，不仅单独添加对提高饲料利用率、促进动物生产性能的充分发挥有良好的作用，而且它们之间科学组合使用具有加性效果，是目前国内外提高养殖经济效益采用的一种有效、经济和简捷的途径。据报道，在28日龄断奶猪基础日粮加0.15%的酸化剂和0.1%的酶制剂，可提高日增重18.61%，饲料利用率提高

13.5%，腹泻率降低 28.58 个百分点，料肉比降低 10.9%。

3. 应用小肽的营养理论指导饲料配方

传统的观点一直认为动物采食的蛋白质，在消化道内蛋白酶和肽酶的作用下降解为游离氨基酸后才能被动物直接吸收利用。但在许多的试验中，人们发现动物对饲料中各种氨基酸的利用程度不完全受单一限制氨基酸水平的影响。按照蛋白质降解为游离氨基酸的理论，使用氨基酸纯合日粮或低蛋白平衡氨基酸日粮，动物并不能达到最佳生产性能。随着人们对蛋白质消化吸收及其代谢规律研究的不断深入，人们发现蛋白质降解产生的小肽（二肽、三肽）和游离氨基酸一样也能够被吸收，而且小肽比游离氨基酸具有吸收速度快、耗能低、吸收率高等优势。据报道，在仔猪饲粮中添加富肽制剂，可使饲料转化率提高 11.06%，提高仔猪重 12.93%，腹泻率降低 60%，经济效益提高 15.63%。

4. 应用配方软件技术，提高配方设计的科学性和准确性

计算机配方软件技术由初等代数上升为高等教学，主要是应用运筹学的各种规划方法，使配方设计由单纯的配合走向配合与筛选结合，能够较全面地考虑营养、成本和效益，克服了手工配方的缺点，为配方调整、经济分析和采购决策提供大量的参考信息，大大提高配方设计效率，实现成本最小化、收益最大化的目标。

（四）注意正确限制配方中养分的最低限量与最小超量

按照饲养标准中规定的猪营养需要量平均值的最低需要量设计配方，由于原料的质量差异和加工方面的因素，产品中的某些养分指标不一定能够满足猪的实际需要量和配合饲料质量标准中规定的营养指标的最低保证值，必须超量添加一部分来满足猪的实际营养需要和饲料质量标准中规定的要求，这个超量称为最小超量，它是产品营养指标的实测值与饲料质量标准中营养指标的最低保证值之差。因此，正确限制配方中养分的最低含量和最小超量，是有效控制和降低配方成本的有效措施，也是保证饲料产品合格的重要措施。

（五）注意饲料的安全性和合法性

饲料是动物的粮食，也是人类的间接食品，同时还是影响生态环境的重要因素。因而饲料安全问题不仅会产生经济问题，也是影响一个地区和国家经济发展、人民健康和社会稳定的大事。因此，配方设计必须遵循国家的《产品质量法》《饲料和饲料添加制管理条例》《兽药管理条例》《饲料标签》《饲料卫生标准》《饲料药物添加剂使用规范》《禁止在饲料和动物饮用水中使用的药物品种目录》等有关饲料生产的法律法规，决不违禁违规使用药物添加剂，不超量

使用微量元素和有毒有害原料，正确使用允许使用的饲料原料和添加剂，确保饲料产品的安全性和合法。

六、猪饲料配方设计的方法

设计饲料配方就是根据动物营养学原理，利用数学方法，求得各种原料的合理配比。制作配方的方法很多，如方形法、试差法、线性规划法及电脑配方等。值得注意的是，一个好的配方并不是通过简单的计算就可以得到的。它通常是动物营养专家根据营养原理和配方经验初拟配方，然后利用电子计算机进行优选，最后通过饲养试验筛选验证才得到的。一般用户只要掌握了一定的知识和技巧，也可根据自己饲料及饲养情况设计配方，以解决生产中的需要。

（一）饲料配方设计的基本步骤

饲料配方设计有多种方法，但其设计步骤基本类似，一般按以下 5 个步骤进行。

1.明确目标

饲料配方设计的第一步是明确目标，不同的目标对配方要求有所差别。目标可以包括整个产业的目标、整个产业中养猪场的目标和养猪场中某批猪的目标等不同层次。主要目标含以下方面。

① 单位面积收益最大。

② 每头上市猪收益最大。

③ 使猪达到最佳生产性能。

④ 使整个集团收益最大。

⑤ 对环境的影响最小。

⑥ 生产含某种特定品质的畜产品。

随养殖目标的不同，配方设计也必须作相应的调整，只有这样才能实现各种层次的需求。

2.确定猪的营养需要量

国内外的猪饲养标准可以作为营养需要量的基本参考。但由于养猪场的情况千差万别，猪的生产性能各异，加上环境条件的不同，因此在选择饲养标准时不应照搬，而是在参考标准的同时，根据当地的实际情况，进行必要的调整，稳妥的方法是先进行试验，在有了一定的把握的情况下再大面积推广。

猪采食量是决定营养供给量的重要因素，虽然对采食量的预测及控制难度较大，但季节的变化及饲料中能量水平、粗纤维含量、饲料适口性等是影响采食量的主要因素，在确定供给量时不能忽略这些方面的影响。

3.选择饲料原料

这是饲料配制的第三步，即选择可利用的原料并确定其养分含量和对猪的利用率。原料的选择应是适合猪的习性并考虑其生物学效价或有效率。

4.饲料配方

将以上三步所获取的信息综合处理，形成配方配制饲粮，可以用手工计算，也可以采用专门的计算机优化配方软件。

5.配方质量评定

饲料配制出来以后，想弄清配制的饲粮质量情况必须取样进行化学分析，并将分析结果和预期值进行对比。如果所得结果在允许误差的范围内，说明达到饲料配制的目的。反之，如果结果在这个范围以外，说明存在问题，问题可能是出在加工过程、取样混合或配方，也可能是出在实验室。为此，送往实验室的样品应保存好，供以后参考用。配方产品的实际饲养效果是评价配制质量的最好尺度，条件较好的企业均以实际饲养效果和生产的畜产品品质作为配方质量的最终评价手段。随着社会的进步，配方产品安全性、最终的环境和生态效应也将作为衡量配方质量的尺度之一。

（二）配合饲粮时必须掌握的资料

设计饲料配方必须具备下述几种资料，才能着手进行计算。

① 猪的品种、生产阶段及相应的营养需要量（饲养标准）。

② 拥有的饲料原料种类、质量规格，所用饲料的营养物质含量（饲料成分及营养价值表）及其用量限制。

③ 饲料的价格与成本，在满足猪营养需要的前提下，应选择质优价廉的饲料以降低成本。

④ 饲喂方式、饲粮的类型和预期采食量。饲粮类型与其组成和养分的含量有关。即所设计的配方是全价饲料，还是浓缩饲料等。如果是全价饲料，还要弄清楚用于限制饲喂还是自由采食，故应了解所配饲粮的类型。在设计配方时，应使猪能够食到所需要的数量，因为饲粮中各种养分所需浓度取决于采食量。

（三）饲料配合的方法

饲料配合主要是规划计算各种饲料原料的用量比例。设计配方时采用的计算方法分手工计算和计算机规划两大类：手工计算法有交叉法、方程组法、试差法，可以借助计算器计算；计算机规划法主要是根据有关数学模型编制专门程序软件进行饲料配方的优化设计，涉及的数学模型主要包括线性规划、多目标规划、多配方技术等。

1. 交叉法

又称四角法、方形法、对角线法或图解法。在饲料种类不多及营养指标少的情况下，采用此法较为简便。在采用多种类饲料及复合营养指标的情况下，亦可采用本法。但由于计算要反复进行两两组合，比较麻烦，而且不能使配合饲料同时满足多项营养指标。

（1）两种饲料配合。例如，用玉米、豆粕为主给体重35~60kg的生长育肥猪配制饲料。步骤如下。

第一步：查饲养标准或根据实际经验及质量要求制订营养需要量，35~60kg生长肉猪要求饲料的粗蛋白质一般水平为14%。经取样分析或查饲料营养成分表，设玉米含粗蛋白质为8%，豆粕含粗蛋白质为45%。

第二步：作十字交叉图，把混合饲料所需要达到的粗白质含量14%放在交叉处，玉米和豆粕的粗蛋白质含量分别放在左上角和左下角；然后以左方上、下角为出发点，各向对角通过中心作交叉，大数减小数，所得的数分别记在右上角和右下角。

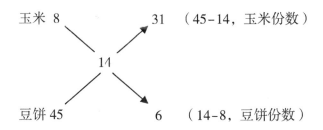

玉米 8　　　　　31　（45-14，玉米份数）

14

豆饼 45　　　　　6　（14-8，豆饼份数）

第三步：上面所计算的各差数，分别除以这两差数的和，就得到两种饲料混合的百分比。

玉米应占比例 =31/（31+6）×100% =83.78%，检验：8%×83.78%=6.7%

豆饼应占比例 =6/（31+6）×100% =16.22%，检验：45%×16.22%=7.3%

6.7%+7.3%=14%

因此，35~60kg体重生长猪的混合饲料，由83.78%玉米与16.22%豆饼组成。用此法时，应注意两种饲料养分含量必须分别高于和低于所求的数值。

（2）两种以上饲料组分的配合。如要用玉米、高粱、小麦麸、豆粕、棉籽粕、菜籽粕和矿物质饲料（骨粉和食盐）为体重35~60kg的生长育肥猪配成含粗蛋白质为14%的混合饲料。需先根据经验和养分含量把以上饲料分成比例已定好的三组饲料。即混合能量饲料、混合蛋白质饲料和矿物质饲料。把能量料和蛋白质料当作两种饲料做交叉配合。方法如下。

第一步：先明确用玉米、高粱、小麦麸、豆粕、棉籽粕、菜籽粕和矿物质饲料粗蛋白质含量，一般玉米为 8.0%、高粱为 8.5%、小麦麸为 13.5%、豆粕为45.0%、棉籽粕为 41.5%、菜籽粕为 36.5% 和矿物质饲料（骨粉和食盐）0%。

第二步：将能量饲料类和蛋白质类饲料分别组合，按类分别算出能量和蛋白质饲料组粗蛋白质的平均含量。设能量饲料组由 60% 玉米、20% 高粱、20% 麦麸组成，蛋白质饲料组由 70% 豆粕、20% 棉籽粕、10% 菜籽粕构成。则：

能量饲料组的蛋白质含量为：60%×8.0%+20%×8.5%+20%×13.5%=9.5%

蛋白质饲料组蛋白质含量为：70%×45.0%+20%×41.5%+10%×36.5%=43.4%

矿物质饲料，一般占混合料的 2%，其成分为骨粉和食盐。按饲养标准食盐宜占混合料的 0.3%，则食盐在矿物质饲料中应占 15%[即（0.3÷2）×100%]，骨粉则占 85%。

第三步：算出未加矿物质料前混合料中粗蛋白质的应有含量。因为配好的混合料再掺入矿物质料被稀释，其中粗蛋白质含量就不足 14% 了。所以要先将矿物质饲料用量从总量中扣除，以便按 2% 添加后混合料的粗蛋白质含量仍为14%。即未加矿物质饲料前混合料的总量为 100%–2%=98%，那么，未加矿物质饲料前混合料的粗蛋白质含量应为：14÷98×100%=14.3%。

第四步：将混合能量料和混合蛋白质料当作 2 种料，做交叉图。即：

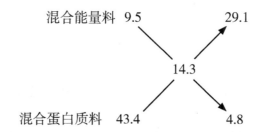

混合能量饲料应占比例 =29.1/（29.1+4.8）×100% =85.8%

混合蛋白质料应占比例 =4.8/（29.1+4.8）×100% =14.2%

第五步：计算出混合料中各成分应占的比例。即：

玉米应占 60×0.858×0.98=50.5，以此类推，高粱占 16.8、麦麸 16.8、豆粕 9.7、棉籽粕 2.8、菜籽粕 1.4、骨粉 1.7、食盐 0.3、合计 100。

（3）蛋白质混合料配方连续计算。要求配一粗蛋白质含量为 40.0% 的蛋白质混合料，其原料有亚麻仁粕（含蛋白质为 33.8%）、豆粕（含蛋白质为 45.0%）和菜籽粕（含蛋白质为 36.5%）。各种饲料配比如下。

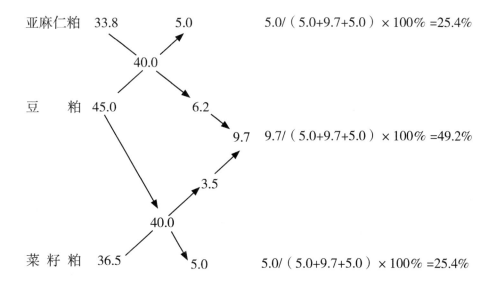

亚麻仁粕　33.8　　　　5.0　　　5.0/（5.0+9.7+5.0）×100% =25.4%

40.0

豆　　粕　45.0　　　　6.2

9.7　9.7/（5.0+9.7+5.0）×100% =49.2%

3.5

40.0

菜 籽 粕　36.5　　　　5.0　　　5.0/（5.0+9.7+5.0）×100% =25.4%

　　用此法计算时，同一四角两种饲料的养分含量必须分别高于和低于所求数值，即左列饲料的养分含量按间隔大于和小于所求数值排列。

2.联立方程法

　　此法是利用数学上联立方程求解法来计算饲料配方。优点是条理清晰，方法简单。缺点是饲料种类多时，计算较复杂。

　　例如，某猪场要配制含 15% 粗蛋白质的混合饲料。现有含粗蛋白质 9% 的能量饲料（其中玉米占 80%，大麦占 20%）和含粗蛋白质 40% 的蛋白质补充料，其方法如下。

　　（1）混合饲料中能量饲料占 x%，蛋白质补充料占 y%。得：

$$x+y=100$$

　　（2）能量混合料的粗蛋白质含量为 9%，补充饲料含粗蛋白质为 40%，要求配合饲料含粗蛋白质为 15%。得：

$$0.09x+0.40y=15$$

　　（3）列联立方程：

$$\begin{cases} x+y=100 \\ 0.09x+0.40y=15 \end{cases}$$

　　（4）解联立方程，得出：

$$x=80.65$$

$$y=19.35$$

　　（5）求玉米、大麦在配合饲料中所占的比例：

玉米占比例 =80.65% × 80%=64.52%

大麦占比例 =80.65% × 20%=16.13%

因此，配合饲料中玉米、大麦和蛋白质补充料各占 64.52%、16.13% 及 19.35%。

3.试差法

又称为凑数法，这种方法首先根据经验初步拟出各种饲料原料的大致比例，然后用各自的比例去乘该原料所含的各种养分的百分含量，再将各种原料的同种养分之积相加，即得到该配方的每种养分的总量。将所得结果与饲养标准进行对照，若有任一养分超过或不足时，可通过增加或减少相应的原料比例进行调整和重新计算，直至所有的营养指标都基本上满足要求为止。此方法简单，可用于各种配料技术，应用面广。缺点是计算量大，十分烦琐，盲目性较大，不易筛选出最佳配方，相对成本可能较高。

（1）试差法的主要步骤如下。

第一步，查表：从饲养标准中查出猪的营养需要量或每千克饲料营养成分含量；从饲料营养成分表中查出拟选用的各种饲料的营养成分含量。

第二步，试配：试定各种选用饲料的配合比例，并计算出试配饲粮中各种主要营养成分的含量，然后将其与饲养标准进行比较。

第三步，调整：若试配饲粮营养成分含量与饲养标准不符，则需调整试配饲粮中的饲料比例或更换饲料种类，再进行计算、比较，如此反复，直至使饲粮中的营养成分含量与饲养标准规定的数值基本相符合。在一般情况下，只要试配几种营养成分含量与饲养标准基本相符，便不再进行调整。

第四步，补充：根据需要补充微量元素添加剂、复合维生素添加剂等。

（2）试差法示例。利用试差法配制 20~60kg 体重阶段瘦肉型生长猪全价饲粮，现场可供选择的饲料原料有玉米、大豆饼、小麦麸、鱼粉、磷酸氢钙、食盐、微量元素添加剂、复合维生素添加剂等。

第一步：查饲养标准可知，20~60kg 体重瘦肉型生长猪每千克饲料营养成分含量指标为：消化能 12.97MJ，粗蛋白质 16.0%，赖氨酸 0.75%，蛋氨酸 + 胱氨酸 0.38%，钙 0.06%，磷 0.50%，食盐 0.23%。查饲料营养成分表找出拟选用饲料的营养成分含量。

第二步：初步拟定各种饲料占饲粮比例，并计算所试配饲粮的营养成分含量然后与饲养标准进行比较。

第三步：经比较，试配饲粮的营养成分与饲养标准基本相符；符合生长猪要求，故不再进行调整。

第四步：根据需要补充食盐、微量元素添加剂和维生素添加剂。

4.线性规划法

线性规划法又简称 LP 法，是最早采用运筹学有关数学原理来进行饲料配方优化设计的一种方法。该法将饲料配方中的有关因素和限制条件转化为线性数学函数，求解一定约束条件下的目标值（最小值或最大值）。

（1）线性规划法的基本条件。采用线性规划法解决饲料配方设计问题时一般要求如下情况成立。

① 饲料原料的价格、营养成分数据是相对固定的，基本决策变量（x）为饲料配方中各种饲料原料的用量，饲料原料用量可以在指定的用量范围波动。

② 饲料原料的营养成分和营养价值数据具有可加性，规划过程不考虑各种营养成分或化学成分的相互作用关系。

③ 特定情况下动物对各种养分需要量为基本约束条件，并可转化为决策变量的线性函数，每一线性函数为一个约束条件，所有线性函数构成线性规划的约束条件集。

④ 只有一个目标函数，一般指配方成本的极小值，也可以是配方收益的最大值，目标函数是决策变量的线性函数，各种原料所提供的成分与其使用量呈正比。

⑤最优配方为不破坏约束条件的最低成本配方或最大收益配方。

（2）线性规划法设计优化饲料配方的数学模型。设 x_j（x_1，x_2，x_3，…，x_n）为参与配方配制过程的各种原料相应的用量，w_0 为所有饲料原料用量之和（1、100%、100 或 1000 等），n 为原料个数，m 为约束条件数，a_{ij}（$i=1$，2，…，m；$j=1$，2，…，n）为各种原料所含相应的营养成分，b_i（b_1，b_2，b_3，…，b_m）为配方中应满足的各项营养指标或重量指标的预定值，c_j（c_1，c_2，c_3，…，c_n）为每种原料相应的价格系数，Z 为目标值，则下列模型成立：

目标函数：$Z_{min}=c_1x_1+c_2x_2+\cdots+c_nx_n$

满足约束条件：

$$\begin{cases} a_{11}x_1+a_{12}x_2+\cdots+a_{1n}x_n \geqslant (=, \leqslant) b_1 \\ a_{21}x_1+a_{22}x_2+\cdots+a_{2n}x_n \geqslant (=, \leqslant) b_2 \\ \quad\quad\quad\vdots \\ a_{m1}x_1+a_{m2}x_2+\cdots+a_{mn}x_n \geqslant (=, \leqslant) b_m \\ x_1+x_2+\cdots+x_n=w_0 \\ x_1, x_2, \cdots, x_n \geqslant 0 \end{cases}$$

即求满足约束条件下的最低成本配方。

如果求解最大收益，可将目标设定为求解饲料转换效率与饲料价格之乘积最低，利用饲料转化随代谢能变化的回归关系，筛选最大收益配方，由于最大收益配方涉及因素多，编制模型和计算机软件均有一定难度，目前多用的仍是最低成本配方。

（3）线性规划问题的解法。上述线性规划饲料配方计算模型由于含有多个不等式，实际计算时不太方便，如果将所建立的线性规划模型转化为标准型，则可通过单纯形法或改进单纯形法来求解。

如果引入松弛变量 x_{n+i}（x_{n+1}，x_{n+2}，$\cdots$，x_{n+m}），则可将约束条件下的不等式转化为等式，得到线性规划的标准型：

目标函数：$Z_{min}=c_1x_1+c_2x_2+\cdots+c_nx_n$

满足约束条件：

$$\begin{cases} a_{11}x_1+a_{12}x_2+\cdots+a_{1n}x_n+x_{n+1}=b_1 \\ a_{21}x_1+a_{22}x_2+\cdots+a_{2n}x_n+x_{n+2}=b_2 \\ \qquad\qquad\qquad\vdots \\ a_{m1}x_1+a_{m2}x_2+\cdots+a_{mn}x_n+x_{n+m}=b_m \\ x_1+x_2+\cdots+x_n=w_0 \\ x_j \geq 0 \end{cases}$$

上述标准型可简化表示如下：

$$x_1+x_2+\cdots+x_n=w_0$$
$$x_j \geq 0$$

① 单纯形法：适用于任意多个变量和约束条件的线性规划求解问题。单纯形法是一个迭代过程，它是根据规划问题的标准型，从可行域中的基本可行解开始，转移到下一个基本可行解，若转移后目标函数值不变小则要继续转移。如有最优解存在，就转移到求得最优解为止。

② 改进单纯形法：系单纯形法的改进算法。其优点是中间变量少，运算量小，适宜解决变量多、约束多的饲料配方计算问题。一般线性规划的计算机程序大部分采用改进单纯形法设计。

（4）线性规划最低成本配方设计的一般步骤。线性规划法计算饲料配方时可以手工计算，但手工计算比较费时，目前多采用专门的计算机软件求解，用于饲料配方设计的计算机机型和线性规划软件很多，但优化的原理是一样的，方法和步骤也差别不大，此处仅介绍饲料配方软件一般的操作步骤。

① 建立和维护饲料原料数据库和饲养标准库。将饲料原料的名称、代码、中国饲料号、原料特性和描述、适应动物、饲料价格（成本）、饲料的营养和化学成分、利用率、效价、能蛋比（或蛋能比）、钙磷比、氨基酸比例（其他氨基酸/赖氨酸）等数据输入饲料原料库，将饲养标准名称、代码、标准编号、标准

来源、营养需要量、适应动物、标准描述等数据输入饲养标准库。也可对以前已输入的数据进行修改、补充和完善。

② 制作数学模型数据表。根据产品设计方案从原料库选择相应的饲料原料、从标准库中选择相应的营养标准，设置原料的用量限制和营养需要量的上下限，并产生适当的数学型数据表。目前大多数计算机配方软件可以存储以前输入的数据和建立的相应数学模型，可进行适当修改后用于新的饲料配方设计。

数学模型的好坏直接影响配方的水平。模型过细，原料品种越多，营养指标越全，数学模型越复杂，计算量就越大，无解的可能性也越大。但若原料品种和营养指标太少，就会得不到令人满意的配方，如家禽配方最主要考虑的营养指标是代谢能、粗蛋白质、赖氨酸、蛋氨酸、钙、磷（或可利用磷），猪饲料配方最主要考虑的营养指标是消化能、粗蛋白质、赖氨酸、蛋氨酸（或蛋 + 胱氨酸）、钙、磷（或可利用磷）等，其次考虑的指标有亚油酸、色氨酸、苏氨酸等，在生产实际中有的企业设计饲料配方时会增加考虑粗纤维、粗脂肪等指标。需要注意的是约束条件中的关系或排列顺序一定要严格遵循的顺序，约束条件可根据需要增减。

③ 某些配方程序需要手工记录相应的原料品种数、条件数（≥、=、≤的方程数）等参数值。目前大多数配方程序自动统计原料个数和条件数。

④ 由计算机计算饲料配方并显示结果。

⑤ 对配方结果进行分析判断是否符合要求及是否有必要加以调整。如果符合要求则保存或打印配方表；如果有必要加以调整，则可删除或增加原料品种，应将原品种的各项营养成分及价格换成新增品种的相应数据，若对原料的某一数据增删，则只需在原有基础上进行即可。也可改变某项指标的≥、=、≤数据来调整运算模型。调整好后重新运算，直至配方结果满意为止。

5.计算机规划法

使用配方软件进行配制是最便捷、准确等方法，同时也可以达到最低成本配方或最大收益配方的目的，这是手工方法所不及的。目前市场上已有多种饲料配方软件，可以根据自己的需要选择适当的版本。

第三节　猪配合饲料的调制

、猪预混料的配制

根据猪用预混料的活性成分，猪用预混料可分为微量元素预混料、维生素预混料和复合预混料。下面就各种预混料的配制分别进行介绍。

（一）微量元素预混料

1. 配方设计原则和步骤

（1）确定微量元素的种类和需要量。根据猪的生理、生长阶段等因素查相应的饲养标准，确定预混料中微量元素的种类和需要量。

（2）计算所需微量元素的添加量。查饲料成分表，计算基础饲粮中各种微量元素的含量。根据需要量和基础饲料中的含量，计算添加量。

添加量＝饲养标准中规定的需要量 – 基础饲粮中的相应含量。如果基础饲粮中的含量忽略不计，则添加量＝饲养标准中的规定需要量。

2. 微量元素预混料配方设计举例

为体重 20~35kg 生长猪设计制作微量元素预混料配方（以需要量作为添加量），按以下步骤进行。

第一步：根据饲养标准确定用量，见表 5-2。

表 5-2　20~35kg 生长猪的微量元素需要量

元素	铜	铁	锌	锰	碘	硒
需要量（mg/kg）	4.5	70	70	3	0.14	0.3

第二步：原材料选择，见表 5-3

表 5-3　所选用的微量元素原料

原料	产地	纯度（%）	等级
七水硫酸锌	北京	98	饲料级
无水硫酸铜	兰州	85	饲料级
七水硫酸亚铁	兰州	85	饲料级
五水硫酸锰	兰州	98	饲料级
碘化钾预混料	兰州	1	饲料级
亚硒酸钠预混料	兰州	1	饲料级

第三步：各原料中有效成分的计算及商品用量的折算，见表 5-4、表 5-5。

表 5-4　微量元素原料纯度及元素含量

原料	纯度（%）	纯品中的元素含量（%）	原料中有效成分含量（%）= 纯品中原素含量
七水硫酸锌	98	锌 22.7	锌 22.25
无水硫酸铜	85	铜 25.5	铜 21.675
七水硫酸亚铁	85	铁 20.1	铁 17.085
五水硫酸锰	98	锰 22.8	锰 22.344
碘化钾预混料	1	碘 76.4	碘 26.4
亚硒酸钠预混料	1	硒 45.65	硒 25.6

表 5-5　每吨饲料中各原料的添加量

元素	添加量（mg/kg）	原料用量（g/t 全价料）= 添加量 ÷ 原料中有效成分含量
锌	70	七水硫酸锌 70÷22.25%=314.6
铜	4.5	无水硫酸铜 4.5÷21.675%=20.76
铁	70	七水硫酸亚铁 70÷17.085%=409.72
锰	3	五水硫酸锰 3÷22.344%=13.42
碘	0.14	碘化钾预混料 0.14÷0.764%=18.32
硒	0.3	亚硒酸钠预混料 0.3÷0.4565%=65.72
小计		842.54

第四步：根据微量元素添加剂在全价料中的添加比例，确定微量元素添加剂预混料的配方。如制作 0.2% 的预混料，即每吨全价料中需加 2kg 预混料，预混料中的各原料百分比，如表 5-6 所示。

表 5-6　微量元素添加剂预混料的配方

微量元素	添加量（mg/kg）	预混料中各原料百分比（%）= 原料用量（g/t 全价料）÷20
锌	70	15.73
铜	4.5	1.038
铁	70	20.49
锰	3	0.671
碘	0.14	0.916
硒	0.3	3.286
小计		42.131
载体		57.869
总计		100

重量百分比的计算有利于不同批量生产时各原料用量的计算。如可由上述配

方生产 100kg、200kg、500kg 等不同批量的预混料。

3.猪用微量元素预混料配方示例

见表 5-7。

表 5-7　猪用微量元素预混料配方

微量元素	单位	0.5% （肉猪）	3% （仔猪）	2%（生长肥 育猪）	0.1% （仔猪）	1%（生长肥 育猪）	0.1% （肉猪）
铜	mg/kg	2000	170	152	8000	600	8000
铁	g/kg	12.6	2.7	2.513	80	8	60
锰	mg/kg	4000	450	98	30000	2030	6000
锌	g/kg	12	2.7	2.5	80	4.5	45
碘	mg/kg	38	130	7	290	66	300
钴	mg/kg	—	80	10	—	10	—
硒	mg/kg	—	—	7	—	—	—
镁	mg/kg	20	90	—	—	130	—
磷	g/kg	—	30	12	27	1.62	11.16

（二）维生素预混料

1.配方设计原则和步骤

（1）确定预混料中维生素的种类。根据猪的生长发育阶段的营养需要，确定其维生素预混料中维生素种类。

（2）确定预混料中各种维生素的添加量。查阅相应的饲养标准后进行确定。在确定时需注意以下几点。

第一，正确认识饲养标准。饲养标准中给出的维生素需要量是猪的最低需要量，是在试验条件下得出的数据，应在其基础上适当增加维生素供给量，以取得最佳经济效益和生长效果。

第二，在实际生产中，饲料原料中各种维生素含量都比较少，在确定其添加量时，一般可不予计量。

第三，考虑环境条件尤其是各种应激因素对猪的影响，如在高温应激条件下猪对维生素 C 的需要量提高，那么设计在这种条件下使用的维生素预混料配方时，应相应加大维生素 C 的给量。

第四，在满足猪营养需要的前提下，应权衡产品的生产成本，平衡不同价格的维生素在配方中的用量。在考虑诸因素后所确定的需要量就是配方的保证剂量，应记载在商品标签上。但由于维生素在加工及贮存过程中均有一定量的损失，所以为保证在用户使用时仍能保证标签上所保证的剂量，在生产配方中就要有一定的增加量，即常说的"保险系数"。所以在使用期内，实测的产品中维生素含量往往超过标签上的量。

第五，检查配方中维生素的量是否超过该种维生素的最高用量。维生素虽然是营养性添加剂，但并不是愈多愈好，过量的维生素不仅会提高成本，而且会带来一定的副作用。

现将上述的考虑因素具体列于表5-8和表5-9中。

表5-8　维生素添加量占猪总需要量的比例

维生素	添加量占猪总需要量的比例
维生素 A	100
维生素 D	100
维生素 E	75
维生素 K	100
维生素 B_1	30~50
维生素 B_2	> 60
烟酸	50~100
泛酸	50~80
维生素 B_6	30~50
生物素	30~50
维生素 B_{12}	50~100
叶酸	50
胆碱	20~30

表5-9　各种维生素产品的保险系数

维生素	保险系数（%）	维生素	保险系数（%）
维生素 A	2~3	维生素 B_6	5~10
维生素 D	5~10	维生素 B_{12}	5~10
维生素 E	1~2	叶酸	10~15
维生素 K_3	5~10	烟酸	1~3
维生素 B_1	5~10	泛酸钙	2~5
维生素 B_2	2~5	维生素 C	5~10

注：较好的贮存条件下贮存3个月

（3）选用合适的维生素原料。根据使用目的、使用对象和经济效益等选用所需的适宜维生素原料。

（4）选用适宜的载体和稀释剂。根据配方特点和使用目的，选用适宜的载体和稀释剂。在配制预混料时，常用的载体和稀释剂有稻壳粉、小麦粉、玉米粉、豆粕粉、碳酸钙、磁石、食盐、磷酸盐、白陶土、贝壳粉等。

2. 猪用维生素预混料配方示例

见表5-10。

表5-10 猪用维生素预混料配方

维生素	单位	乳猪		生长肥育猪		母猪用	
		0.01%	0.04%~0.06%	0.01%	0.05%	0.1%	0.025%
维生素 A	万 U/kg	900	5000	1500	5000	1000	8000
维生素 D_3	万 U/kg	100	500	150	1600	120	800
维生素 E	g 或 U/kg	10g	112.5g	3 万 U	8 万 U	10g	140g
维生素 K_3	g/kg	2	5	2.5	15	—	4
维生素 B_1	g/kg	3	7.5	6	—	—	8
维生素 B_2	g/kg	—	15	15	37.5	4	24
维生素 B_6	g/kg	4	10	5	6	4	16
维生素 B_{12}	mg/kg	20	100	0.025	0.16	20	120
烟酸	g/kg	20	75	55	200	15	100
D–泛酸钙	g/kg	10	33	25	—	10	53
叶酸	g/kg	—	1.5	100			4
生物素	mg/kg	—	250	—	—	—	480
维生素 C	g/kg	—	200				

（三）复合预混料

包含了所有添加剂及其他需要经过预混的成分，有维生素、微量元素以及抗氧化剂、调味剂和酶制剂等。复合预混料的添加比例一般为0.5%、1%和2%。虽然复合预混料的生产不同于前面所讲的维生素预混料和微量元素预混料生产，但在诸如原料和载体的选择等方面与前面相同，如果掌握了单一预混料的生产技术，就可顺利进行复合预混料的生产。

1. 复台预混料的配方设计

复合预混料的配方设计步骤类似于单一预混料，主要设计步骤为：一是查相应的饲养标准，确定各种微量组分的需要量；二是查饲料营养价值表，计算出基础饲粮中各种微量组分的总含量；三是计算所需微量组分的添加量；三是确定预混料的添加比例，如 1% 和 2% 等；五是选用适宜的载体，根据使用剂量计算出所用载体量；六是列出复合预混料配方。

2．制作复合预混料应注意的问题

（1）防止和减少有效成分损失，保证预混料的稳定性和有效性。

① 选择稳定性好的原料，在维生素方面，宜选择经过稳定化处理的维生素原料。

② 微量元素添加剂原料为硫酸盐时，应使用结晶水少的或经过烘干处理的原料。

③ 控制氯化胆碱在预混料中的用量，氯化胆碱可破坏维生素 A、维生素 D、维生素 K 和胡萝卜素的作用，可采取增加载体和稀释剂的比例的方法将其用量控制在 20% 以下，或复合预混料中不添加氯化胆碱。

④ 维生素应超量添加，尤其贮存时间超过 3 个月的，表 5–11 给出了需要超量添加的维生素的种类和超量添加比例。

⑤ 在预混料配方中应选择较好的抗氧化剂、防结块剂和防霉剂等，一般抗氧化剂的添加量为 0.015%~0.05%。

表 5–11　需要超量添加的维生素种类和超量添加比例

维生素	超量添加比例	维生素	超量添加比例
维生素 A	15%~50%	维生素 B_6	10%~15%
维生素 D	15%~40%	维生素 B_{12}	10%
维生素 E	20%	叶酸	10%~15%
维生素 K_3	2%~4%	烟酸	5%~10%
维生素 B_1	10%~15%	泛酸钙	5%~10%
维生素 B_2	5%~10%	维生素 C	10%~20%

（2）抗生素和药物添加问题。生产和使用添加抗生素和药物添加剂的预混料时要考虑抗药性和在动物体内的残留，不得任意使用和添加。

（3）氨基酸添加问题。在商品猪预混料中多添加赖氨酸。由于氨基酸的添加对预混料的成本有很大影响，在设计和生产时要考虑到。表 5–12 给出了仔猪和生长肥育猪复合预混料中赖氨酸和蛋氨酸的建议添加量。

表 5–12　复合预混料中赖氨酸和蛋氨酸的建议添加量

不同猪群预混料	赖氨酸添加比例（g/kg）	蛋氨酸添加比例（g/kg）
仔猪	100~150	30~50
生长肥育猪	50~120	—

（4）微量组分的稳定性及各种微量组分之间的关系。在正常的贮存和使用条件下，复合预混料中的某些组分在物理性质上是一致的，化学性质也是稳定的，如核黄素、氯化胆碱、烟酸、蛋氨酸以及各种矿物质盐类等。但维生素的稳定性将受到 pH 值、含水量和矿物质的存在以及氧化还原条件的影响，大部分维生素在碱性条件下和水分高的情况下稳定性差。矿物质能促进一些维生素的氧化。因此，在制作复合预混料时，切不可把微量元素预混料和维生素预混料混在一起存放，应单独包装备用，当制作全价配合饲料时，再分别投入。如果同时用微量元素预混料和维生素预混料制作复合预混料，必须加大载体和稀释剂的用量，使复合预混料占全价配合饲料的 1%、1.5% 或 2%。同时，必须严格控制预混料的含水量，最好不超过 5%。

3.猪用复合预混料配方示例

见表 5-13、表 5-14 和表 5-15。

表 5-13　猪用复合预混料配方 1

原料	单位	仔猪		生长肥育猪		种猪
		4.5~10kg	10~18kg	15~57kg	57~105kg	
维生素 A	$\times 10^3$U/t	4400	3300	2200	2200	5500
维生素 D_3	$\times 10^3$U/t	440	440	330	220	440
维生素 E	$\times 10^3$U/t	22	22	16.5	11	22
维生素 K	g/t	4.4	3.3	2.6	2.2	3.3
维生素 B_2	g/t	7.7	6.6	5.5	4.4	6.6
泛酸	g/t	26	22	17.3	13.2	22
尼克酸	g/t	40	31	22	17.6	31
胆碱	g/t	—	—	—	—	440
维生素 B_{12}	mg/t	33	26.4	20	13	26.4
生物素	mg/t	—	—	—	—	220
锌	g/t	150	100	75	50	100
铁	g/t	150	100	75	50	100
铜	g/t	6	5	4	3	5
锰	g/t	6	5	4	3	5
碘	g/t	0.2	0.2	0.2	0.2	0.2
硒	g/t	0.3	0.3	0.1	0.1	0.1
抗氧化剂	g/t	120	120	120	120	120
添加量	%	1	1	1	1	1

表 5-14 猪用复合预混料配方 2

原料	单位	哺乳仔猪	仔猪	生长猪
维生素 A	万 U/t	540	500	400
维生素 D_3	万 U/t	67	100	100
维生素 E	g/kg	11.67	10	7.5
维生素 K_3	g/kg	0.67	1	0.5
烟酰胺	g/kg	11.67	10	10
D- 泛酸钙	g/kg	9.34	5	5
叶酸	g/kg	0.34	0.5	0.5
维生素 B_1	g/kg	0.5	0.5	0.5
维生素 B_6	g/kg	0.6	0.5	0.5
生物素	mg/kg	3.34	5	—
维生素 B_{12}	mg/kg	20	10	7.5
铁	g/kg	36.67	75	75
钴	g/kg	0.17	0.5	0.5
锰	g/kg	26.67	20	20
铜	g/kg	41.67	90	62.5
锌	g/kg	36.67	50	50
碘	g/kg	0.2	0.5	0.5
硒	g/kg	0.05	0.075	0.075
添加量	%	3	2	2

表 5-15 猪用复合预混料配方 3

原料	单位	仔猪	生长猪	种猪
维生素 A	万 U/t	300	150	300
维生素 D_3	万 U/t	40	30	40
维生素 E	U/kg	6000	1000	6000
维生素 K	mg/kg	800	1000	6000
维生素 B_1	mg/kg	400	—	—
维生素 B_2	mg/kg	1400	1250	2500
维生素 B_6	mg/kg	800	150	500
维生素 B_{12}	mg/kg	6	5	7
D- 泛酸钙	mg/kg	4000	4000	8000
叶酸	mg/kg	120	—	50
烟酸	mg/kg	7000	8000	12500
生物素	mg/kg	27.2	—	20
氯化胆碱	g/kg	69	100	225

（续表）

原料	单位	仔猪	生长猪	种猪
铁	g/kg	32	50	50
钴	g/kg	0.04	0.10	0.1
铜	g/kg	2.4	5	5
锌	g/kg	32	55	50
碘	g/kg	0.24	0.3	0.3
硒	mg/kg	60	50	50
抗氧化剂	mg/kg	—	2500	2500
香味剂			适量	
甜味剂			适量	
添加量	%	1	0.2	妊娠母猪 0.25 哺乳母猪和公猪 0.2

二、猪浓缩饲料的配制

浓缩饲料是饲料厂生产的半成品，不能单独饲喂。浓缩饲料的实际饲喂效果，只能与日粮的其他配伍组分（一般是能量饲料）制成全价配合饲料后，才能表现出来。因此，制作浓缩饲料，必须先对整个日粮的生产目的及营养性有一个全面的理解。

浓缩饲料在整个日粮中，一般占 20% 或 30%，在这种情况下，其余的 80% 或 70% 都是能量饲料。

（一）浓缩饲料配制的基本原则

1.营养水平达到或接近饲养标准

即按设计比例加入能量饲料乃至蛋白质饲料或麸皮、秸秆等之后，总的营养水平应达到或接近于猪的营养需要量，或是主要指标达到饲养标准的要求。例如能量、粗蛋白质、第一和第二限制性氨基酸、钙、磷、维生素，微量元素及食盐等。

2.体现饲喂猪群的特点

依据猪群品种、生长阶段、生理特点和生产产品的要求设计不同的浓缩饲料，这有利于提高使用效果或降低配制成本。通用性浓缩饲料在初始的推广应用阶段，尤其在农村很重要，它能方便使用、减少运输、节约运费等，但成分上不尽合理。

3.应注意质量保护

浓缩饲料应严格控制水分含量，应低于 12.5%。配制时，除使用低水分的优质原料外，防霉剂、抗氧化剂的使用及良好的包装必不可少。

4.要有适宜的比例

猪的浓缩饲料在全价料中所占比例以20%~40%为宜。为方便使用，最好使用整数，如20%、40%，而避免诸如25.8%之类小数的出现。一般仔猪（15~35kg）为30%~40%；中猪（35~60kg）为30%；肥育猪（60kg以上）为20%~30%。

5.注意浓缩饲料外观

一些感观指标因受用户的欢迎，如粒度、气味、颜色、包装等都应考虑周全。

（二）浓缩饲料配方设计方法

浓缩饲料配方制作方法有两种，第一种是先设计出全价饲料配方，然后再算出浓缩饲料配方，第二种是直接计算浓缩料配方。

1.先设计出全价饲料配方，然后算出浓缩饲料配方

表5-16全价饲料配方中70%为玉米，则除玉米外，其余的饲料原料为30%，即为要配制的浓缩料在全价饲料配方中占的比例，那么由各种饲料（除玉米）原料在全价饲料中占的比例分别除以30%即为30%的浓缩饲料配方。

表5-16　由全价饲料配方折算浓缩饲料配方

饲料组成（风干基础）	全价饲料配方（%）	浓缩饲料配方（%）
玉米	70.0	—
大豆粕	18.8	18.8/30%=62.67
进口鱼粉	8.80	8.80/30%=29.33
石粉	0.40	0.40/30%=1.34
脱氟磷酸氢钙	0.60	0.60/30%=2.00
盐酸L-赖氨酸	0.12	0.12/30%=0.40
DL-蛋氨酸	0.08	0.08/30%=0.27
食盐	0.20	0.20/30%=0.66
添加剂预混料	1.00	1.00/30%=3.33
合计	100.0	100.00

2.直接计算浓缩饲料配方

这种方法一般在直接生产浓缩饲料的厂家使用。第一种情况，厂家根据蛋白质、矿物质饲料的供应情况和价格，自行决定浓缩饲料的营养水平，即确定粗蛋白质、氨基酸、钙和磷等指标后，同生产配合饲料一样生产出最低成本的浓缩饲

料。用户买到浓缩料后，再根据其各营养成分的含量选择能量饲料的种类和配合数量。第二种情况，厂家根据用户所有的能量饲料种类和数量，确定浓缩饲料与能量饲料的比例，结合猪饲养标准确定浓缩饲料各养分所应达到的水平，最后计算浓缩饲料的配方。如生产 25% 的中猪浓缩料，设计步骤如下。

（1）确定适宜的配比。根据已有的能量饲料种类，首先给定能量饲料的比例，若玉米占 50%，高粱 20%，麸皮 5%，则浓缩料为 25%。

（2）确定适宜的营养水平。如 20~35kg 生长猪的主要营养水平要求如表5-17 所示。

表 5-17　20~35kg 生长猪的主要营养需要

营养指标	营养需要
消化能（MJ/kg）	12.98
粗蛋白质（%）	16
钙（%）	0.6
有效磷（%）	0.28
蛋+胱氨酸（%）	0.5
赖氨酸（%）	0.75

（3）计算出浓缩饲料的营养成分。首先计算出玉米、高粱、麸皮提供的养分总量（表 5-18），然后从标准中减去这些数值，即得到浓缩料应提供养分的数值（表 5-19）。

表 5-18　玉米（50%）、高粱（20%）、麸皮（5%）所提供的营养成分

营养指标	营养需要
消化能（MJ/kg）	10.22
粗蛋白质（%）	6.85
钙（%）	0.045
有效磷（%）	0.105
蛋+胱氨酸（%）	0.23
赖氨酸（%）	0.187

表 5-19　浓缩料应提供的营养成分

营养指标	营养需要
消化能（MJ/kg）	2.754
粗蛋白质（%）	9.15

（续表）

营养指标	营养需要
钙（%）	0.555
有效磷（%）	0.175
蛋＋胱氨酸（%）	0.27
赖氨酸（%）	0.563

折算成浓缩饲料（100%）的营养成分值（表5-20），应在上述成分基础上乘以4（即1/0.25=4）。

表5-20　浓缩饲料（100%）的营养成分

营养指标	营养需要
消化能（MJ/kg）	11.2
粗蛋白质（%）	35.6
钙（%）	2.22
有效磷（%）	0.7
蛋＋胱氨酸（%）	0.92
赖氨酸（%）	2.25

另外，预混料在浓缩料中的添加量也应乘4倍，盐的用量和药物等添加剂也做同样的处理。如全价料应加1%的预混料，则25%浓缩料应含预混料4%。

（4）确定浓缩饲料配方。根据上述数据，选择合适的浓缩料饲料原料，采用试差法等计算浓缩料配方（表5-21）。

表5-21　25%中猪浓缩饲料配方

原料	配比（%）	营养成分	含量
豆粕	40.00	消化能（MJ/kg）	2.754
棉籽饼	15.00	粗蛋白质（%）	9.15
菜籽饼	10.30	钙（%）	0.555
花生饼	9.60	有效磷（%）	0.175
芝麻饼	7.80	蛋＋胱氨酸（%）	0.27
麸皮	4.48	赖氨酸（%）	0.563
石粉	4.00		
磷酸氢钙	2.40		
食盐	1.60		

（续表）

原料	配比（%）	营养成分	含量
添加剂预混料	4.00		
赖氨酸盐酸盐	0.82		
合计	100		

（三）浓缩饲料使用注意事项

浓缩饲料使用正确与否直接关系饲养经济效益的高低，因此，使用浓缩饲料时应注意。

第一，浓缩饲料不能直接饲喂，必须加入一定的能量饲料，才可供猪只饲用。

第二，使用浓缩饲料时不必加入其他饲料添加剂，厂家在配制浓缩饲料时已经加入了氨基酸、维生素、促生长素、调味剂等，否则会造成养殖成本增加，甚至导致猪只中毒，影响猪只生长。

第三，浓缩饲料与能量饲料配比适宜，才能保证配合后的饲料营养平衡，使猪只发挥出最佳生产性能。在通常情况下，浓缩饲料产品说明书中推荐的混合比例可参照使用，但推荐的猪只日龄或适用阶段及能量饲料品种与养殖生产实际往往不尽相同，需要自己计算配合比例进行配合。

第四，注意保质期。浓缩饲料的保质期不完全一致。一般，加了抗氧化剂和防霉剂的浓缩料保质期为半年，只加抗氧化剂的为 4~5 个月，既没有加抗氧化剂又没有加防霉剂的保质期一般只有 2~3 个月。因此，要注意在保质期内将饲料用完。

（四）猪浓缩饲料配方示例

表 5-22 给出了部分猪用浓缩饲料配方，供生产者参考使用。

表 5-22　猪用浓缩饲料配方

原料	小猪用	中猪用	大猪用	通用型（高档）	通用型（低档）	经济型	备注（CP）
豆粕	57	54.5	50	49.9	50	50	CP>43%
棉仁饼	10	15	18	10	16	20	CP>43%
菜粕	6	10	12	6	10	11	CP>38%
进口鱼粉	10	—	—	16	6	—	CP>62%

（续表）

原料	小猪用	中猪用	大猪用	通用型（高档）	通用型（低档）	经济型	备注（CP）
精炼鱼油	2	2	2	3	2	2	
石粉	6	7	9.4	8	6.4	6.3	Ca>39%
磷酸氢钙	3	5	2	2	4	4.5	P>16%
食盐	1.5	2	2	1	1.5	1.7	
元明粉	–	0.5	0.8	0.5	0.5	0.5	
预混料（另行配制）	2.5	2	1.8	2.2	2	1.8	
L-赖氨酸盐酸盐（98.5%）	2	2	2	1.4	1.6	2.2	
合计	100	100	100	100	100	100	
粗蛋白质含量	40	36	35	40	37	36	
有效赖氨酸含量	3.5	3.1	3.1	3.4	3.2	3.2	
推荐用量（%）	24~22	20~18	15~12				

注：小猪指8~30kg，中猪指30~60kg，大猪指60~110kg；

推荐用量（%）：通用型（高档）为小猪24~22，中猪20~18，大猪15~12；

通用型（中档）为小猪24~22，中猪20~18，大猪15~12；

经济型为小猪24~22，中猪20~18，大猪24~22

三、猪全价配合饲料的配制

（一）猪全价饲料配方设计的基本步骤

1. 确定营养水平

饲料配方中的能量、蛋白质等各种养分的含量定在什么水平，是设计饲料配方的依据，必须首先确定。营养水平定的是否适当，将影响猪的生产水平和养殖的经济效益。确定营养水平最简单的办法是照搬饲养标准，因为它是近期科学实验和生产实践的总结。但是，饲养标准大多是根据在人工条件下所得的试验结果制定的，不可能完全符合各种不同生产条件下的实际需要，因而有一定的局限性。一般先进国家的饲养标准，例如美国 NRC 标准，有很多科学试验作为基础，而且几经修订，比较成熟。但它比较适合美国的生产实际，集约化程度比较高，饲料品质、猪的品种比较标准化，饲养管理条件比较规范化等。另外，它又是"营养需要量"，很多指标是最低应达到的营养要求，实际应用时由于猪的品种、饲料品质、饲养条件不同，常加一定的保险系数。我国猪的饲养标准经过我国的生产验证，比较符合国情。因此，在一般情况下，以我国的饲养标准为基础，参考国外标准来确定配方的营养水平。饲养标准中，大多指标是最低需要量，其中维生素、特别是脂溶性维生素，在加工、运输和贮存过程中效价会不断下降，常常需要超量供应。饲养管理水平，季节和市场情况都是确定营养水平时需要考虑的因素。高营养水平的配合饲料固然可以获得较好的生产成绩和饲料报酬，但同时也要求较高的饲养管理水平。高温季节猪的采食量普遍下降，低温则采食量增加，能量等养分需要量也有一定变化，饲料配方的营养水平也应做相应的调整。能达到最高产量的配合饲料不一定能获得最高效益，因为效益还受市场上饲料原料和畜产品价格的影响。

2. 选择原料，确定某些原料的限制用量

猪需要的养分很多，为了全面满足其营养需要，饲料原料也应至少包括能量饲料、蛋白质饲料，矿物质饲料，维生素和微量元素添加剂。为了易于平衡饲料中的氨基酸，最好还要有合成氨基酸。合理使用合成氨基酸能提高饲料利用效率和降低成本。根据我国大部分地区饲料资源情况，下列一组原料可以作为选料的基础：玉米、麸皮、豆粕、鱼粉、赖氨酸盐酸盐、DL-蛋氨酸、磷酸氢钙或骨粉、石粉或贝壳粉、食盐、以维生素、微量元素为主的添加剂预混料。设计高能量水平配方时还要用油脂，设计含粗纤维含量高的配方时最好能有优质草粉或叶粉。在这一组原料的基础上，各地可根据资源情况，选择质量有保证、能长期充足供应而价格又相对较低的原料代替或补充基础组合中的同类饲料原料。例如，小麦、大麦、燕麦、高粱、次粉等都是很好的能量饲料。米糠可取代麸皮，且能量高于麸皮，但天热潮湿时容易变质，需要注意。菜籽粕、棉籽粕、花生粕、向日葵粕、胡麻粕等都是价格相对较低的蛋白质饲料，只要应用得当，能降低成本。品质良好而价格较低的玉米蛋白粉、豌豆蛋白粉、粉浆蛋白等也是很好的蛋白质饲料。酵母饲料蛋白质含量也较高，而且含有丰富的 B 族维生素，但由于原料、菌株和生产工艺不同，质量相差很大，应选用质量好而稳定的产品。肉粉、肉骨粉、血粉等能提供动物蛋白，只要质量好、价格低，也都能选用。油脂不但能量高，而且能提高配合饲料中其他养分的利用效率，如果价格合理，可以适当选用。设计配方时原料种类多，在营养上可以互相取长补短，容易得到营养平衡而成本较低的配方；原料品种少，则质量容易控制。设计时应根据能得到的原料的实际情况，确定选用多少品种。

3. 通过计算设计出原始配方

营养水平和饲料原料确定以后，就可以利用各种计算方法设计出能满足营养要求的原始配方。

（二）猪配合饲料配方中原料的替换

在一般情况下，饲料厂或养猪场可能有一套相对成熟的饲料配方，但在实际生产中，往往因为原料价格和来源的变化，需要对配方中的部分饲料原料进行调整，如何使调整后的配方和原配方的基本成分保持不变是生产中经常遇到的问题。表5-23介绍了一种利用猪饲料的近似等价替换值变换饲料品种而保持配方养分含量基本不变的方法。

表 5-23　猪饲料的近似等价替换值

饲料	消化能（MJ/kg）	粗蛋白质（%）	每增加1%应增减豆粕、玉米、麸皮各多少（%）			需补充氨基酸（%）	
			豆粕	玉米	麸皮	赖氨酸	蛋氨酸
玉米（GB₂）	13.27	8.7	0	−1.000	0	0	0
玉米（GB₃）	14.18	8.0	+0.025	−1.001	−0.024	−0.0004	0.0001
小麦（GB₂）	14.18	13.9	−0.115	−0.861	+0.016	0.0025	0.0001
小麦（GB₃）	12.64	11.0	+0.001	−0.668	−0.333		0.0003
裸大麦（GB₂）	13.56	13.0	−0.100	−0.777	−0.123	0.0002	0.0005
高粱（GB₁）	13.18	9.0	+0.038	−0.807	−0.231	0.0004	0.0007
稻谷（GD₂）	12.09	7.8	+0.123	−0.650	−0.473	−0.0015	−0.0004
糙米	14.39	8.8	−0.008	−1.018	+0.026	−0.0004	0.0003
碎米	15.06	10.4	−0.086	−1.094	+0.180	0	0.0005
米糠（GB₂）	12.64	12.8	−0.054	−0.625	−0.321	−0.0018	0.0002
次粉（NY/T）	13.43	13.6	−0.113	−0.741	−0.146	0.0007	−0.0002
麸皮（GB₁）	9.37	15.7	0	0	−1	0	0
玉米蛋白饲料	10.38	19.3	−0.154	−0.625	−0.321	−0.0018	0.0002
玉米胚芽饼	14.96	16.7	−0.263	−0.881	+0.144		
麦芽根	9.67	28.3	−0.398	+0.248	−0.850		
大豆（GB₂，熟）	16.61	35.5	−0.921	−0.762	+0.683	−0.0014	0.0014
黑豆（熟）	12.72	35.7	−0.757	−0.095	−0.148	−0.0007	0.0012
豌豆（熟）	12.43	22.6	−0.344	−0.357	−0.299	−0.0025	0.003
豆饼（GB₁）	13.68	41.4	−0.973	−0.123	+0.096		
豆饼（GB₂）	13.51	40.9	−0.95	−0.106	+0.056	−0.0003	0.0007
豆粕（GB₁）	13.74	46.8	−1.14	−0.005	+0.145	−0.0007	0.0002
豆粕（GB₂）	13.18	43.0	−1	0	0	0	0
玉米蛋白60	15.05	63.5	−1.708	+0.169	+0.539	0.0261	0.0029
玉米蛋白50	15.6	51.3	−1.359	−0.215	+0.574	0.0196	−0.0027
玉米蛋白40	15.01	44.3	−0.12	−0.281	+0.401	0.017	−0.0019

（续表）

饲料	消化能（MJ/kg）	粗蛋白质（%）	每增加1%应增减豆粕、玉米、麸皮各多少（%）			需补充氨基酸（%）	
			豆粕	玉米	麸皮	赖氨酸	蛋氨酸
葵仁饼（GB$_3$）	7.91	29.0	−0.342	+0.564	−1.222	0.0045	−0.0027
葵仁粕（GB$_2$）	11.63	36.5	−0.734	+0.109	−0.375	0.0076	−0.0023
葵仁粕	10.42	33.6	−0.592	+0.246	−0.654	0.0062	−0.0023
花生仁饼（GB$_2$）	12.89	44.7	−1.039	+0.09	−0.051	0.0118	0.0046
花生仁粕（GB$_2$）	12.43	47.8	−1.114	+0.242	−0.128	0.0119	0.0045
菜籽饼（GB$_2$）	12.05	34.3	−0.685	−0.014	−0.301	0.0072	−0.002
菜籽粕（GB$_2$）	10.59	38.6	−0.753	+0.336	−0.583	0.0084	−0.0032
棉籽饼（GB$_2$）	9.92	40.5	−0.781	+0.495	−0.714	0.0095	0.002
棉籽粕（GB$_2$）	9.46	42.5	−0.822	+0.621	−0.799	0.0094	0.0001
棉籽饼32	9.71	32.3	−0.522	+0.336	−0.814	0.006	0.002
棉籽粕37	9.50	37.3	−0.665	+0.491	−0.826	0.0078	0.0008
米糠饼（GB$_1$）	12.51	14.7	−0.106	−0.558	−0.336		
米糠粕（GB$_1$）	11.56	15.1	−0.077	−0.385	−0.538		
亚麻仁饼（NY/T）	12.13	32.3	−0.624	−0.078	−0.298		
亚麻仁粕（NY/T）	9.92	34.8	−0.607	+0.36	−0.753		
芝麻饼40	13.29	39.2	−0.889	−0.109	−0.002	0.0125	−0.0008
秘鲁鱼粉	12.47	62.8	−1.574	+0.591	−0.017	−0.0067	−0.0051
白鱼粉	16.74	61.0	−1.705	−0.178	+0.883	−0.0014	−0.0037
国产鱼粉	13.05	52.5	−1.284	+0.248	+0.036	−0.0005	0.0046
血粉	11.42	82.8	−2.139	+1.245	−0.106	−0.0103	0.0055
肉骨粉	11.84	50	−1.155	+0.394	−0.239	0.0093	0.0056
羽毛粉	11.59	77.9	−1.997	+1.099	−0.102	0.0326	−0.0072
皮革粉	11.51	77.6	−1.984	+1.106	−0.122	0.0315	0.0131
苜蓿草粉（GB$_1$）	6.95	19.1	+0.002	+0.493	−1.495	0.0014	0.0011
苜蓿草粉（GB$_2$）	6.11	15.2	+0.158	+0.543	−1.701	−0.0011	0
DDGS（玉米）	15.4	37.2	−0.828	−0.587	+0.415		

注：GB为国家标准，NY/T为农业部推荐标准，DDGS为干酒精糟及可溶物

现以35~60kg生长肥育猪的配方为例，说明这种方法的应用效果。表5-24中的1号配方为原有配方；2号配方用了5%的菜籽粕。查表5-23，需要减少豆粕3.775×［（−0.753）］，增加玉米1.685×［（+0.336）］，减少麸皮2.91［5×（−0.583）］，另需要补充赖氨酸0.04（5×0.0084），这样，1号配方和2号配方的营养成分基本相同（表5-24）。

表 5-24　近似等价替换值变换饲料品种的生长肥育猪配方

饲料（%）	配方 1	配方 2
大麦	30	30
玉米	51.6	53.28
小麦麸	5	2.09
鱼粉	4.5	4.5
菜籽粕	—	5
豆粕	4.0	0.23
草粉	3.04	3.04
骨粉	1.3	1.3
赖氨酸	—	0.04
食盐	0.5	0.5
多种维生素	0.01	0.01
硫酸铜	0.01	0.01
硫酸锌	0.02	0.02
硫酸亚铁	0.02	0.02
营养水平		
消化能（MJ/kg）	86.19	86.19
粗蛋白质（%）	13.0	13.0
钙（%）	0.69	0.69
磷（%）	0.58	0.58
赖氨酸（%）	0.63	0.63

第四节　猪配合饲料配方实例

一、仔猪料

仔猪料一般指哺乳期仔猪从开食至断奶后 2 周左右所用的配合饲料。哺乳期仔猪的补料时间一般在出生后 7~10d 开始，通过给仔猪提早补料可以促进其消化器官的发育和消化功能的完善，使仔猪的消化器官逐渐适应植物性饲料并减轻母猪的泌乳负担，为断奶后的饲养打下良好的基础。仔猪料应是高营养水平的全价饲料，配合饲料时需要良好的加工工艺，粉碎要细、搅拌均匀，最好制成经膨化处理的颗粒饲料。有些地方还为早期断奶猪提供人工乳和专门的诱食料。仔猪料除了应含有全面平衡的养分外，还应满足以下要求。

其一，诱食。为使仔猪能及早吃料，应在料中加诱食剂。仔猪爱吃带奶香和甜味的饲料，可添加香味剂和甜味剂。

其二，易消化。由于仔猪的消化道没有发育成熟，胃酸和消化酶的分泌都不足，饲料中最好能添加酸化剂和酶制剂等。一些饲料原料，如大豆、饼粕等，若能经膨化处理，既易消化，又带香味，效果较好。酸化剂中，以柠檬酸效果较好，但适口性差，用量不宜超过 2%。

其三，防病促生长。仔猪由于对饲料的消化能力差，很容易因消化不良而导致腹泻。有些饲料原料（如豆粕）中有过敏原，能使仔猪肠道因过敏而发生病灶，引起腹泻，在混合饲料中的用量不宜超过 20%。仔猪的免疫系统没有发育完善，抵御病菌和不良条件的能力差，也容易发生各种疾病和腹泻。故一般仔猪料中都添加抑菌促生长剂。

1. 仔猪人工乳配方（表 5-25）

表 5-25　仔猪人工乳配方

饲料原料	配方 1	配方 2	配方 3	配方 4	配方 5
牛乳（mL）	1000	1000	1000	1000	1000
脱脂奶粉（g）	50	50	100	200	—
鸡蛋（g）	50	50	50	50	15
酵母（g）	1.0	—	—	—	—
干酪素	15	—	—	—	—
猪油	5	—	—	—	—
葡萄糖	20	20	20	20	15
1% 硫酸亚铁溶液	5	5	5	5	10
维生素溶液	5	5	5	5	5
鱼肝油	—	—	—	—	1
干物质	—	19.6	23.4	24.7	—
营养水平					
消化能（MJ/kg）	—	4.48	4.77	5.19	—
粗蛋白质（%）	—	56.0	62.6	62.3	—

以上配方的配制方法是：先将牛乳、葡萄糖、硫酸亚铁溶液、猪油、全脂奶粉加入 250mL 的冷开水中煮沸，冷却至 50℃以下，再加入鱼肝油、干酪素、酵母、鸡蛋、维生素、充分打碎和搅匀，待温度降低至 37℃即可使用。人工乳一般可以从仔猪出生后 10d 开始喂，开始时白天每小时喂给 40mL，夜间每 2h 喂给 40mL。经过 5d 后，白天每 3h 喂 250mL，夜间每 4h 喂 250mL；经过 22d 后，不分昼夜每 4h 喂 500mL，直至断奶，并训练仔猪早期补饲。

2.早期断奶仔猪料配方（表5-26）

表5-26　早期断奶仔猪料配方

项　目	早期断奶期	过渡期	第二期	第三期
仔猪体重（kg）	2.2~5.0	5.0~7.0	7.0~11.0	11.0~23.0
持续时间	1周	1周	2周	3周
赖氨酸（%）	1.6~1.8	1.5~1.6	1.35~1.45	1.25~1.35
可消化赖氨酸(%)	1.4~1.5	1.25~1.35	1.10~1.20	1.05~1.15
蛋氨酸（%）	0.48~0.50	0.42~0.44	0.37~0.40	0.34~0.37
乳糖（%）	18~25	15~20	10	0
乳清粉（%）	15~30	10~20	10~20	0
猪血浆蛋白粉（%）	6~10	2~3	0	0
喷雾干燥血粉(%)	1~2	2~3	0	0
鱼粉（%）	3~6	3~5	0~5	0
豆粕（%）	10~15	20~30	按需要量添加	按需要量添加
油（%）	5~6	3~5	0~5	0
其他能源	玉米	玉米	玉米	玉米

3.哺乳仔猪料配方（表5-27和表5-28）

表5-27　哺乳仔猪（体重1~5kg）料配方

饲料	配合比例（%）				
	配方1	配方2	配方3	配方4	配方5
玉米	9.0	10.5	11	43.0	21.2
高粱	6.0	—	6.0	—	—
小麦			18.0	—	—
小麦粉	18.0	18.0	—	—	—
干草粉	—	6.0	—	—	10.0
炒大豆粉	—	—	—	10.0	—
豆饼	16.0	16.0	16.0	25.0	20.0
全脂奶粉	30.0	30.0	30.0	—	30.0
砂糖	3.5	3.5	3.5	5.0	3.5
鱼粉	12.0	12.0	12.0	12.0	10.0
酵母粉	3.5	3.0	3.0	4.0	3.0
胃蛋白酶	0.30	0.3	0.3	0.1	0.3
淀粉酶	0.2	0.2	0.2	—	0.2

（续表）

饲料	配合比例（%）				
	配方 1	配方 2	配方 3	配方 4	配方 5
贝壳粉	1.5	—	—	—	—
骨粉	—	—	—	0.4	—
乳酶生	—	—	—	0.5	1.5
食盐	—	—	—	—	0.3
碳酸钙	—	0.5	—	—	—
合计	100	100	100	100	100
营养水平					
消化能(MJ/kg)	15.15	14.55	15.60	14.87	14.46
粗蛋白质(%)	23.2	23.3	25.0	25.2	24.3
钙(%)	1.56	1.65	1.04	—	1.12
磷(%)	0.54	0.54	0.77	—	0.70
赖氨酸(%)	1.39	1.39	1.80	—	1.52
蛋氨酸 + 胱氨酸(%)	0.62	0.62	0.97	—	0.63

表 5-28　哺乳仔猪（体重 5~10kg）料配方

饲料	配合比例（%）				
	配方 1	配方 2	配方 3	配方 4	配方 5
玉米	43.5	51.0	39.0	46.0	58.0
高粱	10.0	10.0	5.0	18.0	—
小麦	—	—	18.0	—	—
干草粉	—	—	—	—	1.0
小麦麸	5.0	—	—	—	5.0
槐叶粉	—	—	2.0	—	—
炒大豆粉	—	—	6.0	—	—
豆饼	20.0	20.0	15.0	27.8	26.0
脱脂奶粉	10.0	—	—	—	—
全脂奶粉	—	—	—	—	4.0
砂糖	—	2.0	—	—	—
鱼粉	7.0	10.0	10.0	7.4	5.0
酵母粉	1.5	4.0	3.0	—	—
骨粉	—	—	0.7	0.4	—
食盐	0.6	0.6	—	—	1.0
碳酸钙	0.4	0.4	0.3	0.4	—

（续表）

饲料	配合比例（%）				
	配方 1	配方 2	配方 3	配方 4	配方 5
微量元素添加剂	1.0	1.0	1.0	—	—
维生素添加剂	1.0	1.0	—	—	—
合计	100	100	100	100	100
营养水平					
消化能（MJ/kg）	13.60	13.68	13.54	14.44	13.67
粗蛋白质（%）	22.0	21.8	22.6	20.3	20.6
钙（%）	0.79	0.87	0.86	—	0.93
磷（%）	0.62	0.61	0.70	—	0.50
赖氨酸（%）	1.34	1.23	1.3	—	1.17
蛋氨酸＋胱氨酸（%）	0.70	0.68	0.78	—	0.48

4. 断奶仔猪料配方（表 5-29、表 5-30）

表 5-29　断奶仔猪（体重 10~20kg）料配方（一）

饲料	配合比例（%）				
	配方 1	配方 2	配方 3	配方 4	配方 5
玉米	54.3	58.0	51.0	40.0	36.0
高粱	7.8	4.0	—	—	—
大麦	—	—	—	30.0	13.0
小麦麸	6.0	5.5	10.0	10.0	—
蚕豆	—	—	—	—	7.5
炒黄豆粉	—	—	—	—	10.0
菜籽饼	—	—	—	—	4.0
花生饼	—	—	—	—	15.0
豆饼	21.0	21.0	20.0	10.0	10.0
干草粉	—	—	10.0	—	—
砂糖	—	—	2.0	—	—
鱼粉	8.3	7.5	—	9.0	3.0
酵母粉	—	1.0	4.0	—	—
骨粉	—	0.3	—	1.0	1.0
碳酸钙	0.3	0.2	0.6	—	—
食盐	0.3	0.5	0.4	—	0.5

143

（续表）

饲料	配合比例（%）				
	配方 1	配方 2	配方 3	配方 4	配方 5
微量元素添加剂	1.0	1.0	1.0	—	—
维生素添加剂	1.0	1.0	1.0	—	—
合计	100	100	100	100	100
营养水平					
消化能（MJ/kg）	13.89	13.56	13.68	13.22	12.51
粗蛋白质 (%)	20.0	20.2	21.8	17.9	16.5
钙 (%)	0.63	0.63	0.78	1.12	0.65
磷 (%)	0.58	0.58	0.61	0.78	0.53
赖氨酸 (%)	1.16	1.16	1.23	0.85	0.71
蛋氨酸 + 胱氨酸（%）	0.60	0.59	0.58	0.49	0.36

表 5-30　断奶仔猪（体重 10~20kg）料配方（二）

饲料	配合比例（%）			
	配方 1	配方 2	配方 3	配方 4
玉米	50.13	51.77	49.90	52.48
小麦麸	6.88	6.02	6.27	7.81
蚕豆（炒）	18.14	—	—	—
豌豆（炒）	—	12.65	19.88	16.77
胡麻饼	10.04	10.04	10.04	10.04
菜籽饼	—	5.02	—	—
鱼粉	6.02	6.02	6.02	4.02
苜蓿草粉	5.02	5.02	5.02	5.02
炼猪油	1.02	0.67	—	0.58
赖氨酸	0.05	0.12	0.12	0.14
蛋氨酸	—	0.01	0.01	—
骨粉	1.95	1.91	2.00	2.40
食盐	0.3	0.3	0.3	0.3
合计	100	100	100	100
营养水平				
消化能（MJ/kg）	13.39	13.39	13.39	13.39
粗蛋白质（%）	18.0	18.0	18.0	16.5
钙（%）	1.07	1.10	1.10	1.17
磷（%）	0.76	0.76	0.74	0.60
赖氨酸（%）	0.96	0.96	0.96	0.86

（续表）

饲料	配合比例（%）			
	配方1	配方2	配方3	配方4
蛋氨酸+胱氨酸（%）	0.49	0.50	0.48	0.44

注：每千克饲料中添加饲料用多种维生素100g，硫酸亚铁138g，硫酸铜8g，硫酸锰2g，硫酸锌91g，碘化钾331mg，氯化钴124mg，亚硒酸钠207mg，喹乙醇5g

二、生长肥育猪料

生长肥育猪需要较多的蛋白质，但随着年龄的增长，蛋白质需要量逐渐减少，能量和蛋白质的比例增加。瘦肉型猪需要较多的赖氨酸。生长肥育猪对于饲料的适应能力较强，可以应用各种价格较低的饲料资源，但对于一些有抗营养因子的饲料需控制用量，以免发生危害。

1. 20~35kg 体重生长肥育猪的饲料配方（表5-31、表5-32）

表5-31 20~35kg 体重生长肥育猪的饲料配方（无鱼粉）

饲料	配合比例（%）				
	配方1	配方2	配方3	配方4	配方5
玉米	64.5	43	35	44.0	25
高粱	5.0	5.0	20	10.0	—
米糠	—	8.5	—	—	—
麸皮	5.0	10	20	15.0	30
次粉	—	—	—	—	10
草粉	—	2.0	—	5.8	—
黑豆	—	20.0	—	—	—
豆饼	22.0	—	23	—	—
胡麻饼	—	—	—	10.0	—
菜籽饼	—	—	—	7.7	15
棉籽饼	—	—	—	—	13
葵花籽饼	2.0	10.0	—	—	—
蚕蛹粉	—	—	—	—	5
血粉	—	—	—	5.0	—
骨粉	1.0	1.0	—	—	—
碳酸钙	—	—	—	—	1.0
添加剂	—	—	1.5	2.0	0.5
食盐	0.5	0.5	0.5	0.5	0.5

（续表）

饲料	配合比例（%）				
	配方 1	配方 2	配方 3	配方 4	配方 5
	营养水平				
消化能（MJ/kg）	13.31	13.43	12.76	12.18	13.05
粗蛋白质（%）	16.6	17.3	17.5	17.3	18.6
粗纤维（%）	3.3	5.7	3.9	6.5	6.6
钙（%）	0.74	0.46	0.75	0.13	0.57
磷（%）	0.52	0.58	0.44	0.40	0.60
赖氨酸（%）	0.86	0.82	0.81	0.73	0.77
蛋氨酸＋胱氨酸（%）	0.64	0.56	0.40	0.43	0.64

以上配方选用了一些农副产品，用饼粕类调整粗蛋白质含量，可以因地制宜，设计简单，生产方便。配方 4 以胡麻饼和菜籽饼代替全部豆饼作为主要蛋白质饲料。菜籽饼是喂猪的好饲料，但含有抗营养因子，饲喂过多容易造成中毒，从而限制了菜籽饼的使用，又以胡麻饼来补充蛋白质饲料的不足。用这些蛋白质饲料可以解决豆饼不足的现状，是我国西北地区的典型饲料配方。

表 5-32　20~35kg 体重生长肥育猪的饲料配方（有鱼粉）

饲料	配合比例（%）				
	配方 1	配方 2	配方 3	配方 4	配方 5
玉米	60	27.3	10	20	15.7
大麦	—	28.2	10	25	20
荞麦	—	—	23	—	—
糜子	—	—	10	—	—
米糠	—	—	—	12	29
麸皮	20.5	—	5.0	30	15
次粉	—	19.7	—	—	—
草粉	—	—	3.0	—	—
豌豆	—	—	20	—	—
豆饼	12	17.5	—	—	—
胡麻饼	—	—	15	—	—
菜籽饼	—	—	—	6.0	5.0
花生饼	—	—	—	3.0	—
棉籽饼	—	—	—	—	10
鱼粉	6.0	5.8	3.0	3.0	3.0

（续表）

饲料	配合比例（%）				
	配方 1	配方 2	配方 3	配方 4	配方 5
骨粉	—	0.5	0.5	—	—
贝壳粉	—	0.5	—	—	—
石粉	1.0	—	—	—	—
添加剂	—	—	—	0.5	2.0
食盐	0.5	0.5	0.5	0.5	0.3
营养水平					
消化能（MJ/kg）	13.10	12.72	12.13	11.09	11.13
粗蛋白质（%）	16.1	18	18.1	12.5	15.6
粗纤维（%）	3.7	3.4	5.9	6.3	2.8
钙（%）	0.66	0.71	0.45	0.2	0.9
磷（%）	0.48	0.62	0.54	0.57	0.73
赖氨酸（%）	0.83	0.96	0.86	0.56	0.61
蛋氨酸 + 胱氨酸（%）	0.68	0.47	0.51	0.56	0.6

用鱼粉做动物性蛋白质饲料，限制性氨基酸组成好，营养价值高，猪的肉质好。配方 4 使用了花生饼，花生饼是优良的蛋白质饲料，饲用价值仅次于豆饼，如与动物性蛋白质饲料配合，效果更好。因花生饼中赖氨酸和蛋氨酸含量不足，不能满足猪的需要，采用鱼粉可以补充这一不足。

2. 35~60kg 体重生长肥育猪的饲料配方（表 5-33、表 5-34）

表 5-33　35~60kg 体重生长肥育猪的饲料配方（无鱼粉）

饲料	配合比例（%）				
	配方 1	配方 2	配方 3	配方 4	配方 5
玉米	21	25.5	50	59.3	40
大麦	24.5	—	—	—	—
高粱	—	—	—	—	20
稻谷粉	25	—	—	—	—
米糠	—	—	—	6.8	—
麸皮	—	—	6.5	20	—
次粉	—	63	10	—	20.5
蚕豆壳粉	8.0	—	—	—	—
豌豆	—	—	3.0	—	—
豆饼	—	6.0	—	12.4	8.5

（续表）

饲料	配合比例（%）				
	配方 1	配方 2	配方 3	配方 4	配方 5
菜籽饼	10	—	12	—	10
棉籽饼	10	2.0	—	—	—
米糠粉	—	—	10	—	—
蚕蛹粉	—	—	5.0	—	—
血粉	—	—	2.0	—	—
骨粉	—	—	—	—	0.1
贝壳粉	—	—	—	1.2	0.6
石粉	1.0	1.0	1.0	—	—
添加剂	—	2.0	—	—	—
食盐	0.5	0.5	0.5	0.3	0.3
营养水平					
消化能（MJ/kg）	11.76	13.81	13.56	12.51	13.05
粗蛋白质（%）	14.1	15	15.5	13.3	14.1
粗纤维（%）	6.5	1.6	4.6	5.4	3.0
钙（%）	0.61	0.47	0.66	0.51	0.41
磷（%）	0.37	0.20	0.46	0.43	0.53
赖氨酸（%）	0.51	0.41	0.66	0.61	0.8
蛋氨酸+胱氨酸（%）	0.4	0.37	0.49	0.61	0.56

表 5-34　35~60kg 体重生长肥育猪的饲料配方（有鱼粉）

饲料	配合比例（%）				
	配方 1	配方 2	配方 3	配方 4	配方 5
玉米	34.5	30	19.5	67.5	34.0
大麦	40	—	19	—	12
青稞	—	27	—	—	—
稻谷糠	—	—	10	—	—
米糠	—	—	—	—	10
麸皮	5.0	24	28	5.5	20
槐叶粉	3.0	—	—	—	—
草粉	—	3.0	—	2.5	3.7
豌豆	—	8.0	—	—	—
豆饼	13	—	—	2.4	16
胡麻饼	—	5.0	—	—	—
菜籽饼	—	—	10	—	—

（续表）

饲料	配合比例（%）				
	配方 1	配方 2	配方 3	配方 4	配方 5
棉籽饼	—	—	10	8.0	—
葵花籽饼	—	—	—	5.1	—
单细胞蛋白粉	—	—	—	5.5	—
鱼粉	4.0	1.0	1.0	1.0	3.0
蚕蛹粉	—	—	1.0	—	—
骨粉	—	—	—	1.0	—
石粉	—	1.0	1.0	—	0.8
添加剂	—	0.5	—	—	—
食盐	0.5	0.5	0.5	0.5	0.5
营养水平					
消化能（MJ/kg）	13.14	13.93	13.22	13.18	12.59
粗蛋白质（%）	16.3	14.8	16.8	15.7	15.3
粗纤维（%）	4.7	4.5	6.7	3.3	4.3
钙（%）	0.58	0.53	0.56	1.21	0.52
磷（%）	0.37	0.48	0.5	0.47	0.64
赖氨酸（%）	0.82	0.61	0.6	0.6	0.82
蛋氨酸 + 胱氨酸（%）	0.43	0.41	0.57	0.48	0.53

在表 5-34 中，配方 1 是以玉米、大麦、麸皮、槐叶粉、豆饼、鱼粉为主组成的配合饲料，是华北地区常见的饲料，槐叶粉可用豆科草粉代替。配方 2 适合于甘肃、青海等地区使用。配方 3 以玉米、大麦、稻谷粉、麸皮、棉籽饼、菜籽饼、鱼粉构成配合饲料，是华中地区常见饲料配方，其中还可以加次粉、米糠等饲料。配方 4 加了一种新型蛋白质饲料——单细胞蛋白粉，可以缓解豆饼等常规饲料的不足。

3. 60~90kg 体重生长肥育猪饲料配方（表 5-35、表 5-36）

表 5-35　60~90kg 体重生长肥育猪的饲料配方（无鱼粉）

饲料	配合比例（%）				
	配方 1	配方 2	配方 3	配方 4	配方 5
玉米	13	34	49.4	47	44
大麦	44	10	—	—	—
荞麦	—	10	—	—	—
高粱	—	—	—	—	12
稻谷粉	—	—	15	25	—
米糠	—	—	—	—	13

（续表）

饲料	配合比例（%）				
	配方 1	配方 2	配方 3	配方 4	配方 5
麸皮	21	28	8.0	—	10
次粉	—	—	10	13	—
草粉	—	—	—	—	15
豌豆	—	—	—	—	2.0
豆饼	—	—	15	8.0	—
菜籽饼	5.0	8.0	—	—	—
棉籽饼	10	5.0	—	5.0	—
葵花籽饼	—	—	—	—	2.0
米糠饼	5.0	3.0	—	—	—
骨粉	—	—	0.4	—	—
贝壳粉	—	—	0.9	—	—
石粉	1.0	1.0	—	1.0	1.0
添加剂	0.5	0.5	0.5	0.5	0.5
食盐	0.5	0.5	0.3	0.5	0.5
营养水平					
消化能（MJ/kg）	11.88	12.64	12.76	12.97	12.09
粗蛋白质（%）	14.5	14.8	13.8	13	15.4
粗纤维（%）	6.2	5.6	4.6	4.1	5.2
钙（%）	0.61	0.61	0.68	0.46	0.51
磷（%）	0.68	0.68	0.5	0.3	0.42
赖氨酸（%）	0.53	0.44	0.6	0.48	0.38
蛋氨酸＋胱氨酸（%）	0.5	0.45	0.41	0.32	0.37

在表 5-35 中，配方 3 和配方 4 选用稻谷做能量饲料，稻谷的粗蛋白质含量近似玉米，粗纤维含量偏高。目前，我国南方用稻谷做猪饲料的较多。

表 5-36　60~90kg 体重生长肥育猪的饲料配方（有鱼粉）

饲料	配合比例（%）				
	配方 1	配方 2	配方 3	配方 4	配方 5
玉米	20	39	15	54.5	38
大麦	20	—	10	—	31
小麦	—	—	—	—	7.5
荞麦	—	—	22	—	—
高粱	23	—	12.5	—	—

（续表）

饲料	配合比例（%）				
	配方 1	配方 2	配方 3	配方 4	配方 5
米糠	22	10	—	—	—
麸皮	22.5	5.0	20	15.5	11
酱油渣	—	5.0	—	—	—
草粉	—	5.0	11	—	—
豌豆	—	—	10	—	—
槐叶粉	—	—	—	6.0	—
豆饼	—	6.0	—	8.0	3.0
花生饼	8.5	—	—	—	—
胡麻饼	—	—	8.0	—	—
棉籽饼	—	—	—	—	5.0
鱼粉	5.5	5.5	3.0	2.5	3.0
骨粉	—	—	0.5	0.7	—
石粉	1.0	0.5	—	—	1.0
添加剂	—	0.5	—	—	—
食盐	0.5	0.5	0.5	0.3	0.5
营养水平					
消化能（MJ/kg）	12.59	12.34	12.26	12.8	12.72
粗蛋白质（%）	15	13	15.9	13	13.3
粗纤维（%）	6.1	3.2	7.0	3.7	5.1
钙（%）	0.69	0.51	0.46	0.64	0.5
磷（%）	0.73	0.49	0.6	0.58	0.41
赖氨酸（%）	0.68	0.58	0.82	0.67	0.57
蛋氨酸＋胱氨酸（%）	0.62	0.33	0.54	0.47	0.65

三、后备猪料

　　留做种用的猪，从断奶至进入配种繁殖阶段之前的生长期称后备猪。后备猪虽然是生长猪，但与生长肥育猪的饲养目的不同。肥育猪生长到体重 90kg 左右，完成了整个饲养过程，而后备猪生长到体重 90kg，则是生产繁殖的开始。

　　后备猪应喂以营养全面的优质饲料，才能使后备母猪尽早受孕，后备公猪发育良好。有些初产母猪产仔少，哺乳期仔猪死亡率高，原因不一定是妊娠期和哺乳期的日粮有问题，往往是因为生长期间的营养有缺陷所致。如后备母猪生长期营养不良，即使育成后再喂优质饲料也难以哺育既多又壮的仔猪。因此，饲养后备猪与肥育猪的不同点是，既要防止生长过快过肥，又要防止生长过慢和发育不良。防止后备猪生长过快过慢的方法，主要是控制其营养水平。体重50kg以前的后备猪可以同肥育猪的饲喂量，体重50kg以后应少于肥育猪的饲喂量，使其降低增重速度。

后备母猪培育期和肥育猪日粮相比，应含有较高的钙和磷，使其骨骼中矿物质沉积量达到最大，从而延长母猪的繁殖寿命。

后备母猪营养需要与肥育猪不同的是对维生素和矿物质的需要量显著提高，这不仅是正常的生长发育阶段所不可少的，也是为进入繁殖期正常发情和受孕做必要的准备。为满足对维生素和矿物质的需要，应多喂青绿饲料。后备公猪不能喂太多的青绿饲料，以防肚子大不利于配种。

1. 后备母猪的饲料配方（表5-37）

表5-37　后备母猪的饲料配方

饲料	配合比例（%）				
	配方1	配方2	配方3	配方4	配方5
玉米	2.0	7.0	60.0	40.0	40.0
蚕豆	—	—	—	10.0	12.0
黄豆	—	—	—	5.0	—
次粉	41.0	36.5	—	—	—
麸皮	30.0	31.0	10.0	18.0	25.0
秣食豆草粉	—	—	3.0	—	—
统糠	14.4	13.6	—	10.0	11.0
豆饼	4.0	3.5	25.0	—	—
菜籽饼	—	—	—	15.0	10.0
鱼粉	8.0	8.0	—	—	—
贝壳粉	0.5	0.3	1.5	—	—
骨粉	—	—	—	1.0	1.0
添加剂	—	—	—	0.5	0.5
食盐	0.1	0.1	0.5	0.5	0.5
合计	100	100	100	100	100
营养水平					
消化能（MJ/kg）	11.30	11.42	12.97	11.55	11.25
粗蛋白质（%）	16.60	16.40	14.80	14.60	13.40
钙（%）	0.77	0.68	0.63	0.59	0.61
磷（%）	0.67	0.63	0.38	0.36	0.34
赖氨酸（%）	0.74	0.85	0.82	0.73	0.63
蛋氨酸+胱氨酸（%）	0.55	0.55	0.38	0.65	0.63

2. 后备公猪的饲料配方（表 5-38）

表 5-38 后备公猪的饲料配方

饲料	配合比例（%）				
	配方 1	配方 2	配方 3	配方 4	配方 5
玉米	45.0	40.0	63.0	60.0	65.0
大麦	26.0	33.0	—	—	—
麸皮	8.0	7.0	10.0	10.0	15.0
豆饼	—	—	21.0	25.0	15.0
葵花籽饼	10.0	10.0	—	—	—
秣食豆草粉	—	—	—	3.0	3.0
草粉	5.0	2.0	4.0	—	—
鱼粉	6.0	8.0	—	—	—
赖氨酸	—	—	—	—	0.2
蛋氨酸	—	—	—	—	0.1
贝壳粉	—	—	1.5	1.5	1.2
食盐	—	—	0.5	0.5	0.5
合计	100	100	100	100	100
营养水平					
消化能（MJ/kg）	12.46	12.84	12.97	12.97	12.89
粗蛋白质（%）	15.1	16.2	16.0	16.8	14.0
粗纤维（%）	6.1	5.5	2.6	3.5	3.6
钙（%）	0.94	1.01	0.67	0.63	0.6
磷（%）	0.77	0.82	0.41	0.38	0.38
赖氨酸（%）	0.67	0.74	0.88	0.82	0.84
蛋氨酸（%）	0.36	0.38	0.13	0.19	0.19
胱氨酸（%）	0.21	0.22	0.16	0.19	0.16

四、母猪料

母猪妊娠后，内分泌的活动增强，物质和能量代谢率提高，对营养物质的利用率显著提高，体内的营养积蓄也比妊娠前多。对妊娠后期的母猪应特别注意粗蛋白质和矿物质的供给，以满足胎儿的需要。

母猪营养充足对实现最大生产能力和经济效益至关重要。母猪的营养需要得不到满足会导致产仔数减少，仔猪初生体重减轻，存活力降低，母猪产奶量降低，断奶到配种间隔时间延长，受胎率降低，缩短母猪繁殖寿命。

无论初产或经产的母猪，妊娠的全程的日喂料要看母猪的体况而定，做到既不肥也不瘦，膘情适中而健康。临产前几天要减少喂量，分娩前 10~12h 最好不要喂料，但要充足供给饮水，冷天的饮水要加温。分娩后的当天，可喂给母猪饲料 0.9~1.4kg，然后逐渐增加喂量，5d 后达到全量。

母猪在泌乳期的日粮需要量要大大超过妊娠期，这是因为，母猪只有吃够相适应的饲料，才能提供大量泌乳所需的营养物质。母猪带仔如少于 6 头，应限制饲喂，而带 8 头以上仔猪的母猪，只要不显得太肥，就不必限量，以尽可能提高泌乳量。

1. 妊娠母猪的饲料配方（表 5-39）

表 5-39　妊娠母猪的饲料配方

饲料	配合比例（%）				
	配方 1	配方 2	配方 3	配方 4	配方 5
玉米	44.1	36.7	30.8	39.3	38.97
大麦	27.3	28.0	28.0	—	—
小麦麸	6.9	8.0	5.0	8.06	14.02
豆饼	5.9	5.0	4.0	2.48	7.01
鱼粉	5.9	6.0	—	—	—
干草粉	7.8	7.0	24.0	—	—
花生饼	—	7.0	6.0	—	—
高粱	—	—	—	6.82	3.51
葵花籽饼	—	—	—	2.48	3.51
青贮玉米	—	—	—	12.77	10.05
酒精糟	—	—	—	25.23	19.83
食盐	0.5	0.5	0.5	0.62	0.7
骨粉	1.5	1.0	0.7	0.62	0.7
贝壳粉	—	—	—	0.62	0.7
多种维生素	0.1	0.3	—	—	—
微量元素添加剂	—	0.5	1.0	1.0	1.0
合计	100	100	100	100	100
营养水平					
消化能（MJ/kg）	12.68	11.83	10.28	11.83	11.57
粗蛋白质（%）	15.4	16.2	11.29	12.65	12.66
钙（%）	0.84	0.70	0.38	0.70	0.73
磷（%）	0.68	0.59	0.49	0.56	0.61
赖氨酸（%）	0.80	0.77	0.41	0.73	0.82

（续表）

饲料	配合比例（%）				
	配方 1	配方 2	配方 3	配方 4	配方 5
蛋氨酸＋胱氨酸（%）	0.65	0.68	0.20	1.03	0.99

在表 5-39 中，配方 1 适用于杜洛克猪；配方 2 营养水平较高，适用于妊娠后期的母猪；配方 3 优点是配料方便，缺点是不能根据母猪妊娠前、后期较大的营养需要量差异调整供给，母猪妊娠后期的营养不能得到较好地满足。因此，在使用时可在母猪临产前 2 个月即转入饲喂哺乳期饲料；配方 4 和配方 5 分别为妊娠前、后期配方，是以玉米、豆饼来平衡养分，尽量选用高粱、葵花籽饼、青贮玉米、酒精糟等杂粮、杂饼和非常规饲料，使用时保证葵花籽饼的粗纤维含量低于 10%，青贮玉米的比例按风干重计算，选用液体发酵酒精糟。

2. 哺乳母猪的饲料配方（表 5-40、5-41）

表 5-40　哺乳母猪的饲料配方（一）

饲料	配合比例（%）				
	配方 1	配方 2	配方 3	配方 4	配方 5
玉米	59.0	47.5	37.0	60	45.99
大麦	—	—	32.0	—	—
秣食豆	—	—	—	2.5	—
小麦麸	7.5	30.0	3.0	7.0	11.15
豆饼	25.0	19.0	5.0	25.5	9.56
鱼粉	—	—	6.0	—	—
干草粉	5.0	—	7.3	2.5	—
花生饼	—	—	7.0	—	—
高粱	—	—	—	—	3.98
葵花籽饼	—	—	—	—	5.57
青贮玉米	—	—	—	—	6.85
酒精糟	—	—	—	—	13.50
石粉	—	—	—	2.0	—
食盐	0.5	0.5	0.7	0.5	0.8
骨粉	—	2.0	1.0	—	0.8
贝壳粉	2.0	—	—	—	0.8
微量元素添加剂	1.0	1.0	1.0	—	1.0
合计	100	100	100	100	100
营养水平					
消化能（MJ/kg）	12.57	12.29	12.41	13.03	12.09

（续表）

饲料	配合比例（%）				
	配方1	配方2	配方3	配方4	配方5
粗蛋白质（%）	16.6	16.1	15.69	17.2	12.7
钙（%）	0.79	1.21	0.71	0.82	0.75
磷（%）	0.36	0.68	0.66	0.34	0.57
赖氨酸（%）	0.80	0.81	0.77	0.88	0.71
蛋氨酸＋胱氨酸（%）	0.37	0.64	0.31	0.67	0.82

在表5-40中，配方1和配方2是由玉米、豆饼等原料配合而成的无鱼粉型哺乳猪全价饲料配方，其能量水平中等，蛋白质含量较高；配方3适用于杂种猪，是华北地区常用饲料；配方4适用于瘦肉型三江白猪，磷偏低；配方5是以玉米、豆饼来平衡养分，尽量选用高粱、葵花籽饼、青贮玉米、酒精糟等杂粮、杂饼和非常规饲料。使用时保证葵花籽饼的粗纤维含量低于10%，青贮玉米的比例按风干重计算，酒精糟宜选用液体发酵的。

表5-41　哺乳母猪的饲料配方（二）

饲料	配合比例（%）				
	配方1	配方2	配方3	配方4	配方5
玉米	62.25	61.57	71.15	48.0	61.0
次粉	20.0	—	—	—	—
麸皮	—	20.0	—	—	22.0
大豆粉	14.25	15.0	15.0	30.0	—
豆粕（饼）	—	—	—	10.0	9.0
菜籽饼	—	—	—	—	—
葵花籽饼	—	—	—	9.5	2.0
苜蓿粉	—	—	10.0	—	—
鱼粉	—	—	—	—	4.0
骨粉	—	—	—	2.0	0.6
石粉	1.5	1.5	0.75	—	1.0
磷酸二钙	1.25	1.0	1.75	—	—
食盐	0.5	0.5	0.5	0.5	0.4
预混料	0.25	0.25	0.25	—	—
合计	100	100	100	100	100

（续表）

饲料	配合比例（%）				
	配方1	配方2	配方3	配方4	配方5
	营养水平				
消化能（MJ/kg）	14.06	12.8	14.44	12.55	12.59
粗蛋白质（%）	14.90	15.0	14.6	13.7	14.58
钙（%）	0.90	0.86	0.85	1.19	0.72
磷（%）	0.64	0.65	0.61	0.72	0.54
赖氨酸（%）	0.70	0.70	0.70	0.73	—
蛋氨酸＋胱氨酸（%）	0.40	0.50	0.52	0.61	—

五、种公猪料

与其他猪群不同的是，种公猪的配方设计要考虑提高种猪的繁殖能力。另外，种公猪要长期饲养，为了防止其过肥，一般要限制喂量，但在配种阶段应给予需要的数量，所以，这类饲料的能量含量不能过高。

种公猪对能量的要求，在非配种期，可在维持需要的基础上提高20%，配种期可在非配种期的基础上再提高25%。

种公猪的精液中，干物质含量的变动范围为3%~10%，蛋白质是精液中干物质的主要成分，饲粮中蛋白质的含量与品质，可直接影响到种公猪的射精量和精液品质。因此，必须保证公猪的蛋白质需要。在我国当前的饲料条件下，种公猪饲粮中粗蛋白质在7%左右，若饲粮中蛋白质品质优良，蛋白质水平可相应降低。

钙磷对种公猪的生长速度、骨骼钙化、四肢的健壮程度、公猪的性欲及爬跨能力有直接的影响，因此，对钙磷的比例不能忽视。矿物质元素锌对精子的形成起主要作用，缺锌可导致间质细胞发育迟缓，降低促黄体素的生成，减少睾丸类固醇的生成。

种公猪对维生素的需要量与母猪相比并不高，但是维生素E和维生素C对种公猪抗应激有重要作用。

种公猪的饲料配方，见表5-42。

表 5-42　种公猪的饲料配方

饲料	配合比例（%）				
	配方 1	配方 2	配方 3	配方 4	配方 5
玉米	28.9	43.0	49.0	50.0	43.0
大麦	—	35.0	10.9	10.0	28.0
小麦麸	10.8	5.0	15.0	15.0	7.0
豆饼	13.8	8.0	7.6	7.4	8.0
鱼粉	—	—	3.0	3.0	6.0
干草粉	—	—	—	—	6.0
槐叶粉	—	0.8	—	—	—
高粱	4.6	—	13.0	13.0	—
葵花籽饼	4.6	—	—	—	—
青贮玉米	16.1	—	—	—	—
酒精糟	18.1	—	—	—	—
石粉	—	—	—	0.5	—
食盐	0.5	0.5	0.4	0.4	0.5
骨粉	1.0	—	—	0.7	1.5
贝壳粉	0.6	0.5	—	—	—
微量元素添加剂	1.0	—	1.0	—	—
合计	100	100	100	100	100
营养水平					
消化能（MJ/kg）	12.18	12.18	13.25	12.26	12.68
粗蛋白质（%）	13.3	12.7	13.3	13.3	15.5
钙（%）	0.67	0.59	0.20	0.66	0.84
磷（%）	0.59	0.47	0.46	0.56	0.68
赖氨酸（%）	0.99	0.55	0.56	0.56	0.80
蛋氨酸+胱氨酸（%）	0.47	0.33	0.43	0.43	0.40

　　在表 5-42 中，配方 1 和配方 2 为非配种期种公猪的饲料配方，均为无鱼粉配方，但各有其特点。配方 1 是使用了青贮饲料、葵花籽饼，以杂粮和非粮食饲料为主；配方 2 则以玉米、大麦、豆饼等粮食作物为主要原料，且配方中所用原料种类较少，一般不易受原料的限制。配方 3 至配方 5 供种公猪配种期使用，均为玉米、大麦、豆饼、鱼粉型配方，在生产中可根据饲料来源选择不同的配方。

第六章　猪饲料加工

饲料生产厂家，无论规模大小，设备先进与否，其基本的生产工艺流程都是相同的（图6-1）。

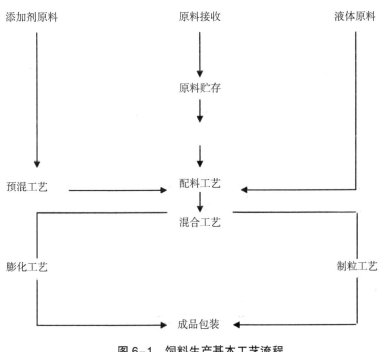

图6-1　饲料生产基本工艺流程

第一节　原料的接收

在饲料加工生产过程中，原料的接收是头道工序，是确保生产连续性和产品质量的关键工序。原料接收的主要任务是将饲料加工生产中所需的各种原料用某种运输设备运送至厂内，并经由质检、称量、清点等环节入库备用或是直接投入生产线使用。对于饲料加工而言，原料的接收能力除了要满足实际生产需要之外，还要尽可能选用先进的工艺和设备，这样不但能够降低能耗及生产成本，还能减轻人员劳动强度，有利于生产效率的提升。由于饲料的原料接收具有瞬时接收量大的特点，故此接收设备必须具有较大的接收能力，通常应当为生产能力的3~5倍。饲料厂使用的原料的物料形态差异大，主要有颗粒状、粉状、液态、块状等，包装方式通常有散装、袋装、桶装及罐装等几种。原料进厂的运输方式有铁路、公路、水路运输等。目前，饲料厂通常采用的原料接收工艺见图6-2。

一、散装原料水路接收

散装原料由散装船舶运输入厂区码头。原料接收时，操作人员开启吸粮机的风机，并把可以伸缩的吸料管插入船仓的原料堆中，原料在空气的负压作用下，进入吸料管，通过卸料器进行沉降，由关风器排出进入水平输送设备（刮板输送机、皮带输送机及螺旋输送机等）中，原料经过水平输送设备的水平输送以及斗式提升机垂直提升，经过原料初清筛清理出大的杂质，磁选设备清理出铁磁性杂质，干净的原料经过原料计量秤进行称重计量，再由斗式提升机送入后路工段进行加工。这种接收工艺适用于单一原料加工厂，或接收数量大的港口专门从事原料的分装工作。对于接收数量小、设有内河码头的终端饲料厂，可采用吊车机械抓斗卸货，然后利用汽车进行短途或厂内转运至卸料口。这种接收工艺计重通常采用地中衡对每个车辆进行称重而计算原料净重。

二、散装原料陆路接收

散装原料由自卸式汽车或铁路罐车运输入厂，原料在重力的作用下通过栅筛直接进入地坑，经过水平输送设备的水平输送以及斗式提升机垂直提升，经过原料初清筛清理出大的杂质，磁选设备清理出铁磁性杂质，干净的原料经过原料计量秤进行称重计量，再由斗式提升机送入后续工段进行加工。

三、散装原料高压密箱输送接收

散装原料由散装罐车运输入厂，压缩空气系统产生压缩空气，原料在压缩空气的作用下通过气力输送管道到达卸料除尘器，经过原料计量秤进行称重计量直接进入料仓，等待加工。

四、包装原料水路接收

包装原料由船舶运输入厂区码头。原料接收时，操作人员操作吊车，在装卸工的帮助之下，把原料吊到岸边的平板车上，经过地中衡的称重计量，可以由装卸工直接把包装原料运入库房，在皮带输送机的帮助下堆垛存放；也可以在投料口直接拆包，投入卸料口，经过水平输送设备的水平输送到后续工段。

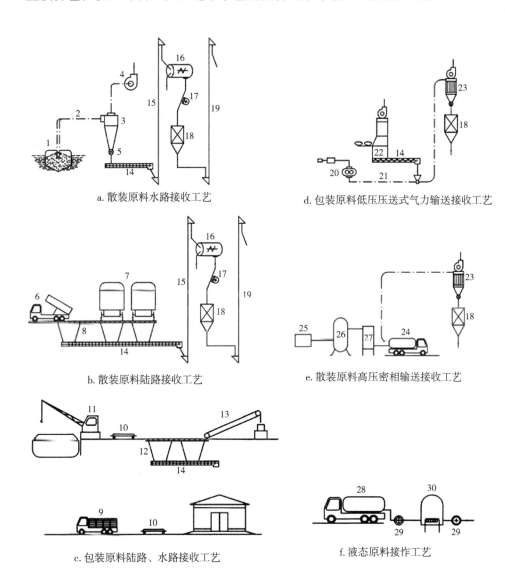

a. 散装原料水路接收工艺

d. 包装原料低压压送式气力输送接收工艺

b. 散装原料陆路接收工艺

e. 散装原料高压密相输送接收工艺

c. 包装原料陆路、水路接收工艺

f. 液态原料接作工艺

1. 货船；2. 吸料管；3. 卸料器；4. 风机；5. 关风机；6. 自卸式汽车；7. 铁路罐车；8. 卸料坑；9. 包装运输汽车；10. 地中衡；11. 吊车；12. 包装及散装两用卸料坑；13. 皮带输送机；14. 输送机（刮板机、皮带及螺旋输送机）；15、19. 斗式提升机；16. 原料初清筛；17. 磁选设备；18. 原料计量秤；20. 鼓风机；21. 闭风卸料器及输送管路；22. 卸料斗；23. 卸料除尘器；24. 散装罐车；25、26、27. 压缩空气系统；28. 散装油罐车；29. 油泵；30. 贮油罐

图 6-2　饲料厂原料接收工艺

五、包装原料陆路接收

包装原料由汽车运输入厂，原料经检验合格后，经过地中衡的称重计量，由装卸工卸车，直接把包装原料运入库房进行堆垛存放或经过人工拆包后进入单独的原料存储仓。

六、包装原料低压压送式气力输送接收

包装原料在投料口拆包并倒入卸料斗中，原料经过水平输送设备（螺旋输送机）的水平输送后，通过闭风器进入气力输送管路，在由鼓风机产生的空气作用下，被送到卸料除尘器，经过原料计量秤进行称重计量直接进入料仓，等待加工。

七、液态原料接收

液态原料如油脂、糖蜜等，通常采用油罐车运输入厂，经检验合格后，通过油泵直接打进贮油罐。生产使用时，则同样通过油泵，送到液态添加系统或中间贮存罐。

第二节　原料的清理

清理是饲料加工厂不可缺少的工序，它可确保饲料加工厂的生产安全、后道设备的正常工作和饲料成品的质量，减少设备磨损。饲料原料在收获、加工、运输、贮存等过程中，不可避免会混入部分杂物，比较常见的有石块、泥土、麻袋片、绳头、金属等杂物。如果不清除这些杂物，会影响饲料产品的营养指标和卫生指标，从而降低产品质量。一些较大的杂物还可能造成料路不畅、输送机械空转、粉碎机筛片击穿和制粒机压辊或压模损坏等现象，增加设备维修费用，影响生产效率，提高生产成本，甚至产生安全隐患。

一、清理标准

有机物杂质不得超过50mg/kg，直径不大于10mm；磁性杂质不得超过50mg/kg，直径不大于2mm。

二、主要设备

（一）清理筛

筛选是根据物料与杂质的宽厚尺寸或粒度大小不同而利用筛面进行筛理，小于筛孔的物料穿过筛孔为筛下物；大于筛孔的物料留在筛面上为筛上物，可视不同清理要求将筛上物或筛下物作为杂质被清理出来。筛理机械亦可供不同大小、不同形状的饲料分开，以进行分级处理。目前使用的筛选设备主要有网带式初清筛、圆筒清理筛、圆锥清理筛。

清理筛的筛面有冲孔筛和编织筛2种。冲孔筛通常是在薄钢板、镀锌铁板、铝板等各种材质上用冲模冲出筛孔制成的。筛孔形状有方孔、圆孔、三角孔、长孔、鱼鳞孔等多种。筛孔越小，筛面厚度越薄，一般为0.5~1.5mm。编织筛可由不锈钢丝、镍丝、化学合成丝等编织而成，筛孔有长方形、方形两种。编织丝的直径一般在0.5~1.5mm，粉料、粒料均可使用。

采用冲孔筛或编织筛完成物料的筛选或分级必须具备3个必要条件：物料在筛面上要有相对滑动；过筛物和筛面需要有机会接触；有合适的孔形和尺寸。

1. 网带式初清筛

由网带、进出料口、沉降室、传动装置等组成，如图6-3。

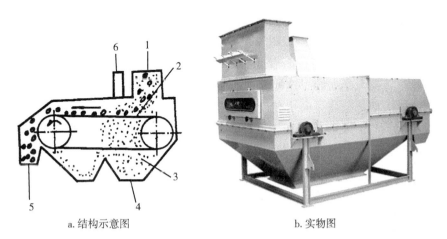

a.结构示意图　　　　　　　　　　　　b.实物图

1.原料进口；2.网带；3.沉降室；4.清净原料出口；5.杂质出口；6.吸风口

图6-3　网带式初清筛

网带是主要工作部件，由钢丝编织而成的方形筛孔（14mm×14mm 或 16mm×16mm 净宽），分段焊接在牵引链板上。工作时，传动机构驱动链板上网带不断运转，原料从进料口落下，并穿过上下网带而流向原料出口；不能穿过筛孔的大杂质，被上网带送到杂质出口予以排出。粉尘由吸风排出。

2. 圆筒清理筛

由冲孔圆形筛筒、清理刷、传动装置、机架和吸风部分组成，如图 6-4。

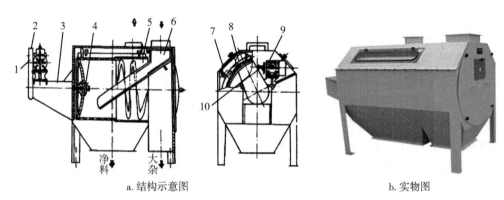

a. 结构示意图　　　　　　　　b. 实物图

1. 涡轮减速器；2. 链壳；3. 支撑板；4. 轴；5. 筛筒；6. 进料；7. 操纵门；8. 清理刷；
9. 电动机；10. 联轴器

图 6-4　圆筒清理筛

原料由进料口经进料管进入筛筒中部，筛筒的一端封闭。整个筛筒由主轴呈悬臂状支撑。整筛筒分前、后两段，靠近轴端的半段多用 20mm×20mm 方形筛孔，可使料粒较快地过筛；而靠近出杂口的半段常用 13mm×13mm 的较小方形筛孔，以防止较大杂质穿过这段筛孔而混入谷物中去，而且在该段筛筒上装有导向螺旋片，以便将杂质排向出杂口。为避免筛孔堵塞，在筛架上装有清理刷；在顶部设有吸风口，及时吸走灰尘。该机结构简单，造价低，单位面积处理量大，清理效果好，杂质中谷物含量少，更换筛面方便，占地面积较小。圆筒初清筛有 TCQY（SCY）50、63、80、100、125 等几种型号，相应的处理量分别为 10~20 t/h、20~40 t/h、40~60 t/h、60~80 t/h、100~120t/h。

3. 双层圆筒初清筛

双层圆筒初清筛是一种新型的清理设备，用于粮食、仓储、食品、化工、制糖、采矿、造纸、饲料等多种行业中颗粒状原料的清理工段。双层圆筒初清筛主要由筛筒、传动装置（包括链条、传动轴等）、门体、进料斗、机壳、电机等部件构成，如图 6-5 所示。这种清理筛是一种综合性的清理设备，可分离原料中的秸秆、石头、麻片、结团物等大杂质，同时成品出口预留有吸风口，与风网连接后，可清除原料中的小杂质，有效地保证了后段加工设备及输送设备的正常工作。

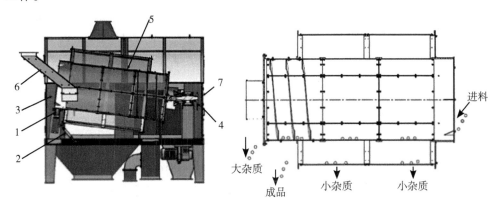

1.拖轮；2.调节机构；3.机壳；4.轴承；5.筛筒；6.进料斗；7.门体

图 6-5 双层圆筒初清筛

双层圆筒初清筛的工作原理和过程为饲料从进料斗进入与水平方向成一定倾角的筛筒（筛筒倾角根据不同物料、不同清理要求可在 4°～8° 范围内调节），内筛筒孔径大于成品常规尺寸，所以成品及小杂均为筛下物，筛上物为大杂质流向大杂质出口；外筛筒孔径小于成品常规尺寸，小杂质穿过筛孔落入小杂质口，筛上物为成品。成品出口处预留吸风口，与风网配备后，可清除瘪谷、麸皮和裹进成品流中的尘土等轻杂质；顶部吸风口用于除尘。双层圆筒初清筛有 TCQYS85A、100A、100A-Ⅰ、100A-Ⅱ、125A、125A-Ⅰ、125A-Ⅱ、150A 等几种型号，相应的处理量分别为 30~60t/h、40~85t/h、60~110t/h、80~150t/h、80~150t/h、100~170t/h、110~180t/h、120~200t/h。

4.圆锥粉料初清筛

圆锥粉料初清筛主要用于配合饲料厂粉状副料的初清，可有效地击碎粉状副料中的结团物、分离混杂于粉状副料中的秸秆、麻绳、纸片、石块等大杂质，以保证后续设备的正常工作。该机还可用于混合后物料的筛理，清理团状物，保证配合饲料的质量，此处的圆锥粉料初清筛又被称为成品检验筛。圆锥粉料初清筛主要由箱体、进料斗、转子、筛筒和传动部件等组成如图 6-6 所示。

圆锥粉料初清筛的工作原理和过程为进料斗后，在喂料螺旋的推动下进入筛筒，装有打板的转子高速旋转，物料受到打板的冲击使物料中团状物被击碎，同时在倾斜打板的推动下，与打板一起绕筛筒内表面作圆周运动。在离心力的作用下，使小于筛孔的物料迅速通过筛孔，从底部的出料口排出机外，大于筛孔的大杂质则在倾斜打板的作用下，向大杂出口方向移动，最后排出机外。圆锥

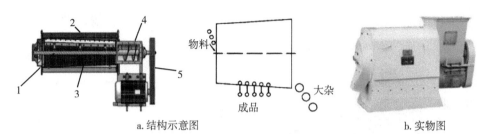

a. 结构示意图　　　　　　　　　　　　　　b. 实物图

1. 箱体；2. 进料斗；3. 筛筒；4. 转子；5. 传动部件

图 6-6　圆锥粉料初清筛

粉料初清筛有 SCQZ60×50×80A、SCQZ80×90×110A 等几种型号，相应的处理量分别为 10~15t/h、25~30t/h；用作成品检验筛的型号有 SCQZ51×46×90、SCQZ55×46×150，相应的处理量分别为 40~60t/h、80~100t/h。

（二）磁选设备

在原料收获、贮运和加工过程中，易混入铁钉、螺丝、垫圈、铁块等磁性杂质，这类杂质如不清除，不仅会加速机械设备的磨损，而且经常损坏设备，因此必须清除原料及其加工过程中混入的磁性杂质。磁选依据目的可分为清理磁选和保护性磁选。目前饲料厂常用永磁磁选设备。根据其结构不同，可分为简易磁选器、永磁筒和永磁滚筒。

1. 简易磁选器

（1）篦式磁选器。一般安装在粉碎机、制粒机喂料器和料斗的进料口处，磁铁呈栅状排列，磁场相互叠加，强度高。它是由永久磁环组成的磁栅，因形似篦格而得名（图 6-7）。当物料流经磁铁栅时，料流中的磁性金属杂物被吸住，定期由人工清除。由于磁栅的磁场作用范围有限，磁性金属杂质容易通过，除杂率不高。同时磁铁经常处于摩擦状态，退磁快、寿命短，吸附的铁杂物对物料流也有阻碍作用。但该磁选器结构简单、使用方便，常将它安装在粉碎机、制粒机等入料口处，作为其他磁选设备的一种补充。

（2）溜管磁选器。它是将磁体或永磁盒安在一段接管上，物料通过溜管时磁性杂质被磁体吸住。为了便于清理吸住的铁杂质，要安装便于开启的窗口并防止漏风。磁体安装在管道的方式有多种。如图 6-8 所示。a 为下部安装磁铁，b 为上部安装磁铁，c 为左右安装磁铁以提高除铁效

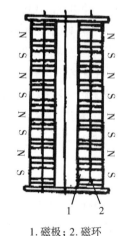

1. 磁极；2. 磁环

图 6-7　篦式磁选器

率。溜管最小倾斜角对谷物 25°~30°，对粉料为 55°~60°；物料层厚度对谷物为 10~12mm，对粉料为 5~7mm；物料通过的速度为 0.10~0.12m/s。

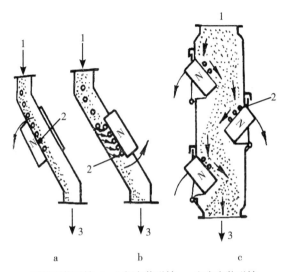

a.下部安装磁铁；b.上部安装磁铁；c.左右安装磁铁；
1.物料入口；2.被吸入铁质杂质；3.清理物料入口

图 6-8　溜管磁选器

2.永磁筒

它由内筒和外筒两部分组成，如图 6-9 所示。外筒与溜管磁选器一样，通过上下法兰连接在饲料输送管道上；内筒即磁体，它由若干块永久磁铁和导磁板组装而成，即用铜螺钉固定在导磁板上。磁体外部有一表面光滑而耐磨的不锈钢外罩，并用钢带固定在外筒门上，清理磁体吸附的铁质时可打开外筒门，使磁体转到筒外。永磁筒结构简单、无须配备动力。

永磁筒工作时，物料由进料口落到内筒顶部的圆锥体表面，向四周散开，随后沿磁体外罩表面滑落，由于铁质密度大，受到锥体表面阻挡之后弹向外筒内壁，在筒壁反力及重力作用下，沿着近于磁力线方向下落，故易被磁体吸住，而非磁性物料则从出料口排出，从而完成物料与铁杂质的分离。由于结构合理，磁性强，磁选效果好。据实测，去铁效率高达 99.5% 以上，能确保机器的安全运行。但必须由人工排铁。国产永磁筒主要是 TCXT 系列产品，广泛用于饲料厂的磁选除铁。

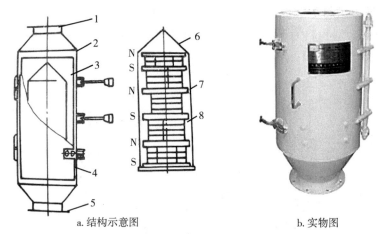

a. 结构示意图　　　　　　　　b. 实物图

1. 进料口；2. 外筒；3. 磁体；4. 外筒门；5. 出料口；6. 不锈钢外罩；7. 导磁板；8. 磁铁块

图 6-9　永磁筒

3. 永磁滚筒

它是由进料口、供料压力门、永磁滚筒、出料口、排铁杂口、驱动装置和机壳等组成。永磁滚筒的结构如图 6-10。

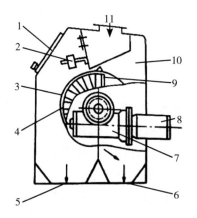

1. 观察窗；2. 压力门；3. 滚筒；4. 拨齿；5. 净料出口；6. 铁杂出口；7. 减速器；
8. 电机；9. 磁铁组；10. 机壳；11. 进料口

图 6-10　永磁滚筒

永磁滚筒主要是由不锈钢板制成的外滚筒（外表面敷有无毒耐磨聚氨酯涂料作保护层）和半圆形的磁芯组成。磁芯由锶钨铁氧体永久磁块和铁隔板按一定顺序排列成 170° 圆弧形安装于固定的轴上，铁隔板起集中磁通作用。永久磁块分为八组排列，形成多极头开放磁路。磁芯圆弧表面与滚筒内壁间隙小于 2mm，以减少气隙磁阻。永磁滚筒安装在待粉碎仓与粉碎机之间较为适宜。

工作时，调节好压力门，物料顺进料淌板（倾角约 35°）流经滚筒时，铁杂质被铁芯组所对滚筒外表面吸住，并随外筒转动而被带至无磁性的区域，铁杂质在该区自动落下，由排杂口排出，而被清理物料从出料口排出。该机物料与磁铁不直接接触，使用寿命长，无须人工经常清理，磁选效果好，但价格相对较贵。

三、清理工艺

饲料加工厂的原料清理流程分为进仓前的清理和进仓后的清理。

（一）原料进仓前清理

图 6-11（1）所示为进仓前的清理工艺流程。这种清理工艺多为白天进料，一般是提升设备和清理设备配置较大。其特点是进入料仓内的原料比较干净、杂质少，有利于贮存，物料流动性好，有利于出仓。

（二）原料进仓后清理

图 6-11（2）所示为原料进仓后的清理工艺。主料由卸料坑进料，经提升机到埋刮板输送机进入立筒库。生产时，原料经出仓螺旋输送机到提升机进入振动筛、磁选机进行清理。这种清理工艺由于清理工序在仓后，因此，清理设备的规格可以和主车间结合起来，配备不必过大。清理设备的布置也可以和主车间结合起来，省去了工作塔。但由于毛粮进入立筒库，杂质多，不利于贮存。

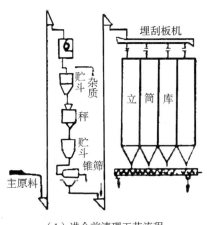
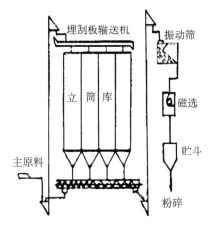

（1）进仓前清理工艺流程　　　（2）进仓后清理工艺

图 6-11　清理工艺流程

四、保证清理质量的措施

（一）合理设计与使用栅筛

栅筛一般设置在接料口处，是清理工序的第一环节。由于其构造过于简单，往往最易被人忽视。栅筛设计应首先考虑选用合理的栅隙。栅筛间隙的大小一般依物料的几何尺寸来定。对于玉米、粉状副料及稻谷类，筛隙应在 30mm 以内，对于油粕类，筛隙应在 30~50mm。同时，在使用中应对筛隙进行固定，并应对筛理出的大杂进行及时清除。这样才能有效地达到初步筛理的目的。

（二）合理安排水平输送机械

由于水平输送机械成本低，输送效率高，且结构又简单，因而被广泛地用于饲料加工工艺中。但由于使用位置不当，其故障率也相应较高。较常见的是将栅筛初步清理后的物料经螺旋输送机或刮板直接输送至提升机。由于物料经过栅筛一道清理程序，许多较短的麻绳、较小的麻袋片及其他一些杂质，很容易缠绕或卡住水平输送机械，致使这些设备的使用效率降低，重则烧毁电机，造成一定的经济损失。因此，在工艺设计中，应尽量避免将水平输送机械放在初清、磁选设备之前进行使用。下料斗的物料最好经溜管直接送至提升机。这样可将因大杂质对输送设备造成的影响降到最低程度。

（三）合理选用初清筛的工艺参数

初清筛是清理环节的主要设备。它用于清除物料中的麻绳、麻袋片、石块、泥块等杂物，其工艺参数的选用对清理效果有着直接影响。在设计中，注意合理选用工艺参数，可有效地提高初清筛的工作效率。

（四）合理选用磁选器

在设计中常选用的磁选设备有两种，一种为永磁筒，另一种为永磁滚筒。前者体积小，占地面积也很小，无动力消耗，去磁效果也较为理想。但仅适用于几何尺寸较小的粉、轻料。而且吸附的金属异物需人工定期清除。相比较后者造价高，体积较大，但对于几何尺寸较大的饼粕、易结块的糠麸等物料也同样适用。虽有动力消耗，但可自动及时清除吸附的金属异物。在流程中的高位置设置更为适用。但在较小的饲料厂设计中鉴于资金、厂房面积等因素的限制，物美价廉的永磁筒较之更为常用。

（五）合理使用除尘设备

在物料输送过程中，除物料本身所含粉尘外，在流转过程中也会因外力导致物料再次产生粉尘。为保证清理效果、操作人员职业健康和操作现场整洁，使用风力除尘、降尘设备，有效去除粉尘类杂质，从而保证存储质量。

第三节　原料的粉碎

粉碎是用机械的方法克服固体物料内聚力而使之破碎的一种操作。原料的粉碎是饲料加工过程中的最主要的工序之一，它是影响饲料质量、产量、电耗和加工成本的重要因素。粉碎机动力配备占饲料厂总功率配备的1/3左右，微粉碎能耗所占比例更大，因此，如何合理选用先进的粉碎设备、设计最佳的工艺路线、正确使用粉碎设备，对于饲料生产企业至关重要。

一、粉碎的目的

（一）提高动物对饲料的消化率

物料被粉碎后，破坏了原有的结构，使饲料能够和消化液接触而被消化。例如，植物籽实往往具有坚硬的果皮、种皮，必须通过粉碎破坏其结构才能被动物消化利用。饲料原料被粉碎后，粒度降低，比表面积增加，增加了和消化液接触的面积，因而提高饲料的消化率，降低耗料量，改善动物生产性能，提高养殖业经济效益。

（二）为混合、制粒、膨化等后续工序服务

饲料原料粉碎后，有利于保证混合质量。一般而言，饲料中各原料组分间物理性质差别越小，越容易混合均匀；物料粉碎粒度接近，混合均匀度越高，且混合后不易自动分级。粉碎也是制粒、膨化等成型加工的必要工序，粉碎粒度直接影响颗粒饲料生产率及颗粒质量。

（三）满足养殖户的需求差异

养殖户对配合饲料产品粒度要求往往有差别，因而确定粉碎粒度时，必须考虑养殖户的具体要求。各种原料的粉碎粒度影响配合饲料产品的感官性状，因而

可通过调整个别原料的粉碎粒度而达到饲料产品理想的感官性状。

二、粉碎粒度要求

对于不同的饲养对象、不同的饲养阶段，有不同的粒度要求，而这种要求差异较大。在饲料加工过程中，首先要满足动物对粒度的基本要求，此外再考虑其他指标。

（一）仔猪饲料粉碎粒度

各项研究结果表明，仔猪饲料中谷物原料的粉碎粒度以 300~500 为最佳。其中，断奶仔猪在断奶后 0~14d，以 300 为宜。断奶 15d 以后以 500 为宜。

（二）育肥猪饲料的粉碎粒度

饲料试验表明，谷物粒度减小会改善体增重和饲料转化率，但小粒度时，出现猪胃肠损伤和角质化现象。试验表明，生长育肥猪的适宜粉碎粒度在 500~600。采用粒度小的饲料进行制粒后的饲喂育肥猪，粪内的干物质减少 27%。

（三）母猪饲料的粉碎粒度

适宜的粉碎粒度同样可提高母猪的采食量和营养成分的消化率，减少母猪粪便的排出量，大量试验表明母猪饲料的粉碎粒度以 400~500 最适宜。

三、粉碎的方法

粉碎是利用机械的方法克服固体物料内部的凝聚力而将其分裂的一种工艺，即是依靠机械力将物料由大块碎成小块的一种操作。饲料粉碎的方法常采用击碎、磨碎、压碎或锯切碎等方法如图 6-12 所示。

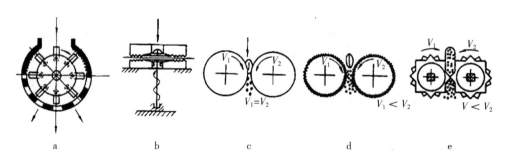

a.击碎；b.磨碎；c.压碎；d、e.锯切碎

图 6-12 饲料粉碎方法

（一）击碎

击碎（图6-12a）是利用安装在粉碎室内的高速旋转的工作部件（如锤片、齿爪等）对物料进行撞击，从而对物料进行破碎的一种方法。利用这种方法粉碎物料的粉碎机有锤片式粉碎机和爪式粉碎机，它的特点是生产效率高，适应性好，除含水量较高的饲料外，几乎所有的饲料均可粉碎，并且可以达到较细的产品粒度，产品粒度相对均匀、产生粉末少，在饲料粉碎中应用较多，但它的能耗较高。

（二）磨碎

磨碎（图6-12b）是利用两个刻有齿槽的磨盘的尖硬表面对物料进行切削和摩擦，从而对物料进行碎裂的一种方法。利用两磨盘的正压力来对物料进行压碎，并且由于两磨盘有相对运动，所以对物料又有摩擦作用，在正压力和摩擦力的共同作用下，达到对物料碎裂的目的。这种方法适合加工干燥而且不含油的物料，可根据需要将物料磨成各种粒度的产品，但产品含粉末较多，温升也较高。这种方法在饲料加工中应用越来越少。

（三）压碎

压碎（图6-12c）是利用两个表面光滑的压辊，以相同的线速度相对转动，对物料进行挤压，从而将物料进行压碎的一种方法。利用两压辊的压力压碎物料，对物料的粉碎不充分，在饲料加工过程中应用很少，主要用于对饲料进行压片，如压扁燕麦作马的饲料。

（四）锯切碎

锯切碎（图6-12d、e）是利用两个表面有齿而线速度不同的磨辊，对物料进行锯切从而碎裂的一种方法。其中磨辊工作面上的齿有锐利的切削角的磨辊，适合于制作面粉或粉碎谷物饲料，并且可获得各种不同粒度的产品，产生的粉末也比较少，但这种方法不适宜用来粉碎含油或含水量大于18%的饲料，因为这时齿易堵塞，饲料发热。利用这种方法粉碎物料的粉碎机称为对辊式粉碎机。生产细小的颗粒料时，经常把饲料制成较大颗粒，然后采用碎粒机破碎，可以节省耗电量。

四、粉碎的设备

（一）锤片式粉碎机

1. 锤片式粉碎机的分类

因其结构简单，通用性强，生产效率高，使用维修方便等特点，在饲料加工过程中被广泛使用。锤片式粉碎机的分类常用按进料方向和按粉碎室及筛片的布置形式划分。

（1）按进料方向的不同锤片式粉碎机可分为切向进料式、轴向进料式和径向（顶部）进料式3种，如图6-13所示，在大中型饲料企业中径向进料式粉碎机应用最多。

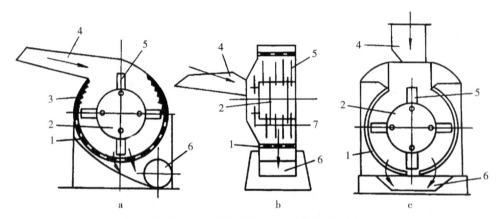

a. 切向进料式；b. 轴向进料式；c. 顶部径向进料式；
1. 筛片；2. 转子；3. 齿板；4. 进料口；5. 锤片；6. 出料口；7. 动刀
图6-13　锤片粉碎机类型

（2）按粉碎室及筛片的布置形式的不同，可分为有筛式（底筛式、环筛式、侧筛式）、无筛式和水滴形粉碎室粉碎机。

（3）按转子轴的位置的不同，可分为立式和卧式锤片粉碎机。卧式锤片粉碎机目前应用最为广泛，立式锤片粉碎机是近年来新研发的一种新型粉碎机，与卧式锤片粉碎机相比，立轴转子周围既有环筛，底部还有底筛，筛理面积增大，效率高。

2. 锤片式粉碎机的结构

图6-14所示为顶部径向进料式水滴形锤片式粉碎机的一般构造，主要由机座、操作门、进料导向机构、转子、筛片、排料设备和减震器等组成。转子由主

轴、锤架板和锤片等构成，由轴承支承在机体内，是锤片式粉碎机的主要运动部件。锤片通过销轴连在锤架板上，锤片之间用隔套隔开，按一定规律沿轴向排列。机座由减震器支承，内安装筛片，与上机壳内安装的筛片或齿板将转子包围，与粉碎机侧壁一起构成粉碎室。打开操作门可方便地换筛，筛片采用快启式机构，能可靠压紧。

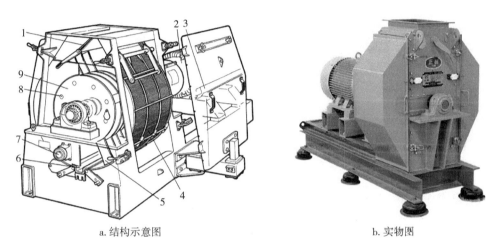

a. 结构示意图　　　　　　　　　　　　　　　b. 实物图

1. 进料导向板；2. 电动机；3. 操作门；4. 筛片；5. 锤片；6. 底槽；7. 主轴；8. 销轴；9. 锤架板

图 6-14　锤片式粉碎机

工作时，物料由进料管进入料斗，经过磁选器时除去其中的金属杂质，通过导向机构，进入粉碎室，受到高速旋转的锤片打击飞向筛片，受到撞击同时又受到摩擦作用，反弹后又受到高速旋转的锤片打击。经过反复的打击、撞击和摩擦，逐渐将物料粉碎，在离心力和气流的作用下，被粉碎的物料经筛孔落下，经出料口、排料设备排出。由于该机采用水滴型结构，能够有效地破坏环流层，提高粉碎效率。加上底槽可使被打击的饲料料层重新翻动分层、进一步打击破碎，提高粉碎机的过筛能力和产量。

（二）爪式粉碎机

爪式粉碎机与锤片式粉碎机的工作原理是相同的，只不过它击碎物料的工作部件是高速旋转的齿爪。爪式粉碎机具有体积小、重量轻、加工产品种类多，可加工干燥的粒料、秸秆、产品粒度细，并能打浆，但它功率消耗较大。爪式粉碎机的构造如图 6-15 所示，主要由喂料斗、闸门、进料管、主轴、动齿盘、定齿盘、包角为 360° 的环筛、出料口、机体、机架等组成。动齿盘、定齿盘和环筛构成粉碎室。

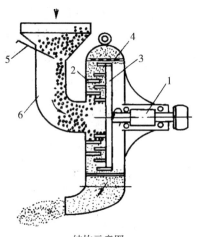

a.结构示意图   b.实物图

1.主轴；2.定齿盘；3.动齿盘；4.筛片；5.进料控制插门；6.进料管

图6-15 爪式粉碎机

工作时，物料由喂料斗经闸门、喂入管流入，在动齿盘的最里层的圆齿将其拨入粉碎室，进入粉碎室后，物料受到高速旋转的动齿盘齿爪的打击，被碎裂，其中有一部分物料受到打击后与定齿相撞进入齿间，又受到碰撞和摩擦作用，另一部分物料与筛片撞击，撞击后被弹回继续被粉碎。在反复的打击、撞击和摩擦的作用下，物料被粉碎。动齿盘高速旋转，形成一定的风压，合格的粉碎产品在这个压力的作用下通过环筛，由出料口排出机外，不合格的被留在机内继续粉碎。这种粉碎机也有不同孔径的筛片供选用，以适应不同物料和粉碎粒度的要求。使用时，物料的喂入要适量，防止超负荷工作。

（三）无筛式粉碎机

无筛式粉碎机主要用于粉碎贝壳等硬度较大的矿物质原料，它采用了锤块，取消了筛片，通过调节控制轮和衬套的间隙或锤块与齿板之间的间隙来控制成品的粒度。无筛式粉碎机的构造如图6-16所示，主要由机体、转子、控制室和风机等组成。

工作时，物料要先经过粗碎，然后由喂入口进入粉碎室，在高速旋转的锤块、侧齿板及弧形齿板的综合作用，而

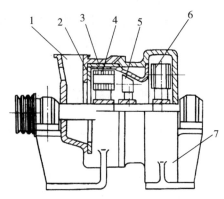

1.喂入口；2.侧齿板；3.弧形齿板；4.转子与锤块；5.控制轮与叶片；6.风机叶轮；7.机体

图6-16 无筛式粉碎机

被击碎、剪切碎和磨碎，符合要求的合格产品通过控制轮与衬套间的间隙被风吸出，不合格的被控制轮叶片挡住，留在粉碎室，继续被粉碎。

（四）对辊式粉碎机

对辊式粉碎机在饲料厂中目前主要用于大颗粒饲料的破碎，另外在进行二次粉碎时先用对辊式粉碎机粗粉碎，然后再进行二次粉碎。对辊式粉碎机的结构见图 6-17。

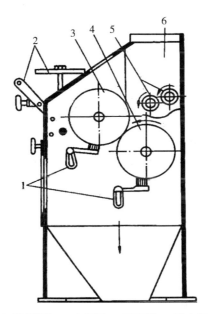

1.清洁刷；2.调节机构；3.上磨辊；4.下磨辊；5.喂入辊；6.进料口
图 6-17 对辊式粉碎机

对辊式粉碎机的工作过程是：物料从进料口进入两个刻有沟槽的喂料辊处，并呈薄层被送入上（快）下（慢）磨辊之间，物料在转向相反的两辊表面的挤压和锯切作用下被粉碎，粉碎后的物料从下方排出机外。

（五）立式锤片式粉碎机

立式锤片式粉碎机是近几年研制的新型粉碎机（图 6-18），特点是立轴转子周围有环筛、下部有平底筛，加大了筛理面积；转子下部有风机叶轮和锤片在粉碎室内高速旋转产生气流，不需要设置辅助风机，可降低料温和能耗、提高粉碎效率。

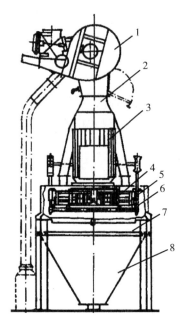

1. 自动给料器；2. 进料分流机构；3. 电动机；4. 转子；5. 筛框；6. 筛框压紧机构；7. 机体；8. 出料斗

图 6-18　立式锤片式粉碎机

立式锤片式粉碎机结构有自动给料器、进料分流机构、电动机、转子、筛框和压紧机构，机体与出料斗等组成。给料器带有风机、气动薄膜阀、平板磁铁和排杂装置。通过粉碎机负荷控制仪和进料气动系统控制喂料量。进料分流机构的作用是将进料分成三股流入粉碎室，使粉碎机的负荷均匀。电动机为立装，轴上安装由锤架板、销轴、锤片、风机叶轮组成的转子高速转动（2970 r/min）。筛框为筒状结构，安装时筛框上部压靠在机体上，将转子包围构成粉碎室。筛框压紧机构通过气缸、曲柄、连杆、拉杆和筛框托架等压紧在机体上。更换锤片或筛片时打开操作门，落下筛框即可更换。通过筛片后的饲料由锥形出料斗排出。工作时，待粉碎物料通过自动控制的给料器进入分流机构，将物料均匀地分成三股，从三个进料口进入粉碎室，在高速旋转的锤片打击和筛片的摩擦作用下，物料被粉碎，在气流和离心力的作用下穿过筛片，落入出料斗排出。

（六）振动筛式锤片式粉碎机

振动筛式锤片式粉碎机采用国际专利技术，粉碎机工作时筛片振动，提高了粉碎效率，不易堵筛，且细粉通过能力强，适合加工细碎的、含油脂较多的饲料。

（七）立轴式微粉碎机

微粉碎机和超微粉碎机主要用于配合饲料中所需要添加的微量成分的粉碎及一些特种饲料原料的粉碎。

立轴式微粉碎机是一种立轴、无筛网、机内带有离心式气流分级器的微粉碎机，具有结构紧凑，占地面积小的特点。立轴式微粉碎机产品粒度可达90%能通过0.18~0.25mm孔径的筛面。立轴式微粉碎机如图6-19所示，主要由机架、机体（由粉碎及分级部件组成）、给料器和蝶阀等部分组成。

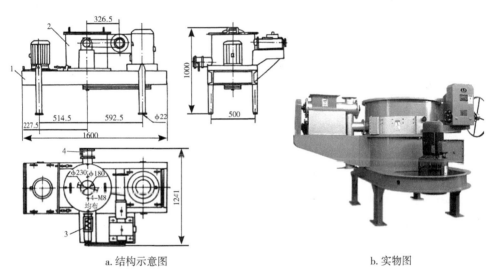

a.结构示意图　　　　　　　　　　b.实物图

1.机架；2.机体；3.给料器；4.蝶阀

图6-19　立轴式微粉碎机

工作时，由给料器定量均匀地喂入粉碎室的一侧，刀片在高速旋转的转子的带动下对物料进行打击，同时物料还受到搓擦研磨等作用，破碎，微细的颗粒经负压吸风随气流上升，至分级轮，被分级轮分级，合格的微粒进入到分级轮中部，被气流吸向卸料器，较粗的不合格的颗粒在离心力的作用下被分级轮甩出，落至刀盘的中部，再重新被粉碎。

（八）卧式微粉碎机

卧式微粉碎机结构如图6-20所示，主要由进料导向机构、机座、操作门、电机、转子、压筛机构和上机壳等部分组成。结构上采用水滴形粉碎室和合理二次粉碎结构的设计，有效地破坏环流层，有利于产量提高。轴向补风方式与顶部补风相结合获得更好的补风效果，有利物料的粉碎和过筛，提高粉碎效率，同时也有利于轴承的降温。

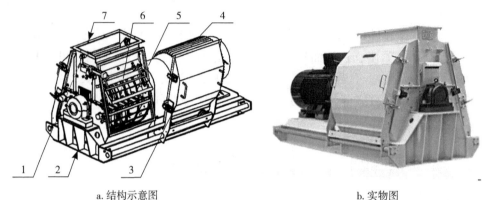

a.结构示意图　　　　　　　　　　　b.实物图

1.进料导向机构；2.机座；3.操作门；4.电机；5.转子；6.压筛机构；7.上机壳

图6-20　卧式微粉碎机

工作原理：需粉碎的物料通过与本机相配的喂料机构由顶部进料口喂入，经进料导向板从左边或右边进入粉碎室，通过高速旋转的锤片打击与筛板摩擦，以及在二次粉碎室和侧向进风作用下，物料逐渐被粉碎，并在离心力和气流作用下穿过筛孔从底座出料口排出。

第四节　饲料的混合

在饲料生产中，混合工段既是确保饲料产品质量以提高饲养效果的重要环节，又是提高整个饲料生产系统生产率的关键。

一、混合工艺

混合工艺是指将饲料配方中各组分原料经称重配料后，进入混合机进行均匀混合加工工艺方法和过程。混合工艺可分为分批混合（或称批量混合）和连续混合两种。

（一）分批混合工艺

分批混合就是将各种混合组分根据配方的比例配合在一起，并将它们送入周期性工作的"批量混合机"分批地进行混合。混合一个周期，即生产出一批混合好的饲料。这种混合方式改换配方比较方便，每批之间的相互混杂较少，是目前普遍应用的一种混合工艺。这种混合工艺的称量给料设备启闭操作比较频繁，因此大多采用自动程序控制。现代饲料厂普遍使用分批混合机。

分批混合工艺的每个周期包括配料（称重）、混合机装载、混合、混合机卸载及空转时间，流程见图6-21。

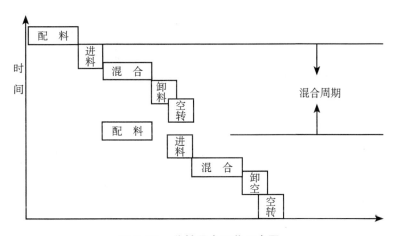

图6-21 分批混合工艺示意图

这种混合方式改换配方比较方便，每批之间的相互混杂较少，是目前普遍应用的一种混合工艺。这种混合工艺的称量给料设备启、闭操作比较频繁，因此大多采用自动程序控制。

（二）连续混合工艺

连续混合工艺是将各种饲料组分同时分别地连续计量，并按比例配合成一股含有各种组分的料流，当这股料流进入连续混合机后，则连续混合而成一股均匀的料流，工艺流程如图6-22所示。

连续混合工艺由喂料器、集料输送、连续混合机三部分组成。喂料器使每种物料连续地按配方比例由集料输送机均匀地将物料输送到连续混合机，完成连续混合操作。这种工艺的优点是可以连续地进行，容易与粉碎及制粒等连续操作的工序相衔接，生产时不需要频繁地操作。但是在更换配方时，流量的调节比较麻烦，而且在连续输送和连续混合设备中的物料残留较多，所以两批饲料之间的互相混合问题比较严重。近年来，由于添加微量元素以及饲料品种增多，连续配料、连续混合工艺的配合饲料厂日趋少见。一般均以自动化程序不同的批量混合进行生产。

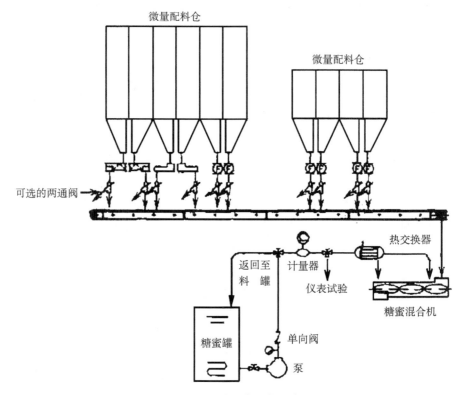

图 6-22　连续混合工艺示意图

混合效果的好坏主要通过混合均匀度来反映。物料的物理机械特性（如参与混合的各种物料组分所占的比例、粒度、黏附性、形状、容重、水分、静电效应等）的不同，往往会影响其混合均匀度。在物料的混合过程中，物料的密度和粒径（颗粒大小）对混合均匀度有很大影响。容重大、粒径小的颗粒会在容重小的、粒径大的颗粒间滑动，逐步沉在混合机底部；粒径越趋于一致，越容易混合均匀，所需的混合时间也越短。粉料的水分在15%以下时，可以得到较适宜的物料密度，有助于达到所要求的混合均匀度。若水分含量等于或高于这个范围，则需要增加混合时间或采取其他措施才能达到一定的混合效果。此外，某些微量成分还会产生静电效应附着在机壳上，影响混合效果。

二、混合设备

（一）卧式螺带混合机

卧式螺带式混合机是配合饲料厂的主流混合机。该机有单轴式和双轴式两种。单轴式的混合室多为 U 型，也有 O 型；双轴式则为 W 型。其中 O 型适用于预混合料的制备，亦可用于小型配合饲料加工厂；U 型是普通的卧式螺带混合机，也是目前国内外配合饲料厂应用最广泛的一种混合机；W 型则使用较少，多用于大型饲料加工厂。卧式螺带混合机的结构示意见图 6-23。

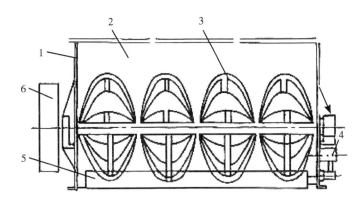

1.机壳；2.进料口；3.叶片转子；4.出料门控制机构；5.出料门；6.传动机构

图 6-23　卧式螺带式混合机结构示意图

卧式螺带混合机的工作过程是：各种组分的物料按配方比例经过计量后进入混合机，物料在带状螺旋叶片的推动下进行混合。外螺带将物料从一端向另一端推动，内螺带则使物料向相反的方向运动，里层饲料被推到一侧后由里向外翻滚，外层饲料被推到另一侧后由外向里翻滚。饲料在对流过程中二股物料流相互渗透、变位而进行混合，在两侧翻滚过程中再进行混合，这样反复进行多次，最后通过出料控制机构将混合均匀后的物料从卸料门卸出。

（二）双轴桨叶混合机

双轴桨叶混合机混合速度快、混合质量好、适应范围广，在大型饲料厂中迅速获得广泛应用，该机型有如下优点：混合速度快，每批混合时间为 0.5~2.5min；混合均匀度高，变异系数 CV ≤ 5%；如密度、粒度、形状等物性差异较大的物料在混合时不易产生偏析；液体添加量范围大，添加量最大可达到 20%；装填充满数可变范围大，从 0.4~0.8；吨料耗电小，比普通卧式螺带混合机约低 60%；适用范围广，不仅适用于饲料行业，也可适用于饲料添加剂、化工、医药、农药、染料、食品行业。

双轴桨叶混合机主要有机体、转子、卸料门控制机构、传动部分及液体添加系统组成，见图 6-24。

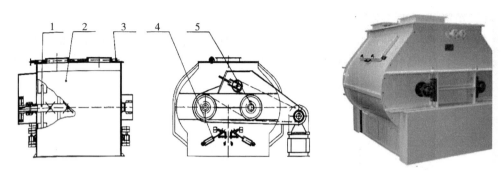

1.转子；2.机体；3.喷油系统；4.出料系统；5.传动系统

图6-24　双轴桨叶混合机

双轴桨叶混合机的工作原理：混合时机内物料受两个相反旋转的转子作用，进行着复合运动。桨叶带动物料一方面沿着机槽内壁作逆时针旋转，另一方面带动物料左右翻动，在两转子交叉重叠处形成失重区，在此区域内，不论物料的形状、大小和密度如何，都能使物料上浮处于瞬间失重状态，这使物料在机槽内形成全方位连续循环翻动，相互交错剪切，从而达到快速均匀混合的效果。机内物料颗粒在桨叶的作用下，既有圆周运动，又有轴向运动；依据物料混合运动状态，有对流混合、剪切混合和扩散混合。

（三）立式螺旋混合机

立式螺旋混合机，又称立式绞龙混合机，主要由螺旋部分机体、进出口和传动装置构成，如图6-25所示。

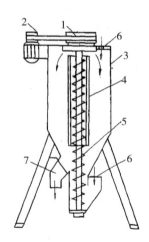

1.传动机构；2.电机；3.机壳；4.绞龙套筒；5.绞龙；6.进料口；7.出料口

图6-25　立式螺旋混合机

工作时，将定量的物料依次倒入进料口进入筒内，进料的次序一般按配料量比例的多少先多后少，顺次进料，物料由下部进料口进入料斗后，即由垂直绞龙垂直送到绞龙的顶部，抛出绞龙面撒泼在混合筒内。当全部物料进入混合筒体之后，筒内的物料继续由垂直绞龙的下部绞送到顶部。再次泼散在筒内物料的上面，这样经过多次反复循环，即起到均匀混合的目的。当混合均匀后，即可打开排料口的活门而将物料自流排出机外。

立式螺旋混合机具有配备动力小、占地面积小、结构简单、造价低的优点。但混合均匀度低，混合时间长，效率低，且残留量大，易造成污染，如更换配方必须彻底清除筒底残料，甚为麻烦。一般适于小型饲料厂的干粉混合或一般配合饲料的混合，不适用于预混合饲料厂。

（四）立式行星锥形混合机

立式行星锥形混合机由圆锥形壳体、螺旋工作部件、曲柄、减速电机、出料阀等组成。传动系统主要是将减速器的运动径齿轮变速传递给两悬臂螺旋。实现公转、自转两种运动形式。该机结构如图6-26所示。

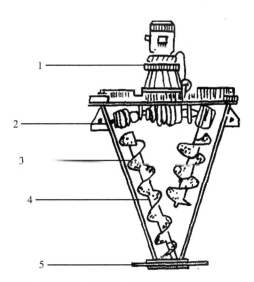

1.减速器；2.传动系统；3.锥体；4.非对称悬臂双螺旋；5.出料阀

图6-26 立式行星锥形混合机

工作时由顶端的电动机减速器输出两种不同的速度，经传动系统使双螺旋轴作行星式的运转。由于有螺旋公、自转的运动形式存在，物料在锥筒内有沿着锥体壁的圆周运动，也有物料上升与物料下落等几种运动形式存在。螺旋的公、自转造成物料作四种流动形式：对流、剪切、扩散、掺和。而且四种形式又相互渗透与复合，因而使混合料在较短的时间内均匀混合。

立式行星锥形混合机的优点：占地面积较小，制造成本较低，出料口可以高于进料口，当混合机放置在地面上时，可以不抬高不挖坑而进行正常的混合及打包工作。由于出料较慢，机下缓冲仓可不设置。但是如与同体积的卧式螺带混合机相比，多批料的混合时间较长，混合均匀度较差，特别是物料的残留量较多，变换配方时批次之间的互混污染严重。因此在大型工厂中很少应用。一般用于小型工厂和组及饲养场的饲料加工车间。

（五）V型混合机

V型混合机外形见图6-27。在饲料厂中，多用于添加剂的稀释混合。在混合粉料时，还可加入一定数量的液体。V型混合机内，一般装有高速旋转的打板，可以防止产生结块。亦有中间无转轴的V型混合机。

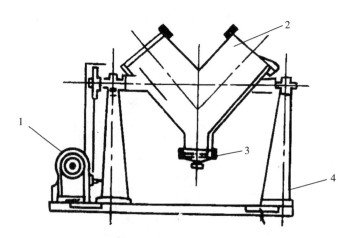

1.电机及减速机；2.V型混合筒；3.进出料口；4.机架

图6-27　V型混合机

V型混合机需满足下列经验式才能达到较好的混合效果：

$$\frac{\omega^2 R_{max}}{g} = 0.5 \sim 0.6$$

式中，ω为V型容器回转角速度（n：10~26r/min）；R_{max}为最大回转半径；g为重力加速度。

物料的充满系数对混合均匀度有较大的影响，充满系数小，混合时间短（6~10min），充满系数为0.3，混合效果最佳。

（六）单轴桨叶式混合机

单轴桨叶式混合机分为单层桨叶混合机和双层桨叶混合机。单层桨叶混合机结构简单，维修方便，混合周期为 1.5min，混合均匀度变异系数 CV ≤ 5%，可适应多种性质的物料混合，底部全长打开门结构，可配喷吹装置，残留量极小，转子与机壳间隙可调。

双层桨叶混合机具有单层桨叶混合机的优点，与其相比，这种结构强化了转子的混合功能，使混合更加均匀，混合时间更加短，混合均匀度变异系数 CV 值可达 2%。如图 6-28 所示。

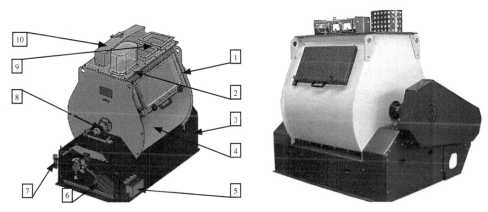

1. 传动护罩；2. 回风装置；3. 下机体；4. 机壳；5. 电气接线盒；6. 出料门控制装置；
7. 气动装置；8. 转子；9. 进料口；10. 液体添加装置

图 6-28　双层桨叶混合机

三、影响混合质量的因素

混合过程是由对流、扩散、剪切等混合作用与分离作用同时并存的一个过程，凡是影响这些作用进行好坏的诸因素都将影响混合过程的质量。

（一）机型的影响

以对流作用为主的混合机的混合速度较快，各组分的物理机械性质对混合效果的影响比以扩散为主的机型小。以扩散为主的机型，混合作用较慢，要求混合时间较长，物料的物理性质（粒度、粒形、密度及表面粗糙度等）的差异对混合效果的影响较大，但颗粒间的混合可进行得比较细致。

混合机的结构和制造质量对混合质量有很大影响。如卧式混合机内外环带的宽度、外角不合理，将使物料向一端集积，影响混合时间和混合均匀度；结构不合理，可能造成物料死角；撑杆、环带、轴等焊接质量差，出现凹凸不平，容易挂料等。

（二）混合组分的物理特性

主要是指物料的密度、粒度、颗粒表面的粗糙程度、水分、散落性、结团的情况和团粒的组分等。这些物理特性差异越小，混合效果越好，混合后越不易再度分离。此外，某组分在混合物中所占的比例越小，即稀释的比例越大，越不容易混合。部分添加量小于 0.2% 的微量组分，应进行预混合处理。为了减少混合后的再度分离，可在接近完成时添入黏性的液体成分，如糖蜜等，以降低其散落性从而减少分离作用。

（三）操作的影响

进料的顺序，应把配比量大的组分先进入机内或大部分进入机内后再将少量及微量组分置于上面，即置于易分散之处，否则微量组分团聚在一处不易迅速分散，影响进一步混合。此外，维生素 B_2 等物料易产生静电效应而使之被吸着于机壁，影响混合均匀度。为此，应将机体妥善接地。由于饲料厂原料结构及比例的差异，应自行检测合理的混合时间，一旦确定合理的混合时间，需按规定的时间完成混合操作，不宜随便改动。

第五节　饲料的制粒

饲料的制粒成形就是将细碎的饲料利用热能、水分和压力的作用制成颗粒料，包括制粒、膨化、膨胀等处理工序。与粉料相比，成形后的颗粒饲料具有营养全面、易消化吸收、动物不易挑食、采食时间缩短、便于贮存和运输、不会自动分级、改善适口性等显著优点。

一、制粒工艺

（一）一般制粒工艺流程

普通颗粒饲料加工工艺流程（图6-29）：经过配料混合的粉状饲料进入待制粒仓，再经给料器供料进入调质器，经蒸气调质后进入制粒机制粒，压制好的颗粒饲料经冷却器冷却，碎粒或不碎粒进入分级筛分级，不合格颗粒重新制粒，合格颗粒进入成品仓。为解决高油脂添加制粒难、维生素在制粒过程中失活等问题，颗粒饲料入成品仓前可增加液体喷涂工序。

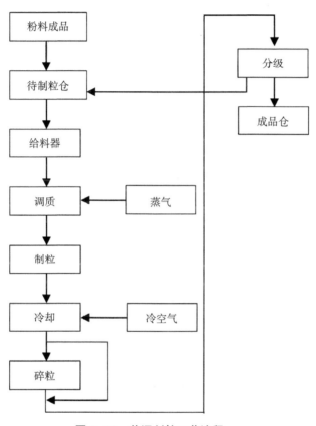

图 6-29 普通制粒工艺流程

（二）膨胀制粒工艺流程

为了提高饲料的消化率，熟化饲料，增加油脂添加量，在调质器和制粒机间配置膨胀器。膨胀后的物料有成团状的、絮状的或碎屑状的，经打碎机打碎后再进入制粒机制粒。如要生产膨胀料，可将配料混合好的物料经调质后进入膨胀器，再经打碎后直接进入冷却器即得。

由于膨胀加工过程维生素等成分活性破坏问题，一些饲料企业采用原料预先膨胀加工，然后制粒加工配合饲料的工艺。

（三）膨化成形工艺流程

与普通颗粒饲料生产相比，膨化饲料的生产在前段粉碎工艺中添置微粉碎设备或采用二次粉碎工艺，在膨化机挤压成形后需进入颗粒干燥机进行干燥处理，再进行分级、打包，最终入库。为保证膨化饲料的营养价值，防止营养缺乏症，在膨化加工后，还可能需要配置喷涂系统。

二、制粒成形设备

饲料制粒机械设备主要指硬颗粒的制粒设备，包括饲料制粒机、冷却器、碎粒机、分级筛和喷涂设备等。目前饲料加工中应用较多的硬颗粒饲料制粒机主要有环模制粒机和平模制粒机两种。饲料制粒机由给料器（又称喂料器）、调质器和制粒机三部分组成。

（一）饲料制粒机

1.给料器

给料器的主要功能是稳定均匀地向调质器和制粒机供入粉状饲料，并根据制粒机电动机的负荷情况（电流值）调整供料量。制粒机的给料器一般为螺旋输送式，安装在待制粒仓下方，通过电磁调速电动机或变频器改变电动机的转速来调整供料量，一般控制在17~150 r/min。

2.调质器

调质器（图6-30）的主要功能是将混合后的饲料与加入的蒸气、油脂或糖蜜等进行充分混合，提高制粒质量。加工畜禽颗粒料一般采用1~2段调质器；

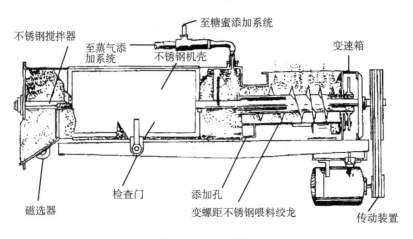

图6-30　调质器

190

为提高水产颗粒料的水中稳定性，进行充分调质，一般采用2~3段调质器；有的制粒机采用双轴差速调质器，增加了调质时间，调质效果好。调质器充满系数为0.5，最佳转速为7~9m/s。粉料的调质时间为10~30s，每节10s。在北方的冬季，为提高调质效果，在调质器外层设有蒸气加热夹套和保温层。

调质器的轴上安装有按螺旋线排列的搅拌桨叶，搅拌桨叶的安装角度可以调节。其作用是将给料器送入的粉状饲料和输入的蒸气及液体搅拌混合，对饲料进行调质，同时将调质好的饲料输送给压制室制粒。在调质器的侧壁，装有喷嘴用来输入蒸气、油脂或糖蜜，使物料在调质器内与添加物均匀地混合并软化，调质时间越长越好，一般畜禽饲料的调质时间为20s左右。喷出的蒸气或浆液与粉料混合，可以增加饲料的温度和湿度，增加物料的弹性和塑性，这样有利于制粒，提高生产率，而且能减少环模的磨损。特种动物饲料、水产饲料为了提高颗粒饲料的质量或耐水性，通常要延长调质时间，可通过多级调质或改变普通调质器桨叶的转速来实现。

3. 制粒机

（1）环模制粒机。环模制粒机按环模的配置不同又有立式和卧式之分，立式环模制粒机的主轴是垂直的，环模圈水平配置；而卧式环模制粒机的主轴水平，环模圈垂直配置。一般小型用立式，大、中型用卧式较多。卧式环模制粒机主要由给料器、调质器、压粒机构、电动机及传动机构等组成。工作时环模由电动机驱动作顺时针转动，进入环模的饲料，被分配器和转动着的环模带入压辊和环模之间，饲料被两个相对旋转的部件逐渐挤压，通过环模孔向外挤压出来，再由固定可调节切刀切成短圆柱状颗粒。如图6-31所示。

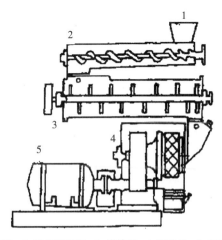

1.料斗；2.螺旋供料器；3.搅拌器；4.压粒器；5.电动机

图6-31 环模制粒机

（2）平模制粒机（图6-32）。平模制粒机有动辊式、动模式。动辊式平模制粒机的平模不转动，压辊在电动机驱动下公转，并在粉料的摩擦下自转，以小型机为主。动模式平模式制粒机的平模在主电动机的驱动下绕立轴转动，压辊在物料摩擦力的作用下自转，以中型机为主。

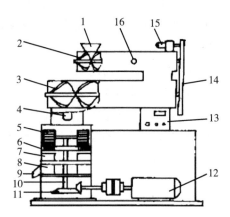

1.入料斗；2.混合搅龙；3.输送搅龙；4.检视窗；5.压辊；6.平模；7.切料刀；8.出料刮板；
9.出料口；10.主轴；11.锥齿传动机构；12.主电机；13.电控箱；14.链传动机构；
15.链传动电机；16.蒸气入口

图6-32　平模制粒机

平模制粒机结构简单、制造容易、造价低，适于加工纤维性的物料，其中动辊式制粒机的平模固定不动，平模表面磨损较均匀。压辊由传动装置带动而公转，因与平模上物料接触而自转，压制出的颗粒质量较好，较常见。

（二）冷却器

制粒机压出的颗粒饲料，温度为75~95℃，含水率为13%~18%，易碎且不宜立即贮存，所以需要有冷却器将其迅速冷却干燥。冷却器有立式、卧式和逆流式等多种。逆流式冷却器以其自动化程度高，吸风量小，功耗低，占地面积小等优点，成为当今主流的冷却器，在饲料企业被广泛应用。

冷却器在冷却物料的过程中，风机是始终工作的，因为物料是从上向下流动，而冷空气是由下向上流动的，与物料流动的方向相反，并且冷风与冷料接触，热风与热料接触，使得颗粒逐渐冷却，所以这种冷却器称为逆流式冷却器。逆流式冷却器避免了热料与冷风接触，骤冷干裂的现象发生，所以在大中型饲料厂颗粒料的冷却多采用这种冷却器。

逆流式冷却器结构见图6-33，刚从制粒机压出的湿热颗粒料，由冷却器顶部的进料口进入，经料仓顶部的菱锥形散料器（还有旋转式散料器），使颗粒饲料从前、后、左、右、中五路流入料仓。空气从排料机构的底部进入，垂直穿过料层，经热交换带走颗粒饲料中的水分和热量，经旋风分离器后排出。使颗粒料在料仓中逐渐堆积冷却，底部的颗粒料经冷却达到要求，当饲料料层到达上料位器开关时，排料电动机的电路接通，排料机构开始工作，当排料框与固定料框之间的缝隙达到一定程度时，颗粒料经排料框与固定料框之间的缝隙中排出。当排料量大于进料量时，机内的颗粒料层逐渐下降直到下料位器时，电动机停止转动，排料停止。而进料继续进行，直到料层又到达上料位器时，排料电机又开始工作。排料框与固定料框之间的相对位置，由行程开关和刹车电机控制，使排料机构停止排料时不漏料。颗粒大小不同、季节不同，冷却时间也不同，因此要通过调整上下料位器开关的位置，来调整颗粒料的冷却时间。

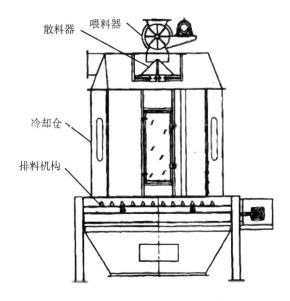

图 6-33　逆流式冷却器结构示意图

（三）碎粒机

为提高饲料制粒机的度电产量，经常采用模孔较大的环模来加工细小的颗粒料，再将冷却后的较大颗粒破碎成符合质量要求的小颗粒。碎粒机就是将大颗粒（φ3~6 mm）破碎成小颗粒（φ1.6~2.5 mm）的专用设备。

工作时，已冷却的大颗粒从碎粒机的料斗进入碎粒机的两个轧辊间，受到轧辊的剪切、挤压等作用而破碎成较小的颗粒，从下面的出口排出。如果颗粒料不需要破碎，可通过导流板从轧辊的一侧流过，而两轧辊间的通道被关闭，轧辊停止转动。两轧辊之间的间隙可以根据需要调整。

（四）分级筛

在颗粒生产过程中，会出现细碎粉末和不均匀的颗粒，经破碎的颗粒料粒度也不均匀，影响成品的外观质量。分级筛的作用就是对制粒后或破碎后的碎粒进行筛分，筛除过大或过小的颗粒，获得合格的颗粒饲料，将不合格的大颗粒送回待制粒仓重新制粒或直接送入冷却器通过碎粒机重新破碎，过小的颗粒则返回重新制粒。目前分级筛的种类主要有回转振动分级筛和振动式分级筛。

1.回转振动分级筛

回转振动分级筛具有振动小、噪音低、筛分效率高等优点。不仅用于颗粒料的筛分，还可用于饲料原料的清理。工作时，物料经进料口进入，在筛体圆周运动作用下，均匀地分布在整个筛面上，并且自动分级，料层下面的较小的物料迅速过筛，而筛面上较大的颗粒物料向出料端运动。较大颗粒从第一层筛面流下，不合格的小颗粒和粉尘则从第二层筛面下流出，成品从第二层筛面上（两筛之间）流出。因为这种分级筛工作时，物料没有跳动，小颗粒始终紧贴筛面，保证了筛分效率。在筛理过程中，筛面下的弹性小球不断弹击筛面，清理筛孔，有效地防止筛孔堵塞，提高了筛理效率。

2.振动分级筛

主要由喂料机构、筛体、筛网（三层）、除尘装置、振动机构和机架组成。从进料口进入的物料，由吸风口吸除轻质细粉后，均匀地流到筛体上，筛体在振动电动机的驱动下带动筛体振动。筛面倾斜放置，物料在振动作用下沿筛面流动，较大颗粒从第一层筛面流下；不合格的小颗粒和粉尘则从第三层筛面下流出，成品从第二层筛面和第三层筛面上流出。

三、挤压膨化设备

挤压膨化设备可以膨化加工单一原料，也可膨化加工全价配合饲料。挤压膨化设备按螺杆的结构可分为单螺杆和双螺杆两种。单螺杆结构较简单，双螺杆虽然结构较复杂，但能生产黏稠状物料，且出料稳定受供料波动的影响较小。按调质方法可分为湿法膨化机和干法膨化机两种。湿法膨化机在调质时需加蒸气，来增加物料的湿度和温度；干法膨化机在调质时则不加蒸气，但有时加些水使物料增湿。目前常用的是单螺杆挤压膨化机和双螺杆挤压膨化机。

（一）单螺杆挤压膨化机

单螺杆挤压膨化机主要由进料斗、给料器、调质器、膨化机构、模板、切刀装置和传动机构等组成。

工作原理：含有一定比例淀粉（20%以上）的粉粒状原料由给料器均匀地送入调质器（干法膨化不经蒸气调质），在调质器内进行加温和加湿，经搅拌混合使物料各组分的温度、湿度均匀一致。调质后的物料送入螺杆挤压腔内，挤压腔的空间容积沿物料前进方向逐渐变小，物料所受到的挤压力逐渐增大。同时，物料在挤压腔内的移动过程中还伴随着强烈地剪切、揉搓与摩擦作用。有时，根据需要还可通过机筒夹套内流过的蒸气对物料进行间接加热，这样共同作用的结果，使物料温度急剧升高（110~120℃），物料中的淀粉随之糊化。整个物料变成熔化的塑性胶状体。到物料从挤出模孔排出的瞬间，压强骤然降至0.1MPa（1个大气压），水分迅速变成蒸气而增大体积，使物料体积亦迅速膨胀，水蒸气进一步蒸发逸散而使物料含水量降低（一般降低50%左右），同时温度也很快下降。物料随即凝结，并使凝结的胶体物料中呈许多微孔。连续挤出的柱状或片状膨化产品经旋转切刀切断后进行冷却，有时还需进行干燥和喷涂添加剂（如油脂、维生素等）等后处理工序。

（二）双螺杆挤压膨化机

近几年，在膨化颗粒饲料和食品加工中，双螺杆挤压膨化机的使用日益增多。双螺杆挤压膨化机与单螺杆挤压膨化机的膨化原理基本相同，区别在于膨化时所需要的热量不只是靠挤压物料产生的"应变热"（机械热），还需设有专门的外部加热控温装置，螺杆的作用主要是推进物料。由于螺杆的啮合方式不同，双螺杆膨化机的两个螺杆多用同向旋转啮合式。这种类型的膨化机在工作时，一个螺杆的螺纹与相邻螺杆的流槽存在着相互作用，因而螺筒壁不需提供物料的防转机构，对物料有良好的混合效果，有较高的单机生产能力及螺杆表面自清的能力。工作中物料被相互啮合的螺杆齿廓分隔成一些小腔室，各个小室的物料在螺杆的推动下均匀地被向前移动，也使得各小腔内的物料温度和所受的剪切力比较容易控制。

四、制粒质量管理

（一）合理配置设备

根据颗粒饲料加工能力、质量要求，选择合理的加工工艺流程，配置适当的机械设备，以保证加工质量。

（二）控制粉状原料水分

有效控制粉料水分，以保证调质质量。

（三）制粒工艺参数科学合理

根据季节、饲料配方等，选择合理的制粒参数，如蒸气压力、蒸气量、模辊间隙、制粒机转速、压模、冷却时间、通风量等，控制好进料量，保证各工序质量，进而保证颗粒饲料产品质量。

（四）经常检查维修设备

经常检查维修设备，及时更换压模、压辊、轧辊、分级筛筛网等。

（五）严格遵守操作规程

按照操作规程开、关机，在正常运转时调整各参数，保证设备在最佳状态下作业。

第六节　饲料的包装

饲料的包装可以保证饲料的品质和安全，从而方便用户使用。同时还可突出饲料产品的外表、标志和品牌，提高饲料产品的商品价值，进而提高利润率。饲料在储存、运输过程中常会因储存环境阴暗、潮湿、高温、虫害、鼠害等因素造成饲料发霉、氧化及污染，使饲料变质。采用适宜的包装材料和技术措施，可以防止饲料发生因上述原因引起的饲料变质。

一、包装要求

对饲料包装的基本要求是防潮、防陈化、防虫等。目前主要使用塑料编织袋，其防潮性能差。有条件的可使用防潮包装袋，即在袋中衬一层聚乙烯薄膜袋，能有效防潮，又有一定的透气性，保持饲料的新鲜状态。包装袋要求严密无缝，无破损，包装袋的大小要适宜，便于填充袋料和封口。包装工艺要能保证包装质量和保证效率。

二、包装工艺

饲料包装的工艺过程主要由自动定量秤称重、人工套袋打包、输送和缝口三部分组成。一般需两个人工来完成。如采用先进的自动套袋、缝口设备，可进一步降低人工费用，提高劳动生产率。

三、机械包装设备

机械包装设备由机械自动定量秤、夹袋机构、缝袋装置和输送装置组成。电脑控制的打包机的工作过程、机械结构与原产品没有什么变化，只因由微机来控制，提高了计量精度和自动化程度。

（一）包装秤

1.电脑定量包装秤

电脑定量包装秤是新一代定量包装设备。秤的结构主要由给料系统、称重系统、秤斗打包筒和自动控制系统组成。给料系统有带式给料和螺旋给料两种类型，采用变频电机来实现快速加料和慢速加料，可保证称重精度和称重速度。

目前我国电脑控制的包装秤有 GDH88-4 和 TDBB 型。它是采用传感器、单片电脑芯片对包装秤的机械设备（如给料门、袋包输送机、夹袋机构）实行控制。这种控制可靠性高，电控电路大为简化。定量包装秤的给料门、闸门、夹袋机构均以气动方式工作，因此，整机可靠性高。

使用时，在电脑控制下定量打包秤皮带供料机以正常速度运行，料仓的料进入秤斗计量、电脑采集重量数据，当到达慢速供料定值，皮带供料机改为慢速运行，同时控制气动微加料闸门下降，物料料层随之减薄，减少流量，降低物料冲量，使计量在接近静态下进行。当达到包重设定值时，皮带供料机停转，气动控制的断料斗下降，于是因惯性而冲击皮带供料机的物料被截留在斗内，断料斗动作时，少数已落下的物料则通过电脑上的拨盘开关补偿挡在设定时预先扣去。计量完毕，电子包装秤询问夹袋机构上的袋是否夹紧，若已夹紧则气动卸料门打开排料，排料完毕。自动关闭卸料门，进行下一包计量。如此反复进行。

2.机械自动定量秤

它由机体、给料系统、杠杆系统、称量斗、打包筒、电磁计数器、电器及气动控制等组成。

当秤安装调整就绪后，先将横梁两侧游铊移至"零"位，进行试称，待各部动作正常后连续取五包，用校验秤、感量砝码称重，记取五包数值算术平均值，作为称得物料的实际重量减去额定称重（如 20kg 标准包装），即得出空中料柱量，然后将游铊向称量方向移动一定距离，以抵消空中料柱重量。若更换配方、批次而容重改变时，按上述步骤进行空中料柱重量的测定和校正，每个班次需进行复查。

（二）缝包机

缝口机主要由底座、机身、丝杆、立柱、回转架、缝纫机头和电机等组成。选用 ZDY12-4 锥形转子电机，通过减速箱驱动丝杆转动，使回转架和缝纫机头以 20mm/s 速度可上下升降，以适应袋口不同高度缝口的需要，电机断电停车后能自动制动。机身上有两个偏键导向，并可调节主柱的升降松紧。

工作前应调整好机头高度，缝口针距和行程开关位置，这样就可使机头工作时按序完成启动、缝口、割线和停止的封口过程。由缝包机和升降立柱组成。缝纫机升降立柱由无缝钢管制成，立柱中间设有平衡块、齿条及手轮，以便调节缝包机高度。缝包机机架由角钢和薄钢板制成封闭形式，内设 8 只滑轮，滑轮能使缝包机沿着立柱上下移动，同时又不使缝包机左右摇摆。

（三）袋包输送机

它是由驱动滚筒、从动滚筒、输送带、传动链及电机等组成。电机通过减速器、传动链、带动二副伞齿轮同步驱动成 90° 驱动滚筒（机头）以保证两条皮带线速度一致；机尾（从动滚筒）下部带有张紧螺杆，用来调节整条皮带的松紧程度；皮带托辊可调节两皮带长度上的微小差异。输送皮带是由两条输送带组成 90° 槽沟，与袋底形状一致，使装满的袋子夹紧并保持直立。工作时，输送带将过秤装满袋子稳定地通过缝口机处进行缝口。运袋和缝口两者速度配合一致，袋子缝口后再运到机尾卸下。

四、包装作业自动化

采用自动化包装生产线可以最大限度地减轻工人的劳动强度，提高生产率，降低生产成本。自动化作用可以通过自动套袋装置、自动称重装置、自动封口装置和自动码垛装置的适宜组合来实现。自动套袋装置可以完成从袋仓取袋，将其套在装袋机的出料口上的任务。自动称重装置可完成进料、称重和卸料的任务。自动封口装置可完成整理袋口、缝口和插入饲料标签的任务。装好饲料的袋子可以通过自动码垛机或机器人码垛机（图 6-34）堆码在货盘上，再向成品库转运。小型货盘以 10~12 包的规格堆存在库房里，可以直接用叉车将其转运上卡车，送至用户，到达目的地

图 6-34　机器人码垛机

后，可方便地卸料再回收货盘。此种包装搬运方式包装质量好，生产效率高，可节约大量人工费用。

第七节 饲料的贮存

一、饲料储藏技术

饲料储存过程中，由于储存场所的温度、湿度、氧化、还原和摩擦等原因会造成饲料中营养成分损失，同时不当的储存易使饲料滋生微生物，尤其是霉菌的繁殖。霉菌大量繁殖的结果，不仅会使饲料中的营养物质严重损失，易变质，而且会在某些产毒微生物的侵害下，使饲料带毒，进而危害人、畜健康。因此要提高饲料质量及安全性，需要在饲料的合理储藏上下工夫。

（一）储藏室的清洁卫生

良好的清洁卫生可以极大地降低害虫感染饲料的机会和饲料的劣变。因此，一旦腾空储藏室就应尽快全面清理，清扫后进行全面消毒处理。储藏室的地面和墙壁可采用气溶硅胶对水配成悬浊液（$6g/m^2$）处理，或者使用杀虫剂处理。

（二）控制水分，低温储藏

饲料在储藏过程中的高温、高湿环境，是引起饲料发热霉变的主要原因。高温高湿对一些维生素有不利影响，如含维生素 A 的预混料在低温低湿下经过三个月储存后仍有 88% 的有效性，经高温低湿则有 86% 的有效性，但在高温高湿下仅有 2% 的有效性。高温高湿还会使饲料中的原料相互作用而被破坏，同时高温、高湿可以激发脂肪酶、淀粉酶、蛋白酶等水解酶的活性，加快饲料中营养成分的分解速度，并促进微生物、储粮害虫等有害生物的繁殖和生长，发出大量的湿热，导致饲料发热霉变。实验证明：15℃以下，害虫呈不活动状态，高温性和中温性下，微生物的生长受抑制；低于8℃，害虫呈麻痹状态，很少有微生物生长。饲料的含水量降至 13% 以下时，饲料即使在较高的温度下储藏也鲜有虫霉滋生。因此，在常温储藏室内储存饲料，一般要求相对湿度在 70% 以下，饲料的水分含量不应超过 12.5%；如果把环境温度控制在 15℃ 以下，相对湿度在 80% 以下，长期储藏也是有可能的。为了控制储藏室的温度和湿度，可以安装通风机，利用通风均衡储藏室温度和湿度。

（三）防霉治菌

避免变质饲料在储存、运输、销售和使用过程中，极易发生霉变。大量生长和繁殖的霉菌污染饲料，不仅会消耗、分解饲料中的营养物质，使饲料质量下降，而且畜禽食用后会引起腹泻、肠炎而出现消化能力降低、淋巴功能下降等症状，严重的可造成死亡。因此应十分重视饲料的防霉治菌问题。实践证明，除了改善储藏环境以外，最有效的方法就是采取物理或化学的手段防霉治菌，如在饲料中添加防霉剂等。

1.添加防霉剂

饲料用防霉剂是指能降低饲料中微生物的数量、控制微生物的代谢和生长、抑制霉菌毒素的产生、预防饲料储存期营养成分的损失、防止饲料发霉变质并延长储存时间的饲料添加剂。国外使用的饲料防霉剂较多，如碘化钾、碘酸钙、丙酸钙、甲酸、海藻粉、柑橘皮乙醇提取物等。国内使用的防霉剂较为普遍的是苯甲酸及其钠盐（使用量不超过 0.1%）、富马酸及其酯类（一般使用量在 0.2% 左右）、丙酸及其盐类、脱氢乙酸（使用量为 0.05% 左右）。还有将上述防霉剂按一定比例混合而成的复合型防霉剂，例如美国产的克霉霸就是由丙酸、乙酸、苯甲酸、山梨酸等混合而成。复合型防霉剂抗菌谱广，应用范围广，防霉效果好且用量少，使用方便，是饲料中较常用的防霉剂品种。

2.使用防霉包装袋

日本科研人员发明的饲料防霉包装袋，可保证所包装的饲料长期不发生霉变。这种饲料防霉包装袋，由聚烯烃树脂构成，其中含有 0.01%~0.50% 的香草醛或乙基香草醛。由于聚烯烃树脂膜可以使香草醛或乙基香草醛慢慢蒸发，而渗透到饲料中去，不仅能防霉，而且因有芳香味，还可使饲料适合动物的口味。包装袋的外层还覆盖能防止香草醛或乙基香草醛扩散的薄膜。在聚烯烃树脂中香草醛或乙基香草醛含量至少为 0.01%，最佳为 0.50% 左右。若含量偏低，防霉性能较差；若含量过高，会影响制膜成型。

3.化学消毒和辐射结合防霉

科研人员认为，对饲料先进行化学消毒，然后进行辐射，不仅灭菌、防霉效果好，而且能提高饲料中维生素 D 的含量。他们将饲料粉碎到直径约 2mm，再加进相当于饲料重量 1.2% 的氨水或 2% 的丙酸或 2% 的甲酸进行化学处理，并在不断翻动的条件下，每平方米用强度为 120kJ 的紫外线进行照射，可使饲料中微生物的生长繁殖能力降低 99.8%，长期储存不会霉变，饲料中维生素 D 的含量也提高到 180mg/kg，其效果比单独进行化学消毒或单独进行辐射灭菌都好得多。

（四）防老鼠

老鼠对饲料的危害极大，特别是对颗粒饲料。老鼠的排泄物会污染饲料，传播疾病，直接危害畜禽的健康。防老鼠最有效的措施是把饲料贮在封闭严密、无孔可入的容器内或仓库内。在老鼠经常出没的地方，每年要下两次鼠药。常用药物有第一代抗凝血灭鼠剂，如敌鼠钠盐、杀鼠灵、杀鼠迷（立克命）、杀鼠酮等；或第二代抗凝血灭鼠剂，如嗅敌隆、杀它仗等。

（五）防害虫

饲料保存不善，到了每年5—9月，饲料里的虫卵就会自行孵化出虫体，并不断生长和繁殖，大量消耗饲料中的营养成分，降低饲养畜禽的效果。害虫的排泄物还会污染饲料，影响畜禽的生长发育。防止虫害和消除害虫的方法：贮存的饲料要尽量晒干，降低湿度，减少害虫滋生繁殖的水分条件。同时，经暴晒的饲料，虫卵也会部分被杀死。同时应在存放饲料之前将贮存饲料的容器或仓库密封后，用二硫化碳或磷化铝等进行熏蒸。

（六）注意储藏时间

颗粒配合饲料储藏期一般为1~3个月；粉状配合饲料的储藏期不宜超过10d；浓缩粉状饲料一般加入了适量抗氧化剂，储藏期为3~4周；添加剂预混饲料一般加入抗氧化剂后，储藏期可达3~6个月。

二、不同品种饲料的贮藏要求

全价颗粒饲料因用蒸气调质或加水挤压而成，能杀死大部分微生物和害虫，且间隙大，含水量低，糊化淀粉包住维生素，故储藏性能较好，只要防潮，通风，避光储藏，短期内不会霉变，维生素破坏较少。全价粉状饲料表面积大，孔隙度小，导热性差，容易返潮，脂肪和维生素接触空气多，易被氧化和受到光的破坏，此种饲料不宜久存。

浓缩饲料含蛋白质丰富，含有微量元素和维生素，其导热性差，易吸湿，微生物和害虫容易滋生，维生素也易被光、热、氧等因素破坏失效。浓缩料中应加入防霉剂和抗氧化剂，一般可储藏3~4周。

添加剂预混料的一般储藏要求为低湿、干燥、避光，包装要严实密封。添加剂预混料为避免氧化降低效价，应加入抗氧化剂；某些维生素添加剂每月损失量达5%~10%，所以各种添加剂最好能在短期内用完。

第七章　配合饲料质量管理

第一节　猪配合饲料的质量标准

配合饲料质量是质量指标的综合反映。猪配合饲料的质量包括感官指标、水分含量、营养指标、加工质量及卫生标准等内容。

一、感官指标

感官指标是对饲料原料或成品的色泽、气味、外观性状等所作的规定。饲料感官指标通过感官检验（或借助放大镜等）而获得。饲料的感官指标受饲料来源、组成（配方）、加工技术、贮藏条件、掺假等因素影响。感官指标一般要求：饲料色泽正常一致，无异味异臭，无结块、发霉、发酸变质，无杂质。在产品原料接收、产品入库时，感官指标的鉴定很重要，如发现问题，可通过分析化验来解决。

二、水分含量

饲料的水分关系到饲料的贮藏性能、营养成分含量。因此，必须规定饲料的水分含量。水分过高容易引起发热霉变，不利于贮藏；降低水分虽对贮藏有利，但会引起颗粒破碎率增加和饲料损耗的增加。猪配合饲料的饲料水分要求北方不高于14%，南方不高于12.5%。当平均气温在10℃以下的季节、从出厂到饲喂期不超过10d者、配合饲料中添加有规定量的防霉制剂者（标签中注明）时，可允许增加0.5%的含水量。

三、营养指标

营养成分指标是对饲料原料或成品的营养成分含量或营养价值所作的规定。饲料营养成分指标通常包括：饲料的可利用能量、粗蛋白质、粗脂肪、粗纤维、粗灰分、钙、磷、食盐、必需氨基酸、维生素、微量元素等。由于某些营养物质之间又相互促进、相互协调、相互制约、相互拮抗的关系，因此，不仅要看营养物质的含量，还要看营养物质之间是否达到平衡。仔猪、生长肥育猪配合饲料国标（GB/T 5915—2008）规定的营养成分指标见表 7-1。

表 7-1　仔猪、生长肥育猪配合饲料国标规定的营养成分

产品名称		粗蛋白质≥	粗脂肪≥	粗纤维≥	粗灰分≥	钙
仔猪饲料	前期（3~10kg）	18	2.5	4.0	7.0	0.70~1.00
	后期（10~20kg）	17	2.5	5.0	7.0	0.60~0.90
生长肥育猪饲料	前期（20~40kg）	15	1.5	7.0	8.0	0.60~0.90
	中期（40~70kg）	14	1.5	7.0	8.0	0.55~0.80
	后期（70kg 至出栏）	13	1.5	8.0	9.0	0.50~0.80

产品名称		总磷≥	食盐	赖氨酸≥	蛋氨酸≥	苏氨酸≥
仔猪饲料	前期（3~10kg）	0.65	0.30~0.80	1.35	0.40	0.86
	后期（10~20kg）	0.60	0.30~0.80	1.15	0.30	0.75
生长肥育猪饲料	前期（20~40kg）	0.50	0.30~0.80	0.90	0.24	0.58
	中期（40~70kg）	0.40	0.30~0.80	0.75	0.22	0.50
	后期（70kg 至出栏）	0.35	0.30~0.80	0.60	0.19	0.45

四、加工质量

加工质量指标是对饲料原料或成品的粒度、混合均匀度、糊化度等所作的规定。要求成品粒度（粉料）99％通过 2.80mm 编织筛，但不得有整粒谷物，1.4mm 编织筛筛上物不得大于 15％。配合饲料要混合均匀，其变异系数（CV）应不大于 10％。

五、卫生标准

饲料卫生标准是对饲料中天然、次生、外源性污染的有毒有害物质及病原微生物的安全限量所作的规定。饲料的卫生指标必须符合国家强制性标准《饲料卫生标准》的规定。

第二节 影响猪配合饲料质量的因素

影响猪配合饲料质量的因素很多，但以原料、配方、加工工艺对配合饲料质量影响最大。

一、饲料原料质量

原料是生产猪配合饲料的物质基础，原料质量好坏直接关系着配合饲料质量的好坏。一是要注意原料本身是否符合标准，有无毒变，或含有其他毒素。二是要注意原料在运输，接收、贮存、加工生产过程中是否受到外来污染。选用原料时，在考虑饲料营养、价格因素的同时，还必须注意到饲料的安全问题，避免使用有毒有害物质和发霉变质的原料。

二、饲料配方

科学的饲料配方是生产优质配合饲料的前提，合理地设计饲料配方是科学养猪不可缺少的环节。在原料符合标准的情况下，只有配方合理，才能满足猪的营养需要，才能充分发挥猪的生产性能。一个合理的饲料配方不仅反映组成配方的各种饲料原料间量的关系，而且由于合理搭配使整个饲料发生了质的变化，提高了营养价值，是其中任何单一品种饲料所不能比拟的。一个好的饲料配方必须兼顾科学性、实用性、经济性和安全性原则，严格控制各种添加剂、药品的用量，不得超过国家规定的范围。

三、加工工艺

（一）粉碎

粉碎是一种缩小颗粒尺寸的方法。通过粉碎可增加饲料的表面积，提高饲料的混合均匀度和颗粒成型能力。

（二）配料

正确的配料，可以得到最好的养殖效果，并能经济合理地利用各种饲料资源，最大限度地节省饲料。

（三）混合

饲料混合的主要目的是将按配方组合的各种原料组分混合均匀，使猪只采食到符合配方要求的各组分分配均衡的饲料。饲料混合均匀度是标志饲料质量的主要指标。

（四）制粒

制粒可使混合饲料成分压实，提高营养成分浓度的密实度。在调制及颗粒压制过程中产生的热，可破坏一些植物性原料中天然存在的对热不稳定的有毒因素，高温可杀死原料中的沙门氏菌等病菌和寄生虫卵。制粒过程可改变饲料中维生素的含量，一般可通过改善工艺来降低或消除高温对维生素的破坏，如适当增加这些成分或制粒后喷涂添加剂。

第三节　配合饲料的质量检验

配合饲料的质量检验是保证产品质量的重要一关，应采取抽样法进行检验。抽样法是从产品群体中一次随机取样进行检查，如果符合规定的条件，产品群体可判定为合格，若是不符合条件，则判定其群体为不合格。

一、取样

检验饲料的品质，取得代表性的样品是关键步骤之一，而取样的关键是取得的样品应能代表整批原料的质量。因此，取样要充分考虑取样的数量、角度和位置，确保取得的样品混合均匀。

（一）取样的基本原则和样品的制备

选用清洁的容器和取样设备。取样时每个部位样品不少于 500g。将样品搅拌均匀后用分样器或四分法取得最后分析所需要的样品数。每个样品要有标签，注明取样时间、样品名称和产地等。根据原料特性和生产实际情况确定样品保留时间。防止样品在存放过程中发生变化。样品在分析检验前进行粉碎，达到要求的粒度。

（二）取样方法

散装原料，建议在不同部位随机检取 10 个以上样品，也可在卸料过程中，每隔一段时间，随机取 10 个以上样品。袋装原料不足 10 袋时，逐袋用检样器对角线取样，10 袋以上时，可随机检取 10 袋。在一般情况下，原料检取的样品可以混合，用"四分法"或分样器取得平均样品送检。液体原料采用虹吸法取样，在上、中、下 3 层用吸管取样 3L，液体原料应充分搅拌均匀后再取样。

"四分法"取样时，先将样品置于方形纸或塑料布上（大小视样品的多少而定），提起纸或塑料的一角，使样品流向对角，随即提起对角使样品回流，如此反复，使样品混合均匀。然后将样品铺平，用适当器具，从中划 1 个"十"字或以对角相连接，将样品分为 4 等份，除去对角的 2 份，将剩余 2 份如前述再进行混合，再分成 4 等份，重复上述过程，直至剩余样本的数量和测定所需要的用量相近为止。

此外，样品取样后，要进行登记，其内容包括：样品名称和种类，取样地点、日期、生产厂家和出厂日期，外观描述、饲料重量、存放地点、取样人和时间。样品要妥善保管。

二、感官检验

感官检验是饲料质量检验的第一步，只有外观合格，经质检部门签发外观合格单，由检驻员按规定方法抽取样品后才可进出库。感官检验的项目有：水分（粗略估测）、颜色、色泽、气味、杂质、霉变、虫蛀和结块等。好的产品应该是：色泽一致，无发酵霉变、结块及异味、异臭。这样，可大体上核查一下品种和质量情况，进而指导取样并提出更具体的检测项目。

三、实验室检验

实验室检验是饲料原料和产品质量检验的中心环节。对有关原料和产品质量的检测项目、方法和标准，国家已制定相应的产品质量标准和检验方法标准。

表 7-2 至表 7-6 为各种营养物质、有毒有害物质等检验方法的国家标准目录，以便检验时查对参考。

表 7-2　饲料中天然有毒有害物质的检验方法

序号	标准号	国家标准名
1	GB/T 13085—2018	饲料中亚硝酸盐的测定
2	GB/T 13086—1991	饲料中游离棉酚的测定

（续表）

序号	标准号	国家标准名
3	GB/T 13087—1991	饲料中异硫氰酸酯的测定
4	GB/T 13089—1991	饲料中噁唑烷硫酮的测定
5	GB/T 13084—2006	饲料中氰化物的测定

表 7-3　饲料中次生有毒有害物质的检验方法

序号	标准号	国家标准名
1	GB/T 36858—2018	饲料中黄曲霉毒素 B_1 的测定
2	GB/T 30957—2014	饲料中赭曲霉素 A 的测定
3	GB/T 19540—2004	饲料中玉米赤霉烯酮的测定

表 7-4　饲料中重金属及其他有机有害物质的检验方法

序号	标准号	国家标准名
1	GB/T 28716—2012	饲料中玉米赤霉烯酮的测定
2	GB/T 13080—2018	饲料中铅的测定
3	GB/T 13081—2006	饲料中汞的测定
4	GB/T 13082—1991	饲料中镉的测定
5	GB/T 13083—2018	饲料中氟的测定
6	GB/T 13088—2006	饲料中铬的测定

表 7-5　饲料中营养成分的检验方法

序号	标准号	国家标准名
1	GB/T 13882—2010	饲料中碘的测定
2	GB/T 13883—2008	饲料中硒的测定方法
3	GB/T 13884—2018	饲料中钴的测定
4	GB/T 13885—2017	动物饲料中钙、铜、铁、镁、锰、钾、钠和锌含量的测定
5	GB/T 14698—2017	饲料显微镜检查方法
6	GB/T 14699.1—2005	饲料采样
7	GB/T 14700—2018	饲料中维生素 B_1 的测定
8	GB/T 14701—2019	饲料中维生素 B_2 的测定
9	GB/T 14702—2018	饲料中维生素 B_6 的测定
10	GB/T 15399—2018	饲料中含硫氨基酸测定方法
11	GB/T 15400—2018	饲料中色氨酸测定方法
12	GB/T 17776—2016	饲料中硫的测定

（续表）

序号	标准号	国家标准名
13	GB/T 17777—2009	饲料中钼的测定
14	GB/T 17778—2005	预混合饲料中 d- 生物素的测定
15	GB/T 17812—2008	饲料中维生素 E 的测定
16	GB/T 17814—2011	饲料中丁基羟基茴香醚、二丁基羟基甲苯乙氧喹的测定
17	GB/T 17815—2018	饲料中丙酸、丙酸盐的测定
18	GB/T 17816—1999	饲料中总抗坏血酸的测定
19	GB/T 17817—2010	饲料中维生素 A 的测定
20	GB/T 17818—2010	饲料中维生素 D_3 的测定
21	GB/T 18246—2000	饲料中氨基酸的测定
22	GB/T 18397—2014	复合预混合饲料中泛酸的测定
23	GB/T 18633—2018	饲料中钾的测定
24	GB/T 18872—2017	饲料中维生素 K_3 的测定
25	GB/T 19371.2—2007	饲料中蛋氨酸羟基类似物的测定
26	GB/T 20194—2018	饲料中淀粉含量的测定
27	GB/T 20195—2006	动物饲料试样的制备
28	GB/T 20805—2006	饲料中酸性洗涤木质素（ADL）的测定
29	GB/T 20806—2006	饲料中中性洗涤纤维（NDF）的测定
30	GB/T 21514—2008	饲料中脂肪酸含量的测定
31	GB/T 6432—2018	饲料粗蛋白质的测定方法
32	GB/T 6433—2006	饲料中粗脂肪的测定
33	GB/T 6434—2006	饲料中粗纤维的含量测定
34	GB/T 6435—2006	饲料中水分和其他挥发性物质含量的测定
35	GB/T 6436—2018	饲料中钙的测定
36	GB/T 6437—2018	饲料中总磷的测定
37	GB/T 6438—2007	饲料中粗灰分的测定
38	GB/T 6439—2007	饲料中水溶性氯化物的测定

表 7-6　饲料中有害微生物的检验方法

序号	标准号	国家标准名
1	GB/T 13091—2018	饲料中沙门氏菌的检测方法
2	GB/T 13092—2006	饲料中霉菌总教的测定
3	GB/T 13093—2006	饲料中细菌总数的测定
4	GB/T 14698—2017	饲料显微镜检查方法
5	GB/T 18869—2002	饲料中大肠杆菌群的测定

四、加工质量检验

加工质量指配合饲料的粉碎粒度、配料精度、混合均匀度和成型质量标准等。对预混料则主要是粒度、配料精度和混合均匀度。

（一）粉碎粒度

原料的粉碎粒度对加工成本、混合均匀度和制粒质量及使用效果等均有影响。就预混料生产而言，粉碎粒度要求较细，以便其在饲料成品中均匀分布，达到一定的颗粒数。对饲料来说，不同动物品种、不同生产阶段的成品应选择合适的粉碎粒度。成品粒度测定采用国标《GB/T 5917.1—2008 饲料粉碎粒度测定两层筛筛分法》进行。

（二）配料精度

提高饲料的配料精度，对饲料质量十分重要，尤其是预混料，更应精确。

（三）混合均匀度

合格的饲料是各种原料成分颗粒的均匀混合物，混合均匀度以某一示踪物的变异系数来表示，要求配合饲料的变异系数小于10%，预混料小于5%，不应含有其他夹杂物。具体测定方法可参见《GB/T 5918—2008 饲料产品混合均匀度的测定》。

（四）成型质量标准

饲料的成型质量测定项目包括：容重、粉化率、硬度等。

五、卫生质量检验

重金属、毒素、有害微生物等有害物质一旦混入饲料，将严重影响饲料质量，甚至造成动物中毒死亡。特别应注意的是，一些抗生素和激素类物质，对人类安全有很大影响，必须予以重视，并采取有效措施严格控制。具体应按照中华人民共和国有关饲料卫生标准（GB 13078—2017）的规定和中华人民共和国有关饲料添加剂的规定。

第四节　配合饲料的质量控制

配合饲料生产的目的是按照猪的营养需要，通过科学配制日粮，实现饲料的全价化，以保证其有较高的生产性能。在规模化生产过程中，使用优质配合饲料可以大大提高猪群的生产水平。由于饲料成本占养猪生产总成本的70%以上，对于大批量使用配合饲料的生产者来讲，配合饲料质量的安全性与其经济效益密切相关，劣质饲料可能会造成重大的经济损失。因此，加强配合饲料的质量管理是确保猪群安全、高效生产的基本措施之一。

一、原料的质量控制

随着工业饲料每年超越GDP增速的高速增长，国内饲料原料相对比较紧张，价格也在不断攀升。与此同时，新《饲料和饲料添加剂管理条例》正式实施，国家进一步提高了饲料原料的使用要求和规范，并对添加剂和药物做出了许多限制。要保证饲料的安全性，首先要保证饲料原料的质量安全控制。

（一）采购程序管理

目前市场上原料掺假事例屡见不鲜，给饲料质量和猪产品安全带来了很大的隐患。严格源头的控制程序，把好原料质量关，对于有效控制饲料质量尤为重要和必要。

1.原料采购计划和质量控制指标的制订

企业首先根据生产计划议定原料采购计划和备选供货商，制订原料质量企业控制标准和检验项目。玉米应重点控制水分、容重、霉粒比例和杂质比例；小麦控制水分、容重；糠麸控制新鲜度和蛋白质成分；豆粕重点是粗蛋白质、蛋白溶解度、尿酶活性和掺假成分；棉、菜粕重点是粗蛋白质和掺假成分；鱼粉重点是感观、粗蛋白质、真蛋白质、盐分和掺杂成分；其他动物性饲料重点是感观、粗蛋白质和微生物。

2.供货商资质审定

备选供货企业应具备相应的生产经营资质，具备有效的营业执照，其生产、经营范围应包括饲料、添加剂等项目。非动物源性单一饲料应取得省级饲料管理部门颁发的饲料审查合格证；饲料添加剂应取得农业农村部颁发的生产许可证；添加剂预混合饲料应取得农业农村部颁发的生产许可证；动物源性原料产品应取得省饲料管理部门颁发的动物源性产品卫生合格证。质量体系认证情况：包括ISO质量管理体系的认证、HACCP认证情况等，并提供相应证书。

（1）现场考察。对于新供货企业，采购人员应深入现场考核生产、经营条件；必要时现场取样检测。

（2）信誉度调查。向当地饲料、工商管理部门咨询，了解企业生产、质量管理情况，索取质量抽检报告，调查客户对产品质量的反映，评估企业及产品的市场信誉度。综合拟供货企业各方面情况，进行审定，确定是否列入供货企业。对无证、无照、管理部门挂牌督查的企业坚决排除。对新供货企业首次必须认真审定，老供货企业一般每年进行1~2次评审。

3.原料质量评估

对大宗原料应索取产品检测报告和合格证；饲料添加剂和添加剂预混料产品应索要产品批准文号的批件、产品执行标准、产品检验合格证和产品标签；首次采购非常规原料的应索取产品说明及相关资料，对产品安全、营养水平进行评估，必要时进行试用；重要原料和大批量原料应进行送检。

4.采购评议和协议

采购、品管、财务等部门对供货商资质、市场信誉、原料质量、同行价格进行综合分析，拟定采购方案，报送企业负责人批准。重要原料和大批量原料应每批进行；辅料应定期进行，签订购销协议，协议应明确质量标准、数量、价格、供货时间、供货方式、付款方式、违约责任、不含国家规定禁用物品的承诺等，一批一协议。

5.供货商档案

为提高原料质量的可追溯性及稳定的供货渠道，应建立供货商的档案。主要包括：营业执照复印件；生产许可证（审查合格证）复印件；市场信誉调查记录；产品批准文号批件复印件；产品执行标准复印件；产品检验合格证；产品标签；产品检验报告复印件；报价单；协议；发货单；供货商地址、联系人、电话、传真、网址等；留存样品；现场考核记录等。一个供货商建立一本案卷。

（二）原料鉴别技术

1.饼、粕类饲料原料掺假的鉴别

（1）感官鉴别。优质大豆粕（饼）色泽新鲜一致，粕呈浅黄褐色或淡黄色，饼呈黄褐色；呈不规则的碎片状，饼呈饼状或小片状，无发酵、霉变、虫蛀及杂物；具有烤黄豆香味，无酸败、霉坏焦化等味道，无生豆味。而劣质大豆粕（饼）颜色深浅不一，加热过度颜色太深，加热不足颜色太浅；大小不均，有结块（粕），有霉变、虫蛀并有掺杂物；有霉味、焦化味或生豆臭味。

（2）显微镜鉴别。取被检大豆粕（饼）于30~50倍显微镜下观察，如掺有棉籽饼，可见样品中散布有细短绒棉纤维，卷曲、半透明、有光泽、白色；混有少量深褐色或黑色的棉籽外壳碎片，壳厚且有韧性，在碎片断面有浅色和深褐色相交叠的色层。

（3）化学鉴别。取被检大豆粕5~10g于烧杯中，加入100mL四氯化碳，搅拌后放置10~20min，大豆粕漂浮在四氯化碳表面，而沙土沉于底部。将沉淀物灰化，以稀盐酸煮沸，如有不溶物即为沙土。

取被检大豆粕（饼）3g于烧杯中，加10%盐酸20mL，如有大量气泡产生，则样品中掺有石粉、贝壳粉。

纯豆粕粗灰分含量应≤8%，掺入大量沸石粉类物质后，粗灰分含量就会大大提高。粗灰分是饲料高温灼烧后剩余的残渣。根据灼烧后残渣的多少，可初步判定该豆粕有无掺假。

（4）容重鉴别。饲料原料中假如含有掺杂物，体积质量就会改变（变大或变小）。因此，测定体积质量也可判定豆粕有无掺假。一般纯豆粕体积质量为594.1~610.2g/L。假如超出此范围较多，说明该豆粕掺假。

2. 蛋氨酸的掺假鉴别

（1）外观鉴别。蛋氨酸是经水解或化学合成的单一氨基酸。一般呈白银或淡黄色的结晶性粉末或片状，在正常光线下有反射光发出。市场假蛋氨酸多呈粉末状，颜色多为纯白色或浅白色，在正常光线下没有反射光或只有零星反射光发出。

（2）手感鉴别。蛋氨酸手感油腻，无粗糙感觉；而掺假蛋氨酸一般手感粗糙，不油腻。

气味、口味鉴别。蛋氨酸具有较浓的腥臭味，近闻刺鼻，口尝有少许甜味；而掺假蛋氨酸味较淡或有其他气味。

（3）pH试纸法。蛋氨酸灼烧产生的烟为碱性气体，有特殊臭味，可使湿的广泛试纸变蓝色；假的灼烧往往无烟（如用石粉、石膏粉冒充时），或者产生的烟使湿的广泛试纸变红（如用淀粉冒充时）。

（4）溶解法。蛋氨酸易溶于稀盐酸和稀氢氧化钠，略难溶于水，难溶于乙醇，不溶于乙醚。取约5g样品用100mL蒸馏水溶解，摇动数次，2~3min后，溶液清亮无沉淀，则样品是蛋氨酸；如溶液混浊或有沉淀则样品不是蛋氨酸或是掺假蛋氨酸。

（5）掺入植物成分的检查。蛋氨酸的纯度达98.5%以上且不含植物成分；而许多掺假蛋氨酸含有大量面粉或其他植物成分。检验方法如下：取样品约5g加100mL蒸馏水溶解，然后滴加碘-碘化钾溶液，边滴边晃动，此时溶液仍为无色，则该样品中没有面粉中其他植物成分，是真正蛋氨酸；如果溶液变为蓝色，说明该样品中含有面粉或其他植物成分，是掺假蛋氨酸。

（6）颜色反应鉴别。取约0.5g样品加入20mL硫酸铜硫酸饱和溶液，如果溶液呈黄色，则样品是真蛋氨酸；如果溶液无色或呈其他颜色，样品则是假蛋氨酸。

3.赖氨酸的掺假检查

赖氨酸属高价原料，掺假情况较为严重，掺假的材料基本同蛋氨酸掺假的材料一样。

（1）外观鉴别。赖氨酸为灰白色或淡褐色的小颗粒或粉末，较均匀，无味或稍有酸味。假冒赖氨酸色泽异常，气味不正，个别有氨水刺激味或芳香气味，手感较粗糙，口味不正，具有杂样涩感。

（2）溶解度检验。取少量样品加入100mL水中，搅拌5min后静置，能完全溶解无沉淀物为真品，若有沉淀或漂浮物，即为掺假和假冒产品。

（3）pH试纸法。赖氨酸燃烧产生的烟为碱性气体，并散发出一种难闻的气味，可使湿的广泛试纸变蓝色；掺假的赖氨酸燃烧往往无烟（如用石粉、石膏粉冒充时），或者产生的烟使湿的广泛试纸变红（如用淀粉假代时）。

（4）颜色反应鉴别。取样品0.1~0.5g，溶于100mL水中，取上液5mL加入1mL 0.1%茚三酮溶液，加热3~5min，再加水20mL，静置15min，溶液呈红紫色即为真品，否则为假品。

（5）掺入植物成分的检查。取样品5g，加100mL蒸馏水溶解，然后滴加1%碘–碘化钾溶液1mL，边滴边晃动，此时溶液仍为无色，则该样品中没有植物性淀粉存在，即为真赖氨酸；如溶液变为蓝色，则说明该样品中含有淀粉，为掺假的赖氨酸。

（6）掺入碳酸盐的检查。称取约1g样品置于100mL烧杯中，加入1∶2盐酸溶液20mL，如样品有大量气泡冒出，说明其掺有大量碳酸盐，如无则为真赖氨酸。

（三）原料仓储管理

1.验货入库

（1）原料入库时应认真核对原料品名、规格、数量、重量。生产日期、供货单位、生产单位、包装、标签等，应与供货协议一致，原料包装完好无损，无受潮、虫蛀，并作详细登记。分区、分类、分期码放，留足物流通道。未检验的标示待检原料；检验合格后改标可使用原料（绿牌）和暂不发原料（黄牌），不合格原料标示禁用（红牌），并及时出库。

（2）入库原料水分含量应在安全线以下。如散装堆贮，堆厚不应超过3m，且每隔2m设一通气孔；袋装堆贮时，垛高可达3m，垛与垛之间留一行人小道，以便检查温度和防止自燃。在拿取原料时，要从一端取用；动物性饲料及化工合成的原料，应开启一袋用完一袋，如一时用不完，应将袋口扎严，避免透气。

（3）对流散性强而干燥的大宗原料，一般采用圆桶仓储藏。在原料水分高于14%，相对湿度大于80%，气温高于30℃的持续高温天气下，应每天测定圆桶仓的料温。对于原料水分含量在14%以下的原料，在天气干燥晴朗时，应每周鼓风1~2次；原料水分在14%以上时，应天天鼓风；在相对湿度高于80%的阴雨天气，应禁止鼓风。原料水分过高、仓储时间较长、气温渐高的季节，应及时倒仓处理，以降低原料水分含量。露天存放处的箱装、袋装原料，存放位置应平坦而高于地平面，以便于排水、运输和消防。其地面应为具防潮层的水泥地板，必要时应加托盘或垫以帆布，堆放原料后应加盖防雨帆布或架设顶棚，以防止雨淋、风蚀等。

对于部分结块、发热、有轻微异味的原料可立即进行散热处理，有条件的应进行挤压膨化处理；对于已经有轻度霉变的饲料原料，在使用时可添加专用的霉菌毒素吸附剂或添加一定量沸石粉、黏土等进行毒素的吸附。必要时可根据水分与季节，添加一定量的在《允许使用添加剂目录》中的防霉剂，防止霉变和滋生虫害。如果霉变严重则应坚决不用。

2.检验、留样

对原料进行抽检，检验项目根据企业制订的原料质量控制要求进行。每批原料样品留存，妥善保管，并作详细登记，以备溯源。

3.仓库管理

建立原料库存明细台账，设置货位卡，包括：品种、供货单位、进货日期、进货数量、出库时间、数量、生产单位和检验结果等信息，标识明显。遵循先进先出、后进后出的原则发货。发货时核对发货单，包括品种、数量等。定期开展检查，防潮、防鼠、防鸟、防污染，发现异常及时上报评估；超出保质期的原料须检验评估后再使用；有毒性的原料需要双人管理。

4.贮藏管理

（1）原料库地面和墙壁应作防潮处理，夏季库温在30℃以下，相对湿度不超过75%，并应通风干燥、隔热、无鼠洞，避免光照，不漏雨。

（2）玉米中含有较多的不饱和脂肪酸，加工成粉状后，容易腐败变质，不能长久贮存，若想长期保存，应尽量以原粮的形式贮藏。

（3）米糠中含有较多的不饱和脂肪酸，容易腐败变质，应新鲜使用。花生饼、蚕蛹、肉粉、肉骨粉、鱼粉等蛋白质原料，因含有较多的脂肪，夏秋季节易腐败变质，也不耐贮藏，必须新鲜使用。尤其是花生饼最容易寄生黄曲霉菌，产生黄曲霉毒素，既能危害动物，又会通过畜产品等影响人的健康，还有诱发癌症的危险。蚕蛹、肉粉、肉骨粉、鱼粉等动物性饲料，如果保存不当，极易被肉毒梭菌和沙门氏菌污染，动物采食后会引起细菌毒素中毒。豆腐渣、粉渣含水量很大，在夏秋季节容易发酵变质，须新鲜使用；要想延长保存时间，应将其晒干后贮藏。另外，豆腐渣中含有抗胰蛋白酶，可产生致甲状腺肿的物质、皂素和血凝集素等不良物质，影响其适口性和消化率，不宜生喂，必须煮熟后使用。

（4）一些饲料添加剂不能长期保存，如在 25℃ 环境中保存 2 年，维生素 B_6 会丧失 10%，维生素 B_{12} 会丧失 5%；在 35℃ 环境中保存 2 年，维生素 B_6 会丧失 25%，维生素 B_{12} 会丧失 60%。所以，这些饲料添加剂要尽量现购现用。

二、加工过程中的质量控制

配合饲料的加工是保证饲料产品性能和工厂经济性的关键，拥有先进的设备和良好的加工工艺，不仅省人力物力，而且能获得优良的产品。因此监控生产过程中各个工艺环节的质量，对配合饲料产品质量的控制有非常重要的作用。此外，严格按照饲料配方要求计量配料，保证整个加工过程的正常进行，是配合饲料生产过程质量控制的重点。

（一）原料清理的质量控制

主原料和副料都应进行清杂除铁处理，有机物杂质不得超过 50mg/kg，直径不大于 10mm，磁性杂质不得超过 50mg/kg，直径不大于 2mm，并且为了确保安全，在投料坑上应配置条距 30~40mm 的栅筛以清除杂质，在饲料原料粉碎或粉料制粒之前，还应进行去杂除铁工序。此外，工作人员要定期检查清洗设备和磁选设备的工作状况，看有无破损及堵孔等情况，定期清理各种机械设备的残留料。

（二）原料粉碎的质量控制

饲料的粉碎过程主要控制粉碎粒度及其均匀性，饲料颗粒过大或过小都会导致饲料离析现象的发生，从而破坏饲料产品的均匀性。每种畜禽都有一个合适的饲料粒度范围，如仔猪、生长肥育猪配合饲料以及肉用仔鸡前期配合饲料、产蛋后备鸡（前期）配合饲料 99% 通过 2.8mm 编织筛，不得有整粒谷物，1.4mm 编织筛上物不大于 15%。粉碎机的操作人员应经常注意观察粉碎机的粉碎能力和粉碎机排出的物流粒度，粉碎机粉碎能力异常（粉碎机电流过小）原因之一在于粉碎机筛网已被打漏，物料粒度过大，若发现有整粒谷物或粒度过粗现象，应及时停机检查粉碎机筛网有无漏洞或筛网错位与其侧挡板间形成漏缝。其次，应经常检查粉碎机有无发热现象，如有发热现象，应及时排除可能发生的粉碎机堵料现象，观察粉碎机电流是否过载。最后，应定期检查粉碎机锤片是否磨损，每班检查筛网有无漏洞、漏缝和错位等。

（三）配料的质量控制

1.原料计量配料

按照配合饲料生产的工艺要求，目前主要有两种计量配料方式，其一是未粉碎原料计量配料，这种方式是在原料未进行粉碎以前，按照配方要求进行计量配合，然后再对已计量配好的原料进行粉碎、混合和制粒等操作。这种工艺的优点是粉碎较方便，同一种原料只需要贮藏在一个地方即可，比较节约饲料贮藏空间。其缺点是生产的配合饲料产品与配方之间的误差较大，原料水分含量越高，粉碎后失重越多，不仅影响其本身在配方中的绝对比例，也影响整个配合比例和其他原料的相对比例。克服这一缺点的较好方法是增加饲料计量的保险系数，一般加工过程的损失可按5%~10%考虑，水分高一点，原料粒度大一些的饲料，保险比例可适量增大一点。第二种配料方式是粉碎原料计量配料，即先将原料按统一规格分别粉碎再分别贮存，然后按照配方要求用已粉碎原料计量配合，配合好后直接进行混合、制粒等工序。该工序误差相对较小，但增加贮存空间，一种原料至少要存两个地方，中大规模的配合饲料生产一般都用这种方式生产，计量比较准确，配合误差比较小，按配方要求计量配合，容易达到配方要求的营养质量。

2.微量成分的计量

微量成分的配合计量复杂、易出错，在配合饲料中这类成分主要包括维生素、微量元素、非营养性添加剂、钙、磷元素和食盐等，处理这类成分的计量配合应按照混合机一次的混合量，计算出所有微量饲料应添加的量，然后分成几个部分分别集中。如所有添加的维生素集中在一起作为一个部分，微量元素、钙、磷和食盐等集中在一起作为一个部分，非营养性添加剂集中在一起作为一个部分，或者只集中成两部分，一部分是矿物质饲料，另一部分是其他微量饲料成分，包括合成氨基酸。准备好后每混合一批都按照要求加入已准备好的微量成分并做好记录，为了减少微量成分的损失，矿物元素部分最后加入混合机内，其他微量成分不要与矿物元素同时加入，最好用能量饲料或蛋白质饲料隔开加入混合机，不要直接与混合机壁接触，配合饲料的预混料部分都加入混合机内后，再开机混合。

（四）混合的质量控制

饲料的混合质量控制与混合过程的正确操作密切相关，生产中应注意原料的添加顺序，一般应先投入用量较大的原料，用量越少的原料应在后面添加，如预混料中的维生素、微量元素和药物等。在添加油脂等液体原料时，要从混合机上部的喷嘴喷洒，尽可能以雾状喷入，以防止饲料成团或形成小球。在液体原料添加前，所有的干原料一定要混合均匀，并相应延长混合时间，更换品种时应将混合机中的残料清扫干净。最佳混合时间取决于混合机的类型和原料的性质，一般混合机生产厂家提供了合理的混合时间，混合时间不够，则混合不均匀，时间过长会因过度混合而造成分离。

混合要注意其控制要点。混合时要选择适合的混合机，一般是螺带混合机使用较多，这种机型生产效率较高，卸料速度快，而锥形行星混合机虽然价格较高，但设备性能好，物料残留量少，混合均匀度较高，并可添加油脂等液体原料，是一种较为适用的预混合设备。混合均匀度和最佳混合时间要定期检查，时间过长过短都会影响物料混合的均匀度，并且要及时调整螺带与底壳的间隙，定期保养维修混合机，消除漏料现象，清理残留物料。当更换配方时，必须对混合机彻底清理，防止交叉污染。对于清理出的加药性饲料通常是深埋或烧毁，吸尘器回收料不得直接送入混合机，待化验成分后再作处理。预混合作业与主混合作业要分开，以免交叉污染，应尽量减少成品的输送距离，防止饲料分级，并且在预混饲料混合之后，最好直接装袋。

（五）产品成形的质量控制

成形饲料生产率的高低和质量的好坏除了与成形设备性能有关外，很大程度上取决于原料成形的性能和调质工艺。制粒的工艺条件是根据饲料配方中主要原料的理化特性，日粮的制粒性能制定的，它主要包括为成形作准备的物料调质情况，即蒸气压力、温度、水分及调质时间。制粒质量包括饲料成形质量和营养质量，制粒工艺包括冷压制粒和蒸气热压制粒，对于乳猪和仔猪饲料而言以热压制粒为好，热压制粒所要求的技术工艺更加复杂，不但要求合适的机械设备，还要求适宜的蒸气质量，即蒸气、饲料和机械三者之间适宜的相互作用，才能压制出高质量的热压颗粒。控制适宜的蒸气压力、调质器内温度（80℃左右）、调质时间（一般是半分钟左右，必要时可采用双调质器以保证调质质量）和制粒速度才能获得高质量颗粒饲料。

制粒过程中要注意对制粒设备进行检查和维护，每班清理一次制粒机上的磁铁，清除铁渣，检查压模、压辊的磨损情况以及冷却器是否有积料，定期检查破碎机辊筒纹齿和切刀磨损情况和疏水器工作情况，以保证进入调质器的蒸气质量，并且每班检查分级筛筛面是否有破损、堵塞和黏结现象，以保证分级效果。制粒前的调质处理对提高饲料的制粒性能及颗粒成型率影响极大，一般调质时间为 10~20s，延长调质时间可提高调质效果。此外，要控制蒸气的压力及蒸气中的冷凝水含量，调质后饲料的水分在 16%~18%，温度在 68~82℃，并将压辊调到当压模低速旋转时，压辊只碰得到压模的高点位置，这可使相互间的接触减到最小，减少磨损。

（六）包装质量管理

工作人员应事先检查包装称的工作是否正常，其设定重量应与包装要求重量一致，将误差控制在 1%~2%，并检查被包装的饲料和包装袋及饲料标签是否正确无误。打包人员要随时注意饲料的外观，发现异常情况应及时处理，保证缝包质量，不能漏缝和掉线。质量管理的关键在于人员的管理，合格的品控员要熟知生产工艺流程，对设备运行情况应经常检查，影响质量方面的设备故障及违犯操作规程的错误操作应及时指出。每天应核对添加剂库存的理论量与实际量是否相符，认真阅读记录，对计量器具应进行校正，每年应请法定的计量部门对计量器具进行修理和校正，并清楚生产计划，根据生产计划与仓库库存监督生产计划下达是否合理。应检查添加剂是否因库存太久而失效，人工添加剂应经常检查，防止添加剂、油脂、乳清粉等少添、多添或误添，并且每个季度应对混合机进行调整，使混合机的混合均匀度（CV）5%。要定时监督车间，对混合机、地坑、地窖、料仓、缓冲仓、制粒系统和包装系统进行定期清理，特别是制粒系统的调质器、喂料器、抽风管和关风器等，清理干净后须喷防化药品，防化药品须对人畜无害、残留极少。此外，要注意检查粉碎粒度是否符合成品的要求，粉碎机筛网有无破裂，检查制粒系统是否堵塞，抽风管是否破裂，制粒参数是否得当，制粒效果是否符合要求等。

三、饲料成品的质量控制

（一）成品检测

对成品检测是必要和重要的，合格产品出厂，避免造成更大损失。成品入库前，每班必须进行感官上的检查，无异常的方可入库，有异常的必须通知成品管理人员到场核实解决，入库的成品每批次必须由成品管理部门随机抽样进行相应的营养指标及水分检测，不符合标准的要及时处理，并查明原因，不得销售出库，以避免造成更大的损失。

（二）成品保管

入库的成品，必须按规范、按品种及生产日期分区堆放，并保证通风、干燥，以保证饲料的新鲜度及不发生霉变。同时遵守先进先出，推陈出新的原则。

（三）成品的运输和销售

在成品进入市场流通的过程中，应尽量减少尘土和各种有害微生物的污染，以保证成品饲料的质量。

附录一 我国猪饲养标准（2004）

附表 1-1　瘦肉型生长肥育猪每千克饲粮养分含量（自由采食，88% 干物质）

体重 BW，kg	3~8	8~20	20~35	35~60	60~90
平均体重 Average BW，kg	5.50	14.00	27.50	47.5	75.00
日增重 ADG，kg/d	0.24	0.44	0.61	0.69	0.80
采食量 ADFI，kg/d	0.30	0.74	1.43	1.90	2.50
饲料 / 增重 F/G	1.25	1.59	2.34	2.75	3.13
消化能 DE，MJ/kg	14.02	13.60	13.39	13.39	13.39
代谢能 ME，MJ/kg	13.46	13.06	12.86	12.86	12.86
粗蛋白质 CP，%	21.00	19.00	17.80	16.40	14.50
能量蛋白比 DE/CP，kJ/%	668	716	752	817	923
赖氨酸能量比 Lys/DE，g/MJ	1.01	0.85	0.68	0.61	0.53
氨基酸					
赖氨酸 Lys	1.42	1.16	0.90	0.82	0.70
蛋氨酸 Met	0.40	0.30	0.24	0.22	0.19
蛋氨酸 + 胱氨酸 Met+Cys	0.81	0.66	0.51	0.48	0.40
苏氨酸 Thr	0.94	0.75	0.58	0.56	0.48
色氨酸 Trp	0.27	0.21	0.16	0.15	0.13
异亮氨酸 Ile	0.79	0.64	0.48	0.46	0.39
亮氨酸 Leu	1.42	1.13	0.85	0.78	0.63
精氨酸 Arg	0.56	0.46	0.35	0.30	0.21
缬氨酸 Val	0.98	0.80	0.61	0.57	0.47
组氨酸 His	0.45	0.36	0.28	0.26	0.21
苯丙氨酸 Phe	0.85	0.69	0.52	0.48	0.40
苯丙氨酸 + 酪氨酸 Phe+Tyr	1.33	1.07	0.82	0.77	0.64
矿物元素（%）或每千克饲粮含量					
钙 Ca，%	0.88	0.74	0.62	0.55	0.49
总磷 Total P，%	0.74	0.58	0.53	0.48	0.43
非植酸磷 Nonphyate P，%	0.54	0.36	0.25	0.20	0.17
钠 Na，%	0.25	0.15	0.12	0.10	0.10
氯 Cl，%	0.25	0.15	0.10	0.09	0.08

（续表）

体重 BW, kg	3~8	8~20	20~35	35~60	60~90
镁 Mg, %	0.04	0.04	0.04	0.04	0.04
钾 K, %	0.30	0.26	0.24	0.21	0.18
铜 Cu, mg	6.00	6.00	4.50	4.00	3.50
碘 I, mg	0.14	0.14	0.14	0.14	0.14
铁 Fe, mg	105	105	70	60	50
锰 Mn, mg	4.00	4	3	2	2
硒 Se, mg	0.30	0.3	0.3	0.25	0.25
锌 Zn, mg	110	110	70	60	50
维生素和脂肪酸（%）或每千克饲粮含量					
维生素 A Vitamin A, IU	2200	1800	1500	1400	1300
维生素 D_3 Vitamin D_3, IU	220	200	170	160	150
维生素 E Vitamin E, IU	16	11	11	11	11
维生素 K Vitamin K, IU	0.5	0.5	0.5	0.5	0.5
硫胺素 Thiamin, mg	1.5	1	1	1	1
核黄素 Riboflavin, mg	4	3.5	2.5	2	2
泛酸 Pantothenic acid, mg	12	10	8	7.5	7
烟酸 Niacin, mg	20	15	10	8.5	7.5
吡哆醇 Pyridoxine, mg	2	1.5	1	1	1
生物素 Biotin, mg	0.08	0.05	0.05	0.05	0.05
叶酸 Folic acid, mg	0.3	0.3	0.3	0.3	0.3
维生素 B_{12} VitaminB_{12}, μg	20	17.5	11	8	6
胆碱 Choline, g	0.6	0.5	0.35	0.3	0.3
亚油酸 Linoleic acid, %	0.1	0.1	0.1	0.1	0.1

附表 1-2　瘦肉型生长肥育猪每日每头养分需要量（自由采食，88% 干物质）

体重 BW, kg	3~8	8~20	20~35	35~60	60~90
平均体重 Average BW, kg	5.5	14	27.5	47.5	75
日增重 ADG, kg/d	0.24	0.44	0.61	0.69	0.8
采食量 ADFI, kg/d	0.3	0.74	1.43	1.9	2.5
饲料 / 增重 F/G	1.25	1.59	2.34	2.75	3.13
消化能 DE, MJ/d	4.21	10.06	19.15	25.44	33.48
代谢能 ME, MJ/d	4.04	9.66	18.39	24.43	32.15
粗蛋白质 CP, g/d	63	141	255	312	363
氨基酸（g/d）					
赖氨酸 Lys	4.3	8.6	12.9	15.6	17.5

（续表）

体重 BW，kg	3~8	8~20	20~35	35~60	60~90
蛋氨酸 Met	1.2	2.2	3.4	4.2	4.8
蛋氨酸 + 胱氨酸 Met+Cys	2.4	4.9	7.3	9.1	10
苏氨酸 Thr	2.8	5.6	8.3	10.6	12
色氨酸 Trp	0.8	1.6	2.3	2.9	3.3
异亮氨酸 Ile	2.4	4.7	6.7	8.7	9.8
亮氨酸 Leu	4.3	8.4	12.2	14.8	15.8
精氨酸 Arg	1.7	3.4	5	5.7	5.5
缬氨酸 Val	2.9	5.9	8.7	10.8	11.8
组氨酸 His	1.4	2.7	4	4.9	5.5
苯丙氨酸 Phe	2.6	5.1	7.4	9.1	10
苯丙氨酸 + 酪氨酸 Phe+Tyr	4	7.9	11.7	14.6	16
矿物元素（g 或 mg/g）					
钙 Ca，g	2.64	5.48	8.87	10.45	12.25
总磷 Total P，g	2.22	4.29	7.58	9.12	10.75
非植酸磷 Nonphytate P，g	1.62	2.66	3.58	3.8	4.25
钠 Na，g	0.75	1.11	1.72	1.9	2.5
氯 Cl，g	0.75	1.11	1.43	1.71	2
镁 Mg，g	0.12	0.3	0.57	0.76	1
钾 K，g	0.9	1.92	3.43	3.99	4.5
铜 Cu，mg	1.8	4.44	6.44	7.6	8.75
碘 I，mg	0.04	0.1	0.2	0.27	0.35
铁 Fe，mg	31.5	77.7	100.1	114	125
锰 Mn，mg	1.2	2.96	4.29	3.8	5
硒 Se，mg	0.09	0.22	0.43	0.48	0.63
锌 Zn，mg	33	81.4	100.1	114	125
维生素和脂肪酸（%）或每千克饲粮含量					
维生素 A Vitamin A，IU	660	1330	2145	2660	3250
维生素 D₃ Vitamin D₃，IU	66	148	243	304	375
维生素 E Vitamin E，IU	5	8.5	16	21	28
维生素 K Vitamin K，IU	0.15	0.37	0.72	0.95	1.25
硫胺素 Thiamin，mg	0.45	0.74	1.43	1.9	2.5
核黄素 Riboflavin，mg	1.2	2.59	3.58	3.8	5
泛酸 Pantothenic acid，mg	3.6	7.4	11.44	14.25	17.5
烟酸 Niacin，mg	6	11.1	14.3	16.15	18.75
吡哆醇 Pyridoxine，mg	0.6	1.11	1.43	1.9	2.5

（续表）

体重 BW，kg	3~8	8~20	20~35	35~60	60~90
生物素 Biotin，mg	0.02	0.04	0.07	0.1	0.13
叶酸 Folic acid，mg	0.09	0.22	0.43	0.57	0.75
维生素 B_{12} Vitamin B_{12}，μg	6	12.95	15.73	15.2	15
胆碱 Choline，g	0.18	0.37	0.5	0.57	0.75
亚油酸 Linoleic acid，%	0.3	0.74	1.43	1.9	2.5

附表 1-3 瘦肉型妊娠母猪每千克饲粮养分含量（88% 干物质）

妊娠阶段	妊娠前期			妊娠后期		
配种体重 BW，kg	120~150	150~180	> 180	120~150	150~180	> 180
预期窝产仔窝	10	11	11	10	11	11
采食量 ADFI，kg/d	2.1	2.14	2	2.6	2.8	3
消化能 DE，MJ/kg	12.75	12.35	12.15	12.75	12.55	12.55
代谢能 ME，MJ/kg	12.25	11.85	11.65	12.56	12.05	12.05
粗蛋白质 CP，%	13	12	12	14	13	12
能量蛋白比 DE/CP，kJ/%	981	1029	1013	911	965	1045
赖氨酸能量比 Lys/DE，g/MJ	0.42	0.4	0.38	0.42	0.41	0.38
氨基酸（amino acids，%）						
赖氨酸 Lys	0.53	0.49	0.46	0.53	0.51	0.48
蛋氨酸 Met	0.14	0.13	0.12	0.14	0.13	0.12
蛋氨酸 + 胱氨酸 Met+Cys	0.34	0.32	0.31	0.34	0.33	0.32
苏氨酸 Thr	0.4	0.39	0.37	0.4	0.4	0.38
色氨酸 Trp	0.1	0.09	0.09	0.1	0.09	0.09
异亮氨酸 Ile	0.29	0.28	0.26	0.29	0.29	0.27
亮氨酸 Leu	0.45	0.41	0.37	0.45	0.42	0.38
精氨酸 Arg	0.06	0.02	0	0.06	0.02	0
缬氨酸 Val	0.35	0.32	0.3	0.35	0.33	0.31
组氨酸 His	0.17	0.16	0.15	0.17	0.17	0.16
苯丙氨酸 Phe	0.29	0.27	0.25	0.29	0.28	0.26
苯丙氨酸 + 酪氨酸 Phe+Tyr	0.49	0.45	0.43	0.49	0.47	0.44
矿物元素（%）或每千克饲粮含量						
钙 Ca，%			0.68			
总磷 Total P，%			0.54			
非植酸磷 Nonphytate P，%			0.32			
钠 Na，%			0.14			
氯 Cl，%			0.11			
镁 Mg，%			0.04			

（续表）

妊娠阶段	妊娠前期	妊娠后期
钾 K，%	0.18	
铜 Cu，mg	5	
碘 I，mg	0.13	
铁 Fe，mg	75	
锰 Mn，mg	18	
硒 Se，mg	0.14	
锌 Zn，mg	45	
维生素和脂肪酸（%）或每千克饲粮含量		
维生素 A Vitamin A，IU	3620	
维生素 D_3 Vitamin D_3，IU	180	
维生素 E Vitamin E，IU	40	
维生素 K Vitamin K，mg	0.5	
硫胺素 Thiamin，mg	0.9	
核黄素 Riboflavin，mg	3.4	
泛酸 Pantothenic acid，mg	11	
烟酸 Niacin，mg	9.05	
吡哆醇 Pyridoxine，mg	0.9	
生物素 Biotin，mg	0.19	
叶酸 Folic acid，mg	1.2	
维生素 B_{12} Vitamin B_{12}，μg	14	
胆碱 Choline，g	1.15	
亚油酸 Linoleic acid，%	0.1	

附表1-4　瘦肉型泌乳母猪每千克饲粮养分含量（88% 干物质）

分娩体重（kg）	140~180		180~204	
泌乳期体重变化，kg	0.00	−10.00	−7.50	−15.00
哺乳窝仔数 Litter size	9.00	9.00	10.00	10.00
采食量 ADFI，kg/d	5.25	4.65	5.65	5.20
消化能 DE，MJ/kg	13.80	13.80	13.80	13.80
代谢能 ME，MJ/kg	13.25	13.25	13.25	13.25
粗蛋白质 CP，%	17.50	18.00	18.00	18.50
能量蛋白比 DE/CP，kJ/%	789.00	767.00	767.00	746.00
赖氨酸能量比 Lys/DE，g/MJ	0.64	0.67	0.66	0.68
氨基酸 amino acids，%				
赖氨酸 Lys	0.88	0.93	0.91	0.94
蛋氨酸 Met	0.22	0.24	0.23	0.24

（续表）

分娩体重（kg）	140~180		180~204	
蛋氨酸＋胱氨酸 Met+Cys	0.42	0.45	0.44	0.45
苏氨酸 Thr	0.56	0.59	0.58	0.60
色氨酸 Trp	0.16	0.17	0.17	0.18
异亮氨酸 Ile	0.49	0.52	0.51	0.53
亮氨酸 Leu	0.95	1.01	0.98	1.02
精氨酸 Arg	0.48	0.48	0.47	0.47
缬氨酸 Val	0.74	0.79	0.77	0.81
组氨酸 His	0.34	0.36	0.35	0.37
苯丙氨酸 Phe	0.47	0.50	0.48	0.50
苯丙氨酸＋酪氨酸 Phe+Tyr	0.97	1.03	1.00	1.04

矿物元素（%）或每千克饲粮含量

钙 Ca，%	0.77
总磷 Total P，%	0.62
非植酸磷 Nonphytate P，%	0.36
钠 Na，%	0.21
氯 Cl，%	0.16
镁 Mg，%	0.04
钾 K，%	0.21
铜 Cu，mg	5.00
碘 I，mg	0.14
铁 Fe，mg	80.00
锰 Mn，mg	20.50
硒 Se，mg	0.15
锌 Zn，mg	51.00

维生素和脂肪酸（%）或每千克饲料含量

维生素 A Vitamin A，IU	2 050.00
维生素 D_3 Vitamin D_3，IU	205.00
维生素 E Vitamin E，IU	45.00
维生素 K Vitamin K，mg	0.50
硫胺素 Thiamin，mg	1.00
核黄素 Riboflavin，mg	3.85
泛酸 Pantothenic acid，mg	12.00
烟酸 Niacin，mg	10.25
吡哆醇 Pyridoxine，mg	1.00
生物素 Biotin，mg	0.21
叶酸 Folic acid，mg	1.35

（续表）

分娩体重（kg）	140~180	180~204
维生素 B₁₂ VitaminB₁₂，μg	15.00	
胆碱 Choline，g	1.00	
亚油酸 Linoleic acid，%	0.10	

附表 1-5　配种公猪每千克饲粮和每日每头养分需要量（88% 干物质）

指标	需要量
消化能 DE，MJ/kg	12.95
代谢能 ME，MJ/kg	12.45
消化能摄入量 DE，MJ/kg	21.7
代谢能摄入量 ME，MJ/kg	20.85
采食量 ADFI，kg/dᶜ	2.2
粗蛋白质 CP，%	13.5
能量蛋白比 DE/CP，kJ/%	959
赖氨酸能量比 Lys/DE，g/MJ	0.42

	饲粮中含量	每日每头需要量
	氨基酸需要量	
赖氨酸 Lys	0.55%	12.1g
蛋氨酸 Met	0.15%	3.31g
蛋氨酸 + 胱氨酸 Met+Cys	0.38%	8.4g
苏氨酸 Thr	0.46%	10.1g
色氨酸 Trp	0.11%	2.4g
异亮氨酸 Ile	0.32%	7g
亮氨酸 Leu	0.47%	10.3g
精氨酸 Arg	0%	0g
缬氨酸 Val	0.36%	7.9g
组氨酸 His	0.17%	3.7g
苯丙氨酸 Phe	0.30%	6.6g
苯丙氨酸 + 酪氨酸 Phe+Tyr	0.52%	11.4g
	矿物元素	
钙 Ca，%	0.70%	15.4g
总磷 Total P，%	0.55%	12.1g
非植酸磷 Nonphytate P，%	0.32%	7.04g
钠 Na，%	14%	3.08g
氯 Cl，%	0.11%	2.42g
镁 Mg，%	0.04%	0.88g
钾 K，%	0.20%	4.4g

（续表）

指标	需要量	
铜 Cu，mg	5mg	11mg
碘 I，mg	0.15mg	0.33mg
铁 Fe，mg	80mg	176mg
锰 Mn，mg	20mg	44mg
硒 Se，mg	0.15mg	0.33mg
维生素和脂肪酸		
维生素 A Vitamin A，IU	4000IU	8800IU
维生素 D_3 Vitamin D_3，IU	220IU	485IU
维生素 E Vitamin E，IU	45IU	100IU
维生素 K Vitamin K，IU	0.5mg	1.10mg
硫胺素 Thiamin，mg	1mg	2.2mg
核黄素 Riboflavin，mg	3.5mg	7.7mg
泛酸 Pantothenic acid，mg	12mg	26.4mg
烟酸 Niacin，mg	10mg	22mg
吡哆醇 Pyridoxine，mg	1mg	2.2mg
生物素 Biotin，mg	0.2mg	0.44mg
叶酸 Folic acid，mg	1.3mg	2.86mg
维生素 B_{12} Vitamin B_{12}，IU	15μg	33μg
胆碱 Choline，g	1.25g	2.75g
亚油酸 Linoleic acid，%	0.10%	2.2g

附表 1-6　肉脂型生长育肥猪每千克饲粮养分含量（一型标准，自由采食，88% 干物质）

体重 BW，kg	5~8	8~15	15~30	30~60	60~90
日增重 ADC，kg/d	0.22	0.38	0.5	0.6	0.7
采食量 ADFI，kg/d	0.4	0.87	1.36	2.02	2.94
饲料转化率 F/G	1.8	2.3	2.73	3.35	4.2
消化能 DE，MJ/kg	13.8	13.6	12.95	12.95	12.95
粗蛋白质 CP，%	21	18.2	16	14	13
能量蛋白比 DE/CP，kJ/%	657	747	810	925	996
赖氨酸能量比 Lys/DE，g/MJ	0.97	0.77	0.66	0.53	0.46
氨基酸 amino acids，%					
赖氨酸 Lys	1.34	1.05	0.85	0.69	0.6
蛋氨酸 + 胱氨酸 Met+Cys	0.65	0.53	0.43	0.38	0.34
苏氨酸 Thr	0.77	0.62	0.5	0.45	0.39
色氨酸 Trp	0.19	0.15	0.12	0.11	0.11
异亮氨酸 Ile	0.73	0.59	0.47	0.43	0.37

（续表）

体重 BW，kg	5~8	8~15	15~30	30~60	60~90
矿物质元素 minerals，% 或每千克饲粮含量					
钙 Ca，%	0.86	0.74	0.64	0.55	0.46
总磷 Total P，%	0.67	0.6	0.55	0.46	0.37
非植酸磷 Nonphytate P，%	0.42	0.32	0.29	0.21	0.14
钠 Na，%	0.2	0.15	0.09	0.09	0.09
氯 Cl，%	0.2	0.15	0.07	0.07	0.07
镁 Mg，%	0.04	0.04	0.04	0.04	0.04
钾 K，%	0.29	0.26	0.24	0.21	0.16
铜 Cu，mg	6	5.5	4.6	3.7	3
碘 I，mg	0.13	0.13	0.13	0.13	0.13
铁 Fe，mg	100	92	74	55	37
锰 Mn，mg	4	3	3	2	2
硒 Se，mg	0.3	0.27	0.23	0.14	0.09
锌 Zn，mg	100	90	75	55	45
维生素和脂肪酸（%）或每千克饲料含量					
维生素 A Vitamin A，IU	2100	2000	1600	1200	1200
维生素 D$_3$ Vitamin D$_3$，IU	210	200	180	140	140
维生素 E Vitamin E，IU	15	15	10	10	10
维生素 K Vitamin K，mg	0.5	0.5	0.5	0.5	0.5
硫胺素 Thiamin，mg	1.5	1	1	1	1
核黄素 Riboflavin，mg	4	3.5	3	2	2
泛酸 Pantothenic acid，mg	12	10	8	7	6
烟酸 Niacin，mg	20	14	12	9	6.5
吡哆醇 Pyridoxine，mg	2	1.5	1.5	1	1
生物素 Biotin，mg	0.08	0.05	0.05	0.05	0.05
叶酸 Folic acid，mg	0.3	0.3	0.3	0.3	0.3
维生素 B$_{12}$ VitaminB$_{12}$，μg	20	16.5	14.5	10	5
胆碱 Choline，g	0.5	0.4	0.3	0.3	0.3
亚油酸 Linoleic acid，%	0.1	0.1	0.1	0.1	0.1

附表 1-7　肉脂型生长育肥猪每日每头养分需要量（一型标准，自由采食，88% 干物质）

体重 BW，kg	5~8	8~15	15~30	30~60	60~90
日增重 ADG，kg/d	0.22	0.38	0.5	0.6	0.7
采食量 ADFI，kg/d	0.4	0.87	1.36	2.02	2.94
饲料转化率 F/G	1.8	2.3	2.73	3.35	4.2
消化能 DE，MJ/kg	13.8	13.6	12.95	12.95	12.95

（续表）

体重 BW，kg	5~8	8~15	15~30	30~60	60~90
粗蛋白质 CP，g/d	84	158.3	217.6	282.8	382.2
氨基酸（g/d）					
赖氨酸 Lys	5.4	9.1	11.6	13.9	17.6
蛋氨酸 + 胱氨酸 Met+Cys	2.6	4.6	5.8	7.7	10
苏氨酸 Thr	3.1	5.4	6.8	9.1	11.5
色氨酸 Trp	0.8	1.3	1.6	2.2	3.2
异亮氨酸 Ile	2.9	5.1	6.4	8.7	10.9
矿物质元素（g 或 mg/d）					
钙 Ca，g	3.4	6.4	8.7	11.1	13.5
总磷 Total P，g	2.7	5.2	7.5	9.3	10.9
非植酸磷 Nonphytate P，g	1.7	2.8	3.9	4.2	4.1
钠 Na，g	0.8	1.3	1.2	1.8	2.6
氯 Cl，g	0.8	1.3	1	1.4	2.1
镁 Mg，g	0.2	0.3	0.5	0.8	1.2
钾 K，g	1.2	2.3	3.31g	4.2	4.7
铜 Cu，mg	2.4	4.79	6.12	8.08	8.82
碘 I，mg	40	80.04	100.64	111.1	108.78
铁 Fe，mg	0.05	0.11	0.18	0.26	0.38
锰 Mn，mg	1.6	2.61	4.08	4.04	5.88
硒 Se，mg	0.12	0.22	0.34	0.3	0.29
锌 Zn，mg	40	78.3	102	111.1	132.3
维生素和脂肪酸（IU、mg、g 或 μg/d）					
维生素 A Vitamin A，IU	840	1740	2176	2424	3528
维生素 D3 Vitamin D3，IU	84	174	244.8	282.8	411.6
维生素 E Vitamin E，IU	6	13.1	13.6	20.2	29.4
维生素 K Vitamin K，mg	0.2	0.4	0.7	1	1.5
硫胺素 Thiamin，mg	0.6	0.9	1.4	2	2.9
核黄素 Riboflavin，mg	1.6	3	4.1	4	5.9
泛酸 Pantothenic acid，mg	4.8	8.7	10.9	14.1	17.6
烟酸 Niacin，mg	8	12.2	16.3	18.2	19.1
吡哆醇 Pyridoxine，mg	0.8	1.3	2	2	2.9
生物素 Biotin，mg	0	0	0.1	0.1	0.1
叶酸 Folic acid，mg	0.1	0.3	0.4	0.6	0.9
维生素 B12 Vitamin B12，μg	8	14.4	19.7	20.2	14.7
胆碱 Choline，g	0.2	0.3	0.4	0.6	0.9
亚油酸 Linoleic acid，g	0.4	0.9	1.4	2	2.9

附表 1-8　肉脂型生长育肥猪每千克饲粮中养分含量（二型标准，自由采食，干物质 88%）

体重 BW，kg	8~15	15~30	30~60	60~90
日增重 ADG，kg/d	0.34	0.45	0.55	0.65
采食量 ADFI，kg/d	0.87	1.3	1.96	2.89
饲料/增重 F/G	2.55	2.9	3.55	4.45
消化能 DE，MJ/kg	13.3	12.25	12.25	12.25
粗蛋白质 CP，%	17.5	16	14	13
能量蛋白比 DE/CP，kJ/%	760	766	875	942
赖氨酸能量比 Lys/DE，g/MJ	0.74	0.65	0.53	0.46
氨基酸（%）				
赖氨酸 Lys	0.99	0.8	0.65	0.56
蛋氨酸+胱氨酸 Met+Cys	0.56	0.4	0.35	0.32
苏氨酸 Thr	0.64	0.48	0.41	0.37
色氨酸 Trp	0.18	0.12	0.11	0.1
异亮氨酸 Ile	0.54	0.45	0.4	0.34
矿物质元素（%或每千克饲粮含量）				
钙 Ca，%	0.72	0.62	0.53	0.44
总磷 Total P，%	0.58	0.53	0.44	0.35
非植酸磷 Nonphytate P，%	0.31	0.27	0.2	0.13
钠 Na，%	0.14	0.09	0.09	0.09
氯 Cl，%	0.14	0.07	0.07	0.07
镁 Mg，%	0.04	0.04	0.04	0.04
钾 K，%	0.25	0.23	0.2	0.15
铜 Cu，mg	5	4	3	3
碘 I，mg	90	70	55	35
铁 Fe，mg	0.12	0.12	0.12	0.12
锰 Mn，mg	3	2.5	2	2
硒 Se，mg	0.26	0.22	0.13	0.09
锌 Zn，mg	90	70	53	44
维生素和脂肪酸（%或每千克饲料含量）				
维生素 A Vitamin A，IU	1900	1550	1150	1150
维生素 D3 Vitamin D3，IU	190	170	130	130
维生素 E Vitamin E，IU	15	10	10	10
维生素 K Vitamin K，mg	0.45	0.45	0.45	0.45
硫胺素 Thiamin，mg	1	1	1	1
核黄素 Riboflavin，mg	3	2.5	2	2
泛酸 Pantothenic acid，mg	10	8	7	6

（续表）

体重 BW，kg	8~15	15~30	30~60	60~90
烟酸 Niacin，mg	14	12	9	6.5
吡哆醇 Pyridoxine，mg	1.5	1.5	1	1
生物素 Biotin，mg	0.05	0.04	0.04	0.4
叶酸 Folic acid，mg	0.3	0.3	0.3	0.3
维生素 B₁₂ Vitamin B₁₂，μg	15	13	10	5
胆碱 Choline，g	0.4	0.3	0.3	0.3
亚油酸 Linoleic acid，%	0.1	0.1	0.1	0.1

附表 1-9　肉脂型生长育肥猪每日每头养分需要量（二型标准，自由采食，干物质 88%）

体重 BW，kg	8~15	15~30	30~60	60~90
日增重 ADG，kg/d	0.34	0.45	0.55	0.65
采食量 ADFI，kg/d	0.87	1.3	1.96	2.89
饲料 / 增重 F/G	2.55	2.9	3.55	4.45
消化能 DE，MJ/kg	13.3	12.25	12.25	12.25
粗蛋白质 CP，g/d	152.3	208	274.4	375.7
氨基酸（g/d）				
赖氨酸 Lys	8.6	10.4	12.7	16.2
蛋氨酸 + 胱氨酸 Met+Cys	4.9	5.2	6.9	9.2
苏氨酸 Thr	5.6	6.2	8	10.7
色氨酸 Trp	1.6	1.6	2.2	2.9
异亮氨酸 Ile	4.7	5.9	7.8	9.8
矿物质元素（g 或 mg/d）				
钙 Ca，g	6.3	8.1	10.4	12.7
总磷 Total P，g	5	6.9	8.6	10.1
非植酸磷 Nonphytate P，g	2.7	3.5	3.9	3.8
钠 Na，g	1.2	1.2	1.8	2.6
氯 Cl，g	1.2	0.9	1.4	2
镁 Mg，g	0.3	0.5	0.8	1.2
钾 K，g	2.2	3	3.9	4.3
铜 Cu，mg	4.4	5.2	5.9	8.7
碘 I，mg	78.3	91	107.8	101.2
铁 Fe，mg	0.1	0.2	0.2	0.3
锰 Mn，mg	2.6	3.3	3.9	5.8
硒 Se，mg	0.2	0.3	0.3	0.3
锌 Zn，mg	78.3	91	103.9	127.2

（续表）

体重 BW，kg	8~15	15~30	30~60	60~90
维生素和脂肪酸（IU、mg、g 或 μg/d）				
维生素 A Vitamin A，IU	1653	2015	2254	3324
维生素 D_3 Vitamin D_3，IU	165	221	255	376
维生素 E Vitamin E，IU	13.1	13	19.6	28.9
维生素 K Vitamin K，mg	0.4	0.6	0.9	1.3
硫胺素 Thiamin，mg	0.9	1.3	2	2.9
核黄素 Riboflavin，mg	2.6	3.3	3.9	5.8
泛酸 Pantothenic acid，mg	8.7	10.4	13.7	17.3
烟酸 Niacin，mg	12.16	15.6	17.6	18.79
吡哆醇 Pyridoxine，mg	1.3	2	2	2.9
生物素 Biotin，mg	0	0.1	0.1	0.1
叶酸 Folic acid，mg	0.3	0.4	0.6	0.9
维生素 B_{12} Vitamin B_{12}，μg	13.1	16.9	19.6	14.5
胆碱 Choline，g	0.3	0.4	0.6	0.9
亚油酸 Linoleic acid，g	0.9	1.3	2	2.9

附表 1-10　肉脂型生长育肥猪每千克饲粮中养分含量（三型标准，自由采食，干物质 88%）

体重 BW，kg	15~30	30~60	60~90
日增重 ADG，kg/d	0.4	0.5	0.59
采食量 ADFI，kg/d	1.28	1.95	2.92
饲料 / 增重 F/G	3.2	3.9	4.95
消化能 DE，MJ/kg	11.7	11.7	11.7
粗蛋白质 CP，%	15	14	13
能量蛋白比 DE/CP，kJ/%	780	835	900
赖氨酸能量比 Lys/DE，g/MJ	0.67	0.5	0.43
氨基酸（%）			
赖氨酸 Lys	0.78	0.59	0.5
蛋氨酸 + 胱氨酸 Met+Cys	0.4	0.31	0.28
苏氨酸 Thr	0.46	0.38	0.33
色氨酸 Trp	0.11	0.1	0.09
异亮氨酸 Ile	0.44	0.36	0.31
矿物质元素（% 或每千克饲粮含量）			
钙 Ca，%	0.59	0.5	0.42
总磷 Total P，%	0.5	0.42	0.34
非植酸磷 Nonphytate P，%	0.27	0.19	0.13
钠 Na，%	0.08	0.08	0.08

（续表）

体重 BW, kg	15~30	30~60	60~90
氯 Cl, %	0.07	0.07	0.07
镁 Mg, %	0.03	0.03	0.03
钾 K, %	0.22	0.19	0.14
铜 Cu, mg	4	3	3
碘 I, mg	70	50	35
铁 Fe, mg	0.12	0.12	0.12
锰 Mn, mg	3	2	2
硒 Se, mg	0.21	0.13	0.08
锌 Zn, mg	70	50	40
维生素和脂肪酸（% 或每千克饲料含量）			
维生素 A Vitamin A, IU	1 470	1090	1090
维生素 D_3 Vitamin D_3, IU	168	126	126
维生素 E Vitamin E, IU	9	9	9
维生素 K Vitamin K, mg	0.4	0.4	0.4
硫胺素 Thiamin, mg	1	1	1
核黄素 Riboflavin, mg	2.5	2	2
泛酸 Pantothenic acid, mg	8	7	6
烟酸 Niacin, mg	12	9	6.5
吡哆醇 Pyridoxine, mg	1.5	1	1
生物素 Biotin, mg	0.04	0.04	0.04
叶酸 Folic acid, mg	0.25	0.25	0.25
维生素 B_{12} Vitamin B_{12}, μg	12	10	5
胆碱 Choline, g	0.34	0.25	0.25
亚油酸 Linoleic acid, %	0.1	0.1	0.1

附表 1-11　肉脂型生长育肥猪每日每头养分需要量（三型标准，自由采食，干物质 88%）

体重 BW, kg	15~30	30~60	60~90
日增重 ADG, kg/d	0.4	0.5	0.59
采食量 ADFI, kg/d	1.28	1.95	2.92
饲料 / 增重 F/G	3.2	3.9	4.95
消化能 DE, MJ/kg	11.7	11.7	11.7
粗蛋白质 CP, g/d	192	273	379.6
氨基酸（g/d）			
赖氨酸 Lys	10	11.5	14.6
蛋氨酸 + 胱氨酸 Met+Cys	5.1	6	8.2
苏氨酸 Thr	5.9	7.4	9.6

（续表）

体重 BW，kg	15~30	30~60	60~90
色氨酸 Trp	1.4	2	2.6
异亮氨酸 Ile	5.6	7	9.1
矿物质元素（g 或 mg/d）			
钙 Ca，%	7.6	9.8	12.3
总磷 Total P，%	6.4	8.2	9.9
非植酸磷 Nonphytate P，%	3.5	3.7	3.8
钠 Na，%	1	1.6	2.3
氯 Cl，%	0.9	1.4	2
镁 Mg，%	0.4	0.6	0.9
钾 K，%	2.8	3.7	4.4
铜 Cu，mg	5.1	5.9	8.8
碘 I，mg	89.6	97.5	102.2
铁 Fe，mg	0.2	0.2	0.4
锰 Mn，mg	3.8	3.9	5.8
硒 Se，mg	0.3	0.3	0.3
锌 Zn，mg	89.6	97.5	116.8
维生素和脂肪酸（IU、mg、g 或 μg/d）			
维生素 A Vitamin A，IU	1 856	2 145	3 212
维生素 D_3 Vitamin D_3，IU	217.6	243.8	365
维生素 E Vitamin E，IU	12.8	19.5	29.2
维生素 K Vitamin K，mg	0.5	0.8	1.2
硫胺素 Thiamin，mg	1.3	2	2.9
核黄素 Riboflavin，mg	3.2	3.9	5.8
泛酸 Pantothenic acid，mg	10.2	13.7	17.5
烟酸 Niacin，mg	15.36	17.55	18.98
吡哆醇 Pyridoxine，mg	1.9	2	2.9
生物素 Biotin，mg	0.1	0.1	0.1
叶酸 Folic acid，mg	0.3	0.5	0.7
维生素 B_{12} Vitamin B_{12}，μg	15.4	19.5	14.6
胆碱 Choline，g	0.4	0.5	0.7
亚油酸 Linoleic acid，%	1.3	2	2.9

附表 1-12 肉脂型妊娠、哺乳母猪每千克饲粮养分含量（88% 干物质）

体重 BW, kg	妊娠母猪	泌乳母猪
采食量 ADFI, kg/d	2.1	5.1
消化能 DE, MJ/kg	11.7	13.6
粗蛋白质 CP, %	13	17.5
能量蛋白比 DE/CP, kJ/%	900	777
赖氨酸能量比 Lys/DE, g/MJ	0.37	0.58
氨基酸（%）		
赖氨酸 Lys	0.43	0.79
蛋氨酸 + 胱氨酸 Met+Cys	0.3	0.4
苏氨酸 Thr	0.35	0.52
色氨酸 Trp	0.08	0.14
异亮氨酸 Ile	0.25	0.45
矿物质元质（% 或每千克饲粮含量）		
钙 Ca, %	0.62	0.72
总磷 Total P, %	0.5	0.58
非植酸磷 Nonphytate P, %	0.3	0.34
钠 Na, %	0.12	0.2
氯 Cl, %	0.1	0.16
镁 Mg, %	0.04	0.04
钾 K, %	0.16	0.2
铜 Cu, mg	4	5
碘 I, mg	0.12	0.14
铁 Fe, mg	70	80
锰 Mn, mg	16	20
硒 Se, mg	0.15	0.15
锌 Zn, mg	50	50
维生素和脂肪酸（% 或每千克饲料含量）		
维生素 A Vitamin A, IU	3 600	2 000
维生素 D_3 Vitamin D_3, IU	180	200
维生素 E Vitamin E, IU	36	44
维生素 K Vitamin K, mg	0.4	0.5
硫胺素 Thiamin, mg	1	1
核黄素 Riboflavin, mg	3.2	3.75
泛酸 Pantothenic acid, mg	10	12
烟酸 Niacin, mg	8	10
吡哆醇 Pyridoxine, mg	1	1

（续表）

体重 BW，kg	妊娠母猪	泌乳母猪
生物素 Biotin，mg	0.16	0.2
叶酸 Folic acid，mg	1.1	1.3
维生素 B_{12} Vitamin B_{12}，μg	12	15
胆碱 Choline，g	1	1
亚油酸 Linoleic acid，%	0.1	0.1

附表 1-13　地方猪种后备母猪每千克饲粮中养分含量（88% 干物质）

体重 BW，kg	10~20	20~40	40~70
预期日增重 ADG，kg/d	0.3	0.4	0.5
采食量 ADFI，kg/d	0.63	1.08	1.65
饲料 / 增重 F/G	2.1	2.7	3.3
消化能 DE，MJ/kg	12.97	12.55	12.15
粗蛋白质 CP，%	18.3	16	14
能量蛋白比 DE/CP，kJ/%	721	784	868
赖氨酸能量比 Lys/DE，g/MJ	0.77	0.7	0.48
氨基酸（%）			
赖氨酸 Lys	1	0.88	0.67
蛋氨酸 + 胱氨酸 Met+Cys	0.5	0.44	0.36
苏氨酸 Thr	0.59	0.53	0.43
色氨酸 Trp	0.15	0.13	0.11
异亮氨酸 Ile	0.56	0.49	0.41
矿物质（%）			
钙 Ca，%	0.74	0.62	0.53
总磷 Total P，%	0.6	0.53	0.44
非植酸磷 Nonphytate P，%	0.37	0.28	0.2

附表 1-14　肉脂型种公猪每千克饲粮养分含量（88% 干物质）

体重 BW，kg	10~20	20~40	40~70
日增重 ADG，kg/d	0.35	0.45	0.5
采食量 ADFI，kg/d	0.72	1.17	1.67
消化能 DE，MJ/kg	12.97	12.55	12.55
粗蛋白质 CP，%	18.8	17.5	14.6
能量蛋白比 DE/CP，kJ/%	690	717	860
赖氨酸能量比 Lys/DE，g/MJ	0.81	0.73	0.5
氨基酸（%）			
赖氨酸 Lys	1.05	0.92	0.73

（续表）

体重 BW，kg	10~20	20~40	40~70
蛋氨酸 + 胱氨酸 Met+Cys	0.53	0.47	0.37
苏氨酸 Thr	0.62	0.55	0.47
色氨酸 Trp	0.16	0.13	0.12
异亮氨酸 Ile	0.59	0.52	0.45
矿物质（%）			
钙 Ca，%	0.74	0.64	0.55
总磷 Total P，%	0.6	0.55	0.46
非植酸磷 Nonphytate P，%	0.37	0.29	0.21

附表 1–15　肉脂型种公猪每日每头养分需要量（88% 干物质）

体重 BW，kg	10~20	20~40	40~70
日增重 ADG，kg/d	0.35	0.45	0.5
采食量 ADFI，kg/d	0.72	1.17	1.67
消化能 DE，MJ/kg	12.97	12.55	12.55
粗蛋白质 CP，g/d	135.4	204.8	243.8
氨基酸（g/d）			
赖氨酸 Lys	7.6	10.8	12.2
蛋氨酸 + 胱氨酸 Met+Cys	3.8	5.5	6.2
苏氨酸 Thr	4.5	6.4	7.9
色氨酸 Trp	1.2	1.52	2
异亮氨酸 Ile	4.2	6.1	7.5
矿物质元素（g/d）			
钙 Ca	5.3	7.5	9.2
总磷 Total P	4.3	6.4	7.7
有效磷 Nonphytate P	2.7	3.4	3.5

附录二 美国 NRC 猪饲养标准（2012）

附表 2-1　自由采食下生长猪日粮钙、磷、氨基酸需要量（90% 干物质）

体重范围（kg）	5~7	7~11	11~25	25~50	50~75	75~100	100~135
净能（kcal/kg）	2448	2448	2412	2475	2475	2475	2475
有效消化能（kcal/kg）	3542	3542	3490	3402	3402	3402	3402
有效代谢能（kcal/kg）	3400	3400	3350	3300	3300	3300	3300
有效代谢能摄入量估计值（kcal/d）	904	1592	3033	4959	6989	8265	9196
采食量 + 损耗量估计值（g/d）	280	493	953	1582	2229	2636	2933
日增重（g/d）	210	335	585	758	900	917	867
蛋白沉积（g/d）	—	—	—	128	147	141	122
钙和磷（%）							
总钙	0.85	0.8	0.7	0.66	0.59	0.52	0.46
磷的标准总肠道消化率	0.45	0.4	0.33	0.31	0.27	0.24	0.21
磷的表现总肠道消化率	0.41	0.36	0.29	0.26	0.23	0.21	0.18
总磷	0.7	0.65	0.6	0.56	0.52	0.47	0.43
以真回肠可消化氨基酸为基础（%）							
精氨酸	0.68	0.61	0.56	0.45	0.39	0.33	0.28
组氨酸	0.52	0.46	0.42	0.34	0.29	0.25	0.21
异亮氨酸	0.77	0.69	0.63	0.51	0.45	0.39	0.33
亮氨酸	1.5	1.35	1.23	0.99	0.85	0.74	0.62
赖氨酸	1.5	1.35	1.23	0.98	0.85	0.73	0.61
蛋氨酸	0.43	0.39	0.36	0.28	0.24	0.21	0.18
蛋 + 胱氨酸	0.82	0.74	0.68	0.55	0.48	0.42	0.36
苯丙氨酸	0.88	0.79	0.72	0.59	0.51	0.44	0.37
苯丙 + 色氨酸	1.38	1.25	1.14	0.92	0.8	0.69	0.58
苏氨酸	0.88	0.79	0.73	0.59	0.52	0.46	0.4
色氨酸	0.25	0.22	0.2	0.17	0.15	0.13	0.11
缬氨酸	0.95	0.86	0.78	0.64	0.55	0.48	0.41
总氮	3.1	2.8	2.56	2.11	1.84	1.61	1.37
以表现回肠可消化氨基酸为基础（%）							
精氨酸	0.64	0.57	0.51	0.41	0.34	0.29	0.24
组氨酸	0.49	0.44	0.4	0.32	0.27	0.24	0.19

（续表）

体重范围（kg）	5~7	7~11	11~25	25~50	50~75	75~100	100~135
异亮氨酸	0.74	0.66	0.6	0.49	0.42	0.36	0.3
亮氨酸	1.45	1.3	1.18	0.94	0.81	0.69	0.57
赖氨酸	1.45	1.31	1.19	0.94	0.81	0.69	0.57
蛋氨酸	0.42	0.38	0.34	0.27	0.23	0.2	0.16
蛋＋胱氨酸	0.79	0.71	0.65	0.53	0.46	0.4	0.33
苯丙氨酸	0.85	0.76	0.69	0.56	0.48	0.41	0.34
苯丙＋色氨酸	1.32	1.19	1.08	0.87	0.75	0.65	0.54
苏氨酸	0.81	0.73	0.67	0.54	0.47	0.41	0.35
色氨酸	0.23	0.21	0.19	0.16	0.13	0.12	0.1
缬氨酸	0.89	0.8	0.73	0.59	0.51	0.44	0.36
总氮	2.84	2.55	2.32	1.88	1.62	1.4	1.16
以总氨基酸为基础（%）							
精氨酸	0.75	0.68	0.62	0.5	0.44	0.38	0.32
组氨酸	0.58	0.53	0.48	0.39	0.34	0.3	0.25
异亮氨酸	0.88	0.79	0.73	0.59	0.52	0.45	0.39
亮氨酸	1.71	1.54	1.41	1.13	0.98	0.85	0.71
赖氨酸	1.7	1.53	1.4	1.12	0.97	0.84	0.71
蛋氨酸	0.49	0.44	0.4	0.32	0.28	0.25	0.21
蛋＋胱氨酸	0.96	0.87	0.79	0.65	0.57	0.5	0.43
苯丙氨酸	1.01	0.91	0.83	0.68	0.59	0.51	0.43
苯丙＋色氨酸	1.6	1.44	1.32	1.08	0.94	0.82	0.7
苏氨酸	1.05	0.95	0.87	0.72	0.64	0.56	0.49
色氨酸	0.28	0.25	0.23	0.19	0.17	0.15	0.13
缬氨酸	1.1	1	0.91	0.75	0.65	0.57	0.49
总氮	3.63	3.29	3.02	2.51	2.2	1.94	1.67

附表 2-2　自由采食状态下生长猪的饲粮钙、磷和氨基酸需要量（按 90% 干物质算）

体重范围（kg）	5~7	7~11	11~25	25~50	50~75	75~100	100~135
净能（kcal/kg）	2448	2448	2412	2475	2475	2475	2475
有效消化能（kcal/kg）	3542	3542	3490	3402	3402	3402	3402
有效代谢能（kcal/kg）	3400	3400	3350	3300	3300	3300	3300
有效代谢能摄入量估计值（kcal/d）	904	1592	3033	4959	6989	8265	9196
采食量＋损耗量估计值（g/d）	280	493	953	1582	2229	2636	2933
日增重（g/d）	210	335	585	758	900	917	867
蛋白沉积（g/d）	—	—	—	128	147	141	122
钙和磷（g/d）							

（续表）

体重范围（kg）	5~7	7~11	11~25	25~50	50~75	75~100	100~135
总钙	2.26	3.75	6.34	9.87	12.43	13.14	12.80
磷的标准总肠道消化率	1.20	1.87	2.99	4.59	5.78	6.11	5.95
磷的表现总肠道消化率	1.09	1.69	2.63	3.90	4.89	5.15	4.98
总磷	1.86	3.04	5.43	8.47	10.92	11.86	11.97
以真回肠可消化氨基酸为基础（g/d）							
精氨酸	1.8	2.9	5.1	6.8	8.2	8.4	7.8
组氨酸	1.4	2.2	3.8	5.1	6.2	6.3	5.8
异亮氨酸	2	3.2	5.7	7.7	9.4	9.7	9.1
亮氨酸	4	6.3	11.1	14.9	18.1	18.5	17.2
赖氨酸	4	6.3	11.1	14.8	17.9	18.3	16.9
蛋氨酸	1.2	1.8	3.2	4.3	5.2	5.3	4.9
蛋 + 胱氨酸	2.2	3.5	6.1	8.3	10.2	10.5	9.9
苯丙氨酸	2.3	3.7	6.6	8.8	10.8	11	10.3
苯丙 + 色氨酸	3.7	5.8	10.3	13.8	16.9	17.3	16.3
苏氨酸	2.3	3.7	6.6	8.9	11.1	11.6	11.1
色氨酸	0.7	1	1.8	2.5	3.1	3.2	3
缬氨酸	2.5	4	7.1	9.6	11.7	12.1	11.4
总氮	8.3	13.1	23.2	31.7	39	40.2	38.1
以表现回肠可消化氨基酸为基础（g/d）							
精氨酸	1.7	2.7	4.7	6.1	7.3	7.3	6.6
组氨酸	1.3	2.1	3.6	4.8	5.8	5.9	5.4
异亮氨酸	2	3.1	5.5	7.3	8.9	9	8.4
亮氨酸	3.8	6.1	10.7	14.1	17.1	17.3	16
赖氨酸	3.9	6.1	10.7	14.1	17.1	17.3	15.9
蛋氨酸	1.1	1.8	3.1	4.1	4.9	5	4.6
蛋 + 胱氨酸	2.1	3.3	5.9	7.9	9.7	9.9	9.3
苯丙氨酸	2.3	3.6	6.3	8.4	10.1	10.3	9.6
苯丙 + 色氨酸	3.5	5.6	9.8	13.1	15.9	16.3	15.1
苏氨酸	2.2	3.4	6	8.1	9.9	10.3	9.7
色氨酸	0.6	1	1.7	2.3	2.8	2.9	2.7
缬氨酸	2.4	3.7	6.6	8.8	10.7	10.9	10.2
总氮	7.6	12	21	28.3	34.3	35	32.5
以总氨基酸为基础（g/d）							
精氨酸	2	3.2	5.6	7.6	9.3	9.6	9
组氨酸	1.6	2.5	4.4	5.9	7.2	7.4	7
异亮氨酸	2.3	3.7	6.6	8.9	11	11.4	10.8

（续表）

体重范围（kg）	5~7	7~11	11~25	25~50	50~75	75~100	100~135
亮氨酸	4.6	7.2	12.7	17	20.8	21.3	19.9
赖氨酸	4.5	7.2	12.6	16.9	20.6	21.1	19.7
蛋氨酸	1.3	2.1	3.6	4.9	6	6.1	5.8
蛋 + 胱氨酸	2.5	4.1	7.2	9.8	12.1	12.6	12
苯丙氨酸	2.7	4.3	7.5	10.2	12.5	12.8	12.1
苯丙 + 色氨酸	4.2	6.8	12	16.2	20	20.6	19.5
苏氨酸	2.8	4.4	7.9	10.8	13.4	14.1	13.7
色氨酸	0.7	1.2	2.1	2.9	3.5	3.7	3.5
缬氨酸	2.9	4.7	8.3	11.3	13.9	14.4	13.6
总氮	9.7	15.4	27.3	37.7	46.6	48.6	46.5

附表 2-3　自由采食时不同体重的阉割小公猪、小母猪和未去势公猪的饲粮钙、磷和氨基酸需要量（按 90% 干物质算）

体重范围（kg）	50~70			70~100			100~135		
性　　别	阉割小公猪	小母猪	未去势公猪	阉割小公猪	小母猪	未去势公猪	阉割小公猪	小母猪	未去势公猪
净能（kcal/kg）	2475	2475	2475	2475	2475	2475	2475	2475	2475
有效消化能（kcal/kg）	3402	3402	3402	3402	3402	3402	3402	3402	3402
有效代谢能（kcal/kg）	3300	3300	3300	3300	3300	3300	3300	3300	3300
有效代谢能摄入量估计值（kcal/d）	7282	6658	6466	8603	7913	7657	9495	8910	8633
采食量 + 损耗量估计值（g/d）	2323	2124	2062	2744	2524	2442	3029	2842	2754
日增重（g/d）	917	866	872	936	897	922	879	853	906
蛋白沉积（g/d）	145	145	150	139	144	156	119	126	148
钙和磷（%）									
总钙	0.56	0.61	0.64	0.5	0.56	0.61	0.43	0.49	0.57
磷的标准总肠道消化率	0.26	0.28	0.3	0.23	0.26	0.29	0.2	0.23	0.27
磷的表现总肠道消化率	0.22	0.24	0.25	0.19	0.22	0.24	0.17	0.19	0.23
总磷	0.5	0.53	0.55	0.45	0.49	0.53	0.41	0.45	0.5
以真回肠可消化氨基酸为基础（%）									
精氨酸	0.37	0.4	0.4	0.32	0.35	0.37	0.27	0.29	0.33
组氨酸	0.28	0.3	0.3	0.24	0.26	0.28	0.2	0.22	0.25
异亮氨酸	0.43	0.46	0.46	0.37	0.41	0.43	0.31	0.34	0.39
亮氨酸	0.82	0.88	0.89	0.7	0.78	0.83	0.59	0.65	0.74
赖氨酸	0.81	0.87	0.88	0.69	0.77	0.82	0.58	0.64	0.73
蛋氨酸	0.23	0.25	0.26	0.2	0.22	0.24	0.17	0.18	0.21

（续表）

体重范围（kg）	50~70			70~100			100~135		
性　别	阉割小公猪	小母猪	未去势公猪	阉割小公猪	小母猪	未去势公猪	阉割小公猪	小母猪	未去势公猪
蛋 + 胱氨酸	0.46	0.49	0.5	0.4	0.44	0.47	0.34	0.37	0.42
苯丙氨酸	0.49	0.52	0.53	0.42	0.46	0.49	0.35	0.39	0.44
苯丙 + 色氨酸	0.76	0.82	0.83	0.66	0.73	0.77	0.56	0.61	0.69
苏氨酸	0.5	0.53	0.54	0.44	0.48	0.51	0.38	0.42	0.46
色氨酸	0.14	0.15	0.15	0.12	0.13	0.14	0.1	0.11	0.13
缬氨酸	0.53	0.57	0.58	0.46	0.51	0.54	0.39	0.43	0.48
总氮	1.76	1.88	1.91	1.54	1.69	1.78	1.31	1.43	1.61
以表现回肠可消化氨基酸为基础（%）									
精氨酸	0.33	0.35	0.36	0.28	0.31	0.33	0.22	0.25	0.29
组氨酸	0.26	0.28	0.29	0.22	0.52	0.26	0.18	0.2	0.24
异亮氨酸	0.4	0.43	0.44	0.34	0.38	0.4	0.29	0.32	0.36
亮氨酸	0.77	0.83	0.84	0.66	0.73	0.78	0.54	0.6	0.7
赖氨酸	0.77	0.83	0.84	0.65	0.73	0.78	0.54	0.6	0.69
蛋氨酸	0.22	0.24	0.24	0.19	0.21	0.22	0.16	0.17	0.2
蛋 + 胱氨酸	0.44	0.47	0.47	0.38	0.42	0.44	0.32	0.35	0.4
苯丙氨酸	0.46	0.49	0.5	0.39	0.44	0.46	0.33	0.36	0.41
苯丙 + 色氨酸	0.72	0.77	0.78	0.62	0.68	0.73	0.52	0.57	0.65
苏氨酸	0.45	0.48	0.49	0.39	0.43	0.45	0.33	0.36	0.41
色氨酸	0.13	0.14	0.14	0.11	0.12	0.13	0.09	0.1	0.12
缬氨酸	0.48	0.52	0.53	0.42	0.46	0.49	0.35	0.38	0.44
总氮	1.55	1.66	1.69	1.33	1.47	1.56	1.11	1.22	1.4
以总氨基酸为基础（%）									
精氨酸	0.42	0.45	0.46	0.37	0.4	0.42	0.31	0.34	0.38
组氨酸	0.32	0.35	0.35	0.28	0.31	0.33	0.24	0.36	0.3
异亮氨酸	0.5	0.53	0.54	0.43	0.48	0.5	0.37	0.4	0.45
亮氨酸	0.94	1	1.02	0.81	0.89	0.95	0.68	0.75	0.85
赖氨酸	0.93	0.99	1.01	0.8	0.89	0.94	0.67	0.74	0.85
蛋氨酸	0.27	0.29	0.29	0.23	0.26	0.27	0.2	0.22	0.25
蛋 + 胱氨酸	0.55	0.58	0.59	0.48	0.53	0.55	0.41	0.45	0.5
苯丙氨酸	0.56	0.6	0.61	0.49	0.54	0.57	0.41	0.45	0.51
苯丙 + 色氨酸	0.9	0.96	0.98	0.79	0.86	0.91	0.67	0.73	0.83
苏氨酸	0.61	0.65	0.66	0.54	0.59	0.62	0.47	0.51	0.56

（续表）

体重范围（kg）	50~70			70~100			100~135		
性　　别	阉割小公猪	小母猪	未去势公猪	阉割小公猪	小母猪	未去势公猪	阉割小公猪	小母猪	未去势公猪
色氨酸	0.16	0.17	0.17	0.14	0.15	0.16	0.12	0.13	0.15
缬氨酸	0.63	0.67	0.68	0.55	0.6	0.63	0.47	0.51	0.57
总氮	2.12	2.25	2.28	1.86	2.03	2.13	1.6	1.74	1.94

附表 2-4　自由采食时不同体重的阉割公猪、小母猪和未去势公猪的饲粮钙、磷和氨基酸需要量（按 90% 干物质算）

体重范围（kg）	50~70			70~100			100~135		
性　　别	小母猪	未去势公猪	阉割小公猪	小母猪	未去势公猪	阉割小公猪	小母猪	未去势公猪	阉割小公猪
净能（kcal/kg）	2475	2475	2475	2475	2475	2475	2475	2475	2475
有效消化能（kcal/kg）	3402	3402	3402	3402	3402	3402	3402	3402	3402
有效代谢能（kcal/kg）	3300	3300	3300	3300	3300	3300	3300	3300	3300
有效代谢能摄入量估计值（kcal/d）	7282	6658	6466	8603	7913	7657	9495	8910	8633
采食量 + 损耗量估计值（g/d）	2323	2124	2062	2744	2524	2442	3029	2842	2754
日增重（g/d）	917	866	872	936	897	922	879	853	906
蛋白沉积（g/d）	145	145	150	139	144	156	119	126	148
钙和磷（g/d）									
总钙	12.27	12.22	12.59	12.91	13.36	14.26	12.47	13.11	15.01
磷的标准总肠道消化率	5.71	5.68	5.85	6	6.21	6.63	5.8	6.1	6.98
磷的表现总肠道消化率	4.81	4.81	4.97	5.04	5.25	5.63	4.84	5.12	5.91
总磷	10.95	10.65	10.77	11.85	11.86	12.3	11.88	12.05	13.13
以真回肠可消化氨基酸为基础（g/d）									
精氨酸	8.2	8	7.9	8.3	8.4	8.7	7.6	7.9	8.8
组氨酸	6.1	6	6	6.2	6.3	6.5	5.7	5.9	6.6
异亮氨酸	9.4	9.2	9.1	9.6	9.7	10	9	9.2	10.1
亮氨酸	1.8	17.7	17.5	18.3	18.7	19.2	16.9	17.5	19.4
赖氨酸	17.8	17.5	17.3	18.1	18.4	19	16.6	17.2	19.2
蛋氨酸	5.1	5	5	5.2	5.3	5.5	4.8	5	5.5
蛋 + 胱氨酸	10.2	9.9	9.8	10.4	10.6	10.8	9.8	10.1	11
苯丙氨酸	10.7	10.5	10.4	10.9	11.1	11.4	10.2	10.5	11.5
苯丙 + 色氨酸	16.8	16.5	16.3	17.2	17.5	17.9	16	16.5	18.2
苏氨酸	11.1	10.8	10.6	11.6	11.6	11.8	11.1	11.2	12.1

体重范围（kg）	50~70			70~100			100~135		
性　别	小母猪	未去势公猪	阉割小公猪	小母猪	未去势公猪	阉割小公猪	小母猪	未去势公猪	阉割小公猪
色氨酸	3.1	3	3	3.2	3.2	3.3	3	3.1	3.3
缬氨酸	11.7	11.4	11.3	12	12.2	12.4	11.2	11.5	12.6
总氮	38.9	37.9	37.4	40.4	40.4	41.3	37.6	38.6	42.1
以表现回肠可消化氨基酸为基础（g/d）									
精氨酸	7.2	7.1	7.1	7.2	7.4	7.7	6.4	6.7	7.6
组氨酸	5.8	5.7	5.6	5.8	6	6.1	5.3	5.5	6.2
异亮氨酸	8.8	8.6	8.5	8.9	9.1	9.4	8.2	8.5	9.4
亮氨酸	17	16.7	16.5	17.1	17.5	18.1	15.7	16.3	18.2
赖氨酸	16.9	16.7	16.5	17.1	17.5	18.1	15.6	16.2	18.1
蛋氨酸	4.9	4.8	4.8	4.9	5.1	5.2	4.5	4.7	5.2
蛋＋胱氨酸	9.6	9.4	9.3	9.8	10	10.2	9.2	9.5	10.4
苯丙氨酸	10.1	9.9	9.8	10.2	10.4	10.7	9.4	9.7	10.8
苯丙＋色氨酸	15.9	15.6	15.4	16.1	16.4	16.9	14.9	15.4	17
苏氨酸	9.9	9.7	9.5	10.2	10.3	10.5	9.6	9.8	10.7
色氨酸	2.8	2.8	2.7	2.9	2.9	3	2.7	2.8	3
缬氨酸	10.7	10.5	10.3	10.8	11	11.3	10	10.3	11.4
总氮	34.1	33.5	33.1	34.6	35.3	36.2	31.9	33	36.5
以总氨基酸为基础（g/d）									
精氨酸	9.3	9	8.9	9.5	9.6	9.8	8.9	9.1	10
组氨酸	7.2	7	6.9	7.3	7.4	7.6	6.9	7.1	7.8
异亮氨酸	11	10.7	10.5	11.3	11.4	11.6	10.6	10.9	11.9
亮氨酸	20.7	20.3	20	21.1	21.5	22	19.6	20.2	22.3
赖氨酸	20.5	20.1	19.9	20.9	21.3	21.8	19.4	20	22.1
蛋氨酸	5.9	5.8	5.8	6.1	6.2	6.3	5.7	5.9	6.4
蛋＋胱氨酸	12.1	11.8	11.6	12.5	12.6	12.9	11.9	12.1	13.2
苯丙氨酸	12.4	12.1	12	12.7	12.9	13.2	11.9	12.2	13.4
苯丙＋色氨酸	19.9	19.4	19.2	20.5	20.7	21.2	19.3	19.8	21.6
苏氨酸	13.5	13.1	12.8	14.2	14.1	14.3	13.6	13.8	14.8
色氨酸	3.5	3.4	3.4	3.7	3.7	3.7	3.5	3.5	3.8
缬氨酸	13.9	13.5	13.3	14.3	14.4	14.7	13.5	13.8	15
总氮	46.7	43.4	44.7	48.5	48.7	49.5	46.1	46.9	50.8

附表 2-5 自由采食时 25~125kg 的不同平均全体蛋白沉积的猪饲粮钙、磷和氨基酸需要量（按 90% 干物质算）

体重范围（kg）	50~75			75~100			100~135		
平均蛋白沉积量（g/d）	115	135	155	115	135	155	115	135	155
净能（kcal/kg）	2475	2475	2475	2475	2475	2475	2475	2475	2475
有效消化能（kcal/kg）	3402	3402	3402	3402	3402	3402	3402	3402	3402
有效代谢能（kcal/kg）	3300	3300	3300	3300	3300	3300	3300	3300	3300
有效代谢能摄入量估计值（kcal/d）	6980	6989	6982	8254	8265	8250	9204	9196	9197
采食量 + 损耗量估计值（g/d）	2226	2229	2227	2633	2636	2632	2936	2933	2934
日增重（g/d）	817	900	982	842	917	994	804	867	930
蛋白沉积（g/d）	125	147	168	121	141	163	104	122	140
钙和磷（%）									
总钙	0.51	0.59	0.66	0.46	0.52	0.59	0.4	0.46	0.52
磷的标准总肠道消化率	0.24	0.27	0.31	0.21	0.24	0.28	0.19	0.21	0.24
磷的表现总肠道消化率	0.2	0.23	0.26	0.18	0.21	0.23	0.15	0.18	0.2
总磷	0.47	0.52	0.56	0.43	0.47	0.52	0.39	0.43	0.46
以真回肠可消化氨基酸为基础（%）									
精氨酸	0.36	0.39	0.41	0.31	0.33	0.36	0.26	0.28	0.3
组氨酸	0.27	0.29	0.31	0.23	0.25	0.27	0.19	0.21	0.22
异亮氨酸	0.41	0.45	0.47	0.36	0.39	0.41	0.3	0.33	0.35
亮氨酸	0.79	0.85	0.91	0.68	0.74	0.79	0.57	0.62	0.66
赖氨酸	0.78	0.85	0.91	0.67	0.73	0.78	0.56	0.61	0.65
蛋氨酸	0.22	0.24	0.26	0.19	0.21	0.23	0.16	0.18	0.19
蛋 + 胱氨酸	0.45	0.48	0.51	0.39	0.42	0.45	0.33	0.36	0.38
苯丙氨酸	0.47	0.51	0.54	0.41	0.44	0.47	0.34	0.37	0.39
苯丙 + 色氨酸	0.74	0.8	0.85	0.64	0.69	0.74	0.54	0.58	0.62
苏氨酸	0.49	0.52	0.55	0.43	0.46	0.49	0.38	0.4	0.42
色氨酸	0.14	0.15	0.16	0.12	0.13	0.14	0.1	0.11	0.12
缬氨酸	0.51	0.55	0.59	0.45	0.48	0.51	0.38	0.41	0.43
总氮	1.71	1.84	1.95	1.5	1.61	1.71	1.28	1.37	1.44
以表现回肠可消化氨基酸为基础（%）									
精氨酸	0.31	0.34	0.37	0.26	0.29	0.32	0.21	0.24	0.26
组氨酸	0.25	0.27	0.29	0.22	0.24	0.25	0.18	0.19	0.21
异亮氨酸	0.38	0.42	0.45	0.33	0.36	0.39	0.28	0.3	0.32
亮氨酸	0.74	0.81	0.87	0.64	0.69	0.75	0.53	0.57	0.62
赖氨酸	0.74	0.81	0.87	0.63	0.69	0.74	0.52	0.57	0.61
蛋氨酸	0.21	0.23	0.25	0.18	0.2	0.22	0.15	0.16	0.18
蛋 + 胱氨酸	0.42	0.46	0.49	0.37	0.4	0.42	0.31	0.33	0.35

（续表）

体重范围（kg）	50~75			75~100			100~135		
苯丙氨酸	0.44	0.48	0.51	0.38	0.41	0.44	0.32	0.34	0.37
苯丙 + 色氨酸	0.69	0.75	0.8	0.6	0.65	0.7	0.5	0.54	0.58
苏氨酸	0.44	0.47	0.5	0.38	0.41	0.43	0.33	0.35	0.37
色氨酸	0.12	0.13	0.14	0.11	0.1	0.12	0.09	0.1	0.1
缬氨酸	0.47	0.51	0.54	0.4	0.44	0.47	0.34	0.36	0.39
总氮	1.5	1.62	1.73	1.29	1.4	1.49	1.08	1.16	1.24
以总氨基酸为基础（%）									
精氨酸	0.41	0.44	0.47	0.35	0.38	0.41	0.3	0.32	0.34
组氨酸	0.31	0.34	0.36	0.27	0.3	0.32	0.23	0.25	0.27
异亮氨酸	0.48	0.52	0.55	0.42	0.45	0.48	0.36	0.39	0.41
亮氨酸	0.9	0.98	1.05	0.78	0.85	0.91	0.66	0.71	0.76
赖氨酸	0.89	0.97	1.04	0.78	0.84	0.9	0.65	0.71	0.76
蛋氨酸	0.26	0.28	0.3	0.23	0.25	0.26	0.19	0.21	0.22
蛋 + 胱氨酸	0.53	0.57	0.61	0.47	0.5	0.53	0.4	0.43	0.45
苯丙氨酸	0.54	0.59	0.63	0.48	0.51	0.55	0.4	0.43	0.46
苯丙 + 色氨酸	0.87	0.94	1	0.77	0.82	0.88	0.65	0.7	0.74
苏氨酸	0.6	0.64	0.67	0.53	0.56	0.59	0.47	0.49	0.51
色氨酸	0.16	0.17	0.18	0.14	0.15	0.16	0.1	0.13	0.13
缬氨酸	0.61	0.65	0.69	0.53	0.57	0.61	0.46	0.49	0.52
总氮	2.05	2.2	2.33	1.82	1.94	2.05	1.57	1.67	1.75

附表 2-6　自由采食时 25~125kg 的不同平均全体蛋白沉积的猪饲粮钙、磷和氨基酸需要量（按 90% 干物质算）

体重范围（kg）	50~75			75~100			100~135		
蛋白沉积量（g/d）	115	135	155	115	135	155	115	135	155
净能（kcal/kg）	2475	2475	2475	2475	2475	2475	2475	2475	2475
有效消化能（kcal/kg）	3402	3402	3402	3402	3402	3402	3402	3402	3402
有效代谢能（kcal/kg）	3300	3300	3300	3300	3300	3300	3300	3300	3300
有效代谢能摄入量估计值（kcal/d）	6980	6989	6982	8254	8265	8250	9204	9196	9197
采食量 + 损耗量估计值（g/d）	2226	2229	2227	2633	2636	2632	2936	2933	2934
日增重（g/d）	817	900	982	842	917	994	804	867	930
蛋白沉积（g/d）	125	147	168	121	141	163	104	122	140
钙和磷（g/d）									
总钙	10.8	12.43	13.99	11.45	13.14	14.83	11.21	12.81	14.39
磷的标准总肠道消化率	5.02	5.78	6.51	5.33	6.11	6.9	5.21	5.95	6.69
磷的表现总肠道消化率	4.21	4.89	5.54	4.44	5.15	5.85	4.32	4.98	5.64

（续表）

体重范围（kg）	50~75			75~100			100~135		
总磷	9.91	10.92	11.88	10.8	11.86	12.9	10.98	11.97	12.94
以真回肠可消化氨基酸为基础（g/d）									
精氨酸	7.5	8.2	8.8	7.7	8.4	9	7.2	7.8	8.3
组氨酸	5.6	6.2	6.6	5.8	6.3	6.7	5.4	5.8	6.2
异亮氨酸	8.7	9.4	10	9	9.7	10.3	8.4	9.1	9.7
亮氨酸	16.6	18.1	19.3	17	18.5	19.8	15.9	17.2	18.4
赖氨酸	16.4	17.9	19.2	16.8	18.3	19.6	15.6	16.9	18.1
蛋氨酸	4.7	5.2	5.5	4.8	5.3	5.7	4.5	4.9	5.2
蛋+胱氨酸	9.4	10.2	10.8	9.8	10.5	11.2	9.2	9.9	10.5
苯丙氨酸	9.9	10.8	11.5	10.2	11	11.8	9.6	10.3	11
苯丙+色氨酸	15.6	16.9	18	16	17.3	18.5	15.1	16.3	17.3
苏氨酸	10.4	11.1	11.7	10.9	11.6	12.2	10.5	11.1	11.7
色氨酸	2.9	3.1	3.3	3	3.2	3.5	2.8	3	3.2
缬氨酸	10.9	11.7	12.5	11.2	12.1	12.9	10.6	11.4	12.1
总氮	36.2	39	41.3	37.5	40.3	42.7	35.7	38.1	40.3
以表现回肠可消化氨基酸为基础（g/d）									
精氨酸	6.6	7.3	7.8	6.6	7.3	7.9	6	6.6	7.1
组氨酸	5.3	5.8	6.2	5.4	5.9	6.3	5	5.4	5.8
异亮氨酸	8.1	8.9	9.5	8.3	9	9.7	7.7	8.4	8.9
亮氨酸	15.6	17.1	18.3	15.9	17.3	18.6	14.7	16	17.1
赖氨酸	15.6	17.1	18.3	15.8	17.3	18.6	14.6	15.9	17.1
蛋氨酸	4.5	4.9	5.3	4.6	5	5.4	4.2	4.6	4.9
蛋+胱氨酸	8.9	9.7	10.3	9.2	9.9	10.6	8.7	9.3	9.9
苯丙氨酸	9.3	10.1	10.8	9.5	10.3	11.1	8.8	9.6	10.2
苯丙+色氨酸	14.7	15.9	17	15	16.3	17.4	14	15.1	16.1
苏氨酸	9.2	9.9	10.5	9.6	10.3	10.9	9.1	9.7	10.3
色氨酸	2.6	2.8	3	2.7	2.9	3.1	2.5	2.7	2.9
缬氨酸	9.9	10.7	11.4	10.1	10.9	11.7	9.4	10.2	10.8
总氮	31.6	34.3	36.6	32.3	35	37.3	30.1	32.5	34.5
以总氨基酸为基础(g/d)									
精氨酸	8.6	9.3	9.9	8.9	9.6	10.2	8.4	9	9.6
组氨酸	6.6	7.2	7.7	6.8	7.4	9.9	6.5	7	7.4
异亮氨酸	10.2	11	11.6	10.6	11.4	12.1	10.1	10.8	11.4
亮氨酸	19.1	20.8	22.2	19.6	21.3	22.8	18.4	19.9	21.2
赖氨酸	18.9	20.6	22	19.4	21.1	22.6	18.2	19.7	21.1
蛋氨酸	5.5	6	6.4	5.7	6.1	6.6	5.3	5.8	6.2

（续表）

体重范围（kg）	50~75			75~100			100~135		
蛋＋胱氨酸	11.2	12.1	12.8	11.7	12.6	13.3	11.2	12	12.7
苯丙氨酸	11.5	12.5	13.3	11.9	12.8	13.7	11.2	12.1	12.8
苯丙＋色氨酸	18.5	20	21.2	19.2	20.6	21.9	18.2	19.5	20.7
苏氨酸	12.6	13.4	14.1	13.4	14.1	14.9	13	13.7	14.3
色氨酸	3.3	3.5	3.7	3.4	3.7	3.9	3.3	3.5	3.7
缬氨酸	12.9	13.9	14.7	13.4	14.4	15.2	12.7	13.6	14.4
总氮	43.5	46.6	49.2	45.5	48.6	51.3	43.8	46.5	48.9

附表 2-7　自由采食时生长猪的饲粮矿物质、维生素和脂肪酸需要量（按 90% 干物质算）

体重范围（kg）	5~7	7~11	11~25	25~50	50~75	75~100	100~135
净能（kcal/kg）	2448	2448	2412	2475	2475	2475	2475
有效消化能（kcal/kg）	3542	3542	3490	3402	3402	3402	3402
有效代谢能（kcal/kg）	3400	3400	3350	3300	3300	3300	3300
有效代谢能摄入量估计值（kcal/d）	904	1592	3033	4959	6989	8265	9196
采食量＋损耗量估计值（g/d）	280	493	953	1582	2229	2636	2933
日增重（g/d）	210	335	585	758	900	917	867
蛋白沉积（g/d）	—	—	—	128	147	141	122
每千克日粮中矿物质元素需要量							
钠（%）	0.4	0.35	0.28	0.1	0.1	0.1	0.1
氯（%）	0.5	0.45	0.32	0.08	0.08	0.08	0.08
镁（%）	0.04	0.04	0.04	0.04	0.04	0.04	0.04
钾（%）	0.3	0.28	0.26	0.23	0.19	0.17	0.17
铜（mg/kg）	6	6	5	4	3.5	3	3
碘（mg/kg）	0.14	0.14	0.14	0.14	0.14	0.14	0.14
铁（mg/kg）	100	100	100	60	50	40	40
锰（mg/kg）	4	4	3	2	2	2	2
硒（mg/kg）	0.3	0.3	0.25	0.2	0.15	0.15	0.15
锌（mg/kg）	100	100	80	60	50	50	50
每千克日粮中维生素需要量							
维生素 A（IU/kg）	2200	2200	1750	1300	1300	1300	1300
维生素 D（IU/kg）	220	220	220	150	150	150	150
维生素 E（IU/kg）	16	16	11	11	11	11	11
维生素 K（甲萘醌）（mg/kg）	0.5	0.5	0.5	0.5	0.5	0.5	0.5
生物素（mg/kg）	0.08	0.05	0.05	0.05	0.05	0.05	0.05
胆碱（g/kg）	0.6	0.5	0.4	0.3	0.3	0.3	0.3

（续表）

体重范围（kg）	5~7	7~11	11~25	25~50	50~75	75~100	100~135
叶酸（mg/kg）	0.3	0.3	0.3	0.3	0.3	0.3	0.3
有效尼克酸（mg/kg）	30	30	30	30	30	30	30
泛酸（mg/kg）	12	10	9	8	7	7	7
核黄素（mg/kg）	4	3.5	3	2.5	2	2	2
维生素 B_1（mg/kg）	1.5	1	1	1	1	1	1
维生素 B_6（mg/kg）	7	7	3	1	1	1	1
维生素 B_{12}（μg/kg）	20	17.5	15	10	5	5	5
亚油酸（%）	0.1	0.1	0.1	0.1	0.1	0.1	0.1

附表 2-8　自由采食时生长猪的饲粮矿物、维生素和脂肪酸需要量（按 90% 干物质算）

体重范围（kg）	5~7	7~11	11~25	25~50	50~75	75~100	100~135
净能（kcal/kg）	2448	2448	2412	2475	2475	2475	2475
有效消化能（kcal/kg）	3542	3542	3490	3402	3402	3402	3402
有效代谢能（kcal/kg）	3400	3400	3350	3300	3300	3300	3300
有效代谢能摄入量估计值（kcal/d）	904	1592	3033	4959	6989	8265	9196
采食量＋损耗量估计值（g/d）	280	493	953	1582	2229	2636	2933
日增重（g/d）	210	335	585	758	900	917	867
蛋白沉积（g/d）	—	—	—	128	147	141	122
每日矿物质需要量							
钠（g）	1.06	1.64	2.53	1.5	2.12	2.51	2.79
氯（g）	1.33	2.11	2.9	1.2	1.69	2	2.23
镁（g）	0.11	0.19	0.36	0.6	0.85	1	1.11
钾（g）	0.8	1.31	2.35	3.46	4.02	4.26	4.74
铜（mg）	1.6	2.81	4.53	6.01	7.41	7.52	8.36
碘（mg）	0.04	0.07	0.13	0.21	0.3	0.35	0.39
铁（mg）	26.6	46.8	90.5	90.2	105.9	100.2	111.5
锰（mg）	1.06	1.87	2.72	3.01	4.24	5.01	5.57
硒（mg）	0.08	0.14	0.23	0.3	0.32	0.38	0.42
锌（mg）	26.6	46.8	72.4	90.2	105.9	125.3	139.4
每日维生素需要量							
维生素 A（IU）	585	1030	1584	1954	2753	3257	3623
维生素 D（IU）	59	103	181	225	318	376	418
维生素 E（IU）	4.3	7.5	10	16.5	23.3	27.6	30.7
维生素 K（甲萘醌）（mg）	0.13	0.23	0.45	0.75	1.06	1.25	1.39
生物素（mg）	0.02	0.02	0.05	0.08	0.11	0.13	0.14
胆碱（g）	0.16	0.23	0.36	0.45	0.64	0.75	0.84

（续表）

体重范围（kg）	5~7	7~11	11~25	25~50	50~75	75~100	100~135
叶酸（mg）	0.08	0.14	0.27	0.45	0.64	0.75	0.84
有效尼克酸（mg）	7.98	14.05	27.16	45.09	63.53	75.15	83.62
泛酸（mg）	3.19	4.68	8.15	12.02	14.82	17.54	19.51
核黄素（mg）	1.06	1.64	2.72	3.76	4.24	5.01	5.57
维生素 B_1（mg）	0.4	0.47	0.91	1.5	2.12	2.51	2.79
维生素 B_6（mg）	1.86	3.28	2.72	1.5	2.12	2.51	2.79
维生素 B_{12}（μg）	5.32	8.2	13.58	15.03	10.59	12.53	13.94
亚油酸（g）	0.3	0.5	0.9	1.5	2.1	2.5	2.8

附表 2-9　怀孕母猪的饲粮钙、磷和氨基酸需要量（按 90% 干物质算）

胎次（配种时体重，kg）	1（140）		2（165）		3（185）		4（205）					
预期妊娠期增重（kg）	65		60		52.2		45		40		45	
预期窝产仔数	12.5		13.5		13.5		13.5		13.5		15.5	
妊娠天数	<90	>90	<90	>90	<90	>90	<90	>90	<90	>90	<90	>90
净能（kcal/kg）	2518	2518	2518	2518	2518	2518	2518	2518	2518	2518	2518	2518
有效消化能（kcal/kg）	3388	3388	3388	3388	3388	3388	3388	3388	3388	3388	3388	3388
有效代谢能（kcal/kg）	3300	3300	3300	3300	3300	3300	3300	3300	3300	3300	3300	3300
有效代谢能摄入量估计值（kcal/d）	6678	7932	6928	8182	6928	8182	6897	8151	6427	7681	6521	7775
采食量＋损耗量估计值（g/d）	2130	2530	2210	2610	2210	2610	2200	2600	2050	2450	2080	2480
日增重（g/d）	578	543	539	481	472	468	410	340	364	298	416	313
钙和磷（%）												
总钙	0.61	0.83	0.54	0.78	0.49	0.72	0.43	0.67	0.46	0.71	0.46	0.75
磷的标准总肠道消化率	0.27	0.36	0.24	0.34	0.21	0.31	0.19	0.29	0.2	0.31	0.2	0.33
磷的表现总肠道消化率	0.23	0.31	0.2	0.29	0.18	0.27	0.16	0.25	0.17	0.26	0.17	0.28
总磷	0.49	0.62	0.45	0.58	0.41	0.55	0.38	0.52	0.4	0.54	0.4	0.56
以真回肠可消化氨基酸为基础（%）												
精氨酸	0.28	0.37	0.23	0.32	0.19	0.28	0.17	0.24	0.17	0.25	0.17	0.26
组氨酸	0.18	0.22	0.15	0.19	0.13	0.16	0.11	0.14	0.11	0.14	0.11	0.15
异亮氨酸	0.3	0.36	0.25	0.32	0.22	0.27	0.19	0.24	0.19	0.24	0.2	0.26
亮氨酸	0.47	0.65	0.4	0.57	0.35	0.51	0.3	0.45	0.31	0.47	0.32	0.49
赖氨酸	0.52	0.69	0.44	0.61	0.37	0.53	0.32	0.46	0.32	0.48	0.33	0.5
蛋氨酸	0.15	0.2	0.12	0.17	0.1	0.15	0.09	0.13	0.09	0.13	0.09	0.14
蛋＋胱氨酸	0.34	0.45	0.29	0.4	0.26	0.36	0.23	0.34	0.23	0.33	0.24	0.35
苯丙氨酸	0.29	0.38	0.25	0.34	0.21	0.3	0.19	0.27	0.19	0.27	0.19	0.29

（续表）

胎次（配种时体重，kg）	1（140）		2（165）		3（185）		4（205）					
预期妊娠期增重（kg）	65		60		52.2		45		40		45	
预期窝产仔数	12.5		13.5		13.5		13.5		13.5		15.5	
妊娠天数	<90	>90	<90	>90	<90	>90	<90	>90	<90	>90	<90	>90
苯丙+色氨酸	0.5	0.66	0.44	0.58	0.37	0.51	0.32	0.46	0.33	0.47	0.33	0.49
苏氨酸	0.37	0.48	0.33	0.43	0.29	0.39	0.27	0.36	0.27	0.36	0.28	0.38
色氨酸	0.09	0.13	0.08	0.12	0.07	0.11	0.07	0.1	0.07	0.1	0.07	0.11
缬氨酸	0.37	0.49	0.32	0.43	0.28	0.39	0.25	0.35	0.25	0.36	0.26	0.37
总氮	1.32	1.79	1.15	1.61	1.01	1.45	0.9	1.32	0.91	1.35	0.94	1.43
以表现回肠可消化氨基酸为基础（%）												
精氨酸	0.23	0.32	0.19	0.28	0.15	0.23	0.12	0.2	0.12	0.21	0.13	0.22
组氨酸	0.17	0.21	0.14	0.18	0.11	0.15	0.1	0.13	0.1	0.13	0.1	0.14
异亮氨酸	0.27	0.34	0.23	0.29	0.19	0.25	0.17	0.22	0.17	0.22	0.17	0.23
亮氨酸	0.43	0.6	0.36	0.53	0.3	0.46	0.26	0.41	0.27	0.42	0.28	0.45
赖氨酸	0.49	0.66	0.4	0.57	0.34	0.49	0.29	0.43	0.29	0.44	0.3	0.47
蛋氨酸	0.14	0.19	0.11	0.16	0.09	0.14	0.08	0.12	0.08	0.12	0.08	0.13
蛋+胱氨酸	0.32	0.43	0.27	0.38	0.24	0.34	0.21	0.31	0.21	0.31	0.22	0.33
苯丙氨酸	0.26	0.35	0.22	0.31	0.19	0.27	0.16	0.24	0.16	0.25	0.17	0.26
苯丙+色氨酸	0.46	0.62	0.39	0.54	0.33	0.47	0.29	0.42	0.29	0.43	0.3	0.45
苏氨酸	0.32	0.43	0.28	0.38	0.25	0.34	0.22	0.31	0.22	0.32	0.23	0.33
色氨酸	0.08	0.12	0.07	0.11	0.06	0.1	0.05	0.09	0.06	0.09	0.06	0.1
缬氨酸	0.33	0.44	0.28	0.39	0.24	0.34	0.21	0.31	0.21	0.31	0.22	0.33
总氮	1.12	1.58	0.95	1.41	0.82	1.25	0.72	1.12	0.73	1.15	0.75	1.23
以总氨基酸为基础（%）												
精氨酸	0.32	0.42	0.27	0.37	0.23	0.32	0.2	0.29	0.21	0.29	0.21	0.31
组氨酸	0.22	0.27	0.19	0.23	0.16	0.2	0.14	0.18	0.14	0.18	0.14	0.19
异亮氨酸	0.36	0.43	0.31	0.38	0.27	0.33	0.24	0.29	0.24	0.3	0.24	0.31
亮氨酸	0.55	0.75	0.47	0.66	0.41	0.59	0.36	0.53	0.36	0.54	0.37	0.57
赖氨酸	0.61	0.8	0.52	0.71	0.45	0.62	0.39	0.55	0.39	0.56	0.4	0.59
蛋氨酸	0.18	0.23	0.15	0.2	0.13	0.18	0.11	0.16	0.11	0.16	0.12	0.17
蛋+胱氨酸	0.41	0.54	0.36	0.48	0.32	0.44	0.29	0.4	0.29	0.41	0.3	0.43
苯丙氨酸	0.34	0.44	0.29	0.4	0.25	0.35	0.23	0.31	0.23	0.32	0.23	0.34
苯丙+色氨酸	0.61	0.79	0.53	0.7	0.46	0.62	0.41	0.56	0.41	0.57	0.42	0.6
苏氨酸	0.46	0.58	0.41	0.53	0.37	0.48	0.34	0.44	0.34	0.45	0.35	0.47
色氨酸	0.11	0.15	0.1	0.14	0.09	0.13	0.08	0.12	0.08	0.12	0.08	0.13
缬氨酸	0.45	0.58	0.39	0.52	0.34	0.46	0.31	0.42	0.31	0.43	0.32	0.45
总氮	1.62	2.15	1.42	1.95	1.26	1.77	1.14	1.62	1.15	1.65	1.18	1.74

附表 2-10　怀孕母猪的饲粮钙、磷和氨基酸每天需要量（按 90% 干物质算）

胎次（配种时体重，kg）	1（140）		2（165）		3（185）		4（205）					
预期妊娠期增重（kg）	65		60		52.2		45		40		45	
预期窝产仔数	12.5		13.5		13.5		13.5		13.5		15.5	
妊娠天数	<90	>90	<90	>90	<90	>90	<90	>90	<90	>90	<90	>90
净能（kcal/kg）	2518	2518	2518	2518	2518	2518	2518	2518	2518	2518	2518	2518
有效消化能（kcal/kg）	3388	3388	3388	3388	3388	3388	3388	3388	3388	3388	3388	3388
有效代谢能（kcal/kg）	3300	3300	3300	3300	3300	3300	3300	3300	3300	3300	3300	3300
有效代谢能摄入量估计值（kcal/d）	6678	7932	6928	8182	6928	8182	6897	8151	6427	7681	6521	7775
采食量 + 损耗量估计值（g/d）	2130	2530	2210	2610	2210	2610	2200	2600	2050	2450	2080	2480
日增重（g/d）	578	543	539	481	472	468	410	340	364	298	416	313
钙和磷（g/d）												
总钙	12.42	19.94	11.42	19.31	10.2	17.91	9.05	16.55	8.89	16.4	9.18	17.77
磷的标准总肠道消化率	5.4	8.67	4.96	8.39	4.43	7.79	3.93	7.2	3.87	7.13	3.99	7.73
磷的表现总肠道消化率	4.61	7.49	4.22	7.25	3.75	6.71	3.3	6.19	3.26	6.15	3.37	6.68
总磷	9.91	14.78	9.4	14.45	8.67	13.59	7.98	12.75	7.69	12.47	7.89	13.29
以真回肠可消化氨基酸为基础（g/d）												
精氨酸	5.6	8.8	4.8	7.9	4.1	6.9	3.5	6	3.2	5.8	3.4	6.2
组氨酸	3.7	5.4	3.2	4.8	2.6	4.1	2.2	3	2.1	3.3	2.2	3.5
异亮氨酸	6.1	8.8	5.3	7.9	4.6	6.9	4	5.9	3.7	5.7	3.9	6.1
亮氨酸	9.6	15.6	8.5	14.2	7.3	12.6	6.4	11.2	6	10.8	6.3	11.6
赖氨酸	10.6	16.7	9.2	15.1	7.8	13.1	6.7	11.5	6.3	11.1	6.6	11.9
蛋氨酸	3	4.7	2.6	4.3	2.2	3.7	1.8	3.2	1.7	3.1	1.8	3.4
蛋 + 胱氨酸	6.8	10.8	6.1	10	5.4	8.9	4.8	8.1	4.5	7.8	4.7	8.3
苯丙氨酸	5.8	9.1	5.1	8.4	4.4	7.4	3.9	6.6	3.7	6.3	3.8	6.8
苯丙 + 色氨酸	10.1	15.9	9	14.5	7.7	12.7	6.7	11.3	6.3	10.9	6.6	11.6
苏氨酸	7.6	11.5	6.9	10.7	6.2	9.7	5.6	8.8	5.3	8.5	5.4	9
色氨酸	1.9	3.2	1.7	3	1.5	2.7	1.4	2.5	1.3	2.4	1.3	2.6
缬氨酸	7.5	11.8	6.7	10.8	5.8	9.5	5.2	8.6	4.9	8.3	5	8.8
总氮	26.8	43.1	24.1	40.1	21.2	36	18.9	32.6	17.8	31.5	18.5	33.8
以表现回肠可消化氨基酸为基础（g/d）												
精氨酸	4.7	7.8	3.9	6.9	3.2	5.8	2.6	4.9	2.4	4.8	2.6	5.2
组氨酸	3.4	5	2.9	4.4	2.4	3.7	2	3.1	1.9	3	1.9	3.2
异亮氨酸	5.5	8.1	4.8	7.3	4.1	6.2	3.5	5.3	3.3	5.1	3.4	5.5
亮氨酸	8.7	14.5	7.6	13.1	6.4	11.5	5.5	10.1	5.2	9.8	5.4	10.6
赖氨酸	9.9	15.8	8.5	14.1	7.1	12.21	6	10.6	5.6	10.2	5.9	11

（续表）

胎次（配种时体重，kg）	1（140）		2（165）		3（185）		4（205）					
预期妊娠期增重（kg）	65		60		52.2		45		40		45	
预期窝产仔数	12.5		13.5		13.5		13.5		13.5		15.5	
妊娠天数	<90	>90	<90	>90	<90	>90	<90	>90	<90	>90	<90	>90
蛋氨酸	2.7	4.5	2.3	4	1.9	3.4	1.6	3	1.5	2.9	1.6	3.1
蛋+胱氨酸	6.4	10.2	5.7	9.4	5	8.4	4.4	7.6	4.2	7.3	4.3	7.8
苯丙氨酸	5.3	8.5	4.6	7.7	3.9	6.7	3.4	5.9	3.2	5.7	3.3	6.2
苯丙+色氨酸	9.4	14.9	8.2	13.5	7	11.8	6	10.4	5.7	10	5.9	10.7
苏氨酸	6.6	10.3	5.9	9.4	5.2	8.5	4.6	7.6	4.4	7.4	4.5	7.8
色氨酸	1.6	2.9	1.5	2.7	1.3	2.4	1.1	2.2	1.1	2.2	1.1	2.3
缬氨酸	6.6	10.7	5.8	9.6	5	8.5	4.3	7.6	4.1	7.3	4.3	7.8
总氮	22.7	37.9	20	34.9	17.1	30.9	15	27.6	14.1	26.8	14.8	28.9
以总氨基酸为基础（g/d）												
精氨酸	6.5	10	5.7	9.1	4.9	8	4.3	7.1	4	6.8	4.2	7.3
组氨酸	4.4	6.4	3.9	5.7	3.3	5	2.9	4.3	2.7	4.1	2.8	4.4
异亮氨酸	7.2	10.3	6.4	9.4	5.6	8.2	4.9	7.2	4.6	6.9	4.8	7.4
亮氨酸	11.1	17.9	9.9	16.5	8.5	14.6	7.5	10.3	7.1	12.6	7.4	13.5
赖氨酸	12.4	19.3	11	17.5	9.4	15.4	8.2	13.6	7.7	13.1	8	14
蛋氨酸	3.6	5.6	3.1	5.1	2.7	4.5	2.4	3.9	2.2	3.8	2.3	4.1
蛋+胱氨酸	8.3	12.9	7.5	12	6.7	10.8	6	9.8	5.7	9.5	5.9	10.1
苯丙氨酸	6.9	10.7	6.1	9.8	5.3	8.7	4.7	7.8	4.5	7.5	4.6	8
苯丙+色氨酸	12.3	18.9	11	17.4	9.6	15.4	8.5	13.8	8	13.3	8.3	14.1
苏氨酸	9.4	14	8.6	13.2	7.8	12	7.1	10.9	6.7	10.5	6.9	11.1
色氨酸	2.2	3.6	2	3.4	1.8	3.1	1.6	2.9	1.6	2.8	1.6	3
缬氨酸	9	14	8.1	12.9	7.2	11.5	6.4	10.4	6	10	6.2	10.65
总氮	32.7	51.7	29.8	48.4	26.5	43.8	23.9	39.9	22.5	38.5	23.3	41.1

附表 2-11　泌乳母猪的饲粮钙、磷和氨基酸需要量（按 90% 干物质算）

胎次	1			2		
产后体重（kg）	175	175	175	210	210	210
窝产子数	11	11	11	11.5	11.5	11.5
泌乳天数（d）	21	21	21	21	21	21
仔猪平均日增重（g）	190	230	270	190	230	270
净能（kcal/kg）	2518	2518	2518	2518	2518	2518
有效消化能（kcal/kg）	3388	3388	3388	3388	3388	3388
有效代谢能（kcal/kg）	3300	3300	3300	3300	3300	3300

（续表）

胎次	1			2		
有效代谢能摄入量估计值（kcal/d）	18.7	18.7	18.7	20.7	20.7	20.7
采食量+损耗量估计值（g/d）	5.95	5.95	5.93	6.61	6.61	6.61
估计母猪体重变化（kg）	1.5	−7.7	−17.4	3.7	−5.8	−15.9
钙和磷（%）						
总钙	0.63	0.71	0.8	0.6	0.68	0.76
磷的标准总肠道消化率	0.31	0.36	0.4	0.3	0.34	0.38
磷的表现总肠道消化率	0.27	0.31	0.35	0.26	0.29	0.33
总磷	0.56	0.62	0.67	0.54	0.6	0.65
以真回肠可消化氨基酸为基础（%）						
精氨酸	0.43	0.44	0.46	0.42	0.43	0.45
组氨酸	0.3	0.32	0.34	0.29	0.31	0.33
异亮氨酸	0.41	0.45	0.69	0.4	0.43	0.47
亮氨酸	0.83	0.92	1	0.8	0.88	0.96
赖氨酸	0.75	0.81	0.87	0.72	0.78	0.84
蛋氨酸	0.2	0.21	0.23	0.19	0.21	0.22
蛋+胱氨酸	0.39	0.43	0.47	0.38	0.41	0.45
苯丙氨酸	0.41	0.44	0.48	0.39	0.42	0.46
苯丙+色氨酸	0.83	0.91	0.99	0.8	0.87	0.95
苏氨酸	0.47	0.51	0.55	0.46	0.49	0.53
色氨酸	0.14	0.15	0.17	0.13	0.15	0.16
缬氨酸	0.64	0.69	0.74	0.61	0.66	0.71
总氮	1.62	1.73	1.86	1.56	1.67	1.79
以表现回肠可消化氨基酸为基础（%）						
精氨酸	0.39	0.4	0.41	0.38	0.39	0.4
组氨酸	0.28	0.3	0.33	0.27	0.29	0.31
异亮氨酸	0.39	0.42	0.46	0.37	0.41	0.44
亮氨酸	0.79	0.87	0.95	0.76	0.83	0.91
赖氨酸	0.71	0.77	0.83	0.68	0.74	0.8
蛋氨酸	0.19	0.2	0.22	0.18	0.2	0.21
蛋+胱氨酸	0.37	0.41	0.44	0.36	0.39	0.42
苯丙氨酸	0.38	0.41	0.45	0.36	0.4	0.43
苯丙+色氨酸	0.78	0.86	0.95	0.75	0.83	0.9
苏氨酸	0.42	0.46	0.5	0.41	0.44	0.48
色氨酸	0.13	0.14	0.16	0.12	0.14	0.15
缬氨酸	0.58	0.46	0.69	0.56	0.61	0.66
总氮	1.4	1.52	1.64	1.35	1.46	1.57

（续表）

胎次	1			2		
以总氨基酸为基础（%）						
精氨酸	0.48	0.5	0.51	0.47	0.48	0.5
组氨酸	0.35	0.37	0.4	0.34	0.36	0.38
异亮氨酸	0.49	0.52	0.56	0.47	0.5	0.54
亮氨酸	0.96	1.05	1.15	0.92	1.01	1.1
赖氨酸	0.86	0.93	1	0.83	0.9	0.96
蛋氨酸	0.23	0.25	0.27	0.23	0.24	0.26
蛋 + 胱氨酸	0.47	0.51	0.55	0.46	0.49	0.53
苯丙氨酸	0.47	0.51	0.55	0.46	0.49	0.53
苯丙 + 色氨酸	0.98	1.07	1.16	0.94	1.03	1.12
苏氨酸	0.58	0.62	0.67	0.56	0.6	0.65
色氨酸	0.16	0.18	0.19	0.15	0.17	0.18
缬氨酸	0.75	0.81	0.87	0.72	0.78	0.84
总氮	1.95	2.08	2.22	1.89	2.01	2.15

附表 2-12　泌乳母猪的饲粮钙、磷和氨基酸每天需要量（按 90% 干物质算）

胎次	1			2		
产后母猪体重（kg）	175	175	175	210	210	210
窝产仔数	11	11	11	11.5	11.5	11.5
泌乳天数（d）	21	21	21	21	21	21
哺乳仔猪平均日增重（g）	190	230	270	190	230	270
净能（kcal/kg）	2518	2518	2518	2518	2518	2518
有效消化能（kcal/kg）	3388	3388	3388	3388	3388	3388
有效代谢能（kcal/kg）	3300	3300	3300	3300	3300	3300
有效代谢能摄入量估计值（kcal/d）	18.7	18.7	18.7	20.7	20.7	20.7
采食量 + 损耗量估计值（g/d）	5.95	5.95	5.93	6.61	6.61	6.61
估计母猪体重变化（kg）	1.5	−7.7	−17.4	3.7	−5.8	−15.9
钙和磷（g/d）						
总钙	35.3	40.3	45	37.7	42.9	48.1
磷的标准总肠道消化率	17.7	20.1	22.6	18.9	21.4	24
磷的表现总肠道消化率	15.1	17.3	19.6	16.1	18.4	20.8
总磷	31.6	34.8	38.1	34.1	37.4	40.8
以真回肠可消化氨基酸为基础（g/d）						
精氨酸	24.3	25.1	26	26.3	27.1	28
组氨酸	16.9	18.2	19.5	18.1	19.4	20.8
异亮氨酸	23.4	25.5	27.5	25.1	27.2	29.4

胎次		1			2	
亮氨酸	47.1	51.9	56.7	50.3	55.2	60.3
赖氨酸	42.2	45.7	49.3	45.3	48.9	52.6
蛋氨酸	11.3	12.2	13.1	12.1	13	14
蛋 + 胱氨酸	22.3	24.3	26.4	23.8	26	28.1
苯丙氨酸	22.9	24.9	27	24.5	26.6	28.8
苯丙 + 色氨酸	46.9	51.6	56.3	50.1	55	59.9
苏氨酸	26.8	29	31.3	28.8	31.1	33.5
色氨酸	7.9	8.7	9.6	8.4	9.3	10.2
缬氨酸	35.9	38.9	42	38.5	41.6	44.9
总氮	91.1	98.1	105.2	97.9	105.1	112.5
以表现回肠可消化氨基酸为基础（g/d）						
精氨酸	21.8	22.6	23.5	23.6	24.4	25.2
组氨酸	15.9	17.2	18.5	17.1	18.4	19.7
异亮氨酸	21.9	23.9	26	23.4	25.5	27.7
亮氨酸	44.5	49.2	54	47.4	52.3	57.3
赖氨酸	40	43.5	47	42.9	46.5	50.1
蛋氨酸	10.7	11.6	12.5	11.4	12.3	13.3
蛋 + 胱氨酸	21	22.9	24.9	22.4	24.5	26.6
苯丙氨酸	21.3	23.3	25.4	22.8	24.9	27
苯丙 + 色氨酸	44.3	48.9	53.5	47.2	52	56.8
苏氨酸	23.8	26	28.1	25.5	27.7	30
色氨酸	7.2	8.1	8.9	7.7	8.5	9.4
缬氨酸	33	36	39	35.4	38.4	41.6
总氮	79.2	85.9	92.8	84.8	91.7	98.9
以总氨基酸为基础（g/d）						
精氨酸	27.3	28.2	29.1	29.6	30.5	31.4
组氨酸	19.7	21.1	22.5	21.1	22.6	24.1
异亮氨酸	27.4	29.6	31.9	29.4	31.7	34.1
亮氨酸	54.1	59.5	65	57.8	63.4	69.1
赖氨酸	48.7	52.6	56.5	52.4	56.4	60.5
蛋氨酸	13.2	14.2	15.1	14.2	15.2	10.2
蛋 + 胱氨酸	26.7	29	31.3	28.7	31.1	33.5
苯丙氨酸	26.7	29	31.3	28.6	31	33.4
苯丙 + 色氨酸	55.3	60.5	65.8	59.1	64.6	70.2
苏氨酸	32.7	35.3	37.9	35.2	37.9	40.6
色氨酸	9	9.9	10.9	9.6	10.6	11.6

（续表）

胎次		1			2	
缬氨酸	42.2	45.7	49.2	45.3	48.9	52.5
总氮	109.9	117.8	125.8	118.4	126.5	134.9

附表 2-13　怀孕和泌乳母猪的饲粮矿物质、维生素和脂肪酸需要量（按 90% 干物质算）

	妊娠	泌乳
净能（kcal/kg）	2518	2518
有效消化能（kcal/kg）	3388	3388
有效代谢能（kcal/kg）	3300	3300
有效代谢能摄入量估计值（kcal/d）	6928	19700
采食量 + 损耗量估计值（g/d）	2210	6280
每千克日粮中矿物质元素需要量		
钠（%）	0.15	0.2
氯（%）	0.12	0.16
镁（%）	0.06	0.06
钾（%）	0.2	0.2
铜（mg/kg）	10	20
碘（mg/kg）	0.14	0.14
铁（mg/kg）	80	80
锰（mg/kg）	25	25
硒（mg/kg）	0.15	0.15
锌（mg/kg）	100	100
每千克日粮中维生素需要量		
维生素 A（IU/kg）	4000	2000
维生素 D（IU/kg）	800	800
维生素 E（IU/kg）	44	44
维生素 K（甲萘醌）（mg/kg）	0.5	0.5
生物素（mg/kg）	0.2	0.2
胆碱（g/kg）	1.25	1
叶酸（mg/kg）	1.3	1.3
有效尼克酸（mg/kg）	10	10
泛酸（mg/kg）	12	12
核黄素（mg/kg）	3.75	3.75
维生素 B_1（mg/kg）	1	1
维生素 B_6（mg/kg）	1	1
维生素 B_{12}（μg/kg）	15	15
亚油酸（%）	0.1	0.1

附表 2-14　怀孕和泌乳母猪的饲粮矿物质、维生素和脂肪酸需要量（按 90% 干物质算）

	妊娠	泌乳
净能（kcal/kg）	2518	2518
有效消化能（kcal/kg）	3388	3388
有效代谢能（kcal/kg）	3300	3300
有效代谢能摄入量估计值（kcal/d）	6928	19700
采食量 + 损耗量估计值（g/d）	2210	6280
每日矿物质需要量		
钠（g）	3.15	11.93
氯（g）	2.52	9.55
镁（g）	1.26	3.58
钾（g）	4.2	11.93
铜（mg）	21	119.32
碘（mg）	0.29	0.84
铁（mg）	168	477.3
锰（mg）	52.49	149.15
硒（mg）	0.31	0.89
锌（mg）	210	596.6
每日维生素需要量		
维生素 A（IU）	8398	11932
维生素 D（IU）	1680	4773
维生素 E（IU）	92.4	262.5
维生素 K（甲萘醌）（mg）	1.05	2.98
生物素（mg）	0.42	1.19
胆碱（g）	2.62	5.97
叶酸（mg）	2.73	7.76
有效尼克酸（mg）	21	59.66
泛酸（mg）	25.19	71.59
核黄素（mg）	7.87	22.37
维生素 B_1（mg）	2.1	5.97
维生素 B_6（mg）	2.1	5.97
维生素 B_{12}（μg）	31.49	89.49
亚油酸（g）	2.1	6

附表2-15 配种公猪的饲粮和每日氨基酸、矿物质、维生素和脂肪酸需要量（按90%干物质算）

净能（kcal/kg）		2475
有效消化能（kcal/kg）		3402
有效代谢能（kcal/kg）		3300
有效代谢能摄入量估计值（kcal/d）		7838
采食量＋损耗量估计值（g/d）		2500

以真回肠可消化氨基酸为基础

	每千克日粮中含量（%）	每日需要量（g/d）
精氨酸	0.2	4.86
组氨酸	0.15	3.46
异亮氨酸	0.31	7.41
亮氨酸	0.33	7.83
赖氨酸	0.51	11.99
蛋氨酸	0.08	1.96
蛋＋胱氨酸	0.25	5.98
苯丙氨酸	0.36	8.5
苯丙＋色氨酸	0.58	13.77
苏氨酸	0.22	5.19
色氨酸	0.2	4.82
缬氨酸	0.27	6.52
总氮	1.14	27.04

以表现回肠可消化氨基酸为基础

	每千克日粮中含量（%）	每日需要量（g/d）
精氨酸	0.16	3.86
组氨酸	0.13	3.16
异亮氨酸	0.29	6.81
亮氨酸	0.29	6.84
赖氨酸	0.47	11.13
蛋氨酸	0.07	1.72
蛋＋胱氨酸	0.23	5.55
苯丙氨酸	0.33	7.86
苯丙＋色氨酸	0.54	12.81
苏氨酸	0.17	4.15
色氨酸	0.19	4.52
缬氨酸	0.23	5.58
总氮	0.94	22.4

以总氨基酸为基础

（续表）

	每千克日粮中含量（%）	每日需要量（g/d）
精氨酸	0.25	5.83
组氨酸	0.18	4.3
异亮氨酸	0.37	8.81
亮氨酸	0.39	9.2
赖氨酸	0.6	14.25
蛋氨酸	0.11	2.55
蛋＋胱氨酸	0.31	7.44
苯丙氨酸	0.42	9.96
苯丙＋色氨酸	0.7	16.55
苏氨酸	0.28	6.7
色氨酸	0.23	5.42
缬氨酸	0.34	8.01
总氮	1.41	33.48

矿物质需要量

	每千克日粮中含量	每日需要量
总钙	0.75%	17.81
磷的标准总肠道消化率	0.33%	7.84
磷的表现总肠道消化率	0.31%	7.36
总磷	0.75%	17.81
钠	0.15%	3.56
氯	0.12%	2.85
镁	0.04%	0.95
钾	0.20%	4.75
铜（mg）	5.00	11.88
碘（mg）	0.14	0.33
铁（mg）	80.00	190.00
锰（mg）	20.00	47.50
硒（mg）	0.30	0.700
锌（mg）	50.00	118.75

维生素需要量

	每千克日粮中含量	每日需要量
维生素 A（IU）	4000	9500
维生素 D（IU）	200	475
维生素 E（IU）	44.00	104.50
维生素 K（mg）	0.50	1.19

（续表）

生物素（mg）	0.20	0.48
胆碱（g）	1.25	2.97
叶酸（mg）	1.30	3.09
有效尼克酸（mg）	10.00	23.75
泛酸（mg）	12.00	28.50
核黄素（mg）	3.75	8.91
维生素 B_1（mg）	1.00	2.38
维生素 B_6（mg）	1.00	2.38
维生素 B_{12}（μg）	15.00	35.63
亚油酸（%）	0.001	2.38

附录三　中国饲料成分及营养价值表（2018 年第 29 版）

附表 3-1　饲料描述及常规成分

序号	中国饲料号 CFN	饲料名称 Feed Name	饲料描述 Description	干物质 DM (%)	粗蛋白质 CP(%)	粗脂肪 EE(%)	粗纤维 CF(%)	无氮浸出物 NFE(%)	粗灰分 ASH(%)	中性洗涤纤维 NDF(%)	酸性洗涤纤维 ADF(%)	淀粉 Starch(%)	钙 Ca(%)	总磷 P(%)	有效磷 A-P(%)
1	4-07-0278	玉米 corn grain	成熟、高蛋白，优质	86.0	9.4	3.1	1.2	71.1	1.2	9.4	3.5	60.9	0.09	0.22	0.04
2	4-07-0288	玉米 corn grain	成熟，高赖氨酸，优质	86.0	8.5	5.3	2.6	68.3	1.3	9.4	3.5	59.0	0.16	0.25	0.05
3	4-07-0279	玉米 corn grain	成熟，GB 1353—2018，1级	86.0	8.7	3.6	1.6	70.7	1.4	9.3	2.7	65.4	0.02	0.27	0.05
4	4-07-0280	玉米 corn grain	成熟，GB 1353—2018，2级	86.0	8.0	3.5	2.3	71.8	1.2	9.9	3.1	63.5	0.02	0.27	0.05
5	4-07-0272	高粱 sorghum grain	成熟，GB 8231-87	88.0	8.7	3.4	1.4	70.7	1.8	17.4	8.0	68.0	0.13	0.36	0.09
6	4-07-0270	小麦 wheat grain	混合小麦 GB 1351—2008，2级	88.0	13.4	1.7	1.9	69.1	1.9	13.3	3.9	54.6	0.17	0.41	0.21
7	4-07-0274	大麦（裸）naked barley grain	裸大麦，成熟 GB/T 11760—2008，2级	87.0	13.0	2.1	2.0	67.7	2.2	10.0	2.2	50.2	0.04	0.39	0.12
8	4-07-0277	大麦（皮）barley grain	皮大麦，成熟 GB 10367-89，1级	87.0	11.0	1.7	4.8	67.1	2.4	18.4	6.8	52.2	0.09	0.33	0.10
9	4-07-0281	黑麦 rye	籽粒，进口	88.0	9.5	1.5	2.2	73.0	1.8	12.3	4.6	56.5	0.05	0.30	0.14
10	4-07-0273	稻谷 paddy	成熟，晒干 NY/T 2级	86.0	7.8	1.6	8.2	63.8	4.6	27.4	13.7	63.0	0.03	0.36	0.15

（续表）

序号	中国饲料号 CFN	饲料名称 Feed Name	饲料描述 Description	干物质 DM（%）	粗蛋白质 CP（%）	粗脂肪 EE（%）	粗纤维 CF（%）	无氮浸出物 NFE（%）	粗灰分 ASH（%）	中性洗涤纤维 NDF（%）	酸性洗涤纤维 ADF（%）	淀粉 Starch（%）	钙 Ca（%）	总磷 P（%）	有效磷 A-P（%）
11	4-07-0276	糙米 rough rice	除去外壳的大米，GB/T 18810—2002，1级	87.0	8.8	2.0	0.7	74.2	1.3	1.6	0.8	47.8	0.03	0.35	0.13
12	4-07-0275	碎米 broken rice	加工精米后的副产品，GB/T 5503—2009，1级	88.0	10.4	2.2	1.1	72.7	1.6	0.8	0.6	51.6	0.06	0.35	0.12
13	4-07-0479	粟（谷子）millet grain	合格、带壳、成熟	86.5	9.7	2.3	6.8	65.0	2.7	15.2	13.3	63.2	0.12	0.30	0.09
14	4-04-0067	木薯干 cassava tuber flake	木薯干片、晒干 GB 10369—89 合格	87.0	2.5	0.7	2.5	79.4	1.9	8.4	6.4	71.6	0.27	0.09	0.03
15	4-04-0068	甘薯干 sweet potato tuber flake	甘薯干片、晒干 NY/T 121—1989 合格	87.0	4.0	0.8	2.8	76.4	3.0	8.1	4.1	64.5	0.19	0.02	–
16	4-08-0104	次粉 wheat middling and red dog	黑面、黄粉、下面 NY/T 211—1992 1级	88.0	15.4	2.2	1.5	67.1	1.5	18.7	4.3	37.8	0.08	0.48	0.17
17	4-08-0105	次粉 wheat middling and red dog	黑面、黄粉、下面 NY/T 211—1992 2级	87.0	13.6	2.1	2.8	66.7	1.8	31.9	10.5	36.7	0.08	0.48	0.17
18	4-08-0069	小麦麸 wheat bran	传统制粉工艺 GB 10368—1989 1级	87.0	15.7	3.9	6.5	56.0	4.9	37.0	13.0	22.6	0.11	0.92	0.32
19	4-08-0070	小麦麸 wheat bran	传统制粉工艺 GB 10368—1989 2级	87.0	14.3	4.0	6.8	57.1	4.8	41.3	11.9	19.8	0.10	0.93	0.33
20	4-08-0041	米糠 rice bran	新鲜、不脱脂 NY/T 2级	87.0	12.8	16.5	5.7	44.5	7.5	22.9	13.4	27.4	0.07	1.43	0.20

（续表）

序号	中国饲料号 CFN	饲料名称 Feed Name	饲料描述 Description	干物质 DM（%）	粗蛋白质 CP（%）	粗脂肪 EE（%）	粗纤维 CF（%）	无氮浸出物 NFE（%）	粗灰分 ASH（%）	中性洗涤纤维 NDF（%）	酸性洗涤纤维 ADF（%）	淀粉 Starch（%）	钙 Ca（%）	总磷 P（%）	有效磷 A-P（%）
21	4-10-0025	米糠饼 rice bran meal（exp.）	未脱脂，机榨 NY/T 1 级	88.0	14.7	9.0	7.4	48.2	8.7	27.7	11.6	30.2	0.14	1.69	0.24
22	4-10-0018	米糠粕 rice bran meal（sol.）	浸提或预压浸提，NY/T 1 级	87.0	15.1	2.0	7.5	53.6	8.8	23.3	10.9	25.0	0.15	1.82	0.25
23	5-09-0127	大豆 soybean	黄大豆，成熟 GB 1352—1986 2 级	87.0	35.5	17.3	4.3	25.7	4.2	7.9	7.3	2.6	0.27	0.48	0.12
24	5-09-0128	全脂大豆 full-fat soybean	微粒化 GB/T2041—2006	88.0	35.5	18.7	4.6	25.2	4.0	11.0	6.4	6.7	0.32	0.40	0.10
25	5-10-0241	大豆饼 soybean meal（exp.）	机榨 GB10379—989 2 级	89.0	41.8	5.8	4.8	30.7	5.9	18.1	15.5	3.6	0.31	0.50	0.13
26	5-10-0103	去皮大豆粕 soybean meal（sol.）	去皮，浸提或预压浸提 NY/T 1 级	89.0	47.9	1.5	3.3	29.7	4.9	8.8	5.3	1.8	0.34	0.65	0.24
27	5-10-0102	大豆粕 soybean meal（sol.）	浸提或预压浸提 GB/T 1941—2017	89.0	44.2	1.9	5.9	28.3	6.1	13.6	9.6	3.5	0.33	0.62	0.16
28	5-10-0118	棉籽饼 cottonseed meal（exp.）	机榨 NY/T 129—1989 2 级	88.0	36.3	7.4	12.5	26.1	5.7	32.1	22.9	3.0	0.21	0.83	0.21
29	5-10-0119	棉籽粕 cottonseed meal（sol.）	浸提 GB21264—2007 1 级	90.0	47.0	0.5	10.2	26.3	6.0	22.5	15.3	1.5	0.25	1.10	0.28
30	5-10-0117	棉籽粕 cottonseed meal（sol.）	浸提 GB21264—2007 2 级	90.0	43.5	0.5	10.5	28.9	6.6	28.4	19.4	1.8	0.28	1.04	0.26
31	5-10-0220	棉籽蛋白 cottonseed protein	脱酚，低温一次浸出，分步萃取	92.0	51.1	1.0	6.9	27.3	5.7	20.0	13.7	0.9	0.29	0.89	0.22

（续表）

序号	中国饲料号 CFN	饲料名称 Feed Name	饲料描述 Description	干物质 DM (%)	粗蛋白质 CP (%)	粗脂肪 EE (%)	粗纤维 CF (%)	无氮浸出物 NFE (%)	粗灰分 ASH (%)	中性洗涤纤维 NDF (%)	酸性洗涤纤维 ADF (%)	淀粉 Starch (%)	钙 Ca (%)	总磷 P (%)	有效磷 A-P (%)
32	5-10-0183	菜籽饼 rapeseed meal (exp.)	机榨 NY/T 1799—2009 2级	88.0	35.7	7.4	11.4	26.3	7.2	33.3	26.0	3.8	0.59	0.96	0.20
33	5-10-0121	菜籽粕 rapeseed meal (scl.)	浸提 GB/T 23736—2009 2级	88.0	38.6	1.4	11.8	28.9	7.3	20.7	16.8	6.1	0.65	1.02	0.25
34	5-10-0116	花生仁饼 peanut meal (exp.)	机榨 NY/T 2级	88.0	44.7	7.2	5.9	25.1	5.1	14.0	8.7	6.6	0.25	0.53	0.16
35	5-10-0115	花生仁粕 peanut meal (sol.)	浸提 NY/T 133—1989 2级	88.0	47.8	1.4	6.2	27.2	5.4	15.5	11.7	6.7	0.27	0.56	0.17
36	1-10-0031	向日葵仁饼 sunflower meal (exp.)	壳仁比35:65 NY/T 3级	88.0	29.0	2.9	20.4	31.0	4.7	41.4	29.6	2.0	0.24	0.87	0.22
37	5-10-0242	向日葵仁粕 sunflower meal (sol.)	壳仁比16:84 NY/T 2级	88.0	36.5	1.0	10.5	34.4	5.6	14.9	13.6	6.2	0.27	1.13	0.29
38	5-10-0243	向日葵仁粕 sunflower meal (sol.)	壳仁比24:76 NY/T 2级	88.0	33.6	1.0	14.8	38.8	5.3	32.8	23.5	4.4	0.26	1.03	0.26
39	5-10-0119	亚麻仁饼 linseed meal (exp.)	机榨 NY/T 2级	88.0	32.2	7.8	7.8	34.0	6.2	29.7	27.1	11.4	0.39	0.88	0.22
40	5-10-0120	亚麻仁粕 linseed meal (sol.)	浸提或预压浸提 NY/T 2级	88.0	34.8	1.8	8.2	36.6	6.6	21.6	14.4	13.0	0.42	0.95	0.24
41	5-10-0246	芝麻饼 sesame meal (exp.)	机榨, CP 40%	92.0	39.2	10.3	7.2	24.9	10.4	18.0	13.2	1.8	2.24	1.19	0.31

（续表）

序号	中国饲料号 CFN	饲料名称 Feed Name	饲料描述 Description	干物质 DM (%)	粗蛋白质 CP (%)	粗脂肪 EE (%)	粗纤维 CF (%)	无氮浸出物 NFE (%)	粗灰分 ASH (%)	中性洗涤纤维 NDF (%)	酸性洗涤纤维 ADF (%)	淀粉 Starch (%)	钙 Ca (%)	总磷 P (%)	有效磷 A-P (%)
42	5-11-0001	玉米蛋白粉 corn gluten meal	去胚芽、淀粉后的面筋部分 CP 60%	90.1	63.5	5.4	1.0	19.2	1.0	8.7	4.6	17.2	0.07	0.44	0.16
43	5-11-0002	玉米蛋白粉 corn gluten meal	同上,中等蛋白产品,CP 50%	88.0	56.3	4.7	1.3	23.4	2.3	8.2	5.1	16.1	0.04	0.44	0.15
44	5-11-0008	玉米蛋白粉 corn gluten meal	同上,中等蛋白产品,CP 40%	89.9	44.3	6.0	1.6	37.1	0.9	29.1	8.2	20.6	0.12	0.50	0.31
45	5-11-0003	玉米蛋白饲料 corn gluten feed	玉米去胚芽、淀粉后的含皮残渣	88.0	18.3	7.5	7.8	47.0	5.4	33.6	10.5	21.5	0.15	0.70	0.17
46	4-10-0026	玉米胚芽饼 corn germ meal (exp.)	玉米湿磨后的胚芽,机榨	90.0	16.7	9.6	6.3	50.8	6.6	28.5	7.4	13.5	0.04	0.50	0.36
47	4-10-0244	玉米胚芽粕 corn germ meal (sol.)	玉米湿磨后的胚芽,浸提	90.0	20.8	2.0	6.5	54.8	5.9	38.2	10.7	14.2	0.06	0.50	0.31
48	5-11-0007	DDGS (distiller dried grains with solubles)	玉米酒精糟及可溶物,脱水	89.2	27.5	10.1	6.6	39.9	5.1	38.3	12.5	4.2	0.06	0.71	0.48
49	5-11-0009	蚕豆粉浆蛋白粉 broad bean gluten meal	蚕豆去皮制粉丝后的浆液,脱水	88.0	66.3	4.7	4.1	10.3	2.6	13.7	9.7	—	—	0.59	0.18
50	5-11-0004	麦芽根 barley malt sprouts	大麦芽副产品,干燥	89.7	28.3	1.4	12.5	41.4	6.1	40.0	15.1	7.2	0.22	0.73	0.18
51	5-13-0044	鱼粉（CP 67%）fish meal	进口 GB/T 19164—2003,特级	92.4	67.0	8.4	0.2	0.4	16.4	—	—	—	4.56	2.88	2.88

（续表）

序号	中国饲料号 CFN	饲料名称 Feed Name	饲料描述 Description	干物质 DM（%）	粗蛋白质 CP（%）	粗脂肪 EE（%）	粗纤维 CF（%）	无氮浸出物 NFE（%）	粗灰分 ASH（%）	中性洗涤纤维 NDF（%）	酸性洗涤纤维 ADF（%）	淀粉 Starch（%）	钙 Ca（%）	总磷 P（%）	有效磷 A-P（%）
52	5-13-0046	鱼粉（CP 60.2%）fish meal	沿海产的海鱼粉，脱脂，12 样平均值	90.0	60.2	4.9	0.5	11.6	12.8	—	—	—	4.04	2.90	2.90
53	5-13-0077	鱼粉（CP 53.5%）fish meal	沿海产的海鱼粉，脱脂，11 样平均值	90.0	53.5	10.0	0.8	4.9	20.8	—	—	—	5.88	3.20	3.20
54	5-13-0036	血粉 blood meal	鲜猪血，喷雾干燥，国产	88.0	82.8	0.4	—	1.6	3.2	—	—	—	0.29	0.31	0.29
55	5-13-0037	羽毛粉 feather meal	纯净羽毛，水解，国产	88.0	77.9	2.2	0.7	1.4	5.8	—	—	—	0.20	0.68	0.61
56	5-13-0038	皮革粉 leather meal	废牛皮，水解，国产	88.0	74.7	0.8	1.6	—	10.9	—	—	—	4.40	0.15	0.13
57	5-13-0047	肉骨粉 meat and bone meal	屠宰下脚，带骨干燥粉碎	93.0	50.0	8.5	2.8	—	31.7	—	—	—	9.20	4.70	4.37
58	5-13-0048	肉粉 meat meal	脱脂，国产	94.0	54.0	12.0	1.4	4.3	22.3	—	—	—	7.69	3.88	3.61
59	1-05-0C74	苜蓿草粉（CP 19%）alfalfa meal	一茬盛花期烘干 NY/T 140—2002 1 级	87.0	19.1	2.3	22.7	35.3	7.6	36.7	25.0	6.1	1.40	0.51	0.51
60	1-05-0C75	苜蓿草粉（CP 17%）alfalfa meal	一茬盛花期烘干 NY/T 140—2002 2 级	87.0	17.2	2.6	25.6	33.3	8.3	39.0	28.6	3.4	1.52	0.22	0.22
61	1-05-0C76	苜蓿草粉（CP 14%~15%）alfalfa meal	NY/T 140—2002 3 级	87.0	14.3	2.1	29.8	33.8	10.1	36.8	29.0	3.5	1.34	0.19	0.19
62	5-11-0005	啤酒糟 brewers dried grain	大麦酿造副产品	88.0	24.3	5.3	13.4	40.8	4.2	39.4	24.6	11.5	0.32	0.42	0.14

（续表）

序号	中国饲料号 CFN	饲料名称 Feed Name	饲料描述 Description	干物质 DM(%)	粗蛋白质 CP(%)	粗脂肪 EE(%)	粗纤维 CF(%)	无氮浸出物 NFE(%)	粗灰分 ASH(%)	中性洗涤纤维 NDF(%)	酸性洗涤纤维 ADF(%)	淀粉 Starch(%)	钙 Ca(%)	总磷 P(%)	有效磷 A-P(%)
63	7-15-0001	啤酒酵母 brewers dried yeast	啤酒酵母菌粉，QB/T 1940—94	91.7	52.4	0.4	0.6	33.6	4.7	6.1	1.8	1.0	0.16	1.02	0.46
64	4-13-0075	乳清粉 whey, dehydrated	乳清粉、脱水、低乳糖含量73%	97.2	11.5	0.8	0.1	76.8	8.0	—	—	—	0.62	0.69	0.52
65	5-01-0162	酪蛋白 casein	脱水，来源干牛奶	91.7	89.0	0.2	—	0.4	2.1	—	—	—	0.20	0.68	0.67
66	5-14-0503	明胶 gelatin	食用	90.0	88.6	0.5	—	0.59	0.31	—	—	—	0.49	—	—
67	4-06-0076	牛奶乳糖 milk lactose	进口，含乳糖80%以上	96.0	3.5	0.5	—	82.0	10.0	—	—	—	0.52	0.62	0.62
68	4-06-0077	乳糖 lactose	食用	96.0	0.3	—	—	95.7	—	—	—	—	—	—	—
69	4-06-0078	葡萄糖 glucose	食用	90.0	0.3	—	—	89.7	—	—	—	—	—	—	—
70	4-06-0079	蔗糖 sucrose	食用	99.0	—	—	—	98.5	0.5	—	—	—	0.04	—	—
71	4-02-0889	玉米淀粉 corn starch	食用	99.0	0.3	0.2	—	98.5	—	—	—	98.0	—	0.03	0.01
72	4-17-0001	牛脂 beef tallow		99.0	—	98.0	—	0.5	0.5	—	—	—	—	—	—
73	4-17-0002	猪油 lard		99.0	—	98.0	—	0.5	0.5	—	—	—	—	—	—
74	4-17-0003	家禽脂肪 poultry fat		99.0	—	98.0	—	0.5	0.5	—	—	—	—	—	—
75	4-17-0004	鱼油 fish oil		99.0	—	98.0	—	0.5	0.5	—	—	—	—	—	—
76	4-17-0005	菜籽油 rapeseed oil		99.0	—	98.0	—	0.5	0.5	—	—	—	—	—	—
77	4-17-0006	椰子油 coconut oil		99.0	—	98.0	—	0.5	0.5	—	—	—	—	—	—
78	4-07-0007	玉米油 corn oil		99.0	—	98.0	—	0.5	0.5	—	—	—	—	—	—

（续表）

序号	中国饲料号 CFN	饲料名称 Feed Name	饲料描述 Description	干物质 DM（%）	粗蛋白质 CP（%）	粗脂肪 EE（%）	粗纤维 CF（%）	无氮浸出物 NFE（%）	粗灰分 ASH（%）	中性洗涤纤维 NDF（%）	酸性洗涤纤维 ADF（%）	淀粉 Starch（%）	钙 Ca（%）	总磷 P（%）	有效磷 A-P（%）
79	4-17-0008	棉籽油 cottonseed oil		99.0	—	98.0	—	0.5	0.5	—	—	—	—	—	—
80	4-17-0009	棕榈油 palm oil		99.0	—	98.0	—	0.5	0.5	—	—	—	—	—	—
81	4-17-0010	花生油 peanuts oil		99.0	—	98.0	—	0.5	0.5	—	—	—	—	—	—
82	4-17-0011	芝麻油 sesame oil		99.0	—	98.0	—	0.5	0.5	—	—	—	—	—	—
83	4-17-0012	大豆油 soybean oil 粗制		99.0	—	98.0	—	0.5	0.5	—	—	—	—	—	—
84	4-17-0013	葵花油 sunflower oil		99.0	—	98.0	—	0.5	0.5	—	—	—	—	—	—

附表 3-2　饲料中有效能值

序号	中国饲料号 CFN	饲料名称 Feed Name	干物质 DM（%）	粗蛋白质 CP（%）	猪消化能 DE Mcal/kg	MJ/kg	猪代谢能 ME Mcal/kg	MJ/kg	猪净能 NE Mcal/kg	MJ/kg	鸡代谢能 ME Mcal/kg	MJ/kg	肉牛维持净能 NEm Mcal/kg	MJ/kg	肉牛增重净能 NEg Mcal/kg	MJ/kg	奶牛产奶净能 NEl Mcal/kg	MJ/kg	羊消化能 DE Mcal/kg	MJ/kg
1	4-07-0278	玉米	86.0	9.4	3.44	14.39	3.24	13.57	2.66	11.14	3.18	13.31	2.2	9.19	1.68	7.02	1.83	7.66	3.40	14.23
2	4-07-0288	玉米	86.0	8.5	3.45	14.43	3.25	13.60	2.67	11.17	3.25	13.6	2.24	9.39	1.72	7.21	1.84	7.70	3.41	14.27
3	4-07-0279	玉米	86.0	8.7	3.41	14.27	3.21	13.43	2.64	11.04	3.24	13.56	2.21	9.25	1.69	7.09	1.84	7.70	3.41	14.27
4	4-07-0280	玉米	86.0	8.0	3.42	14.18	3.34	13.39	2.66	11.14	3.22	13.47	2.19	9.16	1.67	7.00	1.83	7.66	3.38	14.14
5	4-07-0272	高粱	88.0	8.7	3.15	13.18	2.97	12.43	2.44	10.20	2.94	12.3	1.86	7.80	1.30	5.44	1.59	6.65	3.12	13.05
6	4-07-0270	小麦	88.0	13.4	3.39	14.18	3.16	13.22	2.54	10.64	3.04	12.72	2.09	8.73	1.55	6.46	1.75	7.32	3.40	14.23
7	4-07-0274	大麦（裸）	87.0	13.0	3.24	13.56	3.03	12.68	2.43	10.17	2.68	11.21	1.99	8.31	1.43	5.99	1.68	7.03	3.21	13.43
8	4-07-0277	大麦（皮）	87.0	11.0	3.02	12.64	2.83	11.84	2.27	9.48	2.70	11.3	1.90	7.95	1.35	5.64	1.62	6.78	3.16	13.22

（续表）

序号	中国饲料号 CFN	饲料名称 Feed Name	干物质 DM (%)	粗蛋白质 CP (%)	猪消化能 DE Mcal/kg	猪消化能 DE MJ/kg	猪代谢能 ME Mcal/kg	猪代谢能 ME MJ/kg	猪净能 NE Mcal/kg	猪净能 NE MJ/kg	鸡代谢能 ME Mcal/kg	鸡代谢能 ME MJ/kg	肉牛维持 净能 NEm Mcal/kg	肉牛维持 净能 NEm MJ/kg	肉牛增重 净能 Neg Mcal/kg	肉牛增重 净能 Neg MJ/kg	奶牛产奶 净能 NEl Mcal/kg	奶牛产奶 净能 NEl MJ/kg	羊消化能 DE Mcal/kg	羊消化能 DE MJ/kg
9	4-07-0281	黑麦	88.0	9.5	3.31	13.85	3.10	12.97	2.50	10.46	2.69	11.25	1.98	8.27	1.42	5.95	1.68	7.03	3.39	14.18
10	4-07-0273	稻谷	86.0	7.8	2.69	11.25	2.54	10.63	1.91	7.99	2.63	11.00	1.80	7.54	1.28	5.33	1.53	6.40	3.02	12.64
11	4-07-0276	糙米	87.0	8.8	3.44	14.39	3.24	13.57	2.68	11.21	3.36	14.06	2.22	9.28	1.71	7.16	1.84	7.70	3.41	14.27
12	4-07-0275	碎米	88.0	10.4	3.6	15.06	3.38	14.14	2.64	11.05	3.40	14.23	2.40	10.05	1.92	8.03	1.97	8.24	3.43	14.35
13	4-07-0479	粟（谷子）	86.5	9.7	3.09	12.93	2.91	12.18	2.32	9.71	2.84	11.88	1.97	8.25	1.43	6.00	1.67	6.99	3.00	12.55
14	4-04-0067	木薯干	87.0	2.5	3.13	13.1	2.97	12.43	2.51	10.50	2.96	12.38	1.67	6.99	1.12	4.70	1.43	5.98	2.99	12.51
15	4-04-0068	甘薯干	87.0	4.0	2.82	11.8	2.68	11.21	2.26	9.46	2.34	9.79	1.85	7.76	1.33	5.57	1.57	6.57	3.27	13.68
16	4-08-0104	次粉	88.0	15.4	3.27	13.68	3.04	12.72	2.27	9.50	3.05	12.76	2.41	10.1	1.92	8.02	1.99	8.32	3.32	13.89
17	4-08-0105	次粉	87.0	13.6	3.21	13.43	2.99	12.51	2.23	9.33	2.99	12.51	2.37	9.92	1.88	7.87	1.95	8.16	3.25	13.60
18	4-08-0069	小麦麸	87.0	15.7	2.24	9.37	2.08	8.70	1.52	6.36	1.63	6.82	1.67	7.01	1.09	4.55	1.46	6.11	2.91	12.18
19	4-08-0070	小麦麸	87.0	14.3	2.23	9.33	2.07	8.66	1.52	6.36	1.62	6.78	1.66	6.95	1.07	4.50	1.45	6.08	2.89	12.10
20	4-08-0041	米糠	87.0	12.8	3.02	12.64	2.82	11.80	2.22	9.29	2.68	11.21	2.05	8.58	1.40	5.85	1.78	7.45	3.29	13.77
21	4-10-0025	米糠饼	88.0	14.7	2.99	12.51	2.78	11.63	2.12	8.87	2.43	10.17	1.72	7.20	1.11	4.65	1.50	6.28	2.85	11.92
22	4-10-0018	米糠粕	87.0	15.1	2.76	11.55	2.57	10.75	1.96	8.20	1.98	8.28	1.45	6.06	0.9	3.75	1.26	5.27	2.39	10.00
23	5-09-0127	大豆	87.0	35.5	3.97	16.61	3.53	14.77	2.72	11.38	3.24	13.56	2.16	9.03	1.42	5.93	1.90	7.95	3.91	16.36
24	5-09-0128	全脂大豆	88.0	35.5	4.24	17.74	3.77	15.77	2.76	11.55	3.75	15.69	2.20	9.19	1.44	6.01	1.94	8.12	3.99	16.99
25	5-10-0241	大豆饼	89.0	41.8	3.44	14.39	3.01	12.59	2.01	8.41	2.52	10.54	2.02	8.44	1.36	5.67	1.75	7.32	3.37	14.1
26	5-10-0103	去皮大豆粕	89.0	47.9	3.60	15.06	3.11	13.01	2.09	8.74	2.53	10.58	2.07	8.68	1.45	6.06	1.78	7.45	3.42	14.31
27	5-10-0102	大豆粕	89.0	44.2	3.37	14.26	2.97	12.43	2.02	8.45	2.39	10	2.08	8.71	1.48	6.2	1.78	7.45	3.41	14.27
28	5-10-0118	棉籽饼	88.0	36.3	2.37	9.92	2.10	8.79	1.33	5.56	2.16	9.04	1.79	7.51	1.13	4.72	1.58	6.61	3.16	13.22
29	5-10-0119	棉籽粕	90.0	47.0	2.25	9.41	1.95	8.28	1.37	5.73	1.86	7.78	1.78	7.44	1.13	4.73	1.56	6.53	3.12	13.05
30	5-10-0117	棉籽粕	90.0	43.5	2.31	9.68	2.01	8.43	1.41	5.90	2.03	8.49	1.76	7.35	1.12	4.69	1.54	6.44	2.98	12.47

（续表）

序号	中国饲料号 CFN	饲料名称 Feed Name	干物质 DM（%）	粗蛋白质 CP（%）	猪消化能 DE Mcal/kg	猪消化能 DE MJ/kg	猪代谢能 ME Mcal/kg	猪代谢能 ME MJ/kg	猪净能 NE Mcal/kg	猪净能 NE MJ/kg	鸡代谢能 ME Mcal/kg	鸡代谢能 ME MJ/kg	肉牛维持净能 NEm Mcal/kg	肉牛维持净能 NEm MJ/kg	肉牛增重净能 NEg Mcal/kg	肉牛增重净能 NEg MJ/kg	奶牛产奶净能 NEl Mcal/kg	奶牛产奶净能 NEl MJ/kg	羊消化能 DE Mcal/kg	羊消化能 DE MJ/kg
31	5-10-0220	棉籽蛋白	92.0	51.1	2.45	10.25	2.13	8.91	1.49	6.23	2.16	9.04	1.87	7.82	1.20	5.02	1.82	7.61	3.16	13.22
32	5-10-0183	菜籽饼	88.0	35.7	2.88	12.05	2.56	10.71	1.78	7.45	1.95	8.16	1.59	6.64	0.93	3.90	1.42	5.94	3.14	13.14
33	5-10-0121	菜籽粕	88.0	38.6	2.53	10.59	2.23	9.33	1.47	6.15	1.77	7.41	1.57	6.56	0.95	3.98	1.39	5.82	2.88	12.05
34	5-10-0116	花生仁饼	88.0	44.7	3.08	12.89	2.68	11.21	1.88	7.87	2.78	11.63	2.37	9.91	1.73	7.22	2.02	8.45	3.44	14.39
35	5-10-0115	花生仁粕	88.0	47.8	2.97	12.43	2.56	10.71	1.67	6.99	2.60	10.88	2.10	8.80	1.48	6.20	1.80	7.53	3.24	13.56
36	5-10-0031	向日葵仁饼	88.0	29.0	1.89	7.91	1.70	7.11	1.00	4.18	1.59	6.65	1.43	5.99	0.82	3.41	1.28	5.36	2.10	8.79
37	5-10-0242	向日葵仁粕	88.0	36.5	2.78	11.63	2.46	10.29	1.33	5.56	2.32	9.71	1.75	7.33	1.14	4.76	1.53	6.40	2.54	10.63
38	5-10-0243	向日葵仁粕	88.0	33.6	2.49	10.42	2.22	9.29	1.19	4.98	2.03	8.49	1.58	6.60	0.93	3.90	1.41	5.90	2.04	8.54
39	5-10-0119	亚麻仁饼	88.0	32.2	2.9	12.13	2.60	10.88	1.74	7.28	2.34	9.79	1.90	7.96	1.25	5.23	1.66	6.95	3.20	13.39
40	5-10-0120	亚麻仁粕	88.0	34.8	2.37	9.92	2.11	8.83	1.40	5.86	1.90	7.95	1.78	7.44	1.17	4.89	1.54	6.44	2.99	12.51
41	5-10-0246	芝麻饼	92.0	39.2	3.2	13.39	2.82	11.80	1.89	7.91	2.14	8.95	1.92	8.02	1.23	5.13	1.69	7.07	3.51	14.69
42	5-11-0001	玉米蛋白粉	90.1	63.5	3.6	15.06	3.33	12.55	2.16	9.04	3.88	16.23	2.32	9.71	1.58	6.61	2.02	8.45	4.39	18.37
43	5-11-0002	玉米蛋白粉	88.0	56.3	3.73	15.61	3.19	13.35	2.24	9.37	3.41	14.27	2.14	8.96	1.40	5.85	1.89	7.91	3.56	14.90
44	5-11-0008	玉米蛋白粉	89.9	44.3	3.53	15.02	3.13	13.1	2.15	9.00	3.18	13.31	1.93	8.08	1.26	5.26	1.74	7.28	3.28	13.73
45	5-11-0003	玉米蛋白饲料	88.0	18.3	2.48	10.38	2.28	9.54	1.69	7.07	2.02	8.45	2.00	8.36	1.36	5.69	1.70	7.11	3.2	13.39
46	4-10-0026	玉米胚芽饼	90.0	16.7	3.51	14.69	3.25	13.6	2.21	9.25	2.24	9.37	2.06	8.62	1.40	5.86	1.75	7.32	3.29	13.77
47	4-10-0244	玉米胚芽粕	90.0	20.8	3.28	13.72	3.01	12.59	2.07	8.66	2.07	8.66	1.87	7.83	1.27	5.33	1.60	6.69	3.01	12.60
48	5-11-0007	玉米 DDGS	89.2	27.5	3.43	14.35	3.10	12.97	2.25	9.41	2.20	9.20	1.86	7.78	1.57	6.58	2.14	8.97	3.50	14.64
49	5-11-0009	蚕豆粉浆蛋白粉	88.0	66.3	3.23	13.51	2.69	11.25	1.87	7.82	3.47	14.52	2.16	9.03	1.47	6.16	1.92	8.03	3.61	15.11
50	5-11-0004	麦芽根	89.7	28.3	2.31	9.67	2.09	8.74	1.25	5.23	1.41	5.90	1.60	6.69	1.02	4.29	1.43	5.98	2.73	11.42

（续表）

序号	中国饲料号 CFN	饲料名称 Feed Name	干物质 DM（%）	粗蛋白质 CP（%）	猪消化能 DE Mcal/kg	猪消化能 DE MJ/kg	猪代谢能 ME Mcal/kg	猪代谢能 ME MJ/kg	猪净能 NE Mcal/kg	猪净能 NE MJ/kg	鸡代谢能 ME Mcal/kg	鸡代谢能 ME MJ/kg	肉牛维持净能 NEm Mcal/kg	肉牛维持净能 NEm MJ/kg	肉牛增重净能 Neg Mcal/kg	肉牛增重净能 Neg MJ/kg	奶牛产奶净能 NEl Mcal/kg	奶牛产奶净能 NEl MJ/kg	羊消化能 DE Mcal/kg	羊消化能 DE MJ/kg
51	5-13-0044	鱼粉（CP 67%）	92.4	67.0	3.22	13.47	2.67	11.16	1.93	8.08	1.93	8.08	3.10	7.20	1.10	4.60	2.33	9.75	3.09	12.93
52	5-13-0046	鱼粉（CP 60.2%）	90.0	60.2	3.00	12.55	2.52	10.54	1.80	7.53	2.82	11.8	1.86	7.77	1.19	4.98	1.63	6.82	3.07	12.85
53	5-13-0077	鱼粉（CP 53.5%）	90.0	53.5	3.09	12.93	2.63	11.00	1.85	7.74	2.90	12.13	1.85	7.72	1.21	5.05	1.61	6.74	3.14	13.14
54	5-13-0036	血粉	88.0	82.8	2.73	11.42	2.16	9.04	1.42	5.94	2.46	10.29	1.45	6.08	0.75	3.13	1.34	5.61	2.40	10.04
55	5-13-0037	羽毛粉	88.0	77.9	2.77	11.59	2.22	9.29	1.43	5.98	2.73	11.42	1.46	6.10	0.76	3.19	1.34	5.61	2.54	10.63
56	5-13-0038	皮革粉	88.0	74.7	2.75	11.51	2.23	9.33	1.32	5.52	1.48	6.19	0.67	2.81	0.37	1.55	0.74	3.10	2.64	11.05
57	5-13-0047	肉骨粉	93.0	50.0	2.83	11.84	2.43	10.17	1.61	6.74	2.38	9.96	1.65	6.91	1.08	4.53	1.43	5.98	2.77	11.59
58	5-13-0048	肉粉	94.0	54.0	2.70	11.3	2.3	9.62	1.54	6.44	2.20	9.20	1.66	6.95	1.05	4.39	1.34	5.61	2.52	10.55
59	1-05-0074	苜蓿草粉（CP 19%）	87.0	19.1	1.66	6.95	1.53	6.4	0.81	3.39	0.97	4.06	1.29	5.40	0.73	3.04	1.15	4.81	2.36	9.87
60	1-05-0075	苜蓿草粉（CP 17%）	87.0	17.2	1.46	6.11	1.35	5.65	0.70	2.93	0.87	3.64	1.29	5.38	0.73	3.05	1.14	4.77	2.29	9.58
61	1-05-0076	苜蓿草粉（CP 14%~15%）	87.0	14.3	1.49	6.23	1.39	5.82	0.69	2.89	0.84	3.51	1.11	4.66	0.57	2.40	1.00	4.18	1.87	7.83
62	5-11-0005	啤酒糟	88.0	24.3	2.25	9.41	2.05	8.58	1.24	5.19	2.37	9.92	1.56	6.55	0.93	3.90	1.39	5.82	2.58	10.80
63	7-15-0001	啤酒酵母	91.7	52.4	3.54	14.81	3.02	12.68	1.95	8.16	2.52	10.54	1.90	7.93	1.22	5.10	1.67	6.99	3.21	13.43
64	4-13-0075	乳清粉	97.2	11.5	3.49	14.39	3.22	14.31	2.70	11.29	2.73	11.42	2.05	8.56	1.53	6.39	1.72	7.20	3.43	14.35
65	5-01-0162	酪蛋白	91.7	89.0	4.13	17.27	3.22	14.77	2.09	8.74	4.13	17.28	3.14	13.14	2.36	9.88	2.31	9.67	4.28	17.90
66	5-14-0503	明胶	90.0	88.6	2.80	11.72	2.19	9.16	1.43	5.98	2.36	9.87	1.80	7.53	1.36	5.70	1.56	6.53	3.36	14.06

（续表）

序号	中国饲料号 CFN	饲料名称 Feed Name	干物质 DM (%)	粗蛋白质 CP (%)	猪消化能 DE Mcal/kg	猪消化能 DE MJ/kg	猪代谢能 ME Mcal/kg	猪代谢能 ME MJ/kg	猪净能 NE Mcal/kg	猪净能 NE MJ/kg	鸡代谢能 ME Mcal/kg	鸡代谢能 ME MJ/kg	肉牛维持净能 NEm Mcal/kg	肉牛维持净能 NEm MJ/kg	肉牛增重净能 Neg Mcal/kg	肉牛增重净能 Neg MJ/kg	奶牛产奶净能 NEl Mcal/kg	奶牛产奶净能 NEl MJ/kg	羊消化能 DE Mcal/kg	羊消化能 DE MJ/kg
67	4-06-0076	牛奶乳糖	96.0	3.5	3.37	14.1	3.21	13.43	2.79	11.67	2.69	11.25	2.32	9.72	1.85	7.76	1.91	7.99	3.48	14.56
68	4-06-0077	乳糖	96.0	0.3	3.53	14.77	3.39	14.18	2.93	12.26	2.70	11.30	2.31	9.67	1.84	7.70	2.06	8.62	3.92	16.41
69	4-06-0078	葡萄糖	90.0	0.3	3.36	14.06	3.22	13.47	2.79	11.67	3.08	12.89	2.66	11.13	2.13	8.92	1.76	7.36	3.28	13.73
70	4-06-0079	蔗糖	99.0		3.80	15.9	3.65	15.27	3.15	13.18	3.90	16.32	3.37	14.10	2.69	11.26	2.06	8.62	4.02	16.82
71	4-02-0889	玉米淀粉	99.0	0.3	4.00	16.74	3.84	16.07	3.28	13.72	3.16	13.22	2.73	11.43	2.20	9.12	1.87	7.82	3.50	14.65
72	4-17-0001	牛油	99.0		8.00	33.47	7.68	32.13	7.19	30.08	7.78	32.55	4.76	19.90	3.52	14.73	4.23	17.70	7.62	31.86
73	4-17-0002	猪油	99.0		8.29	34.69	7.96	33.30	7.39	30.92	9.11	38.11	5.60	23.43	4.15	17.37	4.86	20.34	8.51	35.60
74	4-17-0003	家禽脂肪	99.0		8.52	35.65	8.18	34.23	7.55	31.59	9.36	39.16	5.47	22.89	4.10	17.00	4.96	20.76	8.68	36.30
75	4-17-0004	鱼油	99.0		8.44	35.31	8.10	33.89	7.50	31.38	8.45	35.35	9.55	39.92	5.26	21.20	4.64	19.40	8.36	34.95
76	4-17-0005	菜籽油	99.0		8.76	36.65	8.41	35.19	7.72	32.32	9.21	38.53	10.14	42.3	5.68	23.77	5.01	20.97	8.92	37.33
77	4-17-0006	玉米油	99.0		8.75	36.61	8.4	35.15	7.71	32.29	9.66	40.42	10.44	43.64	5.75	24.10	5.26	22.01	9.42	39.42
78	4-17-0007	椰子油	99.0		8.40	35.11	8.06	33.69	7.47	31.27	8.81	36.83	9.78	40.92	5.58	23.35	4.79	20.05	8.63	36.11
79	4-17-0008	棉籽油	99.0		8.60	35.98	8.26	34.43	7.61	31.86	9.05	37.87	10.20	42.68	5.72	23.94	4.92	20.06	8.91	37.25
80	4-17-0009	棕榈油	99.0		8.01	33.51	7.69	32.17	7.20	30.30	5.80	24.27	6.56	27.45	3.94	16.50	3.16	13.23	5.76	24.10
81	4-17-0010	花生油	99.0		8.73	36.53	8.38	35.06	7.70	32.24	9.36	39.16	10.50	43.89	5.57	23.31	5.09	21.30	9.17	38.33
82	4-17-0011	芝麻油	99.0		8.75	36.61	8.40	35.15	7.72	32.30	8.48	35.48	9.60	40.14	5.20	21.76	4.61	19.29	8.35	34.91
83	4-17-0012	大豆油	99.0		8.75	36.61	8.40	35.15	7.72	32.23	8.37	35.02	9.38	39.21	5.44	22.76	4.55	19.04	8.29	34.69
84	4-17-0013	葵花油	99.0		8.76	36.65	8.41	35.19	7.73	32.32	9.66	40.42	10.44	43.64	5.43	22.72	5.26	22.01	9.47	39.63

附表 3-3　饲料中氨基酸含量

序号	中国饲料号 CFN	饲料名称 Feed Name	干物质 DM (%)	粗蛋白质 CP (%)	精氨酸 Arg (%)	组氨酸 His (%)	异亮氨酸 Ile (%)	亮氨酸 Leu (%)	赖氨酸 Lys (%)	蛋氨酸 Met (%)	胱氨酸 Cys (%)	苯丙氨酸 Phe (%)	酪氨酸 Tyr (%)	苏氨酸 Thr (%)	色氨酸 Trp (%)	缬氨酸 Val (%)
1	4-07-0278	玉米 corn grain	86.0	9.4	0.38	0.23	0.26	1.03	0.26	0.19	0.22	0.43	0.34	0.31	0.08	0.40
2	4-07-0288	玉米 corn grain	86.0	8.5	0.5	0.29	0.27	0.74	0.36	0.15	0.18	0.37	0.28	0.3	0.08	0.46
3	4-07-0279	玉米 corn grain	86.0	8.7	0.39	0.21	0.25	0.93	0.24	0.18	0.20	0.41	0.33	0.3	0.07	0.38
4	4-07-0280	玉米 corn grain	86.0	8.0	0.37	0.2	0.24	0.93	0.23	0.15	0.15	0.38	0.31	0.29	0.06	0.35
5	4-07-0272	高粱 sorghum grain	88.0	8.7	0.33	0.18	0.35	1.08	0.18	0.17	0.12	0.45	0.32	0.26	0.08	0.44
6	4-07-0270	小麦 wheat grain	88.0	13.4	0.58	0.27	0.44	0.80	0.30	0.25	0.24	0.58	0.37	0.33	0.15	0.56
7	4-07-0274	大麦（裸）naked barley grain	87.0	13.0	0.64	0.16	0.43	0.87	0.44	0.14	0.25	0.68	0.4	0.43	0.16	0.63
8	4-07-0277	大麦（皮）barley grain	87.0	11.0	0.65	0.24	0.52	0.91	0.42	0.18	0.18	0.59	0.35	0.41	0.12	0.64
9	4-07-0281	黑麦 ryer	88.0	9.5	0.5	0.25	0.40	0.64	0.37	0.16	0.25	0.49	0.26	0.34	0.12	0.52
10	4-07-0273	稻谷 paddy	86.0	7.8	0.57	0.15	0.32	0.58	0.29	0.19	0.16	0.40	0.37	0.25	0.10	0.47
11	4-07-0276	糙米 rough rice	87.0	8.8	0.65	0.17	0.30	0.61	0.32	0.20	0.14	0.35	0.31	0.28	0.12	0.49
12	4-07-0275	碎米 broken rice	88.0	10.4	0.78	0.27	0.39	0.74	0.42	0.22	0.17	0.49	0.39	0.38	0.12	0.57
13	4-07-0479	粟（谷子）millet grain	86.5	9.7	0.30	0.2	0.36	1.15	0.15	0.25	0.20	0.49	0.26	0.35	0.17	0.42
14	4-04-0067	木薯干 cassava tuber flake	87.0	2.5	0.40	0.05	0.11	0.15	0.13	0.05	0.04	0.10	0.04	0.10	0.03	0.13
15	4-04-0068	甘薯干 sweet potato tuber flake	87.0	4.0	0.16	0.08	0.17	0.26	0.16	0.06	0.08	0.19	0.13	0.18	0.05	0.27
16	4-08-0104	次粉 wheat middling and reddog	88.0	15.4	0.86	0.41	0.55	1.06	0.59	0.23	0.37	0.66	0.46	0.50	0.21	0.72
17	4-08-0105	次粉 wheat middling and reddog	87.0	13.6	0.85	0.33	0.48	0.98	0.52	0.16	0.33	0.63	0.45	0.50	0.18	0.68

（续表）

序号	中国饲料号 CFN	饲料名称 Feed Name	干物质 DM（%）	粗蛋白质 CP（%）	精氨酸 Arg（%）	组氨酸 His（%）	异亮氨酸 Ile（%）	亮氨酸 Leu（%）	赖氨酸 Lys（%）	蛋氨酸 Met（%）	胱氨酸 Cys（%）	苯丙氨酸 Phe（%）	酪氨酸 Tyr（%）	苏氨酸 Thr（%）	色氨酸 Trp（%）	缬氨酸 Val（%）
18	4-08-0069	小麦麸 wheat bran	87.0	15.7	0.97	0.39	0.46	0.81	0.58	0.13	0.26	0.58	0.28	0.43	0.20	0.63
19	4-08-0070	小麦麸 wheat bran	87.0	14.3	0.88	0.35	0.42	0.74	0.53	0.12	0.24	0.53	0.25	0.39	0.18	0.57
20	4-08-0041	米糠 rice bran	87.0	12.8	1.06	0.39	0.63	1.00	0.74	0.25	0.19	0.63	0.5	0.48	0.14	0.81
21	4-10-0025	米糠饼 rice bran meal (exp.)	88.0	14.7	1.19	0.43	0.72	1.06	0.66	0.26	0.30	0.76	0.51	0.53	0.15	0.99
22	4-10-0018	米糠粕 rice bran meal (sol.)	87.0	15.1	1.28	0.46	0.78	1.30	0.72	0.28	0.32	0.82	0.55	0.57	0.17	1.07
23	5-09-0127	大豆 soybeans	87.0	35.5	2.57	0.59	1.28	2.72	2.2	0.56	0.70	1.42	0.64	1.41	0.45	1.50
24	5-09-0128	全脂大豆 full-fat soybeans	88.0	35.5	2.63	0.63	1.32	2.68	2.37	0.55	0.76	1.39	0.67	1.42	0.49	1.53
25	5-10-0241	大豆饼 soybean meal (exp.)	89.0	41.8	2.53	1.10	1.57	2.75	2.43	0.60	0.62	1.79	1.53	1.44	0.64	1.70
26	5-10-0103	大豆粕 soybean meal (sol.)	89.0	47.9	3.43	1.22	2.10	3.57	2.99	0.68	0.73	2.33	1.57	1.85	0.65	2.26
27	5-10-0102	大豆粕 soybean meal (sol.)	89.0	44.2	3.38	1.17	1.99	3.35	2.68	0.59	0.65	2.21	1.47	1.71	0.57	2.09
28	5-10-0118	棉籽饼 cottonseed meal (exp.)	88.0	36.3	3.94	0.90	1.16	2.07	1.40	0.41	0.70	1.88	0.95	1.14	0.39	1.51
29	5-10-0119	棉籽粕 cottonseed meal (sol.)	90.0	47.0	4.98	1.26	1.40	2.67	2.13	0.56	0.66	2.43	1.11	1.35	0.54	2.05
30	5-10-0117	棉籽粕 cottonseed meal (sol.)	90.0	43.5	4.65	1.19	1.29	2.47	1.97	0.58	0.68	2.28	1.05	1.25	0.51	1.91

（续表）

序号	中国饲料号 CFN	饲料名称 Feed Name	干物质 DM (%)	粗蛋白质 CP (%)	精氨酸 Arg (%)	组氨酸 His (%)	异亮氨酸 Ile (%)	亮氨酸 Leu (%)	赖氨酸 Lys (%)	蛋氨酸 Met (%)	胱氨酸 Cys (%)	苯丙氨酸 Phe (%)	酪氨酸 Tyr (%)	苏氨酸 Thr (%)	色氨酸 Trp (%)	缬氨酸 Val (%)
31	5-10-0220	棉籽蛋白 cottonseed protein	92.0	51.1	6.08	1.58	1.72	3.13	2.26	0.86	1.04	2.94	1.42	1.60		2.48
32	5-10-0183	菜籽饼 rapeseed meal (exp.)	88.0	35.7	1.82	0.83	1.24	2.26	1.33	0.60	0.82	1.35	0.92	1.40	0.42	1.62
33	5-10-0121	菜籽粕 rapeseed meal (sol.)	88.0	38.6	1.83	0.86	1.29	2.34	1.30	0.63	0.87	1.45	0.97	1.49	0.43	1.74
34	5-10-0116	花生仁饼 peanut meal (exp.)	88.0	44.7	4.60	0.83	1.18	2.36	1.32	0.39	0.38	1.81	1.31	1.05	0.42	1.28
35	5-10-0115	花生仁粕 peanut meal (sol.)	88.0	47.8	4.88	0.88	1.25	2.50	1.40	0.41	0.40	1.92	1.39	1.11	0.45	1.36
36	5-10-0031	向日葵仁饼 sunflower meal (exp.)	88.0	29.0	2.44	0.62	1.19	1.76	0.96	0.59	0.43	1.21	0.77	0.98	0.28	1.35
37	5-10-0242	向日葵仁粕 sunflower meal (sol.)	88.0	36.5	3.17	0.81	1.51	2.25	1.22	0.72	0.62	1.56	0.99	1.25	0.47	1.72
38	5-10-0243	向日葵仁粕 sunflower meal (sol.)	88.0	33.6	2.89	0.74	1.39	2.07	1.13	0.69	0.50	1.43	0.91	1.14	0.37	1.58
39	5-10-0119	亚麻仁饼 linseed meal (exp.)	88.0	32.2	2.35	0.51	1.15	1.62	0.73	0.46	0.48	1.32	0.50	1.00	0.48	1.44
40	5-10-0120	亚麻仁粕 linseed meal (sol.)	88.0	34.8	3.59	0.64	1.33	1.85	1.16	0.55	0.55	1.51	0.93	1.10	0.70	1.51
41	5-10-0246	芝麻饼 sesame meal (exp.)	92.0	39.2	2.38	0.81	1.42	2.52	0.82	0.82	0.75	1.68	1.02	1.29	0.49	1.84

（续表）

序号	中国饲料号 CFN	饲料名称 Feed Name	干物质 DM（%）	粗蛋白质 CP（%）	精氨酸 Arg（%）	组氨酸 His（%）	异亮氨酸 Ile（%）	亮氨酸 Leu（%）	赖氨酸 Lys（%）	蛋氨酸 Met（%）	胱氨酸 Cys（%）	苯丙氨酸 Phe（%）	酪氨酸 Tyr（%）	苏氨酸 Thr（%）	色氨酸 Trp（%）	缬氨酸 Val（%）
42	5-11-0001	玉米蛋白粉 corn gluten meal	90.1	63.5	1.90	1.18	2.85	11.59	0.97	1.42	0.96	4.10	3.19	2.08	0.36	2.98
43	5-11-0002	玉米蛋白粉 corn gluten meal	88.0	56.3	1.48	0.89	1.75	7.87	0.92	1.14	0.76	2.83	2.25	1.59	0.31	2.05
44	5-11-0008	玉米蛋白粉 corn gluten meal	89.9	44.3	1.31	0.78	1.63	7.08	0.71	1.04	0.65	2.61	2.03	1.38		1.84
45	5-11-0003	玉米蛋白饲料 corn gluten feed	88.0	18.3	0.77	0.56	0.62	1.82	0.63	0.29	0.33	0.70	0.50	0.68	0.14	0.93
46	4-10-0026	玉米胚芽饼 corn germ meal（exp.）	90.0	16.7	1.16	0.45	0.53	1.25	0.70	0.31	0.47	0.64	0.54	0.64	0.16	0.91
47	4-10-0244	玉米胚芽粕 corn germ meal（sol.）	90.0	20.8	1.51	0.62	0.77	1.54	0.75	0.21	0.28	0.93	0.66	0.68	0.18	1.66
48	5-11-0007	DDGS（distiller dried grains with solubles）	89.2	27.5	1.12	0.75	0.97	3.13	0.71	0.57	0.54	1.28	1.09	0.99	0.20	1.32
49	5-11-0009	蚕豆粉浆蛋白粉 broad bean gluten meal	88.0	66.3	5.96	1.66	2.90	5.88	4.44	0.6	0.57	3.34	2.21	2.31		3.20
50	5-11-0004	麦芽根 barley malt sprouts	89.7	28.3	1.22	0.54	1.08	1.58	1.30	0.37	0.26	0.85	0.67	0.96	0.42	1.44
51	5-13-0044	鱼粉（CP 67%）fish meal	92.4	67.0	3.93	2.01	2.61	4.94	4.97	1.86	0.60	2.61	1.97	2.74	0.77	3.11
52	5-13-0046	鱼粉（CP 60.2%）fish meal	90.0	60.2	3.57	1.71	2.68	4.80	4.72	1.64	0.52	2.35	1.96	2.57	0.70	3.17

（续表）

序号	中国饲料号 CFN	饲料名称 Feed Name	干物质 DM (%)	粗蛋白质 CP (%)	精氨酸 Arg (%)	组氨酸 His (%)	异亮氨酸 Ile (%)	亮氨酸 Leu (%)	赖氨酸 Lys (%)	蛋氨酸 Met (%)	胱氨酸 Cys (%)	苯丙氨酸 Phe (%)	酪氨酸 Tyr (%)	苏氨酸 Thr (%)	色氨酸 Trp (%)	缬氨酸 Val (%)
53	5-13-0077	鱼粉（CP 53.5%）fish meal	90.0	53.5	3.24	1.29	2.30	4.30	3.87	1.39	0.49	2.22	1.70	2.51	0.60	2.77
54	5-13-0036	血粉 blood meal	88.0	82.8	2.99	4.40	0.75	8.38	6.67	0.74	0.98	5.23	2.55	2.86	1.11	6.08
55	5-13-0037	羽毛粉 feather meal	88.0	77.9	5.30	0.58	4.21	6.78	1.65	0.59	2.93	3.57	1.79	3.51	0.40	6.05
56	5-13-0038	皮革粉 leather meal	88.0	74.7	4.45	0.40	1.06	2.53	2.18	0.80	0.16	1.56	0.63	0.71	0.50	1.91
57	5-13-0047	肉骨粉 meat and bone meal	93.0	50.0	3.35	0.96	1.70	3.20	2.60	0.67	0.33	1.70	1.26	1.63	0.26	2.25
58	5-13-0048	肉粉 meat meal	94.0	54.0	3.60	1.14	1.60	3.84	3.07	0.80	0.6	2.17	1.40	1.97	0.35	2.66
59	1-05-0074	苜蓿草粉（CP 19%）alfalfa meal	87.0	19.1	0.78	0.39	0.68	1.20	0.82	0.21	0.22	0.82	0.58	0.74	0.43	0.91
60	1-05-0075	苜蓿草粉（CP 17%）alfalfa meal	87.0	17.2	0.74	0.32	0.66	1.10	0.81	0.20	0.16	0.81	0.54	0.69	0.37	0.85
61	1-05-0076	苜蓿草粉（CP 14%~15%）alfalfa meal	87.0	14.3	0.61	0.19	0.58	1.00	0.60	0.18	0.15	0.59	0.38	0.45	0.24	0.58
62	5-11-0005	啤酒糟 brewers dried grain	88.0	24.3	0.98	0.51	1.18	1.08	0.72	0.52	0.35	2.35	1.17	0.81	0.28	1.66
63	7-15-0001	啤酒酵母 brewers dried yeast	91.7	52.4	2.67	1.11	2.85	4.76	3.38	0.83	0.50	4.07	0.12	2.33	0.21	3.40
64	4-13-0075	乳清粉 whey, dehydrated	97.2	11.5	0.26	0.21	0.64	1.11	0.88	0.17	0.26	0.35	0.27	0.71	0.20	0.61
65	5-01-0162	酪蛋白 casein	91.7	89.0	3.13	2.57	4.49	8.24	6.87	2.52	0.45	4.49	4.87	3.77	1.33	5.81
66	5-14-0503	明胶 gelatin	90.0	88.6	6.60	0.66	1.42	2.91	3.62	0.76	0.12	1.74	0.43	1.82	0.05	2.26
67	4-06-0076	牛奶乳糖 milk lactose	96.0	3.5	0.25	0.09	0.09	0.16	0.14	0.03	0.04	0.09	0.02	0.09	0.09	0.09

附表3-4　矿物质及维生素含量

序号	中国饲料号 CFN	饲料名称 Feed Name	钠 Na (%)	氯 Cl (%)	镁 Mg (%)	钾 K (%)	铁 Fe (mg/kg)	铜 Cu (mg/kg)	锰 Mn (mg/kg)	锌 Zn (mg/kg)	硒 Se (mg/kg)	胡萝卜素 (mg/kg)	维生素E (mg/kg)	维生素B₁ (mg/kg)	维生素B₂ (mg/kg)	泛酸 (mg/kg)	烟酸 (mg/kg)	生物素 (mg/kg)	叶酸 (mg/kg)	胆碱 (mg/kg)	维生素B₆ (mg/kg)	维生素B₁₂ (μg/kg)	亚油酸 (%)
1	4-07-0278	玉米 corn grain	0.01	0.04	0.11	0.29	36	3.4	5.8	21.1	0.04	2.0	22.0	3.5	1.1	5.0	24	0.06	0.15	620	10.0		2.20
2	4-07-0272	高粱 sorghum grain	0.03	0.09	0.15	0.34	87	7.6	17.1	20.1	0.05		7.0	3.0	1.3	12.4	41	0.26	0.20	668	5.2		1.13
3	4-07-0270	小麦 wheat grain	0.06	0.07	0.11	0.50	88	7.9	45.9	29.7	0.05	0.4	13.0	4.6	1.3	11.9	51	0.11	0.36	1040	3.7		0.59
4	4-07-0274	大麦（裸）naked barley grain	0.04		0.11	0.60	100	7.0	18.0	50.0	0.16		48.0	4.1	1.4		87				19.3		
5	4-07-0277	大麦（皮）barley grain	0.02	0.15	0.14	0.56	87	5.6	17.5	23.6	0.06	4.1	20.0	4.5	1.8	8.0	55	0.15	0.07	990	4.0		0.83
6	4-07-0281	黑麦 rye	0.02	0.04	0.12	0.42	117	7.0	53.0	35.0	0.40		15.0	3.6	1.5	8.0	16	0.06	0.60	440	2.6		0.76
7	4-07-0273	稻谷 paddy	0.04	0.07	0.07	0.34	40	3.5	20.0	8.0	0.04		16.0	3.1	1.2	3.7	34	0.08	0.45	900	28.0		0.28
8	4-07-0276	糙米 rough rice	0.04	0.06	0.14	0.34	78	3.3	21.0	10.0	0.07		13.5	2.8	1.1	11.0	30	0.08	0.40	1014	0.04		
9	4-07-0275	碎米 broken rice	0.07	0.08	0.11	0.13	62	8.8	47.5	36.4	0.06		14.0	1.4	0.7	8.0	30	0.08	0.20	800	28.0		
10	4-07-0479	粟（谷子）millet grain	0.04	0.14	0.16	0.43	270	24.5	22.5	15.9	0.08	1.2	36.3	6.6	1.6	7.4	53		15.00	790			0.84
11	4-04-0067	木薯干 cassava tuber flake	0.03	0.11	0.11	0.78	150	4.2	6.0	14.0	0.04			1.7	0.8	1.0	3				1.0		0.10

（续表）

序号	中国饲料号 CFN	饲料名称 Feed Name	钠 Na (%)	氯 Cl (%)	镁 Mg (%)	钾 K (%)	铁 Fe (mg/kg)	铜 Cu (mg/kg)	锰 Mn (mg/kg)	锌 Zn (mg/kg)	硒 Se (mg/kg)	胡萝卜素 (mg/kg)	维生素 E (mg/kg)	维生素 B₁ (mg/kg)	维生素 B₂ (mg/kg)	泛酸 (mg/kg)	烟酸 (mg/kg)	生物素 (mg/kg)	叶酸 (mg/kg)	胆碱 (mg/kg)	维生素 B₆ (mg/kg)	维生素 B₁₂ (μg/kg)	亚油酸 (%)
12	4-04-0068	甘薯干 sweet potato tuber flake	0.16		0.08	0.36	107	6.1	10.0	9.0	0.07												
13	4-08-0104	次粉 wheat middling and reddog	0.60	0.04	0.41	0.60	140	11.6	94.2	73.0	0.07	3.0	20.0	16.5	1.8	15.6	72	0.33	0.76	1187	9.0		1.74
14	4-08-0105	次粉 wheat middling and reddog	0.60	0.04	0.41	0.60	140	11.6	94.2	73.0	0.07	3.0	20.0	16.5	1.8	15.6	72	0.33	0.76	1187	9.0		1.74
15	4-08-0069	小麦麸 wheat bran	0.07	0.07	0.52	1.19	170	13.8	104.3	96.5	0.07	1.0	14.0	8.0	4.6	31.0	72	0.36	0.63	980	7.0		1.70
16	4-08-0070	小麦麸 wheat bran	0.07	0.07	0.47	1.19	157	16.5	80.6	104.7	0.05	1.0	14.0	8.0	4.6	31.0	186	0.36	0.63	980	7.0		1.70
17	4-08-0041	米糠 rice bran	0.07	0.07	0.9	1.73	304	7.1	175.9	50.3	0.09		60.0	22.5	2.5	23.0	293	0.42	2.20	1135	14.0		3.57
18	4-10-0025	米糠饼 rice bran meal (exp.)	0.08		1.26	1.80	400	8.7	211.6	56.4	0.09		11.0	24.0	2.9	94.9	689	0.7	0.88	1700	54.0	40	
19	4-10-0018	米糠粕 rice bran meal (sol.)	0.09	0.10		1.80	432	9.4	228.4	60.9	0.1												
20	5-09-0127	大豆 soybeans	0.02	0.03	0.28	1.70	111	18.1	21.5	40.7	0.06		40.0	12.3	2.9	17.4	24	0.42	2.00	3200	12.0	0	8.00

（续表）

序号	中国饲料号 CFN	饲料名称 Feed Name	钠 Na (%)	氯 Cl (%)	镁 Mg (%)	钾 K (%)	铁 Fe (mg/kg)	铜 Cu (mg/kg)	锰 Mn (mg/kg)	锌 Zn (mg/kg)	硒 Se (mg/kg)	胡萝卜素 (mg/kg)	维生素 E (mg/kg)	维生素 B$_1$ (mg/kg)	维生素 B$_2$ (mg/kg)	泛酸 (mg/kg)	烟酸 (mg/kg)	生物素 (mg/kg)	叶酸 (mg/kg)	胆碱 (mg/kg)	维生素 B$_6$ (mg/kg)	维生素 B$_{12}$ (μg/kg)	亚油酸 (%)
21	5-09-0128	全脂大豆 full-fat soybeans	0.02	0.03	0.28	1.70	111	18.1	21.5	40.7	0.06		40.0	12.3	2.9	17.4	24	0.42	4.00	3200	12.0	0	8.00
22	5-10-0241	大豆饼 soybean meal (exp.)	0.02	0.02	0.25	1.77	187	19.8	32.0	43.4	0.04		6.6	1.7	4.4	13.8	37	0.32	0.45	2673	10.00	0	
23	5-10-0103	去皮大豆粕 soybean meal (sol.)	0.03	0.05	0.28	2.05	185	24.0	38.2	46.4	0.13	0.2	3.1	4.6	3.0	16.4	30.7	0.33	0.81	2858	6.10	0	0.51
24	5-10-0102	大豆粕 soybean meal (sol.)	0.03	0.05	0.28	1.72	185	24.0	28	46.4	0.06	0.2	3.1	4.6	3.0	16.4	30.7	0.33	0.81	2858	6.10	0	0.51
25	5-10-0118	棉籽饼 cottonseed meal (exp.)	0.04	0.14	0.52	1.20	266	11.6	17.8	44.9	0.11	0.2	16.0	6.4	5.1	10.0	38.0	0.53	1.65	2753	5.30	0	2.47
26	5-10-0119	棉籽粕 cottonseed meal (sol.)	0.04	0.04	0.40	1.16	263	14.0	18.7	55.5	0.15	0.2	15.0	7.0	5.5	12.0	40.0	0.30	2.51	2933	5.10	0	1.51
27	5-10-0117	棉籽粕 cottonseed meal (sol.)	0.04	0.04	0.40	1.16	263	14.0	18.7	55.5	0.15	0.2	15	7.0	5.5	12.0	40.0	0.30	2.51	2933	5.10	0	1.51
28	5-10-0183	菜籽饼 rapeseed meal (exp.)	0.02			1.34	687	7.2	78.1	59.2	0.29												

（续表）

序号	中国饲料号 CFN	饲料名称 Feed Name	钠 Na (%)	氯 Cl (%)	镁 Mg (%)	钾 K (%)	铁 Fe (mg/kg)	铜 Cu (mg/kg)	锰 Mn (mg/kg)	锌 Zn (mg/kg)	硒 Se (mg/kg)	胡萝卜素 (mg/kg)	维生素 E (mg/kg)	维生素 B₁ (mg/kg)	维生素 B₂ (mg/kg)	泛酸 (mg/kg)	烟酸 (mg/kg)	生物素 (mg/kg)	叶酸 (mg/kg)	胆碱 (mg/kg)	维生素 B₆ (mg/kg)	维生素 B₁₂ (μg/kg)	亚油酸 (%)
29	5-10-0121	菜籽粕 rapeseed meal（sol.）	0.09	0.11	0.51	1.40	653	7.1	82.2	67.5	0.16		54.0	5.2	3.7	9.5	160.0	0.98	0.95	6700	7.20	0	0.42
30	5-10-0116	花生仁饼 peanut meal（exp.）	0.04	0.03	0.33	1.14	347	23.7	36.7	52.5	0.06		3.0	7.1	5.2	47.0	166.0	0.33	0.40	1655	10.00	0	1.43
31	5-10-0115	花生仁粕 peanut meal（sol.）	0.07	0.03	0.31	1.23	368	25.1	38.9	55.7	0.06		3.0	5.7	11.0	53.0	173.0	0.39	0.39	1854	10.00	0	0.24
32	1-10-0031	向日葵仁饼 sunflower meal（exp.）	0.02	0.01	0.75	1.17	424	45.6	41.5	62.1	0.09		0.9	18.0		4.0	86.0	1.40	0.40	800			
33	5-10-0242	向日葵仁粕 sunflower meal（sol.）	0.20	0.01	0.75	1.00	226	32.8	34.5	82.7	0.06		0.7	4.6	2.3	39.0	22.0	1.70	1.60	3260	17.20		
34	5-10-0243	向日葵仁粕 sunflower meal（sol.）	0.20	0.10	0.68	1.23	310	35.0	35.0	80.0	0.08			3.0	3.0	29.9	14.0	1.40	1.14	3100	11.10		0.98
35	5-10-0119	亚麻仁饼 linseed meal（exp.）	0.09	0.04	0.58	1.25	204	27.0	40.3	36.0	0.18		7.7	2.6	4.1	16.5	37.4	0.36	2.90	1672	6.10		1.07
36	5-10-0120	亚麻仁粕 linseed meal（sol.）	0.14	0.05	0.56	1.38	219	25.5	43.3	38.7	0.18	0.2	5.8	7.5	3.2	14.7	33.0	0.41	0.34	1512	6.00	200	0.36

（续表）

序号	中国饲料号 CFN	饲料名称 Feed Name	钠 Na (%)	氯 Cl (%)	镁 Mg (%)	钾 K (%)	铁 Fe (mg/kg)	铜 Cu (mg/kg)	锰 Mn (mg/kg)	锌 Zn (mg/kg)	硒 Se (mg/kg)	胡萝卜素 (mg/kg)	维生素 E (mg/kg)	维生素 B₁ (mg/kg)	维生素 B₂ (mg/kg)	泛酸 (mg/kg)	烟酸 (mg/kg)	生物素 (mg/kg)	叶酸 (mg/kg)	胆碱 (mg/kg)	维生素 B₆ (mg/kg)	维生素 B₁₂ (µg/kg)	亚油酸 (%)
37	5-10-0246	芝麻饼 sesame meal（exp.）	0.04	0.05	0.5	1.39	1780	50.4	32.0	2.4	0.21	0.2	0.3	2.8	3.6	6.0	30.0	2.40		1536	12.50	0	1.90
38	5-11-0001	玉米蛋白粉 corn gluten meal	0.01	0.05	0.08	0.30	230	1.9	5.9	19.2	0.02	44.0	25.5	0.3	2.2	3.0	55.0	0.15	0.20	330	6.90	50	1.17
39	5-11-0002	玉米蛋白粉 corn gluten meal	0.02			0.35	332	10.0	78.0	49.0													
40	5-11-0008	玉米蛋白粉 corn gluten meal	0.02	0.08	0.05	0.40	400	28.0	7.0		1	16.0	19.9	0.2	1.5	9.6	54.5	0.15	0.22	330			
41	5-11-0003	玉米蛋白饲料 corn gluten feed	0.12	0.22	0.42	1.30	282	10.7	77.1	59.2	0.23	8.0	14.8	2.0	2.4	17.8	75.5	0.22	0.28	1700	13.00	250	1.43
42	4-10-0026	玉米胚芽饼 corn germ meal（exp.）	0.01	0.12	0.10	0.30	99	12.8	19.0	108.1		2.0	87.0		3.7	3.3	42.0			1936			1.47
43	4-10-0244	玉米胚芽粕 corn germ meal	0.01	0.16	0.59		214	7.7	23.3	126.6	0.33	2.0	80.8	1.1	4.0	4.4	37.7	0.22	0.20	2000			1.47
44	5-11-0007	DDGS distiller dried grains with solubles	0.24	0.17	0.91	0.28	98	5.4	15.2	52.3		3.5	40.0	3.5	8.6	11.0	75.0	0.30	0.88	2637	2.28	10	2.15

（续表）

序号	中国饲料号 CFN	饲料名称 Feed Name	钠 Na (%)	氯 Cl (%)	镁 Mg (%)	钾 K (%)	铁 Fe (mg/kg)	铜 Cu (mg/kg)	锰 Mn (mg/kg)	锌 Zn (mg/kg)	硒 Se (mg/kg)	胡萝卜素 (mg/kg)	维生素 E (mg/kg)	维生素 B₁ (mg/kg)	维生素 B₂ (mg/kg)	泛酸 (mg/kg)	烟酸 (mg/kg)	生物素 (mg/kg)	叶酸 (mg/kg)	胆碱 (mg/kg)	维生素 B₆ (mg/kg)	维生素 B₁₂ (μg/kg)	亚油酸 (%)
45	5-11-0009	蚕豆粉浆蛋白粉 broad bean gluten meal	0.01			0.06		22.0	16.0														
46	5-11-0004	麦芽根 barley malt sprouts	0.06	0.59	0.16	2.18	198	5.3	67.8	42.4	0.60		4.2	0.7	1.5	8.6	43.3		0.20	1548			0.46
47	5-13-0044	鱼粉（CP 67%） fish meal	1.04	0.71	0.23	0.74	337	8.4	11.0	102.0	2.70		5.0	2.8	5.8	9.3	82.0	1.30	0.90	5600	2.3	210.0	0.20
48	5-13-0046	鱼粉（CP 60.2%） fish meal	0.97	0.61	0.16	1.10	80	8.0	10.0	80.0	1.50		7.0	0.5	4.9	9.0	55.0	0.20	0.30	3056	4.0	104.0	0.12
49	5-13-0077	鱼粉（CP 53.5%） fish meal	1.15	0.61	0.16	0.94	292	8.0	9.7	88.0	1.94		5.6	0.4	8.8	8.8	65.0			3000		143.0	
50	5-13-0036	血粉 blood meal	0.31	0.27	0.16	0.90	2100	8.0	2.3	14.0	0.70		1.0	0.4	1.6	1.2	23.0	0.09	0.11	800	4.4	50.0	0.10
51	5-13-0037	羽毛粉 feather meal	0.31	0.26	0.20	0.18	73	6.8	8.8	53.8	0.80		7.3	0.1	2.0	10.0	27.0	0.04	0.20	880	3.0	71.0	0.83
52	5-13-0038	皮革粉 leather meal					131	11.1	25.2	89.8													
53	5-13-0047	肉骨粉 meat and bone meal	0.73	0.75	1.13	1.40	500	1.5	12.3	90.0			0.8	0.2	5.2	4.4	59.4	0.14	0.60	2000	4.6	100.0	0.72

（续表）

序号	中国饲料号 CFN	饲料名称 Feed Name	钠 Na (%)	氯 Cl (%)	镁 Mg (%)	钾 K (%)	铁 Fe (mg/kg)	铜 Cu (mg/kg)	锰 Mn (mg/kg)	锌 Zn (mg/kg)	硒 Se (mg/kg)	胡萝卜素 (mg/kg)	维生素 E (mg/kg)	维生素 B₁ (mg/kg)	维生素 B₂ (mg/kg)	泛酸 (mg/kg)	烟酸 (mg/kg)	生物素 (mg/kg)	叶酸 (mg/kg)	胆碱 (mg/kg)	维生素 B₆ (mg/kg)	维生素 B₁₂ (μg/kg)	亚油酸 (%)
54	5-13-0048	肉粉 meat meal	0.8	0.97	0.35	0.57	440	10.0	10.0	94.0	0.25		1.2	0.6	4.7	5.0	57.0	0.08	0.50	2077	2.4	80.0	0.80
55	1-05-0074	苜蓿草粉（CP 19%）alfalfa meal	0.09	0.38	0.30	2.08	372	9.1	30.7	17.1	0.57	94.6	144.0	5.8	15.5	34.0	40.0	0.35	4.36	1419	8.0		0.44
56	1-05-0075	苜蓿草粉（CP 17%）alfalfa meal	0.17	0.46	0.36	2.40	361	9.7	30.7	21.0	0.46	94.6	125.0	3.4	13.6	29.0	38.0	0.30	4.20	1401	6.5		0.35
57	1-05-0076	苜蓿草粉（CP 14%~15%）alfalfa meal	0.11	0.46	0.36	2.22	437	9.1	33.2	22.6	0.46	63.0	98.0	3.0	10.6	20.8	41.8	0.25	1.54	1548			
58	5-11-0005	啤酒糟 brewers dried grain	0.25	0.12	0.19	0.08	274	20.1	35.6	104.0	0.48	0.2	27.0	0.6	1.5	8.6	43.0	0.24	0.24	1723	0.7		2.94
59	7-15-0001	啤酒酵母 brewers dried yeast	0.10	0.12	0.23	1.70	248	61.0	22.3	86.7	0.41		2.2	91.8	37.0	109.0	448.0	0.63	9.90	3984	42.8	999.9	0.04
60	4-13-0075	乳清粉 whey, dehydrated	0.94	1.40	0.13	1.36	57	6.6	3.0	9.3	0.12		0.3	4.1	29.9	47.0	10.0	0.27	0.85	1820	4.0	23.0	0.01
61	5-01-0162	酪蛋白 casein	0.01	0.04	0.01	0.01	13	3.6	3.6	27.0	0.06			0.4	1.5	2.7	1.0	0.04	0.51	205	0.4		
62	5-14-0503	明胶 gelatin			0.05						0.15												
63	4-06-0076	牛奶乳糖 milk lactose	0.15		0.15	2.40																	

附表 3-5 猪用饲料蛋白质及氨基酸标准回肠消化率（参考值）

序号	饲料名称 Feed Name	干物质 DM (%)	粗蛋白质 CP (%)	精氨酸 Arg (%)	组氨酸 His (%)	异亮氨酸 Ile (%)	亮氨酸 Leu (%)	赖氨酸 Lys (%)	蛋氨酸 Met (%)	胱氨酸 Cys (%)	苯丙氨酸 Phe (%)	酪氨酸 Tyr (%)	苏氨酸 Thr (%)	色氨酸 Trp (%)	缬氨酸 Val (%)
1	玉米 corn grain	86.0	80	89	87	86	89	75	87	83	87	79	80	77	85
2	膨化玉米 Puffed corn	90.0	87	88	81	78	71	84	93	77	75	82	61	69	73
3	高粱 sorghum grain, 单宁含量≤0.2%	86.0	77	81	74	41	96	67	79	63	95	69	76	74	94
4	高粱 sorghum grain, 0.5%≤单宁含量≤1.0%	87.9	69	70	66	45	96	62	79	62	99	70	76	74	96
5	小麦 wheat grain（硬质）	87.0	88	91	88	89	89	82	88	89	90	88	84	88	88
6	大麦 barley grain	87.0	79	85	81	79	81	75	82	82	81	78	76	82	80
7	黑麦 rye	88.0	83	79	79	78	79	76	81	82	72	76	74	76	77
8	糙米 rough rice	87.0	90	89	84	81	83	77	85	73	84	86	76	77	78
9	粟（谷子）maize grain	86.5	88	89	90	89	91	83	75	88	91	86	86	97	87
10	次粉 wheat middling and red dog	88.0	76	91	84	79	80	78	82	76	84	83	73	81	81
11	小麦麸 wheat bran	87.0	78	90	76	75	73	73	72	77	83	56	64	73	79
12	米糠 rice bran	87.0	60	89	87	69	70	78	77	68	73	81	71	73	69
13	米糠粕 defatted rice bran	90.2	83	75	75	75	75	78	74	63	69	86	76	73	–
14	全脂大豆 soybeans full-fat	88.0	79	87	81	78	78	81	80	76	79	81	76	82	77
15	大豆浓缩蛋白 Soybean protein concentrate	92.0	89	95	91	91	91	91	92	79	90	93	86	88	90
16	大豆粕 soybean meal（sol.）	89.0	85	92	86	88	86	88	89	84	87	86	83	90	84
17	发酵大豆粕 Fermented soybean meal	90.5	85	93	90	89	90	90	91	87	90	90	85	86	89
18	棉籽粕 cottonseed meal（sol.）	88.0	77	88	74	70	73	63	73	76	81	76	68	71	73

（续表）

序号	饲料名称 Feed Name	干物质 DM (%)	粗蛋白质 CP (%)	精氨酸 Arg (%)	组氨酸 His (%)	异亮氨酸 Ile (%)	亮氨酸 Leu (%)	赖氨酸 Lys (%)	蛋氨酸 Met (%)	胱氨酸 Cys (%)	苯丙氨酸 Phe (%)	酪氨酸 Tyr (%)	苏氨酸 Thr (%)	色氨酸 Trp (%)	缬氨酸 Val (%)
19	菜籽饼 rapeseed meal (exp.)	88.0	75	83	78	78	78	71	83	76	80	74	70	73	73
20	菜籽粕 rapeseed meal (sol.)	88.0	74	85	78	76	78	74	85	74	77	77	70	71	74
21	花生仁饼 peanut meal (exp.)	88.0	87	93	81	81	81	76	83	81	88	92	74	76	78
22	花生仁粕 peanut meal (sol.)	88.0	87	93	81	81	81	76	83	81	88	92	74	76	78
23	向日葵仁粕 sunflower meal (sol.)	88.0	83	93	83	82	82	80	90	80	86	88	80	84	79
24	芝麻粕 sesame meal (sol.)	92.0	91	96	84	87	92	85	92	92	93	91	90	85	89
25	玉米蛋白粉 corn gluten meal	90.1	75	91	87	93	95	81	93	88	94	94	87	77	91
26	玉米蛋白饲料 Corn protein feed	88.0	65	86	75	80	85	66	82	62	85	84	71	66	77
27	玉米胚芽粕 Corn germ meal (sol.)	90.0	71	83	78	75	73	62	80	63	81	79	70	71	73
28	玉米DDG ComDDG	90	76	83	84	83	85	78	89	81	87	80	78	71	81
29	玉米DDGS ComDDGS	89.2	74	81	78	76	84	61	92	73	81	81	71	71	75
30	鱼粉（CP 67%）fish meal	92.4	85	86	84	83	83	86	87	64	82	74	81	76	83
31	血粉 blood meal	88.0	89	92	91	73	93	93	88	86	92	88	87	91	92
32	羽毛粉 feather meal	88.0	68	81	56	76	77	56	73	73	79	79	71	63	75
33	肉骨粉 meat and bone meal	93.0	72	83	71	73	76	73	84	56	79	68	69	62	76
34	肉粉 meat meal	94.0	76	84	75	78	77	78	82	62	79	78	74	76	76
35	苜蓿草粉（CP 17%）alfalfa meal	87.0	37	74	59	68	71	56	71	37	70	66	63	46	64
36	啤酒糟 brewers dried grain	88.0	85	93	83	87	86	80	87	76	90	93	80	81	36
37	乳清粉 whey, dehydrated	94.0	100	98	96	96	98	97	98	93	98	97	90	97	37
38	酪蛋白 casein	91.0	100	99	99	96	99	99	99	92	99	99	96	98	38

附表 3-6　常用矿物质饲料中矿物元素的含量（以饲喂状态为基础）

序号	中国饲料号 CFN	饲料名称 Feed Name	化学分子式 Chemical Formular	钙 Ca (%)	磷 P (%)	磷利用率 (%)	钠 Na (%)	氯 Cl (%)	钾 K (%)	镁 Mg (%)	硫 S (%)	铁 Fe (%)	锰 Mn (%)
1	6-14-0001	碳酸钙，饲料级轻质 calcium carbonate	CaCO$_3$	38.42	0.02		0.08	0.02	0.08	1.61	0.08	0.06	0.02
2	6-14-0002	磷酸氢钙，无水 calcium phosphate（dibasic），anhydrous	CaHPO$_4$	29.6	22.77	95~100	0.18	0.47	0.15	0.8	0.8	0.79	0.14
3	6-14-0003	磷酸氢钙，2个结晶水 calcium phosphate（dibasic），dehydrate	CaHPO$_4$·2H$_2$O	23.29	18	95~100							
4	6-14-0004	磷酸二氢钙 calcium phosphate（monobasic）monohydrate	Ca（H$_2$PO$_4$）$_2$·H$_2$O	15.9	24.58	100	0.2		0.16	0.9	0.8	0.75	0.01
5	6-14-0005	磷酸三钙（磷酸钙）calcium phosphate（tribasic）	Ca$_3$（PO$_4$）$_2$	38.76	20								
6	6-14-0006	石粉、石灰石、方解石等 limestone，calcite etc.		35.84	0.01		0.06	0.02	0.11	2.06	0.04	0.35	0.02
7	6-14-0007	骨粉，脱脂 bone meal		29.8	12.5	80~90	0.04		0.2	0.3	2.4		0.03
8	6-14-0008	贝壳粉 shell meal		32~35									
9	6-14-0009	蛋壳粉 egg shell meal		30~40	0.1~0.4								
10	6-14-0010	磷酸氢铵 ammonium phosphate（dibasic）	（NH$_4$）$_2$HPO$_4$	0.35	23.48	100	0.2		0.16	0.75	1.5	0.41	0.01
11	6-14-0011	磷酸二氢铵 ammonium phosphate（monobasic）	NH$_4$H$_2$PO$_4$		26.93	100							
12	6-14-0012	磷酸氢二钠 sodium phosphate（dibasic）	Na$_2$HPO$_4$	0.09	21.82	100	31.04						
13	6-14-0013	磷酸二氢钠 sodium phosphate（monobasic）	NaH$_2$PO$_4$		25.81	100	19.17	0.02	0.01	0.01			
14	6-14-0014	碳酸钠 sodium carbonate	Na$_2$CO$_3$				43.3						
15	6-14-0015	碳酸氢钠 sodium bicarbonate	NaHCO$_3$	0.01			27		0.01				
16	6-14-0016	氯化钠 sodium chloride	NaCl	0.3			39.5	59		0.005	0.2	0.01	
17	6-14-0017	氯化镁 magnesium chloride hexahydrate	MgCl$_2$·6H$_2$O							11.95			
18	6-14-0018	碳酸镁 magnesium carbonate	MgCO$_3$·Mg（OH）$_2$	0.02						34			0.01
19	6-14-0019	氧化镁 magnesium oxide	MgO	1.69					0.02	55	0.1	1.06	
20	6-14-0020	硫酸镁，7个结晶水 magnesium sulfate heptahydrate	MgSO$_4$·7H$_2$O	0.02				0.01		9.86	13.01		
21	6-14-0021	氯化钾 potassium chloride	KCl	0.05			1	47.56	52.44	0.23	0.32	0.06	0.001
22	6-14-0022	硫酸钾 potassium sulfate	K$_2$SO$_4$	0.15			0.09	1.5	44.87	0.6	18.4	0.07	0.001

附录四 饲料添加剂品种目录（2013）节选

类别	通用名称	适用范围
氨基酸、氨基酸盐及其类似物	L-赖氨酸、液体L-赖氨酸（L-赖氨酸含量不低于50％）、L-赖氨酸盐酸盐、L-赖氨酸硫酸盐及其发酵副产物（产自谷氨酸棒杆菌、乳糖发酵短杆菌，L-赖氨酸含量不低于51％）、DL-蛋氨酸、L-苏氨酸、L-色氨酸、L-精氨酸、L-精氨酸盐酸盐、甘氨酸、L-酪氨酸、L-丙氨酸、天（门）冬氨酸、L-亮氨酸、异亮氨酸、L-脯氨酸、苯丙氨酸、丝氨酸、L-半胱氨酸、L-组氨酸、谷氨酸、谷氨酰胺、缬氨酸、胱氨酸、牛磺酸	养殖动物
	半胱胺盐酸盐	畜禽
	蛋氨酸羟基类似物、蛋氨酸羟基类似物钙盐	猪、鸡、牛和水产养殖动物
	N-羟甲基蛋氨酸钙	反刍动物
	α-环丙氨酸	鸡
维生素及类维生素	维生素A、维生素A乙酸酯、维生素A棕榈酸酯、β-胡萝卜素、盐酸硫胺（维生素B_1）、硝酸硫胺（维生素B_1）、核黄素（维生素B_2）、盐酸吡哆醇（维生素B_6）、氰钴胺（维生素B_{12}）、L-抗坏血酸（维生素C）、L-抗坏血酸钙、L-抗坏血酸钠、L-抗坏血酸-2-磷酸酯、L-抗坏血酸-6-棕榈酸酯、维生素D_2、维生素D_3、天然维生素E、dl-α-生育酚、dl-α-生育酚乙酸酯、亚硫酸氢钠甲萘醌（维生素K_3）、二甲基嘧啶醇亚硫酸甲萘醌、亚硫酸氢烟酰胺甲萘醌、烟酸、烟酰胺、D-泛醇、D-泛酸钙、DL-泛酸钙、叶酸、D-生物素、氯化胆碱、肌醇、L-肉碱、L-肉碱盐酸盐、甜菜碱、甜菜碱盐酸盐	养殖动物
	25-羟基胆钙化醇（25-羟基维生素D_3）	猪、家禽
	L-肉碱酒石酸盐	宠物
矿物元素及其络（螯）合物[1]	氯化钠、硫酸钠、磷酸二氢钠、磷酸氢二钠、磷酸二氢钾、磷酸氢二钾、轻质碳酸钙、氯化钙、磷酸氢钙、磷酸二氢钙、磷酸三钙、乳酸钙、葡萄糖酸钙、硫酸镁、氧化镁、氯化镁、柠檬酸亚铁、富马酸亚铁、乳酸亚铁、硫酸亚铁、氯化亚铁、氯化铁、碳酸亚铁、氯化铜、硫酸铜、碱式氯化铜、氧化锌、氯化锌、碳酸锌、硫酸锌、乙酸锌、碱式氯化锌、氯化锰、氧化锰、硫酸锰、碳酸锰、磷酸氢锰、碘化钾、碘化钠、碘酸钾、碘酸钙、氯化钴、乙酸钴、硫酸钴、亚硒酸钠、钼酸钠、蛋氨酸铜络（螯）合物、蛋氨酸铁络（螯）合物、蛋氨酸锰络（螯）合物、蛋氨酸锌络（螯）合物、赖氨酸铜络（螯）合物、赖氨酸锌络（螯）合物、甘氨酸铜络（螯）合物、甘氨酸铁络（螯）合物、酵母铜、酵母铁、酵母锰、酵母硒、氨基酸铜络合物（氨基酸来源于水解植物蛋白）、氨基酸铁络合物（氨基酸来源于水解植物蛋白）、氨基酸锰络合物（氨基酸来源于水解植物蛋白）、氨基酸锌络合物（氨基酸来源于水解植物蛋白）	养殖动物

（续表）

类别	通用名称	适用范围
矿物元素及其络（螯）合物[1]	蛋白铜、蛋白铁、蛋白锌、蛋白锰	养殖动物（反刍动物除外）
	羟基蛋氨酸类似物络（螯）合锌、羟基蛋氨酸类似物络（螯）合锰、羟基蛋氨酸类似物络（螯）合铜	奶牛、肉牛、家禽和猪
	烟酸铬、酵母铬、蛋氨酸铬、吡啶甲酸铬	猪
	丙酸铬、甘氨酸锌	猪
	丙酸锌	猪、牛和家禽
	硫酸钾、三氧化二铁、氧化铜	反刍动物
	碳酸钴	反刍动物、猫、狗
	稀土（铈和镧）壳糖胺螯合盐	畜禽、鱼和虾
	乳酸锌（α-羟基丙酸锌）	生长育肥猪、家禽
酶制剂[2]	淀粉酶（产自黑曲霉、解淀粉芽孢杆菌、地衣芽孢杆菌、枯草芽孢杆菌、长柄木霉[3]、米曲霉、大麦芽、酸解支链淀粉芽孢杆菌）	青贮玉米、玉米、玉米蛋白粉、豆粕、小麦、次粉、大麦、高粱、燕麦、豌豆、木薯、小米、大米
	α-半乳糖苷酶（产自黑曲霉）	豆粕
	纤维素酶（产自长柄木霉[3]、黑曲霉、孤独腐质霉、绳状青霉）	玉米、大麦、小麦、麦麸、黑麦、高粱
	β-葡聚糖酶（产自黑曲霉、枯草芽孢杆菌、长柄木霉[3]、绳状青霉、解淀粉芽孢杆菌、棘孢曲霉）	小麦、大麦、菜籽粕、小麦副产物、去壳燕麦、黑麦、黑小麦、高粱
	葡萄糖氧化酶（产自特异青霉、黑曲霉）	葡萄糖
	脂肪酶（产自黑曲霉、米曲霉）	动物或植物源性油脂或脂肪
	麦芽糖酶（产自枯草芽孢杆菌）	麦芽糖
	β-甘露聚糖酶（产自迟缓芽孢杆菌、黑曲霉、长柄木霉[3]）	玉米、豆粕、椰子粕
	果胶酶（产自黑曲霉、棘孢曲霉）	玉米、小麦
	植酸酶（产自黑曲霉、米曲霉、长柄木霉[3]、毕赤酵母）	玉米、豆粕等含有植酸的植物籽实及其加工副产品类饲料原料

（续表）

类别	通用名称	适用范围
酶制剂[2]	蛋白酶（产自黑曲霉、米曲霉、枯草芽孢杆菌、长柄木霉[3]）	植物和动物蛋白
	角蛋白酶（产自地衣芽孢杆菌）	植物和动物蛋白
	木聚糖酶（产自米曲霉、孤独腐质霉、长柄木霉[3]、枯草芽孢杆菌、绳状青霉、黑曲霉、毕赤酵母）	玉米、大麦、黑麦、小麦、高粱、黑小麦、燕麦
微生物	地衣芽孢杆菌、枯草芽孢杆菌、两歧双歧杆菌、粪肠球菌、屎肠球菌、乳酸肠球菌、嗜酸乳杆菌、干酪乳杆菌、德式乳杆菌乳酸亚种（原名：乳酸乳杆菌）、植物乳杆菌、乳酸片球菌、戊糖片球菌、产朊假丝酵母、酿酒酵母、沼泽红假单胞菌、婴儿双歧杆菌、长双歧杆菌、短双歧杆菌、青春双歧杆菌、嗜热链球菌、罗伊氏乳杆菌、动物双歧杆菌、黑曲霉、米曲霉、迟缓芽孢杆菌、短小芽孢杆菌、纤维二糖乳杆菌、发酵乳杆菌、德氏乳杆菌保加利亚种（原名：保加利亚乳杆菌）	养殖动物
	产丙酸杆菌、布氏乳杆菌	青贮饲料、牛饲料
	副干酪乳杆菌	青贮饲料
	凝结芽孢杆菌	肉鸡、生长育肥猪和水产养殖动物
	侧孢短芽孢杆菌（原名：侧孢芽孢杆菌）	肉鸡、肉鸭、猪、虾
非蛋白氮	尿素、碳酸氢铵、硫酸铵、液氨、磷酸二氢铵、磷酸氢二铵、异丁叉二脲、磷酸脲、氯化铵、氨水	反刍动物
抗氧化剂	乙氧基喹啉、丁基羟基茴香醚（BHA）、二丁基羟基甲苯（BHT）、没食子酸丙酯、特丁基对苯二酚（TBHQ）、茶多酚、维生素E、L-抗坏血酸-6-棕榈酸酯	养殖动物
	迷迭香提取物	宠物
防腐剂、防霉剂和酸度调节剂	甲酸、甲酸铵、甲酸钙、乙酸、双乙酸钠、丙酸、丙酸铵、丙酸钠、丙酸钙、丁酸、丁酸钠、乳酸、苯甲酸、苯甲酸钠、山梨酸、山梨酸钠、山梨酸钾、富马酸、柠檬酸、柠檬酸钾、柠檬酸钠、柠檬酸钙、酒石酸、苹果酸、磷酸、氢氧化钠、碳酸氢钠、氯化钾、碳酸钠	养殖动物
	乙酸钙	畜禽
	焦磷酸钠、三聚磷酸钠、六偏磷酸钠、焦亚硫酸钠、焦磷酸一氢三钠	宠物
	二甲酸钾	猪
	氯化铵	反刍动物
	亚硫酸钠	青贮饲料
着色剂	β-胡萝卜素、辣椒红、β-阿朴-8'-胡萝卜素醛、β-阿朴-8'-胡萝卜素酸乙酯、β,β-胡萝卜素-4,4-二酮（斑蝥黄）	家禽
	天然叶黄素（源自万寿菊）	家禽、水产养殖动物
	虾青素、红法夫酵母	水产养殖动物、观赏鱼

（续表）

类别	通用名称		适用范围
着色剂	柠檬黄、日落黄、诱惑红、胭脂红、靛蓝、二氧化钛、焦糖色（亚硫酸铵法）、赤藓红		宠物
	苋菜红、亮蓝		宠物和观赏鱼
调味和诱食物质[4]	甜味物质	糖精、糖精钙、新甲基橙皮苷二氢查耳酮	猪
		糖精钠、山梨糖醇	养殖动物
	香味物质	食品用香料[5]、牛至香酚	
	其他	谷氨酸钠、5'-肌苷酸二钠、5'-鸟苷酸二钠、大蒜素	
黏结剂、抗结块剂、稳定剂和乳化剂	α-淀粉、三氧化二铝、可食脂肪酸钙盐、可食用脂肪酸单/双甘油酯、硅酸钙、硅铝酸钠、硫酸钙、硬脂酸钙、甘油脂肪酸酯、聚丙烯酸树脂Ⅱ、山梨醇酐单硬脂酸酯、聚氧乙烯20山梨醇酐单油酸酯、丙二醇、二氧化硅、卵磷脂、海藻酸钠、海藻酸钾、海藻酸铵、琼脂、瓜尔胶、阿拉伯树胶、黄原胶、甘露糖醇、木质素磺酸盐、羧甲基纤维素钠、聚丙烯酸钠、山梨醇酐脂肪酸酯、蔗糖脂肪酸酯、焦磷酸二钠、单硬脂酸甘油酯、聚乙二醇400、磷脂、聚乙二醇甘油蓖麻酸酯		养殖动物
	丙三醇		猪、鸡和鱼
	硬脂酸		猪、牛和家禽
	卡拉胶、决明胶、刺槐豆胶、果胶、微晶纤维素		宠物
多糖和寡糖	低聚木糖（木寡糖）		鸡、猪、水产养殖动物
	低聚壳聚糖		猪、鸡和水产养殖动物
	半乳甘露寡糖		猪、肉鸡、兔和水产养殖动物
	果寡糖、甘露寡糖、低聚半乳糖		养殖动物
	壳寡糖（寡聚β-（1-4）-2-氨基-2-脱氧-D-葡萄糖）（n=2~10）		猪、鸡、肉鸭、虹鳟鱼
	β-1，3-D-葡聚糖（源自酿酒酵母）		水产养殖动物
	N,O-羧甲基壳聚糖		猪、鸡
其他	天然类固醇萨洒皂角苷（源自丝兰）、天然三萜烯皂角苷（源自可来雅皂角树）、二十二碳六烯酸（DHA）		养殖动物
	糖萜素（源自山茶籽饼）		猪和家禽
	乙酰氧肟酸		反刍动物
	苜蓿提取物（有效成分为苜蓿多糖、苜蓿黄酮、苜蓿皂甙）		仔猪、生长育肥猪、肉鸡
	杜仲叶提取物（有效成分为绿原酸、杜仲多糖、杜仲黄酮）		生长育肥猪、鱼、虾
	淫羊藿提取物（有效成分为淫羊藿苷）		鸡、猪、绵羊、奶牛
	共轭亚油酸		仔猪、蛋鸡
	4，7-二羟基异黄酮（大豆黄酮）		猪、产蛋家禽

（续表）

类别	通用名称	适用范围
其他	地顶孢霉培养物	猪、鸡
	紫苏籽提取物（有效成分为 α- 亚油酸、亚麻酸、黄酮）	猪、肉鸡和鱼
	硫酸软骨素	猫、狗
	植物甾醇（源于大豆油／菜籽油，有效成分为 β- 谷甾醇、菜油甾醇、豆甾醇）	家禽、生长育肥猪

注：

[1] 所列物质包括无水和结晶水形态；

[2] 酶制剂的适用范围为典型底物，仅作为推荐，并不包括所有可用底物；

[3] 目录中所列长柄木霉亦可称为长枝木霉或李氏木霉；

[4] 以一种或多种调味物质或诱食物质添加载体等复配而成的产品可称为调味剂或诱食剂，其中：以一种或多种甜味物质添加载体等复配而成的产品可称为甜味剂；以一种或多种香味物质添加载体等复配而成的产品可称为香味剂；

[5] 食品用香料见《食品安全国家标准食品添加剂使用卫生标准》（GB 2760）中食品用香料名单。

附录五　饲料添加剂安全使用规范（2017）节选

1. 氨基酸、氨基酸盐及其类似物 Amino Acids, their salts and analongues

通用名称	英文名称	化学式或描述	来源	含量规格（%）		适用动物	在配合饲料或混合日粮中的推荐用量（以氨基酸计，%）	在配合饲料或混合日粮中的最高限量（以氨基酸计，%）	其他要求
				以氨基酸盐计	以氨基酸计				
L-赖氨酸盐酸盐	L-Lysine monohydrochloride	$NH_2（CH_2）_4CH（NH_2）COOH·HCl$	发酵生产	≥98.5（以干基计）	≥78.0（以干基计）	养殖动物	0~0.5	—	—
L-赖氨酸硫酸盐及其发酵副产物（产自谷氨酸棒杆菌）	L-Lysine sulfate and its by-products from fermentation（Source: Corynebacterium glutamicum）	$[NH_2（CH_2）_4CH（NH_2）COOH]_2·H_2SO_4$	发酵生产	≥65.0（以干基计）	≥51.0（以干基计）	养殖动物	0~0.5	—	—
DL-蛋氨酸	DL-Methionine	$CH_3S（CH_2）_2CH（NH_2）COOH$	化学制备	—	≥98.5	养殖动物	0~0.2	鸡 0.9	—
L-苏氨酸	L-Threonine	$CH_3CH（OH）CH（NH_2）COOH$	发酵生产	—	≥97.5（以干基计）	养殖动物	畜禽 0~0.3 鱼类 0~0.3 虾类 0~0.8	—	—
L-色氨酸	L-Tryptophan	$（C_8H_5NH）CH_2CH（NH_2）COOH$	发酵生产	—	≥98.0	养殖动物	畜禽 0~0.1 鱼类 0~0.1 虾类 0~0.3	—	—
蛋氨酸羟基类似物	Methionine hydroxy analogue	$C_5H_{10}O_3S$	化学制备	—	≥88.0（以蛋氨酸羟基类似物计）	养殖动物	猪 0~0.11 鸡 0~0.21 牛 0~0.27（以蛋氨酸羟基类似物计）	鸡 0.9（以蛋氨酸羟基类似物计）	—
蛋氨酸羟基类似物钙盐	Methionine hydroxy analogue calcium	$C_{10}H_{18}O_6S_2Ca$	化学制备	≥95.0（以干基计）	≥84.0（以蛋氨酸羟基类似物计、干基）	猪、鸡、牛和水产养殖动物	同上	鸡 0.9（以蛋氨酸羟基类似物计）	—

（续表）

通用名称	英文名称	化学式或描述	来源	含量规格（%）		适用动物	在配合饲料或全混合日粮中的推荐用量（以氨基酸计，%）	在配合饲料或全混合日粮中的最高限量（以氨基酸计，%）	其他要求
				以氨基酸盐计	以氨基酸计				
N–羟甲基蛋氨酸钙	N–Hydroxymethyl methionine calcium	（C₆H₁₂NO₃S）₂Ca	化学制备	≥98.0	≥67.6（以蛋氨酸计）	反刍动物	牛0~0.14（以蛋氨酸计）		

2. 维生素及类维生素 Vitamins, provitamins, chemilally well defined substances having a similar biologicaleffect to vitamins

通用名称	英文名称	化学式或描述	来源	含量规格		适用动物	在配合饲料或全混合日粮中的推荐添加量（以维生素计）	在配合饲料或全混合日粮中的最高限量（以维生素计）	其他要求
				以化合物计	以维生素计				
维生素A乙酸酯	Vitamin A acetate	C₂₂H₃₂O₂	化学制备	—	粉剂 ≥5.0×10⁵ IU/g 油剂 ≥2.5×10⁶ IU/g	养殖动物	猪1300~4000 IU/kg 肉鸡2700~8000 IU/kg 蛋鸡1500~4000 IU/kg 牛2000~4000 IU/kg 羊1500~2400 IU/kg 鱼类1000~4000 IU/kg	仔猪16000IU/kg 育肥猪6500IU/kg 怀孕母猪12000IU/kg 泌乳母猪7000IU/kg 犊牛25000IU/kg 育肥和泌乳牛10000IU/kg 干奶牛20000IU/kg 14日龄以前的蛋鸡和肉鸡20000IU/kg 14日龄以后的蛋鸡和肉鸡10000IU/kg 28日龄以前的肉用火鸡20000IU/kg 28日龄后的火鸡10000IU/kg （单独或同时使用）	—
维生素A棕榈酸酯	Vitamin A palmitate	C₃₆H₆₀O₂	化学制备	—	粉剂 ≥2.5×10⁵ IU/g 滴剂 ≥1.7×10⁶ IU/g				—

（续表）

通用名称	英文名称	化学式或描述	来源	含量规格 以化合物计	含量规格 以维生素计	适用动物	在配合饲料或全混合日粮中的推荐添加量（以维生素计）	在配合饲料或全混合日粮中的最高限量（以维生素计）	其他要求
β-胡萝卜素	beta-Carotene	$C_{40}H_{56}$	提取、发酵生产或化学制备	≥96.0%	—	养殖动物	奶牛5~30mg/kg（以β-胡萝卜素计）	—	—
盐酸硫胺（维生素B_1）	Thiamine hydrochloride (Vitamin B_1)	$C_{12}H_{17}ClN_4OS \cdot HCl$	化学制备	98.5%~101.0%（以干基计）	87.8%~90.0%（以干基计）	养殖动物	猪1~5mg/kg 家禽1~5mg/kg 鱼类5~20mg/kg	—	—
硝酸硫胺（维生素B_1）	Thiamine mononitrate (Vitamin B_1)	$C_{12}H_{17}N_5O_4S$	化学制备	98.0%~101.0%（以干基计）	90.1%~92.8%（以干基计）	养殖动物	同上	—	—
核黄素（维生素B_2）	Riboflavin (Vitamin B_2)	$C_{17}H_{20}N_4O_6$	化学制备或发酵生产	—	98.0%~102.0% 96.0%~102.0% ≥80.0%（以干基计）	养殖动物	猪2~8mg/kg 家禽2~8mg/kg 鱼类10~25mg/kg	—	—
盐酸吡哆醇（维生素B_6）	Pyridoxine hydrochloride (Vitamin B_6)	$C_8H_{11}NO_3 \cdot HCl$	化学制备	98.0%~101.0%（以干基计）	80.7%~83.1%（以干基计）	养殖动物	猪1~3mg/kg 家禽3~5mg/kg 鱼类3~50mg/kg	—	—
氰钴胺（维生素B_{12}）	Cyanocobalamin (Vitamin B_{12})	$C_{63}H_{88}CoN_{14}O_{14}P$	发酵生产	—	≥96.0（以干基计）	养殖动物	猪5~33μg/kg 家禽3~12μg/kg 鱼类10~20μg/kg	—	—

（续表）

通用名称	英文名称	化学式或描述	来源	含量规格 以化合物计	含量规格 以维生素计	适用动物	在配合饲料或全混合日粮中的推荐添加量（以维生素计）	在配合饲料或全混合日粮中的最高限量（以维生素计）	其他要求
L-抗坏血酸（维生素C）	L-Ascorbic acid (Vitamin C)	$C_6H_8O_6$	化学制备或发酵生产	—	99.0%~101.0%	养殖动物	猪150~300mg/kg 家禽50~200mg/kg 犊牛125~500mg/kg 罗非鱼 鲫鱼 ——鱼苗300mg/kg ——鱼种200mg/kg 青鱼、虹鳟鱼、蛙类100~150mg/kg 鲤鱼、草鱼300~500 mg/kg		—
L-抗坏血酸钙	Calcium L-ascorbate	$C_{12}H_{14}CaO_{12}·2H_2O$	化学制备	≥98.0%	≥80.5%		同上	—	—
L-抗坏血酸钠	Sodium L-ascorbate	$C_6H_7NaO_6$	化学制备或发酵生产	≥99.0%	≥88%		同上		—
L-抗坏血酸-2-磷酸酯	L-Ascorbyl-2-polyphosphate	—	化学制备	—	≥35.0%		同上		—
L-抗坏血酸-6-棕榈酸酯	6-Palmityl-L-ascorbic acid	$C_{22}H_{38}O_7$	化学制备	≥95.0%	≥40.3%		同上		—

（续表）

通用名称	英文名称	化学式或描述	来源	含量规格		适用动物	在配合饲料或全混合日粮中的推荐添加量（以维生素计）	在配合饲料或全混合日粮中的最高限量（以维生素计）	其他要求
				以化合物计	以维生素计				
维生素 D_2	Vitamin D_2	$C_{28}H_{44}O$	化学制备	≥ 97.0%	4.0×10^7 IU/g	养殖动物	猪 150～500 IU/kg 牛 275～400 IU/kg 羊 150～500 IU/kg	猪 －仔猪代乳料 10000 IU/kg －其他猪 5000IU/kg 家禽 5000IU/kg 牛 －犊牛代乳料 10000 IU/kg －其他牛 4000IU/kg 羊，马 4000IU/kg 鱼类 3000IU/kg 其他动物 2000IU/kg	维生素 D_2 不能与维生素 D_3 同时使用
维生素 D_3	Vitamin D_3	$C_{27}H_{44}O$	化学制备或提取	—	油剂 ≥ 1.0 × 10^6IU/g 粉剂 ≥ 5.0 × 10^6IU/g	养殖动物	猪 150～500 IU/kg 鸡 400～2000 IU/kg 鸭 500～800 IU/kg 鹅 500～800 IU/kg 牛 275～400 IU/kg 羊 150～500 IU/kg 鱼类 500～2000 IU/kg		

（续表）

通用名称	英文名称	化学式或描述	来源	含量规格		适用动物	在配合饲料或全混合日粮中的推荐添加量（以维生素计）	在配合饲料或全混合日粮中的最高限量（以维生素计）	其他要求
				以化合物计	以维生素计				
25-羟基胆钙化醇（25-羟基维生素 D₃）	25-Hydroxy cholecalciferol (25-Hydroxy Vitamin D₃)	$C_{27}H_{44}O_2 \cdot H_2O$	化学制备	≥ 94.0%	—	猪、家禽	猪 3.75～12.5μg/kg 鸡 10～50μg/kg 鸭、鹅 12.5～20μg/kg	猪 50 μg/kg 肉鸡、火鸡 100μg/kg 其他家禽 80μg/kg	1. 不得与维生素 D₂ 同时使用；2. 可与维生素 D₃ 同时使用，但两种原物质在配合饲料中的总量不得超过：仔猪代乳料 250μg/kg，其他猪 125μg/kg，家禽 125μg/kg；同时使用时，按 40IU 维生素 D₃ = 1μg 维生素 D₃ 的比例换算成维生素 D₃ 的使用量

（续表）

通用名称	英文名称	化学式或描述	来源	含量规格 以化合物计	含量规格 以维生素计	适用动物	在配合饲料或全混合日粮中的推荐添加量（以维生素计）	在配合饲料或全混合日粮中的最高限量（以维生素计）	其他要求
天然维生素E	Natural Vitamin E	从天然植物油的副产物中提取的天然生育酚	提取	1.d-α 生育酚：E70 型，总生育酚 ≥ 70.0%，其中 d-α 生育酚 ≥ 95.0%；E50 型，总生育酚 ≥ 50.0%，其中 d-α 生育酚 ≥ 95.0% 2.d-α 醋酸生育酚浓缩物：总生育酚 ≥ 70.0% 3.d-α 醋酸生育酚：总生育酚 96.0%~102.0% 4.d-α 琥珀酸生育酚：总生育酚 96.0%~102.0%	—	养殖动物	猪 10～100 IU/kg 鸡 10～30 IU/kg 鸭 20～50 IU/kg 鹅 20～50 IU/kg 牛 15～60 IU/kg 羊 10～40 IU/kg 鱼类 30～120 IU/kg	—	—

（续表）

通用名称	英文名称	化学式或描述	来源	含量规格		适用动物	在配合饲料或混合日粮中的推荐添加量（以维生素计）	在配合饲料或混合日粮中的最高限量（以维生素计）	其他要求
				以化合物计	以维生素计				
DL-α-生育酚（维生素E）	DL-alpha-Tocopherol (Vitamin E)	$C_{29}H_{50}O_2$	化学制备	—	96.0%~102.0%	养殖动物	同上	—	—
DL-α-生育酚乙酸酯（维生素E）	DL-alpha-Tocopherol acetate (Vitamin E)	$C_{31}H_{52}O_3$	化学制备	油剂 ≥92.0%；粉剂 ≥50.0%	油剂 ≥920 IU/g；粉剂 ≥500 IU/g		猪 10~100 IU/kg；鸡 10~30 IU/kg；鸭 20~50 IU/kg；鹅 20~50 IU/kg；牛 15~60 IU/kg；羊 10~40 IU/kg；鱼类 30~120 IU/kg	—	—
亚硫酸氢钠甲萘醌	Menadione sodium bisulfite (MSB)	$C_{11}H_8O_2 \cdot NaHSO_3 \cdot 3H_2O$	化学制备	≥96.0%	≥50.0%	养殖动物	猪 0.5mg/kg；鸡 0.4~0.6mg/kg；鸭 0.5mg/kg；水产动物 2~16mg/kg（以甲萘醌计）	猪 10 mg/kg；鸡 5 mg/kg（以甲萘醌计）	—
二甲基嘧啶醇亚硫酸甲萘醌	Menadione dimethyl-pyrimidinol bisulfite (MPB)	$C_{17}H_{18}N_2O_6S$	化学制备	≥98.0%	≥44.0%（以甲萘醌计）				—
亚硫酸氢烟酰胺甲萘醌	Menadione nicotinamide (MNB)	$C_{17}H_{16}N_2O_5S$	化学制备	≥96.0%	≥43.7%（以甲萘醌计）				—

（续表）

通用名称	英文名称	化学式或描述	来源	含量规格（以化合物计）	含量规格（以维生素计）	适用动物	在配合饲料或混合日粮中的推荐添加量（以维生素计）	在配合饲料或混合日粮中的最高限量（以维生素计）	其他要求
烟酸	nicotinic acid	$C_6H_5O_3$	化学制备	—	99.0%~100.5%（以干基计）	养殖动物	仔猪 20~40mg/kg 生长育肥猪 20~40mg/kg 蛋雏鸡 20~40mg/kg 育成蛋鸡 20~40mg/kg 产蛋鸡 20~40mg/kg 肉仔鸡 20~40mg/kg 奶牛 20~40mg/kg 鱼虾类 20~40mg/kg（精料补充料）	—	—
烟酰胺	Niacinamide	$C_6H_6N_2O$	化学制备	—	≥99.0%		同上	—	—
D-泛酸钙	D-Calcium Pantothenate	$C_{18}H_{32}CaN_2O_{10}$	化学制备	98.0%~101.0%（以干基计）	90.2%~92.9%（以干基计）		仔猪 20~30mg/kg 生长育肥猪 20~30mg/kg 蛋雏鸡 20~30mg/kg 育成蛋鸡 20~30mg/kg 产蛋鸡 40~50mg/kg 肉仔鸡 40~50mg/kg 鱼类 40~100mg/kg	—	—
DL-泛酸钙	DL-Calcium Pantothenate	$C_{18}H_{32}CaN_2O_{10}$	化学制备	≥99.0%	≥45.5%		仔猪 0.6~0.7mg/kg 生长育肥猪 0.3~0.6mg/kg 蛋雏鸡 0.6~0.7mg/kg 育成蛋鸡 0.3~0.6mg/kg 产蛋鸡 0.3~0.6mg/kg 肉仔鸡 0.6~0.7mg/kg 鱼类 1.0~2.0mg/kg	—	—

（续表）

通用名称	英文名称	化学式或描述	来源	含量规格		适用动物	在配合饲料或全混合日粮中的推荐添加量（以维生素计）	在配合饲料或全混合日粮中的最高限量（以维生素计）	其他要求
				以化合物计	以维生素计				
叶酸	Folic acid	$C_{19}H_{19}N_7O_6$	化学制备	—	95.0%~102.0%（以干基计）	养殖动物	仔猪 0.6～0.7mg/kg 生长肥育猪 0.3~0.6mg/kg 雏鸡 0.6～0.7mg/kg 育成蛋鸡 0.3～0.6mg/kg 产蛋鸡 0.3～0.6mg/kg 肉仔鸡 0.6～0.7mg/kg 鱼类 1.0～2.0mg/kg	—	—
D-生物素	D-Biotin	$C_{10}H_{16}N_2O_3S$	化学制备	—	≥97.5%	养殖动物	猪 0.2～0.5mg/kg 蛋鸡 0.15～0.25mg/kg 肉鸡 0.2～0.3mg/kg 鱼类 0.05～0.15mg/kg	—	—
氯化胆碱	Choline chloride	$C_5H_{14}NOCl$	化学制备	水剂 ≥70.0% 或 ≥75.0% 粉剂 植物源性载体或以植物性载体为主的混合载体：≥50.0% 或 ≥60.0% 二氧化硅为载体：≥50.0%（粉剂以干基计）	水剂 ≥52.0% 或 ≥55.0% 粉剂 植物源性载体或以植物性载体为主的混合载体：≥37.0% 或 ≥44.0% 二氧化硅：≥52.0%（粉剂以干基计）	养殖动物	猪 200～1300mg/kg 鸡 450～1500mg/kg 鱼类 400～1200mg/kg	—	用于奶牛时，产品应作保护处理

303

（续表）

通用名称	英文名称	化学式或描述	来源	含量规格 以化合物计	含量规格 以维生素计	适用动物	在配合饲料或全混合日粮中的推荐添加量（以维生素计）	在配合饲料或全混合日粮中的最高限量（以维生素计）	其他要求
肌醇	Inositol	$C_6H_{12}O_6$	化学制备	—	≥97.0%（以维生素计）	养殖动物	鲤鱼 250~500mg/kg 鲑鳟、虹鳟 300~400 mg/kg 鳗鱼 500mg/kg 虾类 200~300mg/kg	—	—
L-肉碱	L-Carnitine	$C_7H_{15}NO_3$	化学制备或发酵生产	—	97.0%~103.0%（以干基计）	养殖动物	猪 30~50mg/kg（乳猪 300~500mg/kg）家禽 50~60mg/kg（1周龄内雏鸡150 mg/kg）鲤鱼 5~10mg/kg 虹鳟 15~120mg/kg 鲑鱼 45~95mg/kg 其他鱼类 5~100mg/kg	猪 1000 mg/kg 家禽 200 mg/kg 鱼类 2500 mg/kg（单独或同时使用，以L-肉碱计）	—
L-肉碱盐酸盐	L-Carnitine hydrochloride	$C_7H_{15}NO_3 \cdot HCl$	化学制备或发酵生产	97.0%~103.0%（以干基计）	79.0%~83.8%（以干基计）	养殖动物	同上	猪 1000 mg/kg 家禽 200 mg/kg 鱼类 2500 mg/kg（单独或同时使用，以L-肉碱计）	—

（续表）

通用名称	英文名称	化学式或描述	来源	含量规格 以化合物计	含量规格 以维生素计	适用动物	在配合饲料或全混合日粮中的推荐添加量（以维生素计）	在配合饲料或全混合日粮中的最高限量（以维生素计）	其他要求
L-肉碱酒石酸盐	L-Carnitine-L-Tartrate	$C_{18}H_{36}N_2O_{12}$	化学制备	—	L-肉碱 ≥67.2% 酒石酸 ≥30.8%（以干基计）	宠物	按生产需要适量食用	犬 660 mg/kg 成年猫（繁殖期除外）880 mg/kg（以干基计）	—

1. 使用维生素 A 也应遵守维生素 A 乙酸酯和维生素 A 棕榈酸酯的限量要求；
2. 由于测定方法存在精密度和准确度的问题，部分维生素类饲料添加剂的含量规格是范围值，若测量误差为正，则检测值可能超过 100%，故部分维生素类饲料添加剂含量规格出现超过 100% 的情况。

3. 矿物质元素及其络（螯）合物 Minerals and their complexes（or chelate）

3.1 微量元素 Trace Minerals

微量元素	化合物通用名称	化合物英文名称	化学式或描述	来源	含量规格（%）以化合物计	含量规格（%）以元素计	适用动物	在配合饲料或全混合日粮中的推荐添加量（以元素计，mg/kg）	在配合饲料或全混合日粮中的最高限量（以元素计，mg/kg）	其他要求
铁：来自以下化合物	硫酸亚铁	Ferrous sulfate	$FeSO_4 \cdot H_2O$ $FeSO_4 \cdot 7H_2O$	化学制备	≥91.0 ≥98.0	≥30.0 ≥19.7	养殖动物	猪 40~100 鸡 35~120 牛 10~50 羊 30~50 鱼类 30~200	仔猪（断奶前）250 mg/（头·日）家禽 750 牛 750 羊 500 宠物 1250 其他动物 750（单独或同时使用）	—
	富马酸亚铁	Ferrous fumarate	$FeH_2C_4O_4$	化学制备	≥93.0	≥29.3				
	柠檬酸亚铁	Ferrous citrate	$Fe_3(C_6H_5O_7)_2$	化学制备	—	≥16.5				
	乳酸亚铁	Ferrous lactate	$C_6H_{10}FeO_6 \cdot 3H_2O$	化学制备或发酵生产	≥97.0	≥18.9				

305

（续表）

微量元素	化合物通用名称	化合物英文名称	化学式或描述	来源	含量规格（%）以化合物计	含量规格（%）以元素计	适用动物	在配合饲料或混合日粮中的推荐添加量（以元素计，mg/kg）	在配合饲料或全混合日粮中的最高限量（以元素计，mg/kg）	其他要求
铜：来自以下化合物	硫酸铜	Copper sulfate	CuSO₄·H₂O	化学制备	≥98.5	≥35.7	养殖动物	猪 3~6 家禽 0.4~10.0 牛 10 羊 7~10 鱼类 3~6	仔猪（≤25 kg）125 牛： -开始反刍之前的犊牛 15 -其他牛 30 绵羊 15 山羊 35 甲壳类动物 50 其他动物 25 （单独或同时使用）	—
			CuSO₄·5H₂O		≥98.5	≥25.0				
	碱式氯化铜	Basic copper chloride	Cu₂（OH）₃Cl	化学制备	≥98.0	≥58.1		猪 2.6~5.0 鸡 0.3~8.0		
锌：来自以下化合物	硫酸锌	Zinc sulfate	ZnSO₄·H₂O	化学制备	≥94.7	≥34.5	养殖动物	猪 40~80 肉鸡 55~120 蛋鸡 40~80 肉鸭 20~60 蛋鸭 30~60 鹅 60 肉牛 30 奶牛 40 鱼类 20~30 虾类 15	猪（≤25 kg）110 -母猪 100 -其他猪 80 犊牛代乳料 180 水产动物 150 宠物 200 其他动物 120 （单独或同时使用）	仔猪断奶后前两周特定阶段，允许在 110mg/kg 基础上使用氧化锌或碱式氯化锌至 1600mg/kg（以配合饲料中 Zn 元素计）
			ZnSO₄·7H₂O		≥97.3	≥22.0				
	氧化锌	Zinc oxide	ZnO	化学制备	≥95.0	≥76.3		猪 43~80 肉鸡 80~120 肉牛 30 奶牛 40		

（续表）

微量元素	化合物通用名称	化合物英文名称	化学式或描述	来源	含量规格（%）以化合物计	含量规格（%）以元素计	适用动物	在配合饲料或全混合日粮中的推荐添加量（以元素计，mg/kg）	在配合饲料或全混合日粮中的最高限量（以元素计，mg/kg）（单独或同时使用）	其他要求
锌：来自以下化合物	蛋氨酸锌（螯）络合物	Zinc methionine complex (chelate)	$Zn(C_5H_{10}NO_2S)_2$（摩尔比）	化学制备（蛋氨酸与硫酸锌合成的摩尔比为2∶1或1∶1的产物）	—	锌≥17.2 蛋氨酸≥78.0 螯合物≥95	养殖动物	猪42~80 肉鸡54~120 肉牛30 奶牛40		
			$(C_5H_{10}NO_2SZn)$ HSO_4（摩尔比1∶1）		—	锌≥19.0 蛋氨酸≥42.0 螯合物≥35				
锰：来自以下化合物	硫酸锰	Manganese sulfate	$MnSO_4 \cdot H_2O$	化学制备	≥98.0	≥31.8	养殖动物	猪2~20 肉鸡72~110 蛋鸡40~85 肉鸭40~90 蛋鸭47~60 鹅66 肉牛20~40 奶牛12 鱼类2.4~13.0	鱼类100 其他动物150	—
	氧化锰	Manganese oxide	MnO	化学制备	≥99.0	≥76.6		猪2~20 肉鸡86~132		
	氯化锰	Manganese chloride	$MnCl_2 \cdot 4H_2O$	化学制备	≥98.0	≥27.2		猪2~20 肉鸡74~113		

（续表）

微量元素	化合物通用名称	化合物英文名称	化学式或描述	来源	含量规格（%）以化合物计	含量规格（%）以元素计	适用动物	在配合饲料或混合日粮中的推荐添加量（以元素计，mg/kg）	在配合饲料或全混合日粮中的最高限量（以元素计，mg/kg）	其他要求
碘：来自以下化合物	碘化钾	Potassium iodide	KI	化学制备	≥98.0（以干基计）	≥74.9（以干基计）	养殖动物	猪0.14 家禽0.1~1.0 牛0.25~0.80 羊0.1~2.0 水产动物0.6~1.2	蛋鸡5 奶牛5 水产动物20 其他动物10（单独或同时使用）	—
	碘酸钾	Potassium iodate	KIO_3	化学制备	≥99.0	≥58.7				—
	碘酸钙	Calcium iodate	$Ca(IO_3)_2 \cdot H_2O$	化学制备	≥95.0（以$Ca(IO_3)_2$计）	≥61.8				—
钴：来自以下化合物	硫酸钴	Cobalt sulfate	$CoSO_4$	化学制备	≥98.0	≥37.2	养殖动物	牛、羊0.1~0.3 鱼类0~1	2（单独或同时使用）	
			$CoSO_4 \cdot H_2O$		≥96.5	≥33.0				
			$CoSO_4 \cdot 7H_2O$		≥97.5	≥20.5				
	氯化钴	Cobalt chloride	$CoCl_2 \cdot H_2O$	化学制备	≥98.0	≥39.1		同上		
			$CoCl_2 \cdot 6H_2O$		≥96.8	≥24.0				
	乙酸钴	Cobalt acetate	$Co(CH_3COO)_2$, $Co(CH_3COO)_2 \cdot 4H_2O$	化学制备	≥98.0	≥32.6		牛、羊0.1~0.4 鱼类0~1.2		
	碳酸钴	Cobalt carbonate	$CoCO_3$	化学制备	≥98.0	≥48.5	反刍动物	牛、羊0.1~0.3		

（续表）

微量元素	化合物通用名称	化合物英文名称	化学式或描述	来源	含量规格（%）		适用动物	在配合饲料或全混合日粮中的推荐添加量（以元素计，mg/kg）	在配合饲料或全混合日粮中的最高限量（以元素计，mg/kg）	其他要求
					以化合物计	以元素计				
硒：来自以下化合物	亚硒酸钠	Sodium selenite	Na$_2$SeO$_3$	化学制备	≥98.0（以干基计）	≥44.7（以干基计）	养殖动物	畜禽 0.1~0.3 鱼类 0.1~0.3	0.5（单独或同时使用）	使用时应先制成预混剂，且产品标签上应标示最大硒含量
硒：来自以下化合物	酵母硒	Selenium yeast complex	酵母在含无机硒的培养基中发酵培养，将无机态硒转化生成有机硒	发酵生产	—	有机形态硒含量≥0.1		同上		产品需标示最大硒含量和有机硒含量，无机硒含量不得超过总硒的2.0%
铬：来自以下化合物	烟酸铬	Chromium nicotinate	Cr(—COO—N)$_3$	化学制备	≥98.0	≥12.0	猪	0~0.2	0.2（单独或同时使用）	饲料中铬的最高限量是指有机形态铬的添加量
铬：来自以下化合物	吡啶甲酸铬	Chromium tripicolinate	Cr(—COO—N)$_3$	化学制备	≥98.0	12.2~12.4		同上		

3.2 常量元素 Macro Minerals

常量元素	化合物通用名称	化合物英文名称	化学式或描述	来源	含量规格（%）以化合物计	含量规格（%）以元素计	适用动物	在配合饲料或全混合日粮中的推荐添加量（%）	在配合饲料或全混合日粮中的最高限量（%）	其他要求
钠：来自以下化合物	氯化钠	Sodium chloride	NaCl	天然盐加工制取	≥91.0	Na ≥ 35.7 Cl ≥ 55.2	养殖动物	猪 0.3~0.8 鸡 0.25~0.40 鸭 0.3~0.6 牛、羊 0.5~1.0 （以 NaCl 计）	猪 1.5 家禽 1 牛、羊 2 （以 NaCl 计）	—
	硫酸钠	Sodium sulfate	Na_2SO_4	天然盐加工制取或化学制备	≥99.0	Na ≥ 32.0 S ≥ 22.3		猪 0.1~0.3 肉鸡 0.1~0.3 鸭 0.1~0.3 牛、羊 0.1~0.4 （以 Na_2SO_4 计）	0.5 （以 Na_2SO_4 计）	本品有轻度致泻作用，反刍动物应注意维持适当的氮硫比
	磷酸二氢钠	Monosodium phosphate	NaH_2PO_4 $NaH_2PO_4 \cdot H_2O$ $NaH_2PO_4 \cdot 2H_2O$	化学制备	98.0~103.0 （以 NaH_2PO_4 计，干基）	Na ≥ 18.7 P ≥ 25.3 （以 NaH_2PO_4 计，干基）		猪 0~1.0 家禽 0~1.5 牛 0~1.6 淡水鱼 1.0~2.0 （以 NaH_2PO_4 计）	—	在畜禽饲料中较少使用，在鱼类饲料中适量添加可补充饲料中的磷元素，使用时应考虑磷与钙的适当比例及钠元素的总量
	磷酸氢二钠	Disodium phosphate	Na_2HPO_4 $Na_2HPO_4 \cdot 2H_2O$ $Na_2HPO_4 \cdot 12H_2O$	化学制备	≥98.0 （以 Na_2HPO_4 计，干基）	Na ≥ 31.7 P ≥ 21.3 （以 Na_2HPO_4 计，干基）		猪 0.5~1.0 家禽 0.6~1.5 牛 0.8~1.6 淡水鱼 1.0~2.0 （以 Na_2HPO_4 计）	—	

（续表）

常量元素	化合物通用名称	化合物英文名称	化学式或描述	来源	含量规格（%）以化合物计	含量规格（%）以元素计	适用动物	在配合饲料或全混合日粮中的推荐添加量（%）	在配合饲料或全混合日粮中的最高限量（%）	其他要求
钙：来自以下化合物	轻质碳酸钙	Calcium carbonate	$CaCO_3$	化学制备	≥98.0（以干基计）	Ca≥39.2（以干基计）	养殖动物	猪 0.4~1.1 肉禽 0.6~1.0 蛋禽 0.8~4.0 牛 0.2~0.8 羊 0.2~0.7（以 Ca 元素计）	—	摄取过多钙会导致钙磷比例失调并阻碍其他微量元素的吸收
	氯化钙	Calcium chloride	$CaCl_2$ $CaCl_2 \cdot 2H_2O$	化学制备	≥93.0 99.0~107.0	Ca≥33.5 Cl≥59.5 Ca≥26.9 Cl≥47.8				
	乳酸钙	Calcium lactate	$C_6H_{10}O_6Ca$ $C_6H_{10}O_6Ca \cdot H_2O$ $C_6H_{10}O_6Ca \cdot 3H_2O$ $C_6H_{10}O_6Ca \cdot 5H_2O$	化学制备或发酵生产	≥97.0（以 $C_6H_{10}O_6Ca$ 计，干基）	Ca≥17.7（以 $C_6H_{10}O_6Ca$ 计，干基）	养殖动物	猪 0.4~1.1 肉禽 0.6~1.0 蛋禽 0.8~4.0 牛 0.2~0.8 羊 0.2~0.7（以 Ca 元素计）	—	摄取过多钙会导致钙磷比例失调并阻碍其他微量元素的吸收

（续表）

常量元素	化合物通用名称	化合物英文名称	化学式或描述	来源	含量规格（%）以化合物计	含量规格（%）以元素计	适用动物	在配合饲料或全混合日粮中的推荐添加量（%）	在配合饲料或全混合日粮中的最高限量（%）	其他要求
磷：来自以下化合物	磷酸氢钙	Dicalcium phosphate	$CaHPO_4 \cdot 2H_2O$	化学制备	—	$P \geq 16.5$ $Ca \geq 20.0$ $P \geq 19.0$ $Ca \geq 15.0$	养殖动物	猪 0~0.55 肉禽 0~0.45 蛋禽 0~0.4 牛 0~0.38 羊 0~0.38 淡水鱼 0~0.6 （以 P 元素计）	—	水产饲料中磷的使用应该充分考虑免水体污染，符合相关标准
	磷酸二氢钙	Monocalcium phosphate	$Ca(H_2PO_4)_2 \cdot H_2O$	化学制备	—	$P \geq 21.0$ $Ca \geq 14.0$ $P \geq 22.0$ $Ca \geq 13.0$				
	磷酸三钙	Tricalcium phosphate	$Ca_3(PO_4)_2$	化学制备	—	$P \geq 18.0$ $Ca \geq 30.0$				
镁：来自以下化合物	氧化镁	Magnesium oxide	MgO	化学制备	≥ 96.5	$Mg \geq 57.9$	养殖动物	泌乳牛羊 0~0.5 （以 MgO 计）	泌乳牛羊 1 （以 MgO 计）	—
	氯化镁	Magnesium chloride	$MgCl_2 \cdot 6H_2O$	化学制备	≥ 98.0	$Mg \geq 11.6$ $Cl \geq 34.3$		猪 0~0.04 家禽 0~0.06 牛 0~0.4 羊 0~0.2 淡水鱼 0~0.06 （以 Mg 元素计）	猪 0.3 家禽 0.3 牛 0.5 羊 0.5 （以 Mg 元素计）	大剂量使用会导致腹泻，注意镁和钾的比例
	硫酸镁	Magnesium sulfate	$MgSO_4 \cdot H_2O$ $MgSO_4 \cdot 7H_2O$	化学制备或从苦卤中提取	≥ 94.0 ≥ 99.0	$Mg \geq 16.5$ $Mg \geq 9.7$				—

4. 非蛋白氮 Non-protein nitrogen

通用名称	英文名称	化学式或描述	来源	含量规格（%）		适用动物	在配合饲料或全混合日粮中的推荐添加量（以化合物计，%）	在配合饲料或全混合日粮中的最高限量（以化合物计，%）	其他要求
				以化合物计	以元素计				
尿素	Urea	$CO(NH_2)_2$	化学制备	≥98.6（以干基计）	N≥46.0（以干基计）	反刍动物	肉牛、羊 0~1.0 奶牛 0~0.6	1.0	—
硫酸铵	Ammonium Sulfate	$(NH_4)_2SO_4$	化学制备	≥99.0	N≥21.0 S≥24.0	反刍动物	肉牛 0~0.3 奶牛、羊 0~1.2	1.5	—
磷酸二氢铵	Mono Ammonium Phosphate	$NH_4H_2PO_4$	化学制备	≥96.0	N≥11.6	反刍动物	肉牛、奶牛 0~1.5 羊 0~1.2	2.6	—
磷酸氢二铵	Diammonium Phosphate	$(NH_4)_2HPO_4$	化学制备	—	N≥19.0 P：22.3~23.1	反刍动物	肉牛 0~1.5 奶牛、羊 0~1.2	1.5	—
磷酸脲	Urea Phosphate	$CO(NH_2)_2$ H_3PO_4	化学制备	—	N≥16.5 P≥18.5	反刍动物	肉牛 0~1.4 奶牛 0~1.5 羊 0~1.6	1.8	—
氯化铵	Ammonium Chloride	NH_4Cl	化学制备	—	N≥25.6	反刍动物	按生产需要适量使用	1.0	—
碳酸氢铵	Ammonium Bicarbonate	NH_4HCO_3	化学制备	≥99.0	N≥17.5	反刍动物	秸秆氨化：0~12.0	—	1.仅限于反刍动物粗饲料秸秆氨化处理；2.液氨根据粗饲料特性可直接使用也可配制成氨水使用；3.氨化秸秆用量在反刍动物日粮中不得超过20%

（续表）

通用名称	英文名称	化学式或描述	含量规格（%）		来源	适用动物	在配合饲料或全混合日粮中的推荐添加量（以化合物计，%）	在配合饲料或全混合日粮中的最高限量（以化合物计，%）	其他要求
			以化合物计	以元素计					
液氨	Liquid Ammonia	NH₃	≥99.6	—	化学制备	反刍动物	秸秆氨化：0~3.0	—	

1. 非蛋白氮类产品适用于瘤胃功能发育基本完成的反刍动物，通常牛6月龄以上，羊3月龄以上；
2. 非蛋白氮类产品应混合到日粮中使用，日用量应逐步增加，不宜与生豆饼混合饲喂，饲喂后动物不能立即饮水；
3. 尿素可与含碳水化合物在一定温度、压力、湿度条件下制成糊化淀粉尿素使用；
4. 使用非蛋白氮产品时，日粮应含有较高水平的可消化碳水化合物和较低水平的可溶性氮，并注意日粮中氮与磷、氮与硫的平衡；
5. 全混合日粮中所有非蛋白氮总量折算成粗蛋白质当量不得超过日粮总氮量的30%；
6. 在配合饲料或全混合日粮中的推荐添加量和最高限量以干物质为基础计算。

5. 抗氧化剂 Antioxidants

通用名称	英文名称	化学式或描述	含量规格（%）	来源	适用动物	在配合饲料或全混合日粮中的推荐添加量（以化合物计，mg/kg）	在配合饲料或全混合日粮中的日粮中最高限量（以化合物计，mg/kg）	其他要求
乙氧基喹啉	Ethoxyquin	C₁₄H₁₉NO	≥95.0	化学制备	养殖动物（犬除外）	按生产需要适量使用	150	同时使用时，在配合饲料或全混合日粮中的总量不得超过150 mg/kg。单独或同时在饲用油脂中使用时，总量不得超过200 mg/kg（以油脂中的含量计）
					犬	按生产需要适量使用	100	
丁基羟基茴香醚（BHA）	Butylated Hydroxyanisole（BHA）	C₁₁H₁₆O₂	≥98.5	化学制备	养殖动物	按生产需要适量使用	150	

（续表）

通用名称	英文名称	化学式或描述	来源	含量规格（%）	适用动物	在配合饲料或全混合日粮中的推荐添加量（以化合物计，mg/kg）	在配合饲料或全混合日粮中的最高限量（以化合物计，mg/kg）	其他要求
二丁基羟基甲苯	Butylated Hydroxytoluene（BHT）	$C_{15}H_{24}O$	化学制备	≥99.0	养殖动物	按生产需要适量使用	150	
没食子酸丙酯	Propyl Gallate	$C_{10}H_{12}O_5$	化学制备	≥98.0	养殖动物	按生产需要适量使用	100	
特丁基对苯二酚	TertiaryButyl Hydroquinone（TBHQ）	$C_{10}H_{14}O_2$	化学制备	≥99.0	养殖动物	按生产需要适量使用	150	
茶多酚	Tea Polyphenol	从茶叶（Camellia sinensis L.）中提取的以儿茶素为主要成分的多酚类化合物	天然提取	茶多酚≥30.0	养殖动物	按生产需要适量使用	—	标签中应同时标示儿茶素和咖啡碱的分析保证值
维生素E（天然维生素E）	Nature Vitamin E	从天然植物油的副产物中提取的天然生育酚，包括d–α–生育酚、d–β–生育酚、d–γ–生育酚、d–δ–生育酚等	天然提取	（1）d–α–生育酚：E70型，总生育酚≥70.0，其中d–α–生育酚≥95.0　E50型，总生育酚≥50.0，其中d–α–生育酚≥95.0（2）混合生育酚浓缩物：总生育酚≥50.0，其中d–β–生育酚、d–γ–生育酚和d–δ–生育酚≥80.0	养殖动物	按生产需要适量使用	—	—

（续表）

通用名称	英文名称	化学式或描述	来源	含量规格（%）	适用动物	在配合饲料或全混合日粮中的推荐添加量（以化合物计，mg/kg）	在配合饲料或全混合日粮中的最高限量（以化合物计，mg/kg）	其他要求
维生素E（DL-α-生育酚）	dl-α-Tocopherol	$C_{29}H_{50}O_2$	化学制备	96.0~102.0	养殖动物	按生产需要适量使用	—	—
L-抗坏血酸-6-棕榈酸酯	6-Palmityl-L-Ascorbic Acid	$C_{22}H_{38}O_7$	化学制备	≥ 95.0	养殖动物	按生产需要适量使用	—	—
迷迭香提取物	Rosemary Extract	以迷迭香（Rosmarinus officinalis L.）的茎、叶为原料，经溶剂提取或超临界二氧化碳萃取、精制而得；提取溶剂为水、甲醇、乙醇、丙酮和（或）正己烷	提取	脂溶性产品：总抗氧化成分（以鼠尾草酸和鼠尾草酚计）≥ 10.0 水溶性产品：迷迭香酸≥ 5.0	宠物	按生产需要适量使用	—	若提取溶剂为正己烷或甲醇时，正己烷残留≤ 25 mg/kg，甲醇残留≤ 50 mg/kg

6. 着色剂 Coloring agents

通用名称	英文名称	化学式或描述	来源	含量规格（%）	适用动物	在配合饲料中的推荐添加量（以化合物计，mg/kg）	在配合饲料中的最高限量（以化合物计，mg/kg）	其他要求
β-胡萝卜素	beta-Carotene	$C_{40}H_{56}$	提取、化学制备或发酵生产	≥ 96.0	家禽	按生产需要适量使用	—	—

（续表）

通用名称	英文名称	化学式或描述	来源	含量规格（%）	适用动物	在配合饲料中的推荐添加量（以化合物计，mg/kg）	在配合饲料中的最高限量（以化合物计，mg/kg）	其他要求
辣椒红	Paprikared red	有效成分为辣椒红素（Capsanthin，$C_{40}H_{56}O_3$）和辣椒玉红素（Capsorubin，$C_{40}H_{56}O_4$）	提取	类胡萝卜素总量≥7.0，其中辣椒红素和辣椒玉红素占类胡萝卜素总量≥30	家禽	按生产需要适量使用	80（以辣椒红素计）	同时使用时，在配合饲料中的总量不得超过80 mg/kg
β-阿朴-8'-胡萝卜素醛	beta-Apo-3'-Carotenal	$C_{30}H_{40}O$	化学制备	≥96	家禽	按生产需要适量使用	80	
β-阿朴-8'-胡萝卜素酸乙酯	beta-Apo-8'-Carotenoic Acid Ethyl Ester	$C_{32}H_{44}O_2$	化学制备	≥96	家禽	按生产需要适量使用	80	
β,β-胡萝卜素-4,4-二酮（斑蝥黄）	beta,beta-Carotene-4,4-Diketone（Canthaxanthin）	$C_{40}H_{52}O_2$	化学制备	≥96	家禽	按生产需要适量使用	肉禽：25 蛋禽：8	
天然叶黄素（源自万寿菊）	Natural xanthophyll（Marigold extract）	以万寿菊（Tagetes erecta L.）中脂溶性提取物为原料经皂化制得，主要着色物质包括叶黄素（lutein）和玉米黄质（zeaxanthin）	提取	叶黄素和玉米黄质质量总量≥18.0	家禽、水产养殖动物	按生产需要适量使用	80（以叶黄素和玉米黄质总量计）	
虾青素	Astaxanthin	$C_{40}H_{52}O_4$	化学制备	油剂：≥96	水产养殖动物、观赏鱼	按生产需要适量使用	鱼（除观赏鱼外）：100 虾、蟹等甲壳类动物：200（单独或同时使用，以虾青素计）	鱼龄6个月以上后使用

（续表）

通用名称	英文名称	化学式或描述	来源	含量规格（%）	适用动物	在配合饲料中的推荐添加量（以化合物计，mg/kg）	在配合饲料中的最高限量（以化合物计，mg/kg）	其他要求
红法夫酵母	Xanthophyllomyces dendrorhous (Anamorph Phaffia rhodozyma)	干燥、灭活的红法夫酵母，富含虾青素（$C_{40}H_{52}O_4$）	发酵生产	≥0.4（以虾青素计）	水产养殖动物、观赏鱼	按生产需要适量使用	—	—
柠檬黄	Tartrazine	$C_{16}H_9N_4Na_3O_9S_2$	化学制备	≥87.0	宠物	按生产需要适量使用	—	—
日落黄	Sunset Yellow	$C_{16}H_{10}N_2Na_2O_7S_2$	化学制备	≥87.0	宠物	按生产需要适量使用	—	—
诱惑红	Allura red	$C_{18}H_{14}N_2Na_2O_8S_2$	化学制备	≥85.0	宠物	按生产需要适量使用	—	—
胭脂红	Ponceau 4R	$C_{20}H_{11}N_2Na_3O_{10}S_3 \cdot 1.5H_2O$	化学制备	≥85.0	宠物	按生产需要适量使用	—	—
靛蓝	Indigotine	$C_{16}H_8N_2Na_2O_8S_2$	化学制备	≥85.0	宠物	按生产需要适量使用	—	—
赤藓红	Erythrosine	$C_{20}H_6I_4Na_2O_5 \cdot H_2O$	化学制备	≥85.0	宠物	按生产需要适量使用	—	—
二氧化钛	Titanium dioxide	TiO_2	化学制备	≥98.5	宠物	按生产需要适量使用	—	—
焦糖色（亚硫酸铵法）	Caramel Colour class IV	以蔗糖、淀粉糖浆、木糖母液等为原料，采用亚硫酸铵法制成的液状、粉状焦糖色	化学制备	$E^{0.1\%}_{1cm}$（610 nm）0.01~1.00	宠物	按生产需要适量使用	—	—
苋菜红	Amaranth	$C_{20}H_{11}N_2Na_3O_{10}S_3$	化学制备	≥85.0	宠物、观赏鱼	按生产需要适量使用	—	—

（续表）

通用名称	英文名称	化学式或描述	来源	含量规格（%）	适用动物	在配合饲料中的推荐添加量（以化合物计，mg/kg）	在配合饲料中的最高限量（以化合物计，mg/kg）	其他要求
亮蓝	Brilliant Blue	$C_{37}H_{34}N_2Na_2O_9S_3$	化学制备	≥85.0	宠物、观赏鱼	按生产需要适量使用	—	—

7. 调味和诱食物质（甜味物质）Flavouring and appetising substances（sweetening substances）

通用名称	英文名称	化学式或描述	来源	含量规格（%）	适用动物	在配合饲料或全混合日粮中的推荐添加量（以化合物计，mg/kg）	在配合饲料或全混合日粮中的最高限量（以化合物计，mg/kg）	其他要求
糖精	Saccharin	$C_7H_5NO_3S$	化学制备	≥99.0（以干基计）	猪	按生产需要适量使用	150	同时使用时，在配合饲料或全混合日粮中的总量不得超过150 mg/kg
糖精钙	Calcium Saccharin	$C_{14}H_8CaN_2O_6S_2$	化学制备	≥99.0（以干基计）	猪	按生产需要适量使用	150	
新甲基橙皮苷二氢查耳酮	Neohesperidin Dihydrochalcone	$C_{28}H_{36}O_{15}$	化学制备	≥96.0（以干基计）	猪	按生产需要适量使用	35	—
索马甜	Thaumatin	以非洲竹芋（Thaumatococcus daniellii）成熟果实假果皮为原料，经水提获得的以索马甜蛋白I（TI）和索马甜蛋白II（TII）为主要成分	提取	≥93.0	养殖动物	0~5	—	—

1. 糖精钠（$C_7H_4NNaO_3S$）的使用要求与糖精、糖精钙一致，与糖精、糖精钙同时使用时，在配合饲料中的总量不得超过150 mg/kg。

8. 黏结剂、抗结块剂、稳定剂和乳化剂 Binders, anticaking, stabilizing and emulsifying agents

通用名称	英文名称	化学式或描述	来源	含量规格（%）	适用动物	在配合饲料或混合日粮中的推荐添加量（以化合物计，mg/kg）	在配合饲料或混合日粮中的最高限量（以化合物计，mg/kg）	其他要求
卡拉胶	Carrageenan	以红藻（Rhodophyceae）类植物为原料，经水或碱液提取，加工而成的 K（Kappa）、I（Iota）、λ（Lambda）三种基本型号卡拉胶的混合物	化学制备	硫酸酯（以 SO₄²⁻ 计）15~40，黏度≥0.005 Pa·s	宠物	按生产需要适量使用	—	—
决明胶	Cassia Gum	以豆科植物决明（Cassia tora 或 Cassia obtusifolia）种子的胚为原料，经萃取加工制得，主要含半乳甘露聚糖，即包含甘露糖线性主链和半乳糖侧链的聚合物，其中甘露糖和半乳糖的比例约为 5∶1	提取	半乳甘露聚糖≥75	宠物	按生产需要适量使用	17600	仅用于水分含量超过 20% 的宠物饲料
刺槐豆胶	Carob Bean Gum	以刺槐豆种子 Ceratonia siliqua（L.）Taub.（Fam. Leguminosae）的胚乳或胚乳粉为原料经加工制得，主要由半乳甘露聚糖组成，其中甘露糖和半乳糖的比例约为 4∶1	提取	—	宠物	按生产需要适量使用	—	—

附录六 饲料卫生标准（GB 13078—2017）

1 范围

本标准规定了饲料原料和饲料产品中有毒、有害物质及微生物的允许量及试验方法。

本标准适用于表1中所列的饲料原料和饲料产品。

本标准不适用于宠物饲料产品和饲料添加剂产品。

2 规范性引用文件

下列文件对于本文件的应用是必不可少的。凡是注日期的引用文件，仅注日期的版本适用于本文件。凡是不注日期的引用文件，其最新版本（包括所有的修改单）适用于本文件。

GB/T 5009.19 食品中有机氯农药多组分残留量的测定

GB 5009.190 食品安全国家标准食品中指示性多氯联苯含量的测定

GB/T 13079 饲料中总砷的测定

GB/T 13080 饲料中铅的测定

GB/T 13081 饲料中汞的测定

GB/T 13082 饲料中镉的测定方法

GB/T 13083 饲料中氟的测定

GB/T 13084 饲料中氰化物的测定

GB/T 13085 饲料中亚硝酸盐的测定——比色法

GB/T 13086 饲料中游离棉酚的测定方法

GB/T 13087 饲料中异硫氰酸酯的测定方法

GB/T 13088—2006 饲料中铬的测定

GB/T 13089 饲料中噁唑烷硫酮的测定方法

GB/T 13090 饲料中六六六、滴滴涕的测定

GB/T 13091 饲料中沙门氏菌的检测方法

GB/T 13092 饲料中霉菌总数的测定

GB/T 13093 饲料中细菌总数的测定

GB/T 30956 饲料中脱氧雪腐镰刀菌烯醇的测定 免疫亲和柱净化——高效液相色谱法

GB/T 30957 饲料中赭曲霉毒素 A 的测定 免疫亲和柱净化——高效液相色谱法

NY/T 1970 饲料中伏马毒素的测定

NY/T 2071 饲料中黄曲霉毒素、玉米赤霉烯酮和 T-2 毒素的测定 液相色谱—串联质谱法

SN/T 0127 进出口动物源性食品中六六六、滴滴涕和六氯苯残留量的检测方法 气相色谱——质谱法

3 要求

饲料卫生指标及试验方法见表 1。

表 1 饲料卫生指标及试验方法

序号	项目	产品名称		限量	试验方法	备注
		无机污染物				
1	总砷（mg/kg）	饲料原料	干草及其加工产品	≤ 4	GB/T13079	
			棕榈仁饼（粕）	≤ 4		
			藻类及其加工产品	≤ 40		
			甲壳类动物及其副产品（虾油除外）、鱼虾粉、水生软体动物及其副产品（油脂除外）	≤ 15		
			其他水生动物源性饲料原料（不含水生动物油脂）	≤ 10		
			肉粉、肉骨粉	≤ 10		
			石粉	≤ 2		
			其他矿物质饲料原料	≤ 10		
			油脂	≤ 7		
			其他饲料原料	≤ 2		
		饲料产品	添加剂预混合饲料	≤ 10		
			浓缩饲料	≤ 4		
			精料补充料	≤ 4		
			水产配合饲料	≤ 10		
			狐狸、貉、貂	≤ 10		
			其他配合饲料	≤ 2		

（续表）

序号	项目		产品名称	限量	试验方法	备注
2	铅 （mg/kg）	饲料原料	单细胞蛋白饲料原料	≤ 5	GB/T13079	
			矿物质饲料原料	≤ 15		
			饲草、粗饲料及其加工产品	≤ 30		
			其他饲料原料	≤ 10		
		饲料产品	添加剂预混合饲料	≤ 40		
			浓缩饲料	≤ 10		
			精料补充料	≤ 8		
			配合饲料	≤ 5		
3	汞 （mg/kg）	饲料原料	鱼、其他水生动物及其副产品饲料原料	≤ 0.5	GB/T13081	
			其他饲料原料	≤ 0.1		
		饲料产品	水产配合饲料	≤ 0.5		
			其他饲料原料	≤ 0.1		
4	镉 （mg/kg）	饲料原料	藻类及其加工产品	≤ 2	GB/T13082	
			植物性饲料原料	≤ 1		
			水生软体动物及其副产品	≤ 75		
			其他动物源性饲料原料	≤ 2		
			石粉	≤ 0.75		
			其他矿物质饲料原料	≤ 2		
		饲料产品	添加剂预混合饲料	≤ 5		
			浓缩饲料	≤ 1.25		
			犊牛、羔羊精料补充料	≤ 0.5		
			其他精料补充料	≤ 1		
			虾、蟹、海参、贝类配合饲料	≤ 2		
			水产配合饲料（虾、蟹、海参、贝类配合饲料除外）	≤ 1		
			其他配合饲料	≤ 0.5		
5	铬 （mg/kg）	饲料原料	饲料原料	≤ 5	GB/T13088—2006 （原子吸收光谱法）	
		饲料产品	猪用添加剂预混合饲料	≤ 20		
			其他添加剂预混合饲料	≤ 5		
			猪用浓缩饲料	≤ 6		
			其他浓缩饲料	≤ 5		
			配合饲料	≤ 5		

序号	项目		产品名称	限量	试验方法	备注
6	氟（mg/kg）	饲料原料	甲壳类动物及其副产品	≤ 3000	GB/T 13083	
			其他动物源性饲料原料	≤ 500		
			蛭石	≤ 3000		
			其他矿物质饲料原料	≤ 400		
			其他饲料原料	≤ 150		
		饲料产品	添加剂预混合饲料	≤ 800		
			浓缩饲料	≤ 500		
			牛、羊精料补充料	≤ 500		
			猪配合饲料	≤ 100		
			肉用仔鸡、育雏鸡、育成鸡配合饲料	≤ 250		
			产蛋鸡配合饲料	≤ 350		
			鸭配合饲料	≤ 200		
			水产配合饲料	≤ 350		
			其他配合饲料	≤ 150		
7	亚硝酸盐（以$NaNO_2$）（mg/kg）	饲料原料	火腿肠粉等肉制品生产过程中获得的前食品和副产品	≤ 800	GB/T 13085	
			其他饲料原料	≤ 15		
		饲料产品	浓缩饲料	≤ 20		
			精料补充料	≤ 20		
			配合饲料	≤ 15		
	真菌毒素					
8	黄曲霉毒素B_1（μg/kg）	饲料原料	玉米加工产品、花生饼（粕）	≤ 50	NY/T 2071	
			植物油脂（玉米油、花生油除外）	≤ 10		
			玉米油、花生油	≤ 20		
			其他植物性饲料原料	≤ 30		
		饲料产品	仔猪、雏禽浓缩饲料	≤ 10		
			肉用仔鸭后期、生长鸭、产蛋鸭浓缩料	≤ 15		
			其他浓缩饲料	≤ 20		
			犊牛、羔羊精料补充料	≤ 20		
			泌乳期精料补充料	≤ 10		
			其他精料补充料	≤ 30		
			仔猪、雏禽配合饲料	≤ 10		
			肉用仔鸭后期、生长鸭、产蛋鸭配合饲料	≤ 15		
			其他配合饲料	≤ 20		

（续表）

序号	项目		产品名称	限量	试验方法	备注
9	赫曲霉毒素 A（μg/kg）	饲料原料	谷物及其加工产品	≤ 100	GB/T 30957	
		饲料产品	配合饲料	≤ 100		
10	玉米赤霉烯酮（mg/kg）	饲料原料	玉米及其加工产品（玉米皮、喷浆玉米皮、玉米浆干粉除外）	≤ 0.5	NY/T 2071	
			玉米皮、喷浆玉米皮、玉米浆干粉、玉米酒糟类产品	≤ 1.5		
			其他植物性饲料原料	≤ 1		
		饲料产品	犊牛、羔羊、泌乳期精料补充料	≤ 0.5		
			仔猪配合饲料	≤ 0.15		
			青年母猪配合饲料	≤ 0.15		
			其他猪配合饲料	≤ 0.25		
			其他配合饲料	≤ 0.5		
11	脱氧雪腐镰刀菌烯醇（mg/kg）	饲料原料	植物性饲料原料	≤ 5	GB/T 30956	
		饲料产品	犊牛、泌乳期反刍动物精料补充料	≤ 1		
			其他反刍动物精料补充料	≤ 3		
			猪配合饲料	≤ 1		
			其他配合饲料	≤ 3		
12	T-2 毒素（mg/kg）		植物性饲料原料	≤ 0.5	NY/T 2071	
			猪、禽配合饲料	≤ 0.5		
13	伏马毒素（B₁+B₂）（mg/kg）	饲料原料	玉米及其加工产品、玉米酒糟类产品、玉米青贮饲料和玉米秸秆	≤ 60	NY/T 1970	
		饲料产品	犊牛、羔羊精料补充料	≤ 60		
			马、兔精料补充料	≤ 5		
			其他反刍动物精料补充料	≤ 50		
			猪浓缩饲料	≤ 5		
			家禽浓缩饲料	≤ 20		
			猪、兔、马配合饲料	≤ 5		
			家禽配合饲料	≤ 20		
			鱼配合饲料	≤ 10		

序号	项目		产品名称	限量	试验方法	备注
			天然植物素			
14	氰化物（以 HCN 计）（mg/kg）	饲料原料	亚麻籽【胡麻籽】	≤ 250	GB/T 13084	
			亚麻籽【胡麻籽】饼、亚麻籽【胡麻籽】粕	≤ 350		
			木薯及其加工产品	≤ 100		
			其他饲料原料	≤ 50		
		饲料产品	雏鸡配合饲料	≤ 10		
			其他配合饲料	≤ 50		
15	游离棉酚（mg/kg）	饲料原料	棉籽油	≤ 200	GB/T 13086	
			棉籽	≤ 5000		
			脱酚棉籽蛋白、发酵棉籽蛋白	≤ 400		
			其他棉籽加工产品	≤ 1200		
			其他饲料原料	≤ 20		
		饲料产品	猪（仔猪除外）、兔配合饲料	≤ 60		
			家禽（产蛋禽除外）配合饲料	≤ 100		
			犊牛精料补充料	≤ 100		
			其他牛精料补充料	≤ 500		
			羔羊精料补充料	≤ 60		
			其他羊精料补充料	≤ 300		
			植物性、杂食性水产动物配合饲料	≤ 300		
			其他水产配合饲料	≤ 150		
			其他畜禽配合饲料	≤ 20		
16	异硫氰酸酯（以丙烯基异硫氰酸酯计）（mg/kg）	饲料原料	菜籽及其加工产品	≤ 4000	GB/T 13087	
			其他饲料原料	≤ 100		
		饲料产品	犊牛、羔羊精料补充料	≤ 150		
			其他牛、羊精料补充料	≤ 1000		
			猪（仔猪除外）、家禽配合饲料	≤ 500		
			水产配合饲料	≤ 800		
			其他配合饲料	≤ 150		
17	噁唑烷硫酮（以5-乙烯基-噁唑-2硫酮计）（mg/kg）	饲料原料	菜籽及其加工产品	≤ 2500	GB/T 13089	

（续表）

序号	项目		产品名称	限量	试验方法	备注
17	噁唑烷硫酮（以5-乙烯基-噁唑-2硫酮计）（mg/kg）	饲料产品	产蛋禽配合饲料	≤ 500	GB/T 13089	
			其他家禽配合饲料	≤ 1000		
			水产配合饲料	≤ 800		
有机氯污染物						
18	多氯联苯（PCB,以PCB28、PCB52、PCB101、PCB138、PCB153、PCB180之和计）（μg/kg）	饲料原料	植物性饲料原料	≤ 10	GB 5009.190	
			矿物质饲料原料	≤ 10		
			动物脂肪、乳脂和蛋脂	≤ 10		
			其他陆生动物产品，包括乳、蛋及其制品	≤ 10		
			鱼油	≤ 175		
			鱼和其他水生动物及其制品（鱼油、脂肪含量大于20%的鱼蛋白水解物除外）	≤ 300		
			脂肪含量大于20%的鱼蛋白水解物	≤ 50		
		饲料产品	添加剂预混合饲料	≤ 10		
			水产浓缩饲料、水产配合饲料	≤ 40		
			其他浓缩饲料、精料补充料、配合饲料	≤ 10		
19	a六六六（HCH,以α-HCH、β-HCH、γ-HCH之和计）（mg/kg）	饲料原料	谷物及其加工产品（油脂除外）、油料籽实及其加工产品（油脂除外、鱼粉）	≤ 0.05	GB/T 13090	
			油脂	≤ 2.0	GB 5009.19	
			其他饲料原料	≤ 0.2		
		饲料产品	添加剂预混合饲料、浓缩饲料、精料补充料、配合饲料	≤ 0.2	GB/T 13090	
20	滴滴涕（以p,p'-DDE、o,p'-DDT、p,p'-DDD、p,p'-DDT之和计）（mg/kg）	饲料原料	谷物及其加工产品（油脂除外）、油料籽实及其加工产品（油脂除外、鱼粉）	≤ 0.02	GB/T 13090	
			油脂	≤ 0.5	GB 5009.19	
			其他饲料原料	≤ 0.05		
		饲料产品	添加剂预混合饲料、浓缩饲料、精料补充料、配合饲料	≤ 0.05	GB/T13089	

序号	项目	产品名称		限量	试验方法	备注
21	六氯苯 (HCB) （mg/kg）	饲料原料	油脂	≤ 0.2	SN/T 0127	
			其他饲料原料	≤ 0.01		
		饲料产品	添加剂预混合饲料、浓缩饲料、精料补充料、配合饲料	≤ 0.01		
微生物污染物						
22	霉菌总数 （CFU/g）	饲料原料	谷物及其加工产品	< 4 × 10⁴	GB/T 13092	
			饼粕类饲料原料（发酵产品除外）	< 4 × 10³		
			乳制品及其加工副产品	< 1 × 10³		
			鱼粉	< 1 × 10⁴		
			其他动物源性饲料原料	< 2 × 10⁴		
23	细菌总数 （CFU/g）	动物源性饲料原料		< 2 × 10⁶	GB/T13093	
24	沙门氏菌 （25g 中）	饲料原料和饲料产品		不得检出	GB/T13091	

表中所列允许量，除特别注明外均以干物质含量 88% 的饲料为基础计算（霉菌总数、细菌总数、沙门氏菌除外）。

饲料原料单独饲喂时，应按相应配合饲料限量执行。

附录七　禁止在饲料和动物饮用水中使用的药物品种目录（2002）节选

一、肾上腺素受体激动剂

1.盐酸克仑特罗（Clenbuterol Hydrochloride）：中华人民共和国药典（以下简称药典）2000 年二部 P605。β2 肾上腺素受体激动药。

2.沙丁胺醇（Salbutamol）：药典 2000 年二部 P316。β2 肾上腺素受体激动药。

3.硫酸沙丁胺醇（Salbutamol Sulfate）：药典 2000 年二部 P870。β2 肾上腺素受体激动药。

4.莱克多巴胺（Ractopamine）：一种 β 兴奋剂，美国食品和药物管理局（FDA）已批准，中国未批准。

5.盐酸多巴胺（Dopamine Hydrochloride）：药典 2000 年二部 P591。多巴胺受体激动药。

6.西马特罗（Cimaterol）：美国氰胺公司开发的产品，一种 β 兴奋剂，FDA未批准。

7.硫酸特布他林（Terbutaline Sulfate）：药典 2000 年二部 P890。β 肾上腺受体激动药。

二、性激素

8.己烯雌酚（Diethylstbestrol）：药典 2000 年二部 P42。雌激素类药。

9.雌二醇（Estradiol）：药典 2000 年二部 P1005。雌激素类药。

10.戊酸雌二醇（Estradiol Valerate）：药典 2000 年二部 P124。雌激素类药。

11.苯甲酸雌二醇（Estradiol Benzoate）：药典 2000 年二部 P369。雌激素类药。中华人民共和国兽药典（以下简称兽药典）2000 年版一部 P109。雌激素类药。用于发情不明显动物的催情及胎衣滞留、死胎的排除。

12.氯烯雌醚（Chlorotianisene）药典 2000 年二部 P919。

13.炔诺醇（Ethinylestradiol）药典 2000 年二部 P422。

14.炔诺醚（Quinestrol）药典 2000 年二部 P424。

15.醋酸氯地孕酮（Chlormadinoncacctate）药典 2000 年二部 P1037。

16.左炔诺孕酮（Levonorgestrel）药典 2000 年二部 P107。

17.炔诺酮（Norethiserone）药典 2000 年二部 P420。

18.绒毛膜促性腺激素（绒促性素）（Chorionic Gonadotrophin）：药典 2000 年二部 P534。促性腺激素药。兽药典 2000 年版一部 P146。激素类药。用于性功能障碍、习惯性流产及卵巢囊肿等。

19.促卵泡生长激素（尿促性素主要含卵泡刺激 FSHT 和黄体生成素 LH）（Menotropins）：药典 2000 年二部 P321。促性腺激素类药。

三、蛋白同化激素

20.碘化酪蛋白（Iodinated Casein）：蛋白同化激素类，为甲状腺素的前驱物质，具有类似甲状腺素的生理作用。

21.苯丙酸诺龙及苯丙酸诺龙注射液（Nandrolonephenylyropi-onate）药典 2000 年二部 P365。

四、精神药品

22.（盐酸）氯丙嗪（Chlorpronazine Hydrochloride）：药典 2000 年二部 P676。抗精神病药。兽药典 2000 年版一部 P177。镇静药。用于强化麻醉以及使动物安静等。

23.盐酸异丙嗪（Promethazine Hydrochloride）：药典 2000 年二部 P602。抗组胺药。兽药典 2000 年版一部 P164。抗组胺药。用于变态反应性疾病，如荨麻疹、血清病等。

24.安定（地西泮）（Diazepam）：药典 2000 二部 P124。抗焦虑药、抗惊厥药。兽药典 2000 年版一部 P61。镇静药、抗惊厥药。

25.苯巴比妥（Phenobarbiral）：药典 2000 年二部 P362。镇静催眠药、抗惊厥药。兽药典 2000 年版一部 P103。巴比妥类药。缓解脑炎、破伤风、士的宁中毒所致的惊厥。

26.苯巴比妥钠（Phenobarbabital Sodium）。兽药典 2000 年版一部 P105。巴比妥类药。缓解脑炎、破伤风、士的宁中毒所致的惊厥。

27.巴比妥（Barbital）：兽药典 2000 年版一部 P27。中枢抑制和增强解热镇痛。

28.异戊巴比妥（Amobarbital）：药典 2000 年二部 P252。催眠药、抗惊厥药。

29. 异戊巴比妥钠（Amobarbital Sodium）：兽药典 2000 年版一部 P82。巴比妥类药。用于小动物的镇静、抗惊厥和麻醉。

30. 利血平（Reserpine）：药典 2000 年二部 P304。抗高血压药。

31. 艾司唑仑（Estazolam）。

32. 甲丙氨脂（Meprobamart）。

33. 咪达唑仑（Midazolam）。

34. 硝西泮（Nitrazepam）。

35. 奥沙西泮（Oxazepam）。

36. 匹莫林（Pemoline）。

37. 三唑仑（Triazolam）。

38. 唑吡旦（Zolpidem）。

39. 其他国家管制的精神药品。

五、各种抗生素滤渣

40. 抗生素滤渣：该类物质是抗生素类产品生产过程中产生的工业三废，因含有微量抗生素成分，在饲料和饲养过程中使用后对动物有一定的促生长作用。但对养殖业的危害很大，一是容易引起耐药性，二是由于未做安全性试验，存在各种安全隐患。

附录八　饲料和饲料添加剂管理条例（2017）

（1999 年 5 月 29 日中华人民共和国国务院令第 266 号发布

根据 2001 年 11 月 29 日《国务院关于修改〈饲料和饲料添加剂管理条例〉的决定》第一次修订

2011 年 10 月 26 日国务院第 177 次常务会议修订通过

根据 2013 年 12 月 7 日《国务院 关于修改部分行政法规的决定》第二次修订

根据 2016 年 2 月 6 日《国务院关于修改部分行政法规的决定》第三次修订

根据 2017 年 3 月 1 日《国务院关于修改和废止部分行政法规的决定》第四次修订）

第一章　总　则

第一条　为了加强对饲料、饲料添加剂的管理，提高饲料、饲料添加剂的质量，保障动物产品质量安全，维护公众健康，制定本条例。

第二条　本条例所称饲料，是指经工业化加工、制作的供动物食用的产品，包括单一饲料、添加剂预混合饲料、浓缩饲料、配合饲料和精料补充料。

本条例所称饲料添加剂，是指在饲料加工、制作、使用过程中添加的少量或者微量物质，包括营养性饲料添加剂和一般饲料添加剂。

饲料原料目录和饲料添加剂品种目录由国务院农业行政主管部门制定并公布。

第三条　国务院农业行政主管部门负责全国饲料、饲料添加剂的监督管理工作。

县级以上地方人民政府负责饲料、饲料添加剂管理的部门（以下简称饲料管理部门），负责本行政区域饲料、饲料添加剂的监督管理工作。

第四条　县级以上地方人民政府统一领导本行政区域饲料、饲料添加剂的监督管理工作，建立健全监督管理机制，保障监督管理工作的开展。

第五条　饲料、饲料添加剂生产企业、经营者应当建立健全质量安全制度，对其生产、经营的饲料、饲料添加剂的质量安全负责。

第六条 任何组织或者个人有权举报在饲料、饲料添加剂生产、经营、使用过程中违反本条例的行为，有权对饲料、饲料添加剂监督管理工作提出意见和建议。

第二章 审定和登记

第七条 国家鼓励研制新饲料、新饲料添加剂。

研制新饲料、新饲料添加剂，应当遵循科学、安全、有效、环保的原则，保证新饲料、新饲料添加剂的质量安全。

第八条 研制的新饲料、新饲料添加剂投入生产前，研制者或者生产企业应当向国务院农业行政主管部门提出审定申请，并提供该新饲料、新饲料添加剂的样品和下列资料：

（一）名称、主要成分、理化性质、研制方法、生产工艺、质量标准、检测方法、检验报告、稳定性试验报告、环境影响报告和污染防治措施。

（二）国务院农业行政主管部门指定的试验机构出具的该新饲料、新饲料添加剂的饲喂效果、残留消解动态以及毒理学安全性评价报告。

申请新饲料添加剂审定的，还应当说明该新饲料添加剂的添加目的、使用方法，并提供该饲料添加剂残留可能对人体健康造成影响的分析评价报告。

第九条 国务院农业行政主管部门应当自受理申请之日起5个工作日内，将新饲料、新饲料添加剂的样品和申请资料交全国饲料评审委员会，对该新饲料、新饲料添加剂的安全性、有效性及其对环境的影响进行评审。

全国饲料评审委员会由养殖、饲料加工、动物营养、毒理、药理、代谢、卫生、化工合成、生物技术、质量标准、环境保护、食品安全风险评估等方面的专家组成。全国饲料评审委员会对新饲料、新饲料添加剂的评审采取评审会议的形式，评审会议应当有9名以上全国饲料评审委员会专家参加，根据需要也可以邀请1至2名全国饲料评审委员会专家以外的专家参加，参加评审的专家对评审事项具有表决权。评审会议应当形成评审意见和会议纪要，并由参加评审的专家审核签字；有不同意见的，应当注明。参加评审的专家应当依法公平、公正履行职责，对评审资料保密，存在回避事由的，应当主动回避。

全国饲料评审委员会应当自收到新饲料、新饲料添加剂的样品和申请资料之日起9个月内出具评审结果并提交国务院农业行政主管部门，但是，全国饲料评审委员会决定由申请人进行相关试验的，经国务院农业行政主管部门同意，评审时间可以延长3个月。

国务院农业行政主管部门应当自收到评审结果之日起10个工作日内作出是

否核发新饲料、新饲料添加剂证书的决定；决定不予核发的，应当书面通知申请人并说明理由。

第十条 国务院农业行政主管部门核发新饲料、新饲料添加剂证书，应当同时按照职责权限公布该新饲料、新饲料添加剂的产品质量标准。

第十一条 新饲料、新饲料添加剂的监测期为 5 年。新饲料、新饲料添加剂处于监测期的，不受理其他就该新饲料、新饲料添加剂的生产申请和进口登记申请，但超过 3 年不投入生产的除外。

生产企业应当收集处于监测期的新饲料、新饲料添加剂的质量稳定性及其对动物产品质量安全的影响等信息，并向国务院农业行政主管部门报告；国务院农业行政主管部门应当对新饲料、新饲料添加剂的质量安全状况组织跟踪监测，证实其存在安全问题的，应当撤销新饲料、新饲料添加剂证书并予以公告。

第十二条 向中国出口中国境内尚未使用但出口国已经批准生产和使用的饲料、饲料添加剂的，由出口方驻中国境内的办事机构或者其委托的中国境内代理机构向国务院农业行政主管部门申请登记，并提供该饲料、饲料添加剂的样品和下列资料：

（一）商标、标签和推广应用情况；

（二）生产地批准生产、使用的证明和生产地以外其他国家、地区的登记资料；

（三）主要成分、理化性质、研制方法、生产工艺、质量标准、检测方法、检验报告、稳定性试验报告、环境影响报告和污染防治措施；

（四）国务院农业行政主管部门指定的试验机构出具的该饲料、饲料添加剂的饲喂效果、残留消解动态以及毒理学安全性评价报告。

申请饲料添加剂进口登记的，还应当说明该饲料添加剂的添加目的、使用方法，并提供该饲料添加剂残留可能对人体健康造成影响的分析评价报告。

国务院农业行政主管部门应当依照本条例第九条规定的新饲料、新饲料添加剂的评审程序组织评审，并决定是否核发饲料、饲料添加剂进口登记证。

首次向中国出口中国境内已经使用且出口国已经批准生产和使用的饲料、饲料添加剂的，应当依照本条第一款、第二款的规定申请登记。国务院农业行政主管部门应当自受理申请之日起 10 个工作日内对申请资料进行审查；审查合格的，将样品交由指定的机构进行复核检测；复核检测合格的，国务院农业行政主管部门应当在 10 个工作日内核发饲料、饲料添加剂进口登记证。

饲料、饲料添加剂进口登记证有效期为 5 年。进口登记证有效期满需要继续向中国出口饲料、饲料添加剂的，应当在有效期届满 6 个月前申请续展。

禁止进口未取得饲料、饲料添加剂进口登记证的饲料、饲料添加剂。

第十三条　国家对已经取得新饲料、新饲料添加剂证书或者饲料、饲料添加剂进口登记证的、含有新化合物的饲料、饲料添加剂的申请人提交的其自己所取得且未披露的试验数据和其他数据实施保护。

自核发证书之日起6年内，对其他申请人未经已取得新饲料、新饲料添加剂证书或者饲料、饲料添加剂进口登记证的申请人同意，使用前款规定的数据申请新饲料、新饲料添加剂审定或者饲料、饲料添加剂进口登记的，国务院农业行政主管部门不予审定或者登记；但是，其他申请人提交其自己所取得的数据的除外。

除下列情形外，国务院农业行政主管部门不得披露本条第一款规定的数据：

（一）公共利益需要；

（二）已采取措施确保该类信息不会被不正当地进行商业使用。

第三章　生产、经营和使用

第十四条　设立饲料、饲料添加剂生产企业，应当符合饲料工业发展规划和产业政策，并具备下列条件：

（一）有与生产饲料、饲料添加剂相适应的厂房、设备和仓储设施；

（二）有与生产饲料、饲料添加剂相适应的专职技术人员；

（三）有必要的产品质量检验机构、人员、设施和质量管理制度；

（四）有符合国家规定的安全、卫生要求的生产环境；

（五）有符合国家环境保护要求的污染防治措施；

（六）国务院农业行政主管部门制定的饲料、饲料添加剂质量安全管理规范规定的其他条件。

第十五条　申请设立饲料添加剂、添加剂预混合饲料生产企业，申请人应当向省、自治区、直辖市人民政府饲料管理部门提出申请。省、自治区、直辖市人民政府饲料管理部门应当自受理申请之日起20个工作日内进行书面审查和现场审核，并将相关资料和审查、审核意见上报国务院农业行政主管部门。国务院农业行政主管部门收到资料和审查、审核意见后应当组织评审，根据评审结果在10个工作日内作出是否核发生产许可证的决定，并将决定抄送省、自治区、直辖市人民政府饲料管理部门。

申请设立其他饲料生产企业，申请人应当向省、自治区、直辖市人民政府饲料管理部门提出申请。省、自治区、直辖市人民政府饲料管理部门应当自受理申请之日起10个工作日内进行书面审查；审查合格的，组织进行现场审核，并根据审核结果在10个工作日内作出是否核发生产许可证的决定。

申请人凭生产许可证办理工商登记手续。

生产许可证有效期为 5 年。生产许可证有效期满需要继续生产饲料、饲料添加剂的，应当在有效期届满 6 个月前申请续展。

第十六条 饲料添加剂、添加剂预混合饲料生产企业取得国务院农业行政主管部门核发的生产许可证后，由省、自治区、直辖市人民政府饲料管理部门按照国务院农业行政主管部门的规定，核发相应的产品批准文号。

第十七条 饲料、饲料添加剂生产企业应当按照国务院农业行政主管部门的规定和有关标准，对采购的饲料原料、单一饲料、饲料添加剂、药物饲料添加剂、添加剂预混合饲料和用于饲料添加剂生产的原料进行查验或者检验。

饲料生产企业使用限制使用的饲料原料、单一饲料、饲料添加剂、药物饲料添加剂、添加剂预混合饲料生产饲料的，应当遵守国务院农业行政主管部门的限制性规定。禁止使用国务院农业行政主管部门公布的饲料原料目录、饲料添加剂品种目录和药物饲料添加剂品种目录以外的任何物质生产饲料。

饲料、饲料添加剂生产企业应当如实记录采购的饲料原料、单一饲料、饲料添加剂、药物饲料添加剂、添加剂预混合饲料和用于饲料添加剂生产的原料的名称、产地、数量、保质期、许可证明文件编号、质量检验信息、生产企业名称或者供货者名称及其联系方式、进货日期等。记录保存期限不得少于 2 年。

第十八条 饲料、饲料添加剂生产企业，应当按照产品质量标准以及国务院农业行政主管部门制定的饲料、饲料添加剂质量安全管理规范和饲料添加剂安全使用规范组织生产，对生产过程实施有效控制并实行生产记录和产品留样观察制度。

第十九条 饲料、饲料添加剂生产企业应当对生产的饲料、饲料添加剂进行产品质量检验；检验合格的，应当附具产品质量检验合格证。未经产品质量检验、检验不合格或者未附具产品质量检验合格证的，不得出厂销售。

饲料、饲料添加剂生产企业应当如实记录出厂销售的饲料、饲料添加剂的名称、数量、生产日期、生产批次、质量检验信息、购货者名称及其联系方式、销售日期等。记录保存期限不得少于 2 年。

第二十条 出厂销售的饲料、饲料添加剂应当包装，包装应当符合国家有关安全、卫生的规定。

饲料生产企业直接销售给养殖者的饲料可以使用罐装车运输。罐装车应当符合国家有关安全、卫生的规定，并随罐装车附具符合本条例第二十一条规定的标签。

易燃或者其他特殊的饲料、饲料添加剂的包装应当有警示标志或者说明，并注明储运注意事项。

第二十一条　饲料、饲料添加剂的包装上应当附具标签。标签应当以中文或者适用符号标明产品名称、原料组成、产品成分分析保证值、净重或者净含量、贮存条件、使用说明、注意事项、生产日期、保质期、生产企业名称以及地址、许可证明文件编号和产品质量标准等。加入药物饲料添加剂的，还应当标明"加入药物饲料添加剂"字样，并标明其通用名称、含量和休药期。乳和乳制品以外的动物源性饲料，还应当标明"本产品不得饲喂反刍动物"字样。

第二十二条　饲料、饲料添加剂经营者应当符合下列条件：

（一）有与经营饲料、饲料添加剂相适应的经营场所和仓储设施；

（二）有具备饲料、饲料添加剂使用、贮存等知识的技术人员；

（三）有必要的产品质量管理和安全管理制度。

第二十三条　饲料、饲料添加剂经营者进货时应当查验产品标签、产品质量检验合格证和相应的许可证明文件。

饲料、饲料添加剂经营者不得对饲料、饲料添加剂进行拆包、分装，不得对饲料、饲料添加剂进行再加工或者添加任何物质。

禁止经营用国务院农业行政主管部门公布的饲料原料目录、饲料添加剂品种目录和药物饲料添加剂品种目录以外的任何物质生产的饲料。

饲料、饲料添加剂经营者应当建立产品购销台账，如实记录购销产品的名称、许可证明文件编号、规格、数量、保质期、生产企业名称或者供货者名称及其联系方式、购销时间等。购销台账保存期限不得少于2年。

第二十四条　向中国出口的饲料、饲料添加剂应当包装，包装应当符合中国有关安全、卫生的规定，并附具符合本条例第二十一条规定的标签。

向中国出口的饲料、饲料添加剂应当符合中国有关检验检疫的要求，由出入境检验检疫机构依法实施检验检疫，并对其包装和标签进行核查。包装和标签不符合要求的，不得入境。

境外企业不得直接在中国销售饲料、饲料添加剂。境外企业在中国销售饲料、饲料添加剂的，应当依法在中国境内设立销售机构或者委托符合条件的中国境内代理机构销售。

第二十五条　养殖者应当按照产品使用说明和注意事项使用饲料。在饲料或者动物饮用水中添加饲料添加剂的，应当符合饲料添加剂使用说明和注意事项的要求，遵守国务院农业行政主管部门制定的饲料添加剂安全使用规范。

养殖者使用自行配制的饲料的，应当遵守国务院农业行政主管部门制定的自行配制饲料使用规范，并不得对外提供自行配制的饲料。

使用限制使用的物质养殖动物的，应当遵守国务院农业行政主管部门的限制性规定。禁止在饲料、动物饮用水中添加国务院农业行政主管部门公布禁用的物质以及对人体具有直接或者潜在危害的其他物质，或者直接使用上述物质养殖动物。禁止在反刍动物饲料中添加乳和乳制品以外的动物源性成分。

第二十六条　国务院农业行政主管部门和县级以上地方人民政府饲料管理部门应当加强饲料、饲料添加剂质量安全知识的宣传，提高养殖者的质量安全意识，指导养殖者安全、合理使用饲料、饲料添加剂。

第二十七条　饲料、饲料添加剂在使用过程中被证实对养殖动物、人体健康或者环境有害的，由国务院农业行政主管部门决定禁用并予以公布。

第二十八条　饲料、饲料添加剂生产企业发现其生产的饲料、饲料添加剂对养殖动物、人体健康有害或者存在其他安全隐患的，应当立即停止生产，通知经营者、使用者，向饲料管理部门报告，主动召回产品，并记录召回和通知情况。召回的产品应当在饲料管理部门监督下予以无害化处理或者销毁。

饲料、饲料添加剂经营者发现其销售的饲料、饲料添加剂具有前款规定情形的，应当立即停止销售，通知生产企业、供货者和使用者，向饲料管理部门报告，并记录通知情况。

养殖者发现其使用的饲料、饲料添加剂具有本条第一款规定情形的，应当立即停止使用，通知供货者，并向饲料管理部门报告。

第二十九条　禁止生产、经营、使用未取得新饲料、新饲料添加剂证书的新饲料、新饲料添加剂以及禁用的饲料、饲料添加剂。

禁止经营、使用无产品标签、无生产许可证、无产品质量标准、无产品质量检验合格证的饲料、饲料添加剂。禁止经营、使用无产品批准文号的饲料添加剂、添加剂预混合饲料。禁止经营、使用未取得饲料、饲料添加剂进口登记证的进口饲料、进口饲料添加剂。

第三十条　禁止对饲料、饲料添加剂作具有预防或者治疗动物疾病作用的说明或者宣传。但是，饲料中添加药物饲料添加剂的，可以对所添加的药物饲料添加剂的作用加以说明。

第三十一条　国务院农业行政主管部门和省、自治区、直辖市人民政府饲料管理部门应当按照职责权限对全国或者本行政区域饲料、饲料添加剂的质量安全状况进行监测，并根据监测情况发布饲料、饲料添加剂质量安全预警信息。

第三十二条　国务院农业行政主管部门和县级以上地方人民政府饲料管理部门，应当根据需要定期或者不定期组织实施饲料、饲料添加剂监督抽查；饲料、饲料添加剂监督抽查检测工作由国务院农业行政主管部门或者省、自治区、直辖市人民政府饲料管理部门指定的具有相应技术条件的机构承担。饲料、饲料添加剂监督抽查不得收费。

国务院农业行政主管部门和省、自治区、直辖市人民政府饲料管理部门应当按照职责权限公布监督抽查结果，并可以公布具有不良记录的饲料、饲料添加剂生产企业、经营者名单。

第三十三条　县级以上地方人民政府饲料管理部门应当建立饲料、饲料添加剂监督管理档案，记录日常监督检查、违法行为查处等情况。

第三十四条　国务院农业行政主管部门和县级以上地方人民政府饲料管理部门在监督检查中可以采取下列措施：

（一）对饲料、饲料添加剂生产、经营、使用场所实施现场检查；

（二）查阅、复制有关合同、票据、账簿和其他相关资料；

（三）查封、扣押有证据证明用于违法生产饲料的饲料原料、单一饲料、饲料添加剂、药物饲料添加剂、添加剂预混合饲料，用于违法生产饲料添加剂的原料，用于违法生产饲料、饲料添加剂的工具、设施，违法生产、经营、使用的饲料、饲料添加剂；

（四）查封违法生产、经营饲料、饲料添加剂的场所。

第四章　法律责任

第三十五条　国务院农业行政主管部门、县级以上地方人民政府饲料管理部门或者其他依照本条例规定行使监督管理权的部门及其工作人员，不履行本条例规定的职责或者滥用职权、玩忽职守、徇私舞弊的，对直接负责的主管人员和其他直接责任人员，依法给予处分；直接负责的主管人员和其他直接责任人员构成犯罪的，依法追究刑事责任。

第三十六条　提供虚假的资料、样品或者采取其他欺骗方式取得许可证明文件的，由发证机关撤销相关许可证明文件，处5万元以上10万元以下罚款，申请人3年内不得就同一事项申请行政许可。以欺骗方式取得许可证明文件给他人造成损失的，依法承担赔偿责任。

第三十七条　假冒、伪造或者买卖许可证明文件的，由国务院农业行政主管部门或者县级以上地方人民政府饲料管理部门按照职责权限收缴或者吊销、撤销相关许可证明文件；构成犯罪的，依法追究刑事责任。

第三十八条　未取得生产许可证生产饲料、饲料添加剂的，由县级以上地方人民政府饲料管理部门责令停止生产，没收违法所得、违法生产的产品和用于违法生产饲料的饲料原料、单一饲料、饲料添加剂、药物饲料添加剂、添加剂预混合饲料以及用于违法生产饲料添加剂的原料，违法生产的产品货值金额不足1万元的，并处1万元以上5万元以下罚款，货值金额1万元以上的，并处货值金额5倍以上10倍以下罚款；情节严重的，没收其生产设备，生产企业的主要负责人和直接负责的主管人员 10 年内不得从事饲料、饲料添加剂生产、经营活动。

已经取得生产许可证，但不再具备本条例第十四条规定的条件而继续生产饲料、饲料添加剂的，由县级以上地方人民政府饲料管理部门责令停止生产、限期改正，并处 1 万元以上 5 万元以下罚款；逾期不改正的，由发证机关吊销生产许可证。

已经取得生产许可证，但未取得产品批准文号而生产饲料添加剂、添加剂预混合饲料的，由县级以上地方人民政府饲料管理部门责令停止生产，没收违法所得、违法生产的产品和用于违法生产饲料的饲料原料、单一饲料、饲料添加剂、药物饲料添加剂以及用于违法生产饲料添加剂的原料，限期补办产品批准文号，并处违法生产的产品货值金额 1 倍以上 3 倍以下罚款；情节严重的，由发证机关吊销生产许可证。

第三十九条 饲料、饲料添加剂生产企业有下列行为之一的，由县级以上地方人民政府饲料管理部门责令改正，没收违法所得、违法生产的产品和用于违法生产饲料的饲料原料、单一饲料、饲料添加剂、药物饲料添加剂、添加剂预混合饲料以及用于违法生产饲料添加剂的原料，违法生产的产品货值金额不足 1 万元的，并处 1 万元以上 5 万元以下罚款，货值金额 1 万元以上的，并处货值金额 5 倍以上 10 倍以下罚款；情节严重的，由发证机关吊销、撤销相关许可证明文件，生产企业的主要负责人和直接负责的主管人员 10 年内不得从事饲料、饲料添加剂生产、经营活动；构成犯罪的，依法追究刑事责任：

（一）使用限制使用的饲料原料、单一饲料、饲料添加剂、药物饲料添加剂、添加剂预混合饲料生产饲料，不遵守国务院农业行政主管部门的限制性规定的；

（二）使用国务院农业行政主管部门公布的饲料原料目录、饲料添加剂品种目录和药物饲料添加剂品种目录以外的物质生产饲料的；

（三）生产未取得新饲料、新饲料添加剂证书的新饲料、新饲料添加剂或者禁用的饲料、饲料添加剂的。

第四十条 饲料、饲料添加剂生产企业有下列行为之一的，由县级以上地方人民政府饲料管理部门责令改正，处 1 万元以上 2 万元以下罚款；拒不改正的，没收违法所得、违法生产的产品和用于违法生产饲料的饲料原料、单一饲料、饲料添加剂、药物饲料添加剂、添加剂预混合饲料以及用于违法生产饲料添加剂的原料，并处 5 万元以上 10 万元以下罚款；情节严重的，责令停止生产，可以由发证机关吊销、撤销相关许可证明文件：

（一）不按照国务院农业行政主管部门的规定和有关标准对采购的饲料原料、单一饲料、饲料添加剂、药物饲料添加剂、添加剂预混合饲料和用于饲料添加剂生产的原料进行查验或者检验的；

（二）饲料、饲料添加剂生产过程中不遵守国务院农业行政主管部门制定的饲料、饲料添加剂质量安全管理规范和饲料添加剂安全使用规范的；

（三）生产的饲料、饲料添加剂未经产品质量检验的。

第四十一条　饲料、饲料添加剂生产企业不依照本条例规定实行采购、生产、销售记录制度或者产品留样观察制度的，由县级以上地方人民政府饲料管理部门责令改正，处 1 万元以上 2 万元以下罚款；拒不改正的，没收违法所得、违法生产的产品和用于违法生产饲料的饲料原料、单一饲料、饲料添加剂、药物饲料添加剂、添加剂预混合饲料以及用于违法生产饲料添加剂的原料，处 2 万元以上 5 万元以下罚款，并可以由发证机关吊销、撤销相关许可证明文件。

饲料、饲料添加剂生产企业销售的饲料、饲料添加剂未附具产品质量检验合格证或者包装、标签不符合规定的，由县级以上地方人民政府饲料管理部门责令改正；情节严重的，没收违法所得和违法销售的产品，可以处违法销售的产品货值金额 30% 以下罚款。

第四十二条　不符合本条例第二十二条规定的条件经营饲料、饲料添加剂的，由县级人民政府饲料管理部门责令限期改正；逾期不改正的，没收违法所得和违法经营的产品，违法经营的产品货值金额不足 1 万元的，并处 2000 元以上 2 万元以下罚款，货值金额 1 万元以上的，并处货值金额 2 倍以上 5 倍以下罚款；情节严重的，责令停止经营，并通知工商行政管理部门，由工商行政管理部门吊销营业执照。

第四十三条　饲料、饲料添加剂经营者有下列行为之一的，由县级人民政府饲料管理部门责令改正，没收违法所得和违法经营的产品，违法经营的产品货值金额不足 1 万元的，并处 2000 元以上 2 万元以下罚款，货值金额 1 万元以上的，并处货值金额 2 倍以上 5 倍以下罚款；情节严重的，责令停止经营，并通知工商行政管理部门，由工商行政管理部门吊销营业执照；构成犯罪的，依法追究刑事责任：

（一）对饲料、饲料添加剂进行再加工或者添加物质的；

（二）经营无产品标签、无生产许可证、无产品质量检验合格证的饲料、饲料添加剂的；

（三）经营无产品批准文号的饲料添加剂、添加剂预混合饲料的；

（四）经营用国务院农业行政主管部门公布的饲料原料目录、饲料添加剂品种目录和药物饲料添加剂品种目录以外的物质生产的饲料的；

（五）经营未取得新饲料、新饲料添加剂证书的新饲料、新饲料添加剂或者未取得饲料、饲料添加剂进口登记证的进口饲料、进口饲料添加剂以及禁用的饲料、饲料添加剂的。

第四十四条　饲料、饲料添加剂经营者有下列行为之一的，由县级人民政府饲料管理部门责令改正，没收违法所得和违法经营的产品，并处 2000 元以上 1 万元以下罚款：

（一）对饲料、饲料添加剂进行拆包、分装的；

（二）不依照本条例规定实行产品购销台账制度的；

（三）经营的饲料、饲料添加剂失效、霉变或者超过保质期的。

第四十五条　对本条例第二十八条规定的饲料、饲料添加剂，生产企业不主动召回的，由县级以上地方人民政府饲料管理部门责令召回，并监督生产企业对召回的产品予以无害化处理或者销毁；情节严重的，没收违法所得，并处应召回的产品货值金额 1 倍以上 3 倍以下罚款，可以由发证机关吊销、撤销相关许可证明文件；生产企业对召回的产品不予以无害化处理或者销毁的，由县级人民政府饲料管理部门代为销毁，所需费用由生产企业承担。

对本条例第二十八条规定的饲料、饲料添加剂，经营者不停止销售的，由县级以上地方人民政府饲料管理部门责令停止销售；拒不停止销售的，没收违法所得，处 1000 元以上 5 万元以下罚款；情节严重的，责令停止经营，并通知工商行政管理部门，由工商行政管理部门吊销营业执照。

第四十六条　饲料、饲料添加剂生产企业、经营者有下列行为之一的，由县级以上地方人民政府饲料管理部门责令停止生产、经营，没收违法所得和违法生产、经营的产品，违法生产、经营的产品货值金额不足 1 万元的，并处 2000 元以上 2 万元以下罚款，货值金额 1 万元以上的，并处货值金额 2 倍以上 5 倍以下罚款；构成犯罪的，依法追究刑事责任：

（一）在生产、经营过程中，以非饲料、非饲料添加剂冒充饲料、饲料添加剂或者以此种饲料、饲料添加剂冒充他种饲料、饲料添加剂的；

（二）生产、经营无产品质量标准或者不符合产品质量标准的饲料、饲料添加剂的；

（三）生产、经营的饲料、饲料添加剂与标签标示的内容不一致的。

饲料、饲料添加剂生产企业有前款规定的行为，情节严重的，由发证机关吊销、撤销相关许可证明文件；饲料、饲料添加剂经营者有前款规定的行为，情节严重的，通知工商行政管理部门，由工商行政管理部门吊销营业执照。

第四十七条　养殖者有下列行为之一的，由县级人民政府饲料管理部门没收违法使用的产品和非法添加物质，对单位处 1 万元以上 5 万元以下罚款，对个人处 5000 元以下罚款；构成犯罪的，依法追究刑事责任：

（一）使用未取得新饲料、新饲料添加剂证书的新饲料、新饲料添加剂或者未取得饲料、饲料添加剂进口登记证的进口饲料、进口饲料添加剂的；

（二）使用无产品标签、无生产许可证、无产品质量标准、无产品质量检验合格证的饲料、饲料添加剂的；

（三）使用无产品批准文号的饲料添加剂、添加剂预混合饲料的；

（四）在饲料或者动物饮用水中添加饲料添加剂，不遵守国务院农业行政主管部门制定的饲料添加剂安全使用规范的；

（五）使用自行配制的饲料，不遵守国务院农业行政主管部门制定的自行配制饲料使用规范的；

（六）使用限制使用的物质养殖动物，不遵守国务院农业行政主管部门的限制性规定的；

（七）在反刍动物饲料中添加乳和乳制品以外的动物源性成分的。

在饲料或者动物饮用水中添加国务院农业行政主管部门公布禁用的物质以及对人体具有直接或者潜在危害的其他物质，或者直接使用上述物质养殖动物的，由县级以上地方人民政府饲料管理部门责令其对饲喂了违禁物质的动物进行无害化处理，处 3 万元以上 10 万元以下罚款；构成犯罪的，依法追究刑事责任。

第四十八条　养殖者对外提供自行配制的饲料的，由县级人民政府饲料管理部门责令改正，处 2000 元以上 2 万元以下罚款。

第五章　附　则

第四十九条　本条例下列用语的含义：

（一）饲料原料，是指来源于动物、植物、微生物或者矿物质，用于加工制作饲料但不属于饲料添加剂的饲用物质。

（二）单一饲料，是指来源于一种动物、植物、微生物或者矿物质，用于饲料产品生产的饲料。

（三）添加剂预混合饲料，是指由两种（类）或者两种（类）以上营养性饲料添加剂为主，与载体或者稀释剂按照一定比例配制的饲料，包括复合预混合饲料、微量元素预混合饲料、维生素预混合饲料。

（四）浓缩饲料，是指主要由蛋白质、矿物质和饲料添加剂按照一定比例配制的饲料。

（五）配合饲料，是指根据养殖动物营养需要，将多种饲料原料和饲料添加剂按照一定比例配制的饲料。

（六）精料补充料，是指为补充草食动物的营养，将多种饲料原料和饲料添加剂按照一定比例配制的饲料。

（七）营养性饲料添加剂，是指为补充饲料营养成分而掺入饲料中的少量或者微量物质，包括饲料级氨基酸、维生素、矿物质微量元素、酶制剂、非蛋白氮等。

（八）一般饲料添加剂，是指为保证或者改善饲料品质、提高饲料利用率而掺入饲料中的少量或者微量物质。

（九）药物饲料添加剂，是指为预防、治疗动物疾病而掺入载体或者稀释剂的兽药的预混合物质。

（十）许可证明文件，是指新饲料、新饲料添加剂证书，饲料、饲料添加剂进口登记证，饲料、饲料添加剂生产许可证，饲料添加剂、添加剂预混合饲料产品批准文号。

第五十条　药物饲料添加剂的管理，依照《兽药管理条例》的规定执行。

第五十一条　本条例自 2017 年 3 月 1 日起施行。

主要参考文献

高士争，张曦. 2009. 猪营养代谢调控新技术［M］. 北京：中国农业科学技术出版社.

李德发. 2003. 猪的营养［M］. 北京：中国农业科学技术出版社.

李云，夏风竹. 2014. 高效养猪技术［M］. 石家庄：河北科学技术出版社.

刘长忠，魏刚才. 2014. 猪饲料配方手册［M］. 北京：化学工业出版社.

彭建. 2005. 猪饲料配制和使用技术［M］. 北京：中国农业出版社.

王继华，薛占永，刘伯，等. 2014. 猪生长发育及营养调控技术［M］. 北京：中国农业大学出版社.

王克健，滚双宝. 2010. 猪饲料科学配制与应用［M］. 北京：金盾出版社.

杨在宾，李祥明. 2004. 猪的营养与饲料［M］. 北京：中国农业大学出版社.

张乃峰. 2013. 猪饲料调制加工与配方集萃［M］. 北京：中国农业科学技术出版社.

张守然. 2009. 高效猪饲料配制技术与配方［M］. 呼和浩特：内蒙古人民出版社.

职爱民. 2015. 一学就会的猪饲料科学配方［M］. 北京：化学工业出版社.